実践 パケット解析
第3版

Wiresharkを使ったトラブルシューティング

Chris Sanders 著

髙橋 基信、宮本 久仁男 監訳

岡 真由美 訳

本書で使用するシステム名、製品名は、それぞれ各社の商標、または登録商標です。
なお、本文中では™、®、©マークは省略している場合もあります。

PRACTICAL PACKET ANALYSIS

3RD EDITION

Using Wireshark to Solve Real-World Problems

by Chris Sanders

no starch press

San Francisco

Copyright © 2017 by Chris Sanders.
Title of English-language original: Practical Packet Analysis, 3rd Edition, ISBN978-1-59327-802-1, published by No Starch Press.
Japanese-language edition copyright ©2018 by O'Reilly Japan, Inc. All rights reserved.

本書は株式会社オライリー・ジャパンがNo Starch Press, Inc.の許諾に基づき翻訳したものです。日本語版についての権利は株式会社オライリー・ジャパンが保有します。

日本語版の内容について、株式会社オライリー・ジャパンは最大限の努力をもって正確を期していますが、本書の内容に基づく運用結果については責任を負いかねますので、ご了承ください。

素晴らしき神の恩寵　そのやさしい響きが
私のような愚かな者さえ　救って下さった
一度は道を見失ったけれど　今はわかる
見えていなかったものも　今は見える

——賛美歌『Amazing Grace』より

賞賛の声

情報が豊富。かゆいところに手が届く内容でありながらも非常に読みやすく、正直わくわくしながらパケット解析について読み進めた

—— TECHREPUBLIC

ネットワーク解析の初心者、ソフトウェア開発者、CSE/CISSPを取得したばかりの新人など、ネットワーク（およびセキュリティ）問題のトラブルシューティングに対峙しなければならない方々に本書をお勧めしたい

—— GUNTER OLLMANN,
FORMER CHIEF TECHNICAL OFFICER OF IOACTIVE

今度ネットワークの遅延を調べるときには、『実践 パケット解析』を参照するだろう。これは技術書に対する最大の賛辞だ

—— MICHAEL W. LUCAS,
AUTHOR OF *ABSOLUTE FREEBSD* AND *NETWORK FLOW ANALYSIS*

あらゆるネットワーク管理者に必携の書籍

—— LINUX PRO MAGAZINE

素晴しく、使いやすく、わかりやすい

—— ARSGEEK.COM

パケット解析の基礎を完璧に理解する必要があるなら、この本は最良の出発点だ

—— STATEOFSECURITY.COM

非常に有益であり、「実践」というタイトルがまさにふさわしい。パケット解析に際して知っておくべきことを読者に示す書籍として秀逸であり、Wiresharkで行う作業を現場に即した例で示している

—— LINUXSECURITY.COM

知らないうちに互いに通信しているホストはないだろうか。自分のマシンは知らないホストと通信していないだろうか。こうした質問に確実な答えを出すうえでは、パケット解析が必須である。Wiresharkはこれに最適なツールのひとつであり、本書はこのツールの学習に最適なもののひとつである

—— FREE SOFTWARE MAGAZINE

初心者から中級者に最適

—— DAEMON NEWS

監訳者まえがき

ネットワーク技術者であれば、特殊な環境でない限り、パケットキャプチャツールとしてWireshark をあたり前のように使っているのではないかと思います。わたし自身、Wiresharkのない環境は考えられません。まだEtherealと呼ばれていた頃から数えると、十数年もの間使い続けています。デファクトスタンダードとして、Tera Termなどと同様に、業界にしっかり根付いたソフトウェアだと思います。

その一方で、Wiresharkの持つ豊富な機能については意外と知らずに使ってきたことを、本書の監訳を通じて痛感しています。Wiresharkには優れたGUIがあるので、他のパケットキャプチャツールを使ってきた方であれば特に、「なんとなく」使えてしまうと思いますが、その一方でWiresharkの豊富な機能に触れる機会を逸しているようにも感じました。

本書はパケットキャプチャの入門書であると同時に、Wiresharkの詳細な機能の解説書でもあります。執筆者自身が「本書の使い方」で書いていますが、初心者にとってはパケットキャプチャの入門書として、ベテランの方にとってはWiresharkのリファレンス本として有用な一冊になると思います。本書が何らかの形で読者のお役に立てれば幸いです。

本書の監訳に際しては、監訳開始時点で最新の2.4.4を用いて一通り動作やメニューを確認しました。本バージョンではメニューが（一部）日本語化されていますが、英語メニューで使っている方も多いと思いますので、若干冗長ではありますが、今回は英語表記と（翻訳されていれば）日本語表記を併記する形をとりました。またWinPcap強化版ドライバのWin10Pcap（付録C）およびUSBインターフェースの通信を取得するドライバUSBPcap（付録D）について、第2版に引き続き、宮本久仁男氏に寄稿いただきました。この場を借りて感謝いたします。

最後になりましたが、本書の編集担当である宮川直樹氏、寄稿いただいた宮本久仁男氏をはじめ、本書に携わった方々とそのご家族にお礼を申し上げます。

2018年3月吉日

髙橋 基信

まえがき

『実践 パケット解析 第3版』は、初版発行から約10年後、第2版発行から約6年後の、2015年後半から2017年前半に1年半かけて執筆されました。キャプチャファイルやシナリオがほぼ完全に新しいものとなったほか、TSharkとtcpdumpによるコマンドラインを使ったパケット解析についての章が加えられ、新たな内容が大量に追加されています。初版と第2版を気に入っていただけたなら、本書も好きになっていただけると思います。本書は初版と同じ形式で執筆され、シンプルでわかりやすい説明がつけられています。初版と第2版がお気に召さなくても、本書は新しいネットワークプロトコルについての内容が拡充されており、Wireshark 2.**x**に関するアップデートした情報が含まれているので、気に入っていただけるものと思います。

なぜ本書なのか？

なぜ、パケット解析に関するほかの本ではなく本書を買うべきなのか、疑問に思うかもしれません。答えは『実践 パケット解析』（原著名は『Practical Packet Analysis』）というタイトルにあります。現場での経験に勝るものはありません。書籍によってこの経験に達するためには、現場に即したシナリオを用いたパケット解析の実例が一番です。

本書の前半では、パケット解析とWiresharkを理解するための前提となる知識を習得します。後半は、日々のネットワーク管理で遭遇するであろう実例の解説にあてられています。

ネットワーク技術者、ネットワーク管理者、CIO、パソコン技術者、ネットワークセキュリティアナリストの誰もが、本書で解説するパケット解析の技術を理解し、実践することで、多くの有益な情報を得ることができます。

本書のコンセプトとアプローチ

筆者はざっくばらんな人間なので、コンセプトを語るときもやっぱりざっくばらんに語ることになるでしょう。それは本書においても例外ではありません。技術的なコンセプトを語るときは、どうしても

堅苦しい技術用語が多くなりますが、それでもできる限りざっくばらんな言い回しを心がけたつもりです。一方で、定義は簡潔かつ明確に、過不足ないようにしたつもりです。要するに、筆者は偉大なるケンタッキー州出身なので、難しい言葉の使用は最小限に抑えましたということです（本書全体に見られるド田舎風の言い回しはお許しください）。

　本当にパケット解析を学びたいと思っているのなら、本書の前半で紹介されているコンセプトを理解する必要があります。これは後半部分を理解するために不可欠だからです。本書の後半部分は非常に実践的になっています。業務で発生するトラブルとまったく同じシナリオはないかもしれませんが、トラブルが発生したときに、本書で習得したコンセプトを適用することがきっとできるはずです。

　以下は本書の各章の内容の簡単な説明です。

1章 パケット解析とネットワークの基礎

パケット解析とは何で、どのように動作し、どうやって行うのでしょうか。この章では、ネットワーク通信とパケット解析の基本を解説します。

2章 ケーブルに潜入する

この章では、ネットワーク上にパケットキャプチャツールを配置する方法をいくつか紹介します。

3章 Wiresharkの概要

Wiresharkの入手方法、使い方、機能、優位性をはじめとする、Wiresharkの基本について解説します。第3版の本書では、設定プロファイルでWiresharkをカスタマイズする方法も新たに追加しています。

4章 Wiresharkでのパケットキャプチャのテクニック

Wiresharkが起動したら、次はキャプチャしたパケットの扱い方について知りたくなるところです。この章では、基本的な扱い方を解説します。

5章 Wiresharkの高度な機能

基本を身につけたら、次は応用です。この章ではWiresharkの高度な機能を詳説し、普段はあまり目にしない機能を紹介します。データストリームの追跡や名前解決についての解説も新たに追加しています。

6章 コマンドラインでのパケット解析

Wiresharkは優れたツールですが、時には便利なグラフィックインターフェースではなく、コマンドラインでパケットを処理しなければならない場合があります。第3版で新たに追加したこの章では、この作業に最適なコマンドラインパケット解析ツールであるTSharkとtcpdumpの使い方を説明します。

まえがき | **xiii**

7章 ネットワーク層プロトコル

この章では、ARP、IPv4、IPv6、ICMPを見ていくことで、一般的なネットワーク層の通信がどのように行われているかを紹介します。実際の環境でこうしたプロトコルのトラブルシューティングを行っていく前に、まずは、パケットレベルでの動作を理解しましょう。

8章 トランスポート層プロトコル

この章ではレイヤを上がり、2つのもっとも一般的なトランスポート層プロトコルであるTCPとUDPを紹介します。これから見ていくパケットの大半はこの2つのプロトコルのどちらかになるので、パケットレベルでどのように見えるのか、またどこが違うのかを理解する必要があります。

9章 知っておきたい上位層プロトコル

引き続きこの章では、最低限知っておきたい4つの上位層のプロトコル —— HTTP、DNS、DHCP、SMTP —— が、パケットレベルでどのように見えるかを紹介します。

10章 現場に即したシナリオの第一歩

この章は、基本的なトラフィックの解析と、初歩的な現場に即したシナリオから構成されます。各シナリオは、発生したトラブル、解析方法、対処策の順に記載され、読み進めやすい形式になっています。この章のシナリオは、数台のコンピュータしか登場しない基本的なものなので、解析の手間もそれほどではなく、パケット解析を始めるのにちょうどよい難易度になっています。

11章 ネットワークの遅延と戦う

ネットワークのトラブルで一番多いのは、ネットワークの遅延です。この章では、ネットワークの遅延に関するトラブルの解決に焦点を当てます。

12章 セキュリティ問題とパケット解析

IT分野において、ネットワークセキュリティはもっとも関心の高い話題でしょう。12章では、パケット解析のテクニックを用いてセキュリティがらみの問題を解決していくといったシナリオをいくつか紹介します。

13章 無線LANのパケット解析

この章は、無線LANのパケット解析の入門編です。有線LANと無線LANのパケット解析の違いについて、無線LANのトラフィックの実例を通じて説明します。

付録A 推薦文献

付録Aとして、本書で学んだパケット解析のテクニックを活用していくうえで、有用なツールやWebサイトの情報を集めました。

付録B パケットを知る

個々のパケットをもう少し詳しく解析したい人向けに、パケットのデータがバイナリとして格納される形式や、それを16進数表記に変換する方法についての概要を紹介します。さらにパケット構造図を用いて、16進数表記されているパケットを解析する方法も示します。独自のプロトコルを頻繁に解析する、またはコマンドライン解析ツールをよく使う場合に役立ちます。

付録C Win10Pcap —— WinPcap強化版ドライバの紹介

付録Cは日本語版オリジナルの記事です。Windows 10対応を含む各種機能強化を施したWinPcap互換ドライバであるWin10Pcapについて解説します。

付録D USBPcapを用いたUSBインターフェース通信のキャプチャ

付録Dは日本語版オリジナルの記事です。USBインターフェースの通信を取得するドライバであるUSBPcapを用いたUSBデバイスとホスト間の通信のキャプチャ方法について解説します。

本書の使い方

本書は2つの使い方を想定しています。

学習用テキストとして

各章を順に読んでいくことで、パケット解析の理解を深めるための勉強用のテキストとして使う方法。現場に即したシナリオが掲載されている後半部分は特に重要になります。

リファレンスとして

本書をリファレンスとして使う方法。頻繁に使用するわけではないWiresharkの機能をいちいち覚えておく必要はありません。そういった機能を使うときのリファレンスとして本書が本棚に置いてあれば、何かと役に立つと思います。また業務でパケット解析を行う際に便利なリファレンスとなるような図表、略図、手法も紹介しています。

サンプルのキャプチャファイルについて

本書で使われているキャプチャファイルはすべて、No Starch Pressの本書のページhttps://www.nostarch.com/packetanalysis3/から入手できます。本書を最大限活用するために、これらのファイルをダウンロードしたうえで、実際にファイルを使って、サンプルの流れを追ってみることをお勧めします。

Rural Technology 基金

『Practical Packet Analysis』から生まれた最大の成果について触れないわけにはいきません。本書の初版が発行されて間もなく、私は最大の夢のひとつの頂点となる 501(c)(3) 非営利団体（日本のNPO法人にあたる）、Rural Technology 基金（RTF）を創設しました。

地方の学生の場合、たとえ素晴らしい成績であったとしても、都市や郊外の学生と比べると技術に触れる機会が格段に少なくなります。RTFは、地方と都会のコミュニティ間のデジタル格差を埋める目的で、2008年に設立されました。地方や貧困率の高い地域において、奨学金プログラム、コミュニティ連携、教室への教育技術リソースの提供、その他さまざまな宣伝活動や技術の推進活動などを行っています。

RTFは2016年、テクノロジーに関連する教育のリソースを、米国の地方および貧困率の高い地域に住む1万人以上の学生たちに提供することができました。著者印税は全額、RTFに直接寄付されます。Rural Technology 基金についてもっと知りたい、あるいはどのように貢献できるかを知りたければ、http://www.ruraltechfund.org/ を参照、またはTwitterで @RuralTechFund をフォローしてください。

筆者の連絡先

私が執筆した書籍についての読者からのフィードバックをいつも楽しみにしています。質問やコメントを送りたい、脅迫したい、あるいは結婚のプロポーズをしたい、なんでもかまいません。筆者と連絡を取りたい場合は直接 chris@chrissanders.org へどうぞ。ブログ http://www.chrissanders.org/ も頻繁に更新しています。Twitterで @chrissanders88 をフォローいただくこともできます。

表記上のルール

本書では、次に示す表記上のルールに従います。

太字（Bold）
新しい用語、強調やキーワードフレーズを表します。

等幅（Constant Width）
プログラムのコード、コマンド、配列、要素、文、オプション、スイッチ、変数、属性、キー、関数、型、クラス、名前空間、メソッド、モジュール、プロパティ、パラメータ、値、オブジェクト、イベント、イベントハンドラー、XMLタグ、HTMLタグ、マクロ、ファイルの内容、コマンドからの出力を表します。その断片（変数、関数、キーワードなど）を本文中から参照する場合にも使われます。

等幅太字（Constant Width Bold）
　ユーザーが入力するコマンドやテキストを表します。コードを強調する場合にも使われます。

等幅イタリック（Constant Width Italic）
　ユーザーの環境などに応じて置き換えなければならない文字列を表します。

 ヒントや示唆を表します。

 ライブラリのバグやしばしば発生する問題などのような、注意あるいは警告を表します。

 監訳者による補足説明を表します。

意見と質問

　本書（日本語翻訳版）の内容については、最大限の努力をもって検証、確認していますが、誤りや不正確な点、誤解や混乱を招くような表現、単純な誤植などに気がつかれることもあるかもしれません。そうした場合、今後の版で改善できるようお知らせいただければ幸いです。将来の改訂に関する提案なども歓迎いたします。連絡先は次のとおりです。

　　株式会社オライリー・ジャパン
　　電子メール　japan@oreilly.co.jp

本書のWebページには次のアドレスでアクセスできます。

　　https://www.oreilly.co.jp/books/9784873118444
　　https://www.nostarch.com/packetanalysis3（英語）
　　http://www.nostarch.com/download/ppa3ecaptures.zip（キャプチャファイル）

オライリーに関するそのほかの情報については、次のオライリーのWebサイトを参照してください。

　　https://www.oreilly.co.jp/
　　https://www.oreilly.com/（英語）

謝辞

本書の誕生を支えてくださった方々に、心より感謝の意を表したいと思います。

Ellen、君の無限の愛に感謝します。そして、眠ろうとしている君の横で毎晩キーボードを叩き続ける私に我慢してくれてありがとう。

母の優しさは亡き後もなお私を前に進ませてくれています。父から努力することの大切さを学んでいなければ、今の私は存在していないでしょう。

Jason Smith、兄弟のような存在として、いつも相談に乗ってくれて本当にありがとう。

昔も今も、成長させてくれる同僚に恵まれているのは本当に幸運なことです。ここで全員の名前を挙げることはできませんが、私を日々支え、サーバントリーダーとしてのあり方を受け入れてくれたDustin、Alek、Martin、Patrick、Chris、Mike、Gradyに心からの感謝を伝えます。

ときおり間抜けなミスを犯す筆者を、あまり間抜けに見えないようにフォローしてくれた、主席テクニカルエディターのTyler Reguly、そしてチェックをしてくれたDavid Vaughan、IPv6コンテンツの編集を手伝ってくれたJeff Carrell、セキュリティの章で使ったキャプチャファイルを提供してくれたBrad Duncan、本書のパケットキャプチャをまとめるのに利用したCloudsharkライセンスを提供してくれたQA Caféにも本当に感謝しています。

もちろん、Gerald CombsとWireshark開発チームにも心からの感謝を伝えたいと思います。Wiresharkが素晴らしい解析ツールとなったのは、Geraldをはじめとする多くの開発者のおかげです。彼らの努力がなかったら、情報技術とネットワークセキュリティは今ほど発展していなかったでしょう。

最後に、『実践 パケット解析』の初版、第2版、第3版すべての編集、出版に尽力してくれたBill、Serena、Anna、Jan、Amanda、Alison、そしてその他No Starch Pressスタッフ、本当にありがとう。

目次

賞賛の声 ·· vii

監訳者まえがき ·· ix

まえがき ·· xi

1章　パケット解析とネットワークの基礎 ································· 1

  1.1　パケット解析とパケットキャプチャツール ······························· 1

      1.1.1　パケットキャプチャツールの評価 ································· 2

      1.1.2　パケットキャプチャツールの仕組み ······························ 3

  1.2　コンピュータはどのように通信するのか ································· 4

      1.2.1　プロトコル ·· 4

      1.2.2　7層のOSI参照モデル ··· 5

      1.2.3　ネットワークハードウェア ·· 12

  1.3　トラフィックの分類 ··· 17

      1.3.1　ブロードキャスト ·· 17

      1.3.2　マルチキャスト ·· 18

      1.3.3　ユニキャスト ·· 19

  1.4　まとめ ··· 19

2章　ケーブルに潜入する ·· 21

  2.1　プロミスキャスモードの使用 ··· 22

  2.2　ハブで構成されたネットワークでのキャプチャ ························ 23

  2.3　スイッチで構成されたネットワークでのキャプチャ ··················· 25

      2.3.1　ポートミラーリング ··· 25

	2.3.2	ハブの使用	27
	2.3.3	タップの使用	29
	2.3.4	ARPキャッシュポイゾニング	32
2.4		ルータで構成されたネットワークでのキャプチャ	37
2.5		パケットキャプチャツールを実際に設置する	39

3章　Wiresharkの概要　41

3.1		Wiresharkの歴史	41
3.2		Wiresharkの利点	41
3.3		Wiresharkのインストール	43
	3.3.1	Windowsでのインストール	43
	3.3.2	Linuxでのインストール	45
	3.3.3	macOSシステムでのインストール	48
3.4		Wiresharkの基本	48
	3.4.1	初めてのパケットキャプチャ	48
	3.4.2	Wiresharkのメインウィンドウ	50
	3.4.3	Wiresharkの設定画面	51
	3.4.4	パケットの色分け	53
3.5		ファイルの設定	56
3.6		プロファイルの設定	56

4章　Wiresharkでのパケットキャプチャのテクニック　59

4.1		キャプチャファイルの操作	59
	4.1.1	キャプチャファイルの保存とエクスポート	59
	4.1.2	キャプチャファイルのマージ	61
4.2		パケットの操作	62
	4.2.1	パケットの検索	62
	4.2.2	パケットのマーキング	63
	4.2.3	パケットの印刷	64
4.3		時刻の表示形式と基準時刻表示	65
	4.3.1	時刻の表示形式	65
	4.3.2	時間参照	67
	4.3.3	時間調整	67
4.4		キャプチャオプションの設定	68
	4.4.1	［Input（入力）］タブ	68
	4.4.2	［Output（出力）］タブ	69
	4.4.3	［Options（オプション）］タブ	71
4.5		フィルタを使う	73

目次 | **xxi**

	4.5.1	キャプチャフィルタ	73
	4.5.2	表示フィルタ	79
	4.5.3	フィルタの保存	82
	4.5.4	表示フィルタのツールバーへの追加	83

5章　Wiresharkの高度な機能　　　　　　　　　　　　　**85**

5.1	ネットワークのエンドポイントと対話	85
	5.1.1　エンドポイントの統計を見る	86
	5.1.2　ネットワークの対話を見る	88
	5.1.3　エンドポイントと対話から通信量が多い機器を識別	89
5.2	プロトコル階層統計	91
5.3	名前解決	93
	5.3.1　名前解決を有効にする	93
	5.3.2　名前解決の欠点	95
	5.3.3　専用のhostsファイルを使う	95
	5.3.4　名前解決を手動で行う	97
5.4	プロトコル分析機構	97
	5.4.1　分析機構の変更	97
	5.4.2　分析機構のソースコードを見る	100
5.5	ストリームの表示	100
	5.5.1　SSLストリームの表示	102
5.6	パケット長	103
5.7	グラフ表示	104
	5.7.1　IOグラフを見る	104
	5.7.2　往復遅延時間 (ラウンドトリップタイム) グラフ	108
	5.7.3　フローグラフ	110
5.8	エキスパート情報	111

6章　コマンドラインでのパケット解析　　　　　　　　　　**115**

6.1	TSharkをインストールする	115
6.2	tcpdumpをインストールする	116
6.3	パケットをキャプチャし保存する	117
6.4	出力を操作する	120
6.5	名前解決	123
6.6	フィルタを使う	125
6.7	TSharkの時刻表示形式	126
6.8	TSharkの統計機能	127
6.9	TSharkとtcpdumpの違い	130

xxii | 目次

7章　ネットワーク層プロトコル　　　　　　　　　　　　133

7.1　ARP (Address Resolution Protocol) 133
　　7.1.1　ARPパケットの構造 135
　　7.1.2　パケット1：ARPリクエスト 136
　　7.1.3　パケット2：ARPレスポンス 137
　　7.1.4　gratuitous ARP 138
7.2　IP (Internet Protocol) 139
　　7.2.1　IPv4（インターネット・プロトコル・バージョン4） 139
　　7.2.2　IPv6（インターネット・プロトコル・バージョン6） 148
7.3　ICMP 160
　　7.3.1　ICMPパケットの構造 160
　　7.3.2　ICMPのタイプとコード 161
　　7.3.3　エコー要求とエコー応答 161
　　7.3.4　traceroute 164
　　7.3.5　ICMPv6 167

8章　トランスポート層プロトコル　　　　　　　　　　　　169

8.1　TCP 169
　　8.1.1　TCPパケットの構造 169
　　8.1.2　TCPポート 170
　　8.1.3　TCPの3ウェイハンドシェイク 173
　　8.1.4　TCPのティアダウン（切断） 177
　　8.1.5　TCPリセット 179
8.2　UDP 180
　　8.2.1　UDPパケットの構造 180

9章　知っておきたい上位層プロトコル　　　　　　　　　　183

9.1　DHCP 183
　　9.1.1　DHCPパケットの構造 183
　　9.1.2　DHCP更新処理 185
　　9.1.3　DHCPのリース更新 191
　　9.1.4　DHCPオプションとメッセージタイプ 192
　　9.1.5　DHCPv6 192
9.2　DNS 194
　　9.2.1　DNSパケットの構造 195
　　9.2.2　単純なDNSクエリ 197
　　9.2.3　DNSの問い合わせタイプ 199

	9.2.4	DNSの再帰	199
	9.2.5	DNSゾーン転送	204
9.3		HTTP	206
	9.3.1	HTTPでブラウズする	207
	9.3.2	HTTPでデータをアップロードする	210
9.4		SMTP	211
	9.4.1	メールの送受信	212
	9.4.2	メールの追跡	213
	9.4.3	SMTPで添付ファイルを送る	223
9.5		まとめ	225

10章　現場に即したシナリオの第一歩　　227

10.1		Webコンテンツが表示されない	227
	10.1.1	ケーブルへの潜入	228
	10.1.2	パケット解析	228
	10.1.3	学んだこと	233
10.2		応答しない天気予報サービス	233
	10.2.1	ケーブルへの潜入	234
	10.2.2	パケット解析	235
	10.2.3	学んだこと	239
10.3		インターネットに接続できない	239
	10.3.1	ゲートウェイ設定問題	239
	10.3.2	不適切なリダイレクト	242
	10.3.3	外部の問題	246
10.4		不安定なプリンタ	249
	10.4.1	ケーブルへの潜入	250
	10.4.2	パケット解析	250
	10.4.3	学んだこと	253
10.5		孤立する支社	253
	10.5.1	ケーブルへの潜入	254
	10.5.2	パケット解析	254
	10.5.3	学んだこと	257
10.6		ソフトウェアデータの破損	257
	10.6.1	ケーブルへの潜入	257
	10.6.2	パケット解析	258
	10.6.3	学んだこと	261
10.7		まとめ	261

xxiv | 目次

11章　ネットワークの遅延と戦う　　263

11.1　TCPのエラーリカバリ機能 263
　　11.1.1　TCP再送 264
　　11.1.2　重複ACKと高速再送 268
11.2　TCPのフロー制御 274
　　11.2.1　ウィンドウサイズの調整 275
　　11.2.2　ゼロウィンドウ通知によるデータフローの一時停止 276
　　11.2.3　TCPスライディングウィンドウの実例 277
11.3　TCPエラー制御とフロー制御パケット 282
11.4　高遅延の原因を突き止める 283
　　11.4.1　正常な通信 283
　　11.4.2　通信の遅延：回線遅延 283
　　11.4.3　通信の遅延：クライアントの遅延 284
　　11.4.4　通信の遅延：サーバの遅延 285
　　11.4.5　遅延を見つけるフレームワーク 286
11.5　ネットワークベースラインの確立 287
　　11.5.1　サイトのベースライン 287
　　11.5.2　ホストベースライン 288
　　11.5.3　アプリケーションベースライン 289
　　11.5.4　ベースラインについての追記 290
11.6　まとめ 291

12章　セキュリティ問題とパケット解析　　293

12.1　偵察 293
　　12.1.1　SYNスキャン 294
　　12.1.2　OSフィンガープリント 299
12.2　トラフィック操作 303
　　12.2.1　ARPキャッシュポイゾニング 303
　　12.2.2　セッションハイジャック 308
12.3　マルウェア 312
　　12.3.1　Operation Aurora 312
　　12.3.2　リモートアクセス型のトロイの木馬 319
12.4　エクスプロイトキットとランサムウェア 327
12.5　まとめ 334

13章　無線LANのパケット解析　　335

13.1　物理面での考察 335

	13.1.1	一度に1つのチャンネルをキャプチャする	335
	13.1.2	無線LANの電波干渉	336
	13.1.3	電波干渉を検出、解析する	337
13.2		無線LANカードのモード	338
13.3		Windows上での無線LANのパケットキャプチャ	341
	13.3.1	AirPcapの設定	341
	13.3.2	AirPcapを使ったパケットキャプチャ	343
13.4		Linux上での無線LANのパケットキャプチャ	344
13.5		802.11パケットの構造	345
13.6		[Packet List(パケット一覧)]ペインに無線LANの情報を追加する	347
13.7		無線LAN特有のフィルタ	349
	13.7.1	特定のBSSIDでフィルタリング	349
	13.7.2	パケット別のフィルタリング	350
	13.7.3	周波数によるフィルタ	351
13.8		無線LANプロファイルの保存	351
13.9		無線LANのセキュリティ	351
	13.9.1	WEP認証の成功	352
	13.9.2	WEP認証の失敗	354
	13.9.3	WPA認証の成功	354
	13.9.4	WPA認証の失敗	358
13.10		まとめ	359

付録A　推薦文献　　361

A.1		パケット解析ツール	361
	A.1.1	CloudShark	361
	A.1.2	WireEdit	362
	A.1.3	Cain & Abel	362
	A.1.4	Scapy	363
	A.1.5	TraceWrangler	363
	A.1.6	Tcpreplay	363
	A.1.7	NetworkMiner	363
	A.1.8	CapTipper	364
	A.1.9	ngrep	365
	A.1.10	libpcap	365
	A.1.11	Npcap	365
	A.1.12	hping	366
	A.1.13	Python	366
A.2		パケット解析に役立つ情報源	366

A.2.1	Wireshark ホームページ	366
A.2.2	Practical Packet Analysis オンラインコース	366
A.2.3	SANS Security Intrusion Detection In-Depth Course	367
A.2.4	Chris Sanders のブログ	367
A.2.5	Brad Duncan の Malware Traffic Analysis	367
A.2.6	IANA の Web サイト	367
A.2.7	W. Richard Steven の『TCP/IP Illustrated』シリーズ	367
A.2.8	『The TCP/IP Guide』（No Starch Press）	368

付録B　パケットを知る — 369

B.1	パケット表示	369
B.2	パケット構造図の利用	371
B.3	謎のパケットを調べる	373
B.4	まとめ	376

付録C　Win10Pcap — WinPcap 強化版ドライバの紹介 — 377

C.1	Win10Pcap とは何か	377
C.1.1	Win10Pcap の概要	377
C.1.2	Win10Pcap の入手	378
C.1.3	WinPcap の問題点	378
C.2	Win10Pcap のインストールから利用まで	378
C.3	WinPcap との共存	382

付録D　USBPcap を用いた USB インターフェース通信のキャプチャ — 383

D.1	USBPcap 概要	383
D.2	USB デバイスの通信データキャプチャを行うための従来手法と課題	385
D.3	USBPcap のインストール方法	385
D.4	解析方法1：Wireshark から USBPcap を呼び出す	385
D.5	解析方法2：USBPcapCMD.exe でキャプチャする	387
D.6	まとめ	389

索引 — 390

コラム目次

「本物の」ハブを見つける ……………………………………………………………… 28

ネットワークマップ ……………………………………………………………………… 38

WHOIS検索でIPアドレスの所有者を判断する ……………………………………… 90

1章
パケット解析と
ネットワークの基礎

コンピュータネットワーク上では、スパイウェアの感染のような単純なものからルータの設定エラーといった複雑なものまで、毎日数え切れないほどのトラブルが発生しています。そのすべてを即座に解決するのは不可能ですが、こうしたトラブルの対処に必要な知識とツールをしっかり用意することで、最良の備えとなるはずです。

ネットワークのトラブルを深く理解するには、パケットレベルまで掘り下げる必要があります。すべてのネットワークトラブルの根源であるこのレベルでは、かわいらしい見た目のアプリケーションがその醜い実装をさらけ出し、信用できるように見えるプロトコルも悪意あるものであることを図らずも証明してしまうのです。ここでは、すべてが白日のもとにさらけ出されます。紛らわしいメニュー構造や、目を引くグラフィック、信頼できない社員によってごまかされることもありません。パケットレベルでは、(暗号化によるもの以外)いかなる隠し立てもできません。パケットレベルでできることが増えるほど、ネットワークを管理下におき、トラブルを解決できるようになります。これがパケット解析の世界です。

本書はパケット解析の世界に頭から飛び込んでいきます。現場に即したシナリオを通じて、ネットワーク遅延との戦い方、アプリケーション起因のボトルネックの特定、ハッカーの追跡術を学んでいきます。本書を読み終える頃には、高度なパケット解析の技術を体得しているはずです。その技術を用いれば、ネットワーク上で起こる多くの困難なトラブルを解決することができるでしょう。

本章では、ネットワーク通信に焦点を当て、基本的なところから始めることで、さまざまなシナリオに対応するための基礎を習得するのに必要なツールを獲得することができるでしょう。

1.1　パケット解析とパケットキャプチャツール

パケット解析(しばしばパケットキャプチャやプロトコル解析とも呼ばれます)とは、ネットワーク上で起こっている事象の理解を助けるために、ネットワークを流れるデータをキャプチャして解析する作業のことです。通常パケット解析は、**パケットキャプチャツール**を使って行います。これは、回線上を行き来している生のネットワークデータをキャプチャするツールです。

パケット解析は次のような要求に応えてくれます。

- ネットワーク特性の把握
- 誰がネットワーク上にいるかの確認
- 誰、もしくは何が帯域を使っているかの確認
- ネットワークの使用率がピークになる時間の特定
- 悪意ある行為の特定
- 不安定でリソース喰いなアプリケーションの調査

パケットキャプチャツールには、フリーと商用どちらも多くの種類があり、それぞれ異なる設計思想を持っています。著名なものとしては、tcpdump、OmniPeek、Wireshark（本書では主にWiresharkを使用します）があります。OmniPeekとWiresharkはGUIがあり、tcpdumpはコマンドラインプログラムです。

1.1.1　パケットキャプチャツールの評価

使用するパケットキャプチャツールを決めるには、以下を含むいくつかの観点を考慮する必要があります。

サポートされているプロトコル

パケットキャプチャツールはさまざまなプロトコルを解析することができます。ほとんどのパケットキャプチャツールが、一般的なネットワーク層のプロトコル（IPv4やICMPなど）、トランスポート層のプロトコル（TCPやUDPなど）、アプリケーション層のプロトコル（DNSやHTTPなど）を解析することができます。一方で、あまり一般的でないものや、新しいもの、より複雑なもの（IPv6、SMBv2、SIPなど）はサポートしていない場合があります。パケットキャプチャツールを選ぶときは、使おうとしているプロトコルがサポートされているかどうかを確認しましょう。

使い勝手

パケットキャプチャツールの画面、インストールの容易性、全体的な操作性を検討しましょう。経験レベルに応じたプログラムを選択することが肝要です。パケット解析の経験がほとんどないのであれば、tcpdumpのような高度なコマンドラインのパケットキャプチャツールは避けたほうがよいでしょう。逆に経験豊富なら、高度なツールのほうがよいかもしれません。パケット解析の経験を積むと、シナリオによっては複数のパケットキャプチャツールを組み合わせるのがよいという場合もあるかもしれません。

コスト

パケットキャプチャツールの素晴らしいところは、商用の製品に匹敵するフリーの製品が数多

く存在することです。商用製品とフリーの製品のもっとも大きな違いは、レポーティング機能です。商用製品には、通常何らかのレポート生成機能がありますが、フリーの製品には含まれていないか、あるいは非常に限られたものとなっています。

サポート

パケットキャプチャツールの基本を習得しても、問題を解決するためのサポートが必要になるときがあるでしょう。サポートを評価する際には、開発者向けのドキュメント、公開されているフォーラムやメーリングリストを探してみてください。Wiresharkのようなフリーのパケットキャプチャツールでは正式なサポートはあまりないかもしれませんが、ユーザーのコミュニティがそれを補ってあまりある場合がよくあります。ユーザーやコントリビュータのコミュニティでは、議論のための掲示板、Wikiやブログを提供しており、使用しているパケットキャプチャツールについて深く知るための手助けをしてくれます。

ソースコードへのアクセス

パケットキャプチャツールのなかには、オープンソースソフトウェアのものがあります。これはつまり、プログラムのソースコードを見ることができ、場合によってはソースコード変更についての提案をしたり、実際に変更を加えたりできることを意味します。パケットキャプチャツールについて、非常に特殊な、もしくは高度な利用を行う場合には、この特徴が選ぶポイントになるかもしれません。商用ツールのほとんどはソースコードへのアクセスを認めていません。

OSのサポート

残念ながら、すべてのパケットキャプチャツールがどんなOSでも使えるわけではありません。サポートが必要なOSすべてで使えるものを選びましょう。コンサルタントであれば、さまざまなOSでパケットをキャプチャし解析する必要があるので、多くのOSで動作するツールが必要になります。あるコンピュータ上でキャプチャしたパケットを別のコンピュータで参照する場合についても考えておく必要があります。OS間の差異のため、機器ごとに異なるツールを使わざるを得ない場合もあります。

1.1.2　パケットキャプチャツールの仕組み

パケットキャプチャツールの処理は、ソフトウェアとハードウェアが連携して行われます。この処理は以下の3つのステップに分けることができます。

1. **キャプチャ**

最初に、パケットキャプチャツールがケーブルからバイナリの生データをキャプチャします。これは通常、キャプチャしたいネットワークに接続されているネットワークカードをプロミスキャス

モードに切り替えることによって行われます。**プロミスキャスモード**では、自分が宛先になっているトラフィックだけではなく、ネットワークセグメント上を流れるすべてのトラフィックをネットワークカード経由でキャプチャできます。

2. **変換**

次に、キャプチャされたバイナリのデータを参照可能な形式に変換します。高度なコマンドラインベースのパケットキャプチャツールの多くは、ここまでしかやりません。この段階では、非常に基本的な変換しか行われません。解析については、ほぼユーザー任せです。

3. **解析**

最後に、変換されたデータを解析します。パケットキャプチャツールは、キャプチャされたデータを元にプロトコルを特定し、プロトコルに応じた解析を開始します。

1.2　コンピュータはどのように通信するのか

パケット解析をきちんと理解するためには、コンピュータ同士がどうやって通信しているのかをきちんと理解することが必要です。ここではOSI参照モデル、ネットワークのデータフレーム、それらをサポートするハードウェアといったネットワークプロトコルの基礎を勉強します。

1.2.1　プロトコル

現在のネットワークは、さまざまなプラットフォームで動作する多種多様なシステムで構成されています。これらの間で通信を行うために、**プロトコル**と呼ばれる共通の言語が使われます。一般的なプロトコルとしては、TCP、IP、ARP、DHCPといったものがあります。**プロトコルスタック**とは、連携して動作するプロトコルを論理的にグループ化したものです。

プロトコルを理解するには、人の言葉を司っている規則と同じようなものだと捉えてみるのがよいでしょう。すべての言語には、どのように動詞を活用するか、どのようにあいさつするか、どのように感謝するのが適切かといった規則があります。プロトコルも同じようなもので、どのようにパケットをルーティングするか、どのようにコネクションを開始するか、どのようにデータの受信を通知するかといった事項を定義しています。

プロトコルは機能に応じて単純にも複雑にもなり得ます。性格がまったく異なるプロトコルが数多く存在しますが、多くのプロトコルは以下のような機能を持っています。

コネクションの開始

コネクションを開始するのはクライアントか、サーバか。コネクション確立前にやり取りされるべき情報とは。

コネクションのオプションのネゴシエーション

このプロトコルの通信は暗号化されているか。通信するコンピュータ間でやり取りされる暗号

鍵は、どのように共有されるのか。

データのフォーマット

パケットに含まれるデータの構造は？受信した通信機器が処理するデータの順序は？

エラー検出と訂正

パケットが宛先に届くまでに時間がかかりすぎた場合、どうなるのか。サーバとの通信が短時間で確立できなかった場合、クライアントはどのように対処するのか。

コネクションの切断

あるコンピュータに対して、別のコンピュータとの通信の切断をどのように通知するのか。通信をきちんと終了するために最後にやり取りすべき情報は何か。

1.2.2　7層のOSI参照モデル

プロトコルは、OSI参照モデルと呼ばれる業界標準の参照モデルを元に、機能ごとに分けられています。OSI参照モデルは、ネットワーク通信の処理を**図1-1**のような7つの階層に分けています。この階層モデルのおかげで、ネットワーク通信というものが理解しやすくなっています。図の右側がOSI参照モデル、各階層のデータの用語が左側に記されています。最上層のアプリケーション層はネットワークのリソースにアクセスするプログラムそのものを表しています。最下層は物理層で、ネットワーク上で実際にデータの転送を行う層です。各層のプロトコルは、その上位層また下位層のプロトコルによってデータが適切に処理されるよう、連携して機能します。

OSI参照モデルは1983年にISO（International Organization for Standardization：国際標準化機構）によって、ISO 7498として公開されました。OSI参照モデルは業界が推奨する標準以上のものではなく、プロトコルの開発者がこのモデルに厳密に準拠する必要はありません。実際、現存するネットワークモデルはOSI参照モデルだけではありません。たとえば、TCP/IPモデルとしても知られているDoD（Department of Defense：米国国防総省）モデルを好む人もいます。

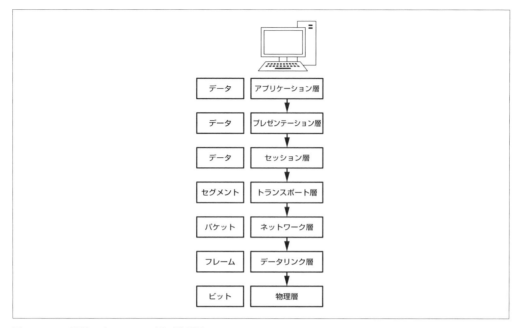

図1-1　OSI参照モデルの7つの層の階層図

OSI参照モデルの各階層には、次のような固有の機能があります。

アプリケーション層（第7層）
　　OSI参照モデルの最上位層は、ユーザーがネットワーク上のリソースにアクセスするための手段を提供します。これは通常エンドユーザーから見える唯一の層であり、ネットワーク上のすべての活動の基点となるインターフェースを提供します。

プレゼンテーション層（第6層）
　　この層は、受信したデータをアプリケーション層が読み取ることのできる形式に変換します。この層でデータをエンコード、デコードする方法は、送受信するデータのアプリケーション層のプロトコルに依存します。この層では、データのセキュリティ維持のための暗号化や復号も行います。

セッション層（第5層）
　　この層は2台のコンピュータ間の「対話」すなわちセッションを制御し、通信機器間のコネクションの確立、管理、切断を行います。セッション層は、コネクションが全二重か半二重かを制御するとともに、通信を唐突に遮断するのではなく適切に切断するための制御も行います。

トランスポート層（第4層）

トランスポート層の主要な目的は、下位層に信頼できるデータ転送サービスを提供することです。フロー制御、データの分割と再構築、誤り制御といった機能により、トランスポート層は2点間のデータのやり取りをエラーなしで行えるわけです。信頼性の高いデータ転送を担保することは極めて難しいため、OSI参照モデルでは、1つの層をその目的に割り当てています。トランスポート層は、コネクション指向のサービスとコネクションレスのサービスの両方を提供します。ファイアウォールやプロキシサーバには、この層で動作するものもあります。

ネットワーク層（第3層）

この層は、物理的なネットワークを越えて転送されるデータのルーティングを提供します。OSI参照モデルの中でもっとも複雑な層のひとつであり、ネットワーク上のコンピュータの論理アドレス（IPアドレスなど）のアドレス指定（アドレッシング）を行います。この層では、パケットの分割や、場合によっては誤り検出も行います。ルータはこの層で動作します。

データリンク層（第2層）

この層は、物理的なネットワーク上でデータを転送する手段を提供します。主な機能は、物理的な通信機器を特定するためのアドレス指定スキーム（MACアドレスなど）を提供することです。ブリッジとスイッチはデータリンク層で動作する物理的な通信機器です。

物理層（第1層）

物理層はOSI参照モデルの最下層であり、ネットワーク上でデータを転送するための物理的な媒体です。この層では、電圧、ハブ、ネットワークアダプタ、リピータ、ケーブル仕様といった、使用されるハードウェアの物理的、電気的な特性を定義します。物理層は、接続を確立および切断し、通信リソースを共有する手段を提供し、信号をデジタルからアナログ、またはその逆に変換します。

OSI参照モデルの層の名前を覚えるのに、**Please Do Not Throw Sausage Pizza Away**（ソーセージピザを捨てないで）と暗記しておくと便利です。各単語の頭文字が、OSI参照モデルの各層の頭文字（PDNTSPA）と同じです。

OSI参照モデルの各層において、一般的に使用されているプロトコルの代表的なものを**表1-1**に示します。

表1-1　OSI参照モデルの各層で使用される代表的なプロトコル

層	プロトコル
アプリケーション層	HTTP、SMTP、FTP、Telnet
プレゼンテーション層	ASCII、MPEG、JPEG、MIDI
セッション層	NetBIOS、SAP、SDP、NWLink
トランスポート層	TCP、UDP、SPX
ネットワーク層	IP、IPX
データリンク層	イーサネット、トークンリング、FDDI、AppleTalk
物理層	有線、無線

OSI参照モデルは標準として推奨される以上のものではありませんが、ネットワークのトラブルについて思考したり説明したりするのに役立つ定義ですので、頭に入れておくべきです。本書を読み進めるうちに、ルータの問題は「第3層の問題」、ソフトウェアの問題は「第7層の問題」として考えられるようになるでしょう。

> あるユーザーがネットワーク上のリソースにアクセスできないと文句を言ってきた話を同僚がしてくれました。このトラブルはユーザーが間違ったパスワードを入力したために起きたもので、同僚はこれを**第8層の問題**と言っていました。第8層はユーザー層を意味する非公式な用語で、パケットを扱っている人々の間ではよく使われています。

1.2.2.1　OSI参照モデルにおけるデータの流れ

ネットワーク上を転送されるデータの流れは、送信側のシステムのアプリケーション層から始まります。データは各層ごとの方法でOSI参照モデルの7つの階層を送信側のシステムの物理層まで下っていき、ここで受信側のシステムに送られます。受信側のシステムは物理層でデータを受信し、データは最上層のアプリケーション層まで受信側のシステムの各層を上がっていきます。

OSI参照モデルの各層は、その直上または直下の層としか、やり取りできません。たとえば第2層は第1層もしくは第3層としかデータの送受信ができません。

OSI参照モデルの各層でさまざまなプロトコルによって提供されるサービスは重複しません。言い換えると、ある層のあるプロトコルが提供しているサービスと同じものを、ほかの層のプロトコルが提供することはありません。異なる層のプロトコルが類似の目的のための機能を備えていたとしても、その働きは多少異なっています。

送信側と受信側のコンピュータで、同じ層のプロトコルは相補的な関係にあります。たとえば送信側のコンピュータの第7層のプロトコルが転送されるデータを暗号化する場合、受信側のコンピュータの第7層のプロトコルはデータを復号することを求められます。

図1-2は、通信している2台のコンピュータにおけるOSI参照モデルを図示したものになります。片方のコンピュータの最上層から最下層を通り、もう片方のコンピュータに到達したあと、その逆をたどることで通信が成立します。

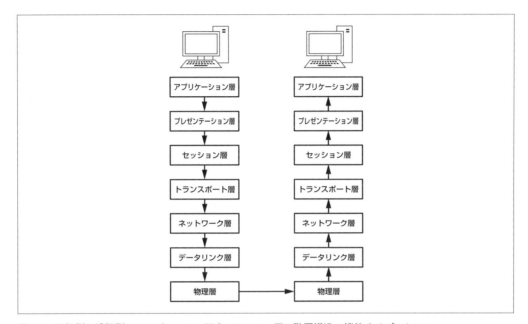

図1-2　送信側と受信側のコンピュータの双方において、同じ階層構造で機能するプロトコル

1.2.2.2　データのカプセル化

OSI参照モデルの異なる層のプロトコルが通信するには、**データのカプセル化を行う**必要があります。スタックの各層では、その層が通信を行うのに必要とするビット情報を、ヘッダやフッタとして通信するデータに追加する責任があります。たとえばトランスポート層がセッション層からデータを受信した場合、トランスポート層はネットワーク層にデータを渡す前にヘッダ情報を追加します。

カプセル化処理とは、PDU（Protocol Data Unit：プロトコルデータユニット）を生成することを意味します。PDUには、送信されるデータと追加されたヘッダおよびフッタ情報のすべてが含まれます。データがOSI参照モデルに従って階層を下っていく際に、PDUはさまざまなプロトコルが追加するヘッダ情報とフッタ情報によって大きくなっていきます。PDUは物理層に到達した時点で最終的な形態となり、受信側のコンピュータに送られます。受信側のコンピュータは、データがOSI参照モデルの階層を上がっていくにつれ、プロトコルのヘッダおよびフッタをPDUから取り除いていきます。PDUがOSI参照モデルの最上層に到達するときには、元々のアプリケーション層のデータしか残っていません。

OSI参照モデルでは、各層で生成されたデータを説明するのに、特別の用語を用います。物理層はビット、データリンク層はフレーム、ネットワーク層はパケット、そしてトランスポート層ではセグメントと呼びます。上位3層では単に**データ**と呼んでいます。これらの用語は実際の場面ではほとんど使われないので、ここではOSI参照モデルのいくつかの層が追加したヘッダ情報とフッタ情報を含む、完成された、もしくは不完全なPDUを意味する用語として、**パケット**という用語のみを用いることにします。

　データのカプセル化が行われる様子を理解するために、パケットが構築、送信、受信される簡単な例を、OSI参照モデルと関連付けて見てみましょう。パケット解析の際には、セッション層やプレゼンテーション層についてはあまり触れることがないので、この例では（そして本書のほかの例でも）登場しないことを心に留めておいてください。

　ここでは、http://www.google.com/ のブラウズを例にとって説明します。まずは要求パケットを生成し、送信側のクライアントコンピュータから、受信側のサーバコンピュータへと送信する必要があります。ここではTCP/IPのセッションはすでに開始されているものとします。**図1-3**はこの例におけるデータのカプセル化の流れを表したものです。

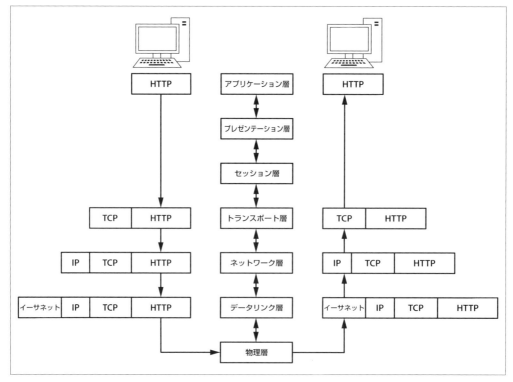

図1-3　クライアントとサーバ間でデータのカプセル化が行われる様子

処理は、クライアントコンピュータのアプリケーション層から始まります。Webサイトをブラウズするので、アプリケーション層のプロトコルとしてHTTPが用いられ、`index.html`ファイルをhttp://google.comからダウンロードする指示が発行されます。

実際には、ブラウザはまずスラッシュで区切った、Webサイトのドキュメントルートをリクエストします。Webサーバがこのリクエストを受け取ると、ドキュメントルートのリクエストに対して提供するよう設定されたファイルにブラウザをリダイレクトします。これは一般に、`index.html`または`index.php`です。これについては「9章 知っておきたい上位層プロトコル」でHTTPの話をするときに詳しく説明します。

アプリケーション層のプロトコルが実行したい指示を発行したら、次に着目するのはパケットを目的地に到達させることです。パケットのデータはOSIスタックを下り、トランスポート層へと渡されます。HTTPはTCPの**上にある**アプリケーション層プロトコルです。そのためTCPは、パケットが確実に送信されるようにするトランスポート層プロトコルとして機能します。**図1-3**のトランスポート層のように、TCPヘッダが生成されてPDUに追加されます。このTCPヘッダにはシーケンス番号などパケットに追加されたデータが含まれており、パケットが適切に配送されるようになっています。

あるプロトコルが別のプロトコルの「上にある」または「乗っている」という表現をしばしば使うのは、OSI参照モデルが上下という概念を用いているためです。HTTPなどのアプリケーション層プロトコルは、それぞれ固有のサービスを提供していますが、信頼性のあるサービス提供についてはTCPに依存しています。また、これらのサービスはデータの宛先を確認して配送するために、ネットワークレベルでIPプロトコルに依存しています。つまりHTTPはTCPの上に、TCPはIPの上にあります。

TCPは仕事を終えると、パケットの論理アドレスを処理する第3層プロトコルであるIPにパケットを渡します。IPは論理アドレス情報を含むヘッダを生成し、PDUに追加、パケットをデータリンク層のイーサネットに渡します。物理アドレスであるイーサネットアドレスがイーサネットのヘッダに保持されます。ここで完成したパケットが物理層に渡され、0と1の形式でネットワーク上を転送されます。

パケットはネットワークケーブルを転送され、最終的にGoogleのWebサーバへとたどり着きます。Webサーバはパケットを下位層から順に読み取っていきます。最初に、パケットがどのサーバに対するものかを判断するため、ネットワークカードが用いるイーサネットアドレス情報が含まれるデータリンク層が読み取られます。この層の情報が処理されると、第2層の情報が取り除かれ、第3層の情報が処理されます。

第3層のIPアドレス情報が読み取られ、アドレスが適切で、パケットが分割されていないことが確認されます。そのあと、この情報は取り除かれ、次の層が処理できるようになります。

引き続き、第4層のTCP情報が読み取られ、パケットが順番に到着していることが確認されます。

第4層のヘッダ情報を取り除くと、アプリケーション層のデータのみが残るので、Webサイトを提供しているWebサーバのアプリケーションへ渡せるようになります。クライアントから送信されたこのパケットに応答する際、サーバはまずTCPのACKパケットを送り、リクエストが受信されたことと、引き続きindex.htmlファイルが送信されることをクライアントに通知します。

パケットはすべて、使用するプロトコルにかかわらず、この例で説明したように構築されて処理されます。ただし、ネットワークを流れるすべてのパケットがアプリケーション層プロトコルから生成されるわけではないことを知っておく必要があります。第2層、第3層、第4層で生成された情報しか含まれないパケットも存在するということです。

1.2.3　ネットワークハードウェア

ここからは、汚れ仕事を引き受けてくれるネットワークハードウェアを見ていきましょう。ここではハブ、スイッチ、ルータといった一般的なネットワークハードウェアに焦点を絞ります。

1.2.3.1　ハブ

ハブとは、通常**図1-4**のNETGEARのハブのように、RJ-45ポートを複数持つただの箱にすぎません。ハブには4ポートといった非常に小型なものから、企業用としてラックマウント用に設計された48ポートといった大型のものまで存在します。

図1-4　典型的な4ポートのイーサネットハブ

ハブは不要なネットワークトラフィックを大量に生み出し、（データの送受信を同時に行うことができない）**半二重モード**でしか動作しないため、最近の集約化されたネットワークで見かけることはまずないでしょう。代わりに（次の項で説明する）スイッチがその目的で使用されます。しかし、「2章　ケーブルに潜入する」で説明する「ハブの使用」テクニックを用いる場合、ハブがパケット解析に非常に重要となるため、ハブの動作は知っておく必要があります。

ハブはOSI参照モデルの物理層で動作する、**データの中継を行う通信機器**以上のものではありません。この通信機器は、あるポートに送信されたパケットをすべてのポートに伝送（中継）しますが、各パケットを受信するか拒否するかはコンピュータ次第です。たとえば、コンピュータが4ポートハブのポート1に接続されていて、ポート2に接続されているコンピュータにデータを送信する場合、ハブは

パケットをポート2、3、4のすべてに送信します。ポート3とポート4に接続されているコンピュータは、パケットのイーサネットヘッダにあるMAC（Media Access Control）アドレスで宛先を確認し、パケットが自分宛でないことを確認すると、**ドロップ**（破棄）します。**図1-5**はコンピュータAがコンピュータBにデータを送信する例を示したものです。コンピュータAがデータを送信すると、ハブに接続されているすべてのコンピュータがこのデータを受信します。しかし、実際にデータを受け取るのはコンピュータBのみで、B以外のコンピュータはそれを破棄します。

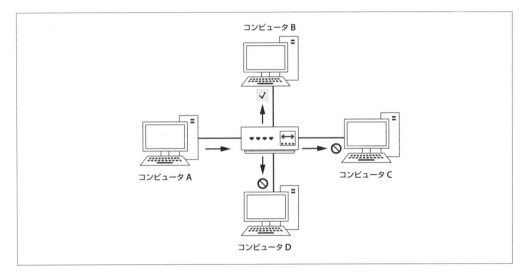

図1-5　コンピュータAがコンピュータBにハブを経由してデータを送信する際のトラフィックの流れ

　たとえとして、マーケティング部で働いている人のみでなく、その企業の社員全員に、メールの題名に「マーケティング部の皆さまへ」と書いたメールを送信したとしましょう。マーケティング部の社員はメールが自分宛であることがわかりますから、そのメールを開封するでしょう。しかし、ほかの社員はメールが自分宛でないことがわかるので、おそらくそれを破棄します。このようなコミュニケーション方法では多くの不要な通信と無駄な時間が発生するのがわかるでしょう。しかし、これがハブの機能です。

　商用の集約化されたネットワークにおいて、ハブに替わる最良の機器は**スイッチ**です。スイッチはデータの送受信が同時にできる**全二重モードの通信機器**です。

1.2.3.2　スイッチ

　ハブと同じく、スイッチはパケットを中継するよう設計されています。しかしハブのようにすべてのポートにデータを送信するのではなく、宛先となるコンピュータのみにデータを送信します。スイッチの見た目はハブとよく似ています（**図1-6**）。

図1-6　ラックマウント型の48ポートイーサネットスイッチ

　Cisco製のものなど、市場にはいくつかの大型のスイッチが出回っており、ベンダー固有のソフトウェアやWebブラウザベースのインターフェースで管理することができます。これらのスイッチは**マネジメントスイッチ**と呼ばれ、ネットワークを管理する際に便利なさまざまな機能を持っています。それには、特定のポートの有効化、無効化、ポートの統計表示、設定の変更、リモートからの再起動といった機能が含まれます。

　スイッチはパケットの転送を処理するための高度な機能も持っています。特定の機器と直接通信できるようにするため、スイッチは通信機器をMACアドレスで識別します。つまり、スイッチはOSI参照モデルのデータリンク層で動作するということです。

　スイッチは、接続されているすべての通信機器の第2層のアドレスを、トラフィックの見張り番のような働きをする**CAMテーブル**に記録しています。パケットが送信されると、スイッチはパケット内にある第2層のヘッダ情報を読み取り、CAMテーブルを参照してどのポートにパケットを送信するかを決定します。スイッチは特定のポートにしかパケットを送信しないため、ネットワークトラフィックを劇的に減らすことができます。

　図1-7はスイッチを経由したトラフィックの流れを図で示しています。コンピュータAはデータを宛先として想定しているコンピュータBのみに送信しています。ネットワーク上では同時に複数の通信ができますが、情報はスイッチと宛先のコンピュータ間で直接やり取りされ、ほかのコンピュータには送られません。

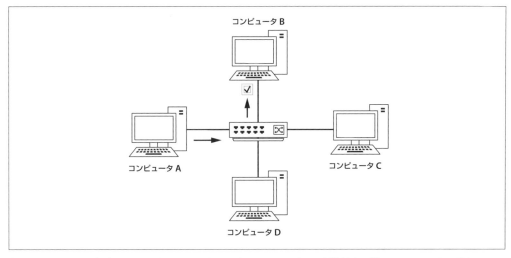

図1-7　スイッチを経由してコンピュータAがコンピュータBにデータを送信する際のトラフィックの流れ

1.2.3.3　ルータ

ルータはスイッチやハブより上位層の機能を持つ高度なネットワーク機器です。ルータはさまざまな形のものがありますが、多くは前面にインジケータランプ（LED）、背面にポートがあります。ポートの数はネットワークの大きさに依存します。**図1-8**は小型ルータ製品の一例です。

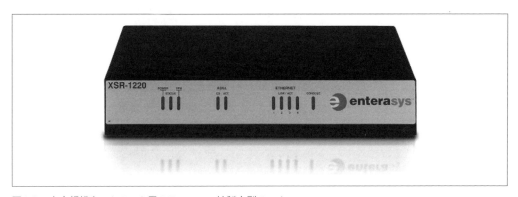

図1-8　中小規模ネットワーク用のEnterasys社製小型ルータ

　ルータはOSI参照モデルの第3層で動作し、複数のネットワーク間でパケットを転送します。ネットワーク間のトラフィックの流れをルータによって制御することを、**ルーティング**と呼びます。ルーティングプロトコルによっては、パケットの種類に応じてほかのネットワークにルーティングする方法を指示します。ルータは、通常ネットワーク上の通信機器を識別するために、（IPアドレスのような）第3層のアドレスを使用します。

ルーティングの概念をイメージする方法のひとつは、いくつかの通りがある町内を考えてみることです。**図1-9**のように、家とその住所をコンピュータ、通りをネットワークとして考えてみます。あなたの家から同じ通りに面しているほかの家には、通りを歩いて簡単に行き来することができます。これはスイッチに接続することによって、同一ネットワークセグメント上のすべてのコンピュータと通信できることとよく似ています。

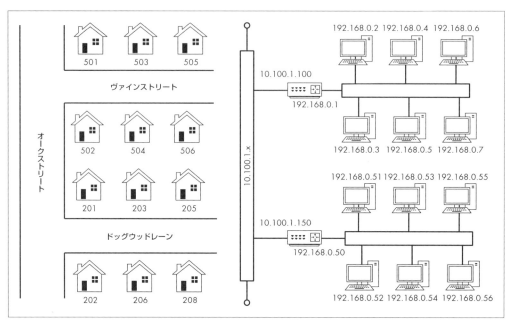

図1-9　ルーティングと町内の通りとの比較

一方、別の通りの友人を訪ねるのは、同じセグメント上にないコンピュータと通信することに似ています。**図1-9**のヴァインストリート502からドッグウッドレーン206に行く必要があるとしましょう。そのためには、オークストリートを通ってドッグウッドレーンに行かなければいけません。これを、ネットワークセグメントをまたがる場合で考えてみてください。192.168.0.3の通信機器が192.168.0.54の機器と通信する必要がある場合、ルータを経由して10.100.1.×のネットワークを通り、宛先の通信機器が存在するネットワークセグメントに到達する前に、そこのセグメントのルータを経由します。

ネットワーク上のルータの大きさや数は、ネットワークの大きさや機能によって変わります。個人やホームオフィスのネットワークの場合は、ネットワークの端に置かれたルータ1台のみで構成されているでしょうし、巨大企業のネットワークではいくつものルータがさまざまな部門に置かれ、それらすべては中央の巨大なルータや第3層（L3）スイッチ（スイッチが高度化したもので、ルータの機能が内蔵されている）に接続されているでしょう。

多くのネットワーク構成図を見ることで、さまざまなポイントを経由するデータの流れを理解するこ

とができるようになるでしょう。**図1-10**はルーティングされたネットワークの一般形を示しています。この例では、2つのネットワークが1つのルータで接続されています。ネットワークAのコンピュータがネットワークBのコンピュータと通信する場合、送信されるデータは必ずルータを経由しなければいけません。

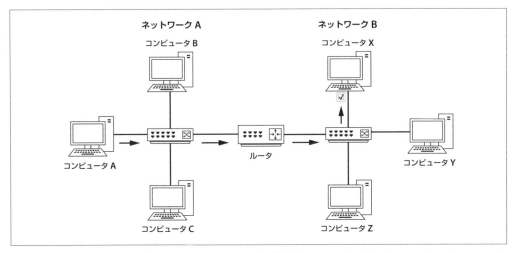

図1-10　あるネットワークに存在するコンピュータAが、別のネットワークに存在するコンピュータXにルータを介してデータを送信したときのトラフィックの流れ

1.3 トラフィックの分類

　ネットワークトラフィックは、ブロードキャスト、マルチキャスト、ユニキャストの3つに分類することができます。これらはそれぞれ異なる特徴を持っています。これによってネットワークハードウェアのパケットの扱い方が決まります。

1.3.1 ブロードキャスト

　ブロードキャストパケットは、ネットワークセグメント上のすべてのポートに送信されます。これはポートがハブ、スイッチのいずれであっても変わりません。

　ブロードキャストトラフィックには、第2層の形式と第3層の形式があります。第2層の形式の場合、MACアドレスFF:FF:FF:FF:FF:FFがブロードキャスト専用アドレスとして予約されており、このアドレス向けのトラフィックはネットワークセグメント全体にブロードキャストされます。第3層にも専用のブロードキャストアドレスがありますが、使われているネットワークアドレスの範囲によって異なります。

　IPネットワークの場合、アドレス帯の中でもっとも高位のIPアドレスがブロードキャストアドレ

ス用に予約されています。たとえばコンピュータのアドレスが192.168.0.20で、サブネットマスクが255.255.255.0の場合、192.168.0.255がブロードキャストアドレスとなります (IPアドレスについては「7章 ネットワーク層プロトコル」で詳しく説明します)。

ブロードキャストパケットが到達する範囲を**ブロードキャストドメイン**と呼びます。これはルータを経由せずにコンピュータからコンピュータに直接到達できるネットワークセグメントを指します。さまざまな媒体を通して接続されている多くのハブやスイッチからなる巨大ネットワーク上では、あるスイッチから送信されたブロードキャストパケットがスイッチからスイッチへと中継され、ネットワーク上のほかのスイッチに存在するすべてのポートまで到達します。**図1-11**は小さなネットワーク上の2つのブロードキャストドメインの例を示しています。ルータに到達するまでがブロードキャストドメインなので、ブロードキャストパケットは特定のブロードキャストドメイン内にのみ到達します。

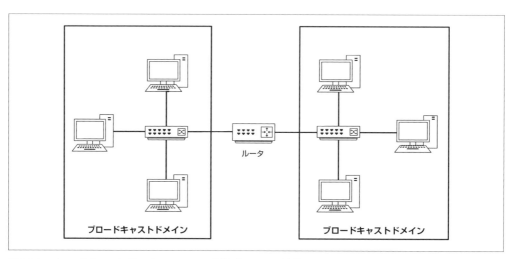

図1-11　ブロードキャストドメインはルータに到達するまでの範囲

先ほどルーティングを町内の家にたとえて説明しましたが、ブロードキャストドメインの動作についても同じことが言えます。ブロードキャストドメインは、住人がみな家のベランダに佇んでいる、近所の通りだと考えてみてください。ベランダに立って叫んだら、その通りにいる人たちはそれを聞くことができます。別の通りの人と話したい場合は、ベランダからブロードキャストする (叫ぶ) のではなく、直接その人と話す方法を見つける必要があります。

1.3.2　マルチキャスト

マルチキャストは、1つの送信元から複数の宛先に同時にパケットを送信する手段で、できる限り少ない帯域でこれを実現するのが目的です。トラフィックの最適化は、宛先に到達するまでにデータが複製された回数の少なさで表現できます。マルチキャストのトラフィックを実際に扱う方法は、個々のプ

ロトコルの実装に大きく依存しています。

マルチキャストの一般的な実装は、パケットを受信するコンピュータをマルチキャストグループとしてグループ化し、そのグループにアドレス情報を割り当てる方式であり、IPマルチキャストもこの方式です。マルチキャストグループにアドレス情報を割り当てることによって、パケットを受け取るべきでないコンピュータにパケットを送信しないようにします。IPでは、マルチキャストに一定のアドレス帯を割り当てています。224.0.0.0から239.255.255.255の範囲のIPアドレスはこの目的に予約されているため、これらのIPアドレスを見かけたらマルチキャストトラフィックであると考えてよいでしょう。

1.3.3　ユニキャスト

ユニキャストパケットはコンピュータからコンピュータへ直接送信されます。ユニキャストがどう機能するかは、使用するプロトコルによって決まります。たとえば、Webサーバと通信したい機器があるとします。これは1対1の接続なので、通信の処理はクライアントの機器がWebサーバだけにパケットを送信するところから始まります。

1.4　まとめ

本章で解説した内容は、パケット解析の基礎知識として不可欠な基本中の基本です。ネットワークのトラブルシューティングを行う前に、ネットワーク通信で何が起こっているかを**理解しなければいけません**。次の「2章 ケーブルに潜入する」では、解析したいパケットをキャプチャするためのさまざまな手法について見ていきます。

2章
ケーブルに潜入する

　パケット解析が有益なものとなるかどうかの鍵は、データを適切にキャプチャするための、パケットキャプチャツール設置位置の決定です。パケット解析を行うエンジニアの間では、パケットキャプチャツールの設置を**ケーブルを監視**する、**ネットワークに潜入** (tap) する、あるいは**ケーブルに潜入**するなどと言います[*1]。

　残念ながらパケットのキャプチャは、単純にノートPCをネットワークポートに接続してパケットをキャプチャすればよいというものではありません。実際には、パケットを解析するよりもパケットキャプチャツールを配置するネットワーク上の位置を決めるほうが難しいこともあります。なぜパケットキャプチャツールの配置が難しいかというと、機器の接続には多種多様なネットワーク装置が用いられているためです。典型的な状況を**図2-1**に示します。最近のネットワークで使われている主なネットワーク機器であるスイッチとルータは、それぞれ違った形で通信データを扱うため、解析するネットワークにパケットキャプチャツールを設置する際にはその点を十分考慮しなければなりません。

　この章の目的は、さまざまなネットワークトポロジにおけるパケットキャプチャツールの設置方法を理解することですが、まずは潜入したネットワークを流れるすべてのパケットを実際に見るにはどうすればよいかを見ていきましょう。

---

*1　監訳注：日本語では「キャプチャを仕込む」あるいは「キャプる」といった表現が多いように思います。

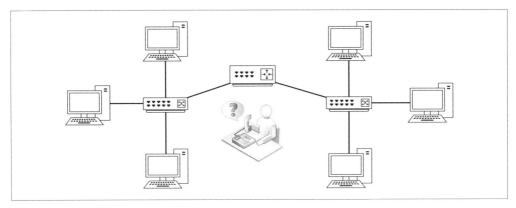

図2-1　接続が多いとパケットキャプチャツールを設置する位置を決めることが難しく、欲しいデータを得るのも大変

2.1　プロミスキャスモードの使用

　ネットワーク上のパケットを監視するには、プロミスキャスモードをサポートしているNIC（Network Interface Card：ネットワークインターフェースカード）が必要です。ネットワークを流れるすべてのパケットを参照することができるようにするのが、**プロミスキャスモード**です。

　「1章 パケット解析とネットワークの基礎」のブロードキャストトラフィックで学んだように、あるホストが実際には自分が宛先でないパケットを受け取る、といったことがよくあります。特定のIPアドレスに対応するMACアドレスを決定するのに使われるARPはどんなネットワークにおいても必需品ですが、宛先以外のホストに送られるトラフィックの好例です（これについては「7章 ネットワーク層プロトコル」で詳しく説明します）。一致するMACアドレスを見つけるために、ARPは正しいクライアントが応答してくれるよう祈りつつ、ブロードキャストドメインにあるすべての通信機器に、ブロードキャストパケットを送信します。

　ブロードキャストドメイン（ある機器がほかの機器にルータを経由せずに直接送信できるネットワークセグメント）には複数のホストが含まれますが、送信されたARPブロードキャストパケットに反応するのは1台だけです。ネットワーク上のすべてのホストがARPブロードキャストパケットを実際に処理するのは、とてつもなく非効率だからです。代わりに、通信機器のNICが自分宛でないパケットは自分には役に立たないと認識し、ホスト上の処理に回さず廃棄します。

　パケットの廃棄は、宛先以外のホストの処理効率を向上させますが、パケット解析にとってはあまり都合がよくありません。パケット解析を行う側としては、ネットワークを流れる**すべて**のパケットを参照して、重要な情報の断片を見逃したくないからです。

　NICのプロミスキャスモードを使えば、トラフィックのすべてを確実にキャプチャすることができます。プロミスキャスモードで操作する場合、アドレスにかかわらず、NICはすべてのパケットをホストに渡します。パケットがホストに引き渡されると、パケットキャプチャツールのアプリケーションがそ

れを取得して解析します。

最近のNICのほとんどがプロミスキャスモードをサポートしています。Wiresharkはlibpcap/WinPcapドライバを同梱しているため、WiresharkのGUIからNICを直接プロミスキャスモードに切り替えることができます（libpcap/WinPcapについては「3章 Wiresharkの概要」で詳しく解説します）。

本書の目的を実現するには、NICとプロミスキャスモードの使用が可能なOSが必要になります。プロミスキャスモードでキャプチャする必要がないのは、キャプチャしているインターフェースのMACアドレスに直接送られるトラフィックのみを参照したい場合だけです。

Windowsを含むほとんどのOSで、NICのプロミスキャスモードは、高い権限がないと使用できません。プロミスキャスモードを使用するための権限が合法的に取得できないなら、そのネットワークでパケットキャプチャを行うべきではありません。

2.2　ハブで構成されたネットワークでのキャプチャ

ハブで構成されたネットワークでのキャプチャはとても簡単です。「1章 パケット解析とネットワークの基礎」ですでに学んだとおり、トラフィックはハブのすべてのポートに流れます。したがって、ハブに接続されている機器のトラフィックを解析するためには、ハブの空いているポートにパケットキャプチャツールがインストールされた機器を接続するだけでよいのです。その機器宛、またその機器発のすべての通信だけでなく、そのハブに接続されたすべての機器の通信も参照できるようになります。図2-2にあるように、パケットキャプチャツールは、ハブに接続されているすべての機器の通信を参照できます。

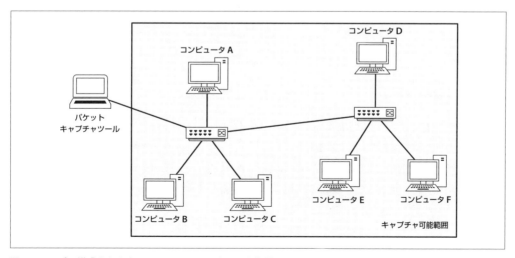

図2-2　ハブで構成されたネットワークでは、すべてを参照できる

本書ではパケットキャプチャツールが参照できる機器の範囲を、**キャプチャ可能範囲**という枠で示しています。

残念ながら、ハブで構成されたネットワークはネットワーク管理者の頭痛の種となるため、今ではほとんど使われていません。ハブは一度に1つの通信しか扱えないため、ハブを通して接続されている機器は、通信しようとしているほかの機器と帯域を取り合うことになります。2台以上の機器が同時に通信しようとすると、**図2-3**に示すようなパケットの衝突が発生し、結果としてパケットが消失します。機器はパケットを再送して消失を補おうとするため、ネットワークが輻輳し、さらなる衝突が発生します。トラフィックが増加して衝突が増えると、機器はパケットを3回4回と再送信しなければならないため、ネットワークのパフォーマンスが劇的に落ちてしまいます。現在のネットワークが規模にかかわらずハブでなくスイッチを使用している理由はそこにあります。現在のネットワークではハブはほとんど使われていませんが、古いハードウェアやICS（産業用制御システム）などの特別な機器をサポートするネットワークでは、ときどき目にすることがあるでしょう。

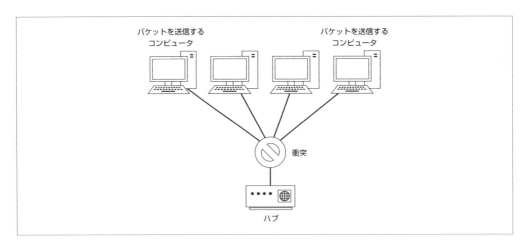

図2-3　2台の機器が同時にパケットを送信すると、パケットの衝突が起こる

ネットワーク上でハブが使用されているかどうかを見分ける一番簡単な方法は、サーバルームかネットワーククローゼットをチェックすることです。ほとんどのハブにはハブであることを示すラベルが貼られています。ほかのすべての方法を使っても判断できない場合、ほこりの積もったネットワークハードウェアの置かれた、サーバクローゼットの暗い隅っこを探してみてください。

2.3 スイッチで構成されたネットワークでのキャプチャ

現在のネットワーク環境で一番よく使われているネットワーク機器はスイッチです。スイッチはブロードキャスト、ユニキャスト、マルチキャストのデータを効率的に転送します。さらに、スイッチは全二重通信が可能なため、データの送信と受信を同時に行えます。

ただしスイッチで構成されたネットワーク上でのキャプチャは、少々複雑です。**図2-4**に示すとおり、スイッチに接続されたパケットキャプチャツールは、ブロードキャストパケットと、ツールがインストールされている機器宛のパケットしか見ることができないのです。

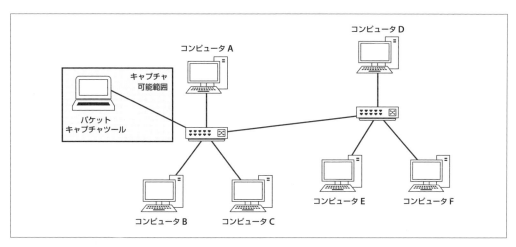

図2-4　スイッチで構成されたネットワークでは、パケットキャプチャツールがインストールされている機器が接続されているポートしかキャプチャ可能範囲とならない

スイッチで構成されたネットワークで自分宛以外の機器の通信をキャプチャする主な方法としては、ポートミラーリング、ハブの使用、タップの使用、ARPキャッシュポイゾニングの4つがあります。

2.3.1　ポートミラーリング

ポートミラーリング（ポートスパニング） は、スイッチで構成されたネットワークでキャプチャ対象の機器のパケットをキャプチャする一番簡単な方法です。ポートミラーリングを使用するには、キャプチャ対象の機器が接続されているスイッチを、コマンドまたはWebマネジメントインターフェースを使って操作する必要があります。もちろん、スイッチがポートミラーリングをサポートしていること、そのスイッチに、キャプチャ用の機器を接続するための空きポートがあることも必要です。

ポートミラーリングを使用するには、スイッチのコマンドラインインターフェースを使い、特定のポートの通信をほかのポートにコピー（ミラーリング）するようなコマンドを入力する必要があります。たとえば、ポート3のパケットをキャプチャする際は、キャプチャ用コンピュータをポート4に接続し、ポー

ト3からポート4にミラーリングする設定を行うことで、対象の機器の通信を見ることができるようになります。**図2-5**はポートミラーリングを示したものです。

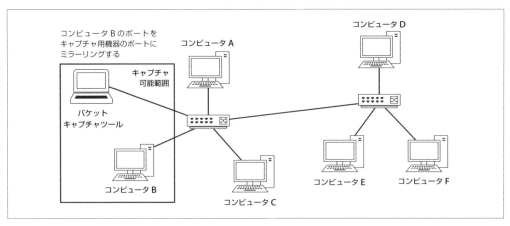

図2-5　ポートミラーリングによって、キャプチャ可能範囲を拡大できる

　ポートミラーリングのための設定は、スイッチのベンダーによって異なります。ほとんどのエンタープライズスイッチでは、コマンドラインインターフェースにログインし、ポートミラーリングコマンドを入力する必要があります。**表2-1**は、一般的なポートミラーリングコマンドの一覧です。

表2-1　ポートミラーリングを有効化するコマンド

メーカー	コマンド
Cisco	set span ミラーリング元ポート ミラーリング先ポート
Enterasys	set port mirroring create ミラーリング元ポート ミラーリング先ポート
Nortel	port-mirroring mode mirror-port ミラーリング元ポート monitor-port ミラーリング先ポート

　ポートミラーリングのオプションをWebベースのGUIから設定できるスイッチもありますが、あまり一般的ではなく、標準化もされていません。しかし、GUIを使ってポートミラーリングを効率的に設定できるなら、使わない手はありません。また小規模オフィスやホームオフィス（SOHO）向けスイッチにはポートミラーリング機能を持つものが増えてきており、これらは通常GUIで設定できます。

　ポートミラーリングを使用するときは、ミラーリングしているポートのスループットに注意してください。スイッチの中には、2台以上の機器の通信を同時に解析できるようにするため、複数のポートを1つのポートにミラーリングできるものがあります。しかしながら、たとえば24ポートのスイッチで、100Mbps全二重で通信する23ポートの通信を1つのポートにミラーリングした場合を考えてみてください。4600Mbpsものトラフィックが1つのポートに流れるかもしれません。そうなれば、トラフィック

が単一ポートの物理的な限界を超えた時点で、パケットの消失やネットワークの遅延を引き起こすことになります。これはオーバーサブスクリプションと呼ばれる状態です。こうした状況では、スイッチが処理しきれないパケットをすべて破棄したり、内部回路が「停止」したりしてしまい、通信がまったくできなくなってしまうことがあります。パケットをキャプチャする際には、このような状況にならないように気をつけてください。

ポートミラーリングは、ネットワークセキュリティ監視などの理由で、特定のネットワークセグメントを常時監視する必要があるエンタープライズネットワークにとって魅力的で、低コストのソリューションに思われるかもしれません。しかしこの方法は一般にあまり信頼性が高いとはいえず、こうした用途には不向きです。特にスループットが高い場合、ポートミラーリングは安定せず、データ消失が起こるために追跡が難しくなります。このような場合はタップの使用をお勧めします（「2.3.3 タップの使用」で詳しく説明します）。

2.3.2　ハブの使用

スイッチで構成されたネットワーク上でパケットをキャプチャするもうひとつの方法は、**ハブ**を使用することです。パケットをキャプチャしたい機器と解析用の機器を、ハブに接続することで同じネットワークセグメント上に置いてしまうのです。多くの人々は、そのようにハブを使用することは不正な行為だと思っていますが、ポートミラーリングが使えない環境で、かつキャプチャしたい機器が接続されているスイッチに物理的に触ることが可能であれば、ハブの使用はキャプチャを実現する完璧な方法と言えます。

ハブを使用して機器の通信をキャプチャするために必要なのは、ハブと数本のネットワークケーブルだけです。必要なものが揃ったら、次のように接続します。

1. スイッチのある場所を見つけ、キャプチャ対象の機器のケーブルを抜きます。
2. キャプチャ対象の機器のケーブルをハブにつなぎます。
3. キャプチャ用の機器とハブをケーブルでつなぎます。
4. ハブとスイッチをケーブルでつなぎます。

これで、キャプチャ用の機器とターゲットマシンが同じブロードキャストドメイン上に存在することになります。**図2-6**のように、キャプチャ対象の機器からのトラフィックは、ハブに接続されているすべての機器にブロードキャストされることになり、パケットキャプチャツールがパケットをキャプチャできるようになります。

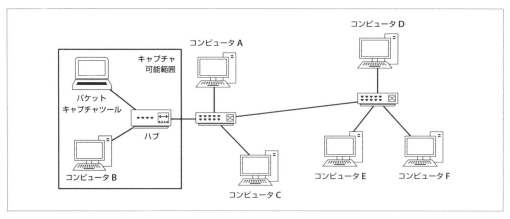

図2-6　ハブを使うことで、キャプチャ対象の機器とキャプチャ用の機器を同じブロードキャストドメインに置くことができる

　たいていの場合、ハブを使うと全二重の通信が半二重になります。ハブの使用はパケットをキャプチャする最良の方法とは言えませんが、ポートミラーリングをサポートしていない場合は、この方法を使うしかありません。ただしハブには電源が必要であり、これを見つけるのが難しい場合もあることを覚えておいてください。

　ついでに言っておくと、ケーブルを抜こうとしている機器の使用者に、きちんと警告したという事実を作っておくことをお勧めします。使用者が会社のCEOだったりする場合はなおさらです。

「本物の」ハブを見つける

　ハブを使用する場合、インチキのラベルが貼られたスイッチではなく、本物のハブを使うよう気をつけてください。実際には性能の低いスイッチであるにもかかわらず、ハブとして宣伝、販売するという悪習を持つメーカーが存在するからです。ハブを使わないと、キャプチャ対象の機器のパケットではなく、自分のパケットしか見ることができません。

　ハブを見つけたら、それが本物のハブかどうかをテストしましょう。本物であればラッキーです。本物のハブかどうかを判断する最良の方法は、2台の機器に接続して、片方の機器がもう1台との通信をキャプチャできるかどうか、またネットワーク上のほかの機器やプリンタなどの機器との通信をキャプチャできるかどうかを確認することです。それができれば、本物のハブだということになります。

　ハブは時代遅れなため、現在ではあまり製造されていません。店頭で本物のハブを購入するのはほとんど不可能なため、少々努力が必要です。地元の学校での中古品オークションは貴重な

機会です。公立学校は廃棄処分する前にオークションを行うことが義務付けられているうえに、古い機器が放置されていることがよくあります。白豆とコーンブレッド一皿よりも安い値段で、数台のハブを中古オークションで入手した人々を知っています。またeBayも良い入手先ですが、ハブだと偽ったスイッチをつかまされることがあるので、注意が必要です[*1]。

2.3.3 タップの使用

「ステーキがあるのに、どうしてチキンを食べるのか」という言い回しはよく知られています（南部出身なら「揚げボローニャがあるのに、どうしてハムなんだ」と言うかもしれませんが）。この選択は、タップの使用とハブの使用にも当てはまります。

ネットワークタップ（**タップ**）は、2つの通信機器の間に設置して、この2点間のパケットをキャプチャするためのハードウェアです。ハブの場合、ネットワーク内にハードウェアを設置して、必要なパケットをキャプチャします。ハブとの違いは、ネットワーク解析のために特別に設計されたハードウェアであるという点です。

ネットワークタップには、主に**統合型**と**非統合型**の2種類があります。どちらのタップも2台の機器の間に設置され、通信をキャプチャします。統合型タップと非統合型タップの主な違いは、非統合型には**図2-7**で示したように4つのポートがあり、トラフィックを双方向で監視するために別々のインターフェースが必要であるのに対し、統合型には3つしかなく、ひとつのインターフェースで双方向の監視を行えることです。

図2-7　Barracuda社の非統合型タップ

タップには通常電源が必要ですが、なかにはコンセントにつながなくても、短時間であればパケットキャプチャが可能な電池内蔵型もあります。

[*1] 監訳注：日本国内では、若干高価になりますが、いくつかのベンダーがハブ（リピータハブ）を販売していますので、ハブがないといった事態は避けられます。

2.3.3.1 統合型タップ

統合型タップの使い方は簡単です。双方向の通信をキャプチャする物理的な監視ポートが1つしかないからです。

統合型タップを使って、スイッチに接続された1台の機器のすべての通信をキャプチャするには、次のように行います。

1. 機器をスイッチから外します。
2. ネットワークケーブルの一方を機器につなぎ、もう一方をタップの「入力」ポートにつなぎます。
3. 別のケーブルの一方をタップの「出力」ポートにつなぎ、もう一方をスイッチにつなぎます。
4. 最後のケーブルの一方をタップの「監視」ポートにつなぎ、もう一方をパケットキャプチャツールとして機能する機器につなぎます。

統合型タップは図2-8のように接続されているはずです。この時点で、パケットキャプチャツールはタップに接続した機器のすべての通信をキャプチャすることになります。

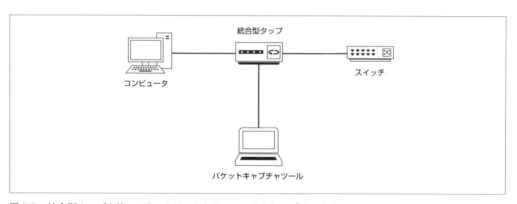

図2-8 統合型タップを使ってネットワークトラフィックをキャプチャする

2.3.3.2 非統合型タップ

非統合型タップは統合型よりも少し複雑ですが、通信のキャプチャという点ではより柔軟性があります。双方向通信の監視に使うポートが1つだけあるのではなく、ポートが2つあるからです。片方の監視ポートを一方の通信のキャプチャに用い（タップに接続されたコンピュータからの通信）、もう一方を逆方向の通信（コンピュータに入っていく通信）に使うことができるのです。

スイッチに接続された1台のコンピュータのすべての通信をキャプチャするには、次のように行います。

1. 機器をスイッチから外します。
2. ネットワークケーブルの一方を機器につなぎ、もう一方をタップの「入力」ポートにつなぎます。

3. 別のケーブルの一方をタップの「出力」ポートにつなぎ、もう一方をネットワークスイッチにつなぎます。
4. 3本目のケーブルの一方をタップの「監視A」ポートにつなぎ、もう一方をパケットキャプチャツールとして機能する機器のNICにつなぎます。
5. 最後のケーブルの一方を「監視B」ポートにつなぎ、もう一方をパケットキャプチャツールとして機能する機器のもうひとつのNICにつなぎます。

非統合型タップは**図2-9**のように接続されているはずです。

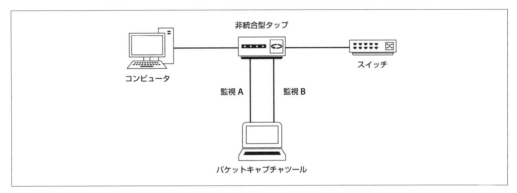

図2-9　非統合型タップを使ってネットワークトラフィックをキャプチャする

　これらの例では、タップを使用する場合、ひとつの機器しか監視できないように見えますが、実際にはタップの配置を工夫すれば、たくさんの機器を監視することができます。たとえばネットワークセグメント全体とインターネットとの間のすべての通信を監視したいなら、ルータ以外のすべての機器が接続されているスイッチと、ネットワークのルータとの間にタップを設置します。ネットワークのチョークポイント（要衝）にタップを配置することで、必要な通信が監視できるのです。この戦略はセキュリティ監視でよく用いられます。

2.3.3.3　ネットワークタップを選ぶ

　2種類のタップの違いを説明しましたが、どちらがよいのでしょうか。多くの場合、必要なケーブル本数が少なく、パケットキャプチャツールとして機能する機器に2つのNICを必要としない統合型が好まれます。しかし大量の通信をキャプチャする場合や、一方向の通信のみをキャプチャする場合は、非統合型タップがよいでしょう。
　150ドル程度のシンプルなイーサネットタップから、6桁の価格となる企業クラスの光ファイバータップまで、多種多様なタップが購入できます。筆者はIxia（旧Net Optics）、Dualcomm、Fluke Networksのタップを使っていますが、非常に満足しています。ほかにも優れたタップが数多くあると思います。企業向けアプリケーションにタップを使うなら、フェイルオープン機能のあるタップが必要

32 | 2章　ケーブルに潜入する

となるでしょう。この機能があれば、タップに障害や故障が発生した場合でも、パケットを継続して転送するので、タップされたネットワークに影響を与えることがありません。

2.3.4　ARPキャッシュポイゾニング

　ケーブルに潜入するテクニックの中で、お気に入りのひとつがARPキャッシュポイゾニングです。ARPプロトコルの詳細については「7章 ネットワーク層プロトコル」で説明します。ここでは、このテクニックの動作を理解するために最低限必要な説明を行います。

2.3.4.1　ARP処理

　「1章 パケット解析とネットワークの基礎」では、パケットのアドレス情報にはOSI参照モデルにおける第2層のものと第3層のものがあることを学びました。第2層のアドレス情報であるMACアドレスは、第3層のアドレス情報と連携して使われます。本書では、業界標準の用語に従って、第3層のアドレス情報を**IPアドレス**と呼びます。

　第3層のネットワーク機器はすべて、IPアドレスを使って通信を行います。スイッチはOSI参照モデルの第2層で動作し、第2層のMACアドレスしか認識しないため、機器が生成するパケットにはMACアドレスの情報も格納する必要があります。適切な機器にパケットを転送するために、MACアドレスが不明な場合は、既知の第3層のIPアドレスを使ってこれを取得しなければなりません。この変換処理は、ARP（Address Resolution Protocol）と呼ばれる第2層のプロトコルによって行われます。

　ARP処理は、イーサネットネットワークに接続している1台の機器が別の機器と通信しようとしたときに開始されます。送信元の機器はまずARPキャッシュを確認し、宛先の機器のIPアドレスに対応するMACアドレスが格納済みでないかを確認します。格納されていなければ、「1章 パケット解析とネットワークの基礎」で説明したように、データリンク層のブロードキャストアドレスff:ff:ff:ff:ff:ffにARPリクエストを送ります。このパケットはブロードキャストパケットであるため、特定のイーサネットセグメントにあるすべての機器が受信することになります。パケットは「IPアドレス**xx.xx.xx.xx**を持つ機器のMACアドレスは？」と質問しているわけです。

　このIPアドレスを所有しない機器はARPリクエストを単に破棄します。宛先になる機器は、ARPレスポンスによってMACアドレスを返します。元々の送信元の機器は、これによって宛先の機器との通信に必要なデータリンク層の情報を取得し、すばやく検索できるよう、ARPキャッシュにこの情報を格納します。

2.3.4.2　ARPキャッシュポイゾニングの動作

　ARPキャッシュポイゾニングは、**ARPスプーフィング**とも呼ばれ、偽りのMAC（第2層）アドレスを含むARPメッセージをイーサネットのスイッチまたはルータに送信し、別の機器のトラフィックに割り込む処理です。**図2-10**はこの動作を図示したものになります。

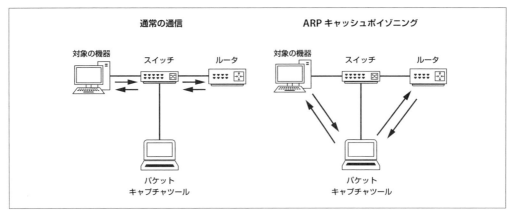

図2-10　ARPキャッシュポイゾニングによって、対象の機器の通信に割り込む

　これは通常、通信への割り込みやDoS攻撃（Denial of Service attack：サービス不能攻撃）を仕掛ける目的で、偽装したアドレスのパケットをクライアントのシステムに送信するために、攻撃者によって使用されます。しかしながら、スイッチで構成されたネットワーク上で、特定の機器のパケットをキャプチャする手段としても使うことができます。

2.3.4.3　Cain & Abelの使用

　ARPキャッシュポイゾニングを使用するには、まず必要なツールを入手し、いくつかの情報を確認しておく必要があります。ここでは、有名なセキュリティツールであり、Windowsに対応しているOxid.it（http://www.oxid.it/）のCain & Abelを使います[*1]。Webサイトの説明に従ってダウンロードし、インストールしてください。

 Cain & Abelをダウンロードする際に、アンチウイルスソフトウェアやブラウザがこれを悪意あるソフトウェア、あるいは「ハッカーツール」として警告する場合があります。このツールにはいくつもの使い道があり、不正なツールにもなり得るからです。本書の使い方ではシステムに脅威となることはありません。

　Cain & Abelを使う前に、解析用ホストのIPアドレス、トラフィックをキャプチャしたい対象の機器、その機器が接続されているルータの情報などを確認しておく必要があります。

　Cain & Abelを起動すると、ウィンドウの上部にいくつかのタブが確認できるはずです（ARPキャッシュポイゾニングは、Cain & Abelに備わっている機能のひとつにすぎません）。ARPキャッシュポイゾニングは、［Sniffer］タブから実行することができます。［Sniffer］タブをクリックすると、**図2-11**のよ

[*1]　監訳注：ドメインoxid.itは、2021年5月11日時点で所有者が別になっているため、以下のURLからダウンロードしてください。https://web.archive.org/web/20190603235413/http://www.oxid.it/cain.html

うな空の表が表示されるはずです。

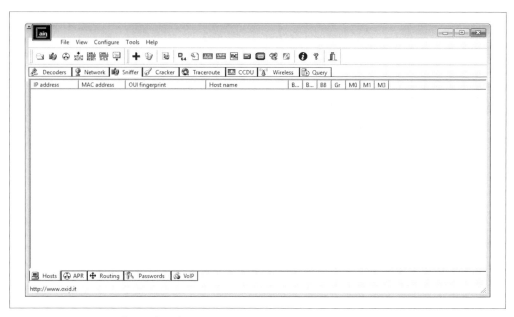

図2-11　Cain & Abelの[Sniffer]タブ

　この表に情報を格納させるため、Cain & Abelの内蔵パケットキャプチャツールを起動して、ネットワーク上のホストをスキャンする必要があります。これは以下の手順で行います。

1. ツールバーの左から2番目、NICに似たアイコン（🖧）をクリックします。
2. キャプチャに用いるインターフェースを聞かれます。ARPキャッシュポイゾニングを行いたいネットワークに接続しているインターフェースを選択してください。初めてCain & Abelを使用する場合は、選択したら[OK]ボタンをクリックします。2回目以降は選択したインターフェースが保存されているので、NICアイコンを押して選択します（Cain & Abelのパケットキャプチャ機能を有効にするため、必ずこのボタンを押してください）。
3. [＋]ボタンをクリックし、ネットワーク上のホスト一覧を作成します。すると**図2-12**のような[MAC Address Scanner]ダイアログが表示されるので、[All hosts in my subnet]ラジオボタンを選択して（あるいは適宜アドレス範囲を指定して）、[OK]ボタンをクリックします。

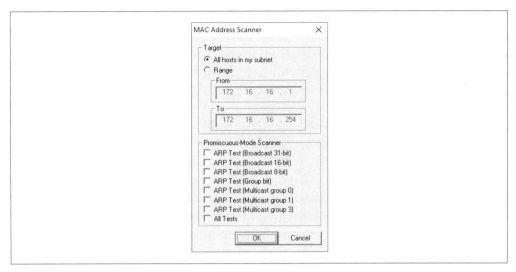

図2-12　Cain & Abelのネットワーク検索ツールを使ってMACアドレスをスキャンする

　一部のWindows 10ユーザーから、Cain & AbelではネットワークインターフェースのIPアドレスが見つからず、ARPキャッシュポイゾニングが行えないという報告が出ています。この問題が発生した場合、ネットワークインターフェースを構築する際に、インターフェースのIPアドレスが0.0.0.0となっているはずです。問題を解決するには、以下の設定を行ってください。

1. Cain & Abelが起動している場合、終了します。
2. デスクトップの検索バーに、**ncpa.cpl**と入力し、［ネットワーク接続］ダイアログを開きます。
3. キャプチャに用いるネットワークインターフェースを右クリックし、［プロパティ］をクリックします。
4. ［インターネット プロトコル バージョン 4（TCP/IPv4）］をダブルクリックします。
5. ［詳細設定］ボタンをクリックし、［DNS］タブを選択します。
6. ［この接続のDNSサフィックスをDNS登録に使う］の横にあるチェックボックスを選択、有効にします。
7. ［OK］をクリックしてダイアログを終了し、Cain & Abelを再起動します。

　これで表には、ネットワークに接続されているホストのMACアドレス、IPアドレス、ベンダー情報などの一覧が表示されるはずです。これらの情報を利用して、ARPキャッシュポイゾニングを実行します。

　ウィンドウの下部には、［Sniffer］タブで使用できる機能のタブが表示されているはずです。ホスト一覧を作成したら、［APR］（ARP Poison Routing）タブでの作業に移ります。タブをクリックして、［APR］ウィンドウへ切り替えます。

［APR］ウィンドウでは、2つの空の表が表示されます。以降の設定を完了すると、上の表にはARPキャッシュポイゾニングが行われた機器の情報が、下の表にはARPキャッシュポイゾニングを行っている機器を経由して通信しているすべての機器の情報が表示されます。

ARPキャッシュポイゾニングの設定手順は以下のとおりです。

1. 上の表の空白部分をクリックし、次にツールバー上にある［＋］ボタンをクリックします。
2. ペインが2つ横に並んだウィンドウが表示され、左側のペインに、ARPキャッシュポイゾニングによる通信の割り込みが可能なホストの一覧が表示されます。トラフィックをキャプチャする対象となる標的ホストのIPアドレスをクリックすると、右側のペインには残りのホストの一覧が表示されます。
3. 右側のペインで、標的ホストの上位にあたるルータのIPアドレスをクリックし、［OK］ボタンをクリックします（**図2-13**）。これで、標的ホストとルータのIPアドレスが、［APR］ウィンドウの上の表に表示されます。
4. 最後に、ツールバー上にある黄色と黒の放射能マーク（☢）をクリックします。Cain & AbelのARPキャッシュポイゾニング機能が有効になり、標的ホストとルータとの間の通信に割り込むことができるようになります。

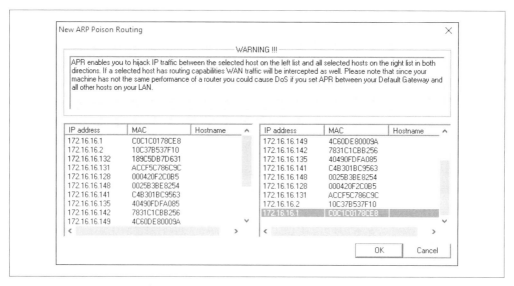

図2-13　ARPキャッシュポイゾニングを有効にする機器を選択する

これで、パケットキャプチャツールを使って通信を解析できるようになりました。パケットのキャプチャが終了したら、黄色と黒の放射能マーク（☢）を再度クリックすることで、ARPキャッシュポイゾニングを停止できます。

2.3.4.4　ARPキャッシュポイゾニングを使う際の注意

　ARPキャッシュポイゾニングを実行する場合は、標的ホストの役割に注意してください。たとえば、標的とする機器が1Gbpsでネットワークに接続されているファイルサーバのような、ネットワーク的に高負荷を発生させている機器の場合、この方法を用いるべきではありません（特に解析用ホストが100Mbpsしか使えない場合など）。

　このような状況でARPキャッシュポイゾニングによる通信の割り込みを行うと、標的ホストが送受信するトラフィックのすべてが最初に解析用ホストに流れ込んでしまうため、そこが通信処理のボトルネックになってしまいます。これでは、解析用ホストがDoS攻撃を受けているのと同じ状態になり、ネットワークのパフォーマンスを下げるだけでなく、解析もうまくいかないでしょう。またトラフィックの集中は、SSLによる通信が期待どおりに動作しないといった事態にもつながります。

非対称ルーティングという機能を使えば、解析用ホストにすべてのパケットが流れ込む事態を回避することができます。この方法についての詳しい情報は、oxid.itのユーザーマニュアル（https://web.archive.org/web/20190617185807/http://www.oxid.it/ca_um/topics/apr.htm）を参照してください。

2.4　ルータで構成されたネットワークでのキャプチャ

　スイッチで構成されたネットワークでネットワークに潜入する方法は、そのままルータで構成されたネットワークでも使えます。ルータを含むネットワーク特有の考慮点は、複数のネットワークセグメントにまたがるトラブルを解決する際のパケットキャプチャツール設置位置の重要性です。

　すでに学んだとおり、ブロードキャストドメインはルータによって区切られます。ルータは、トラフィックを次のルータへと中継します。データが複数のルータを経由するような環境では、ルータの前後でトラフィックを解析することが重要です。

　ルータをいくつか経由して、いくつかのネットワークセグメントが接続されているネットワークで発生した通信トラブルについて考えてみましょう。このネットワークでは、各セグメントがデータの格納、参照を行うために上位のセグメントと通信します。図2-14のように、下位のサブネットであるネットワークDからネットワークAのホストと通信できないというトラブルが発生したとしましょう。

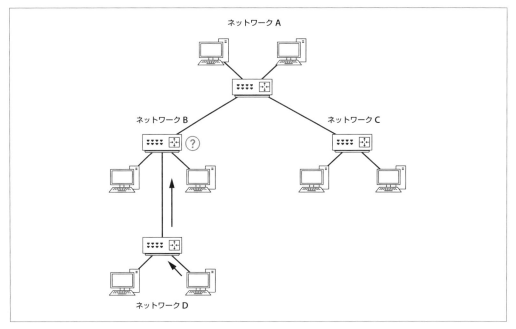

図2-14　ネットワークD上のホストがネットワークAのホストと通信できない

　ほかのネットワークのホストと通信できないトラブルを抱えているネットワークD上のホストのトラフィックをキャプチャすると、ほかのネットワークへ送信されるデータはきちんと確認できるにもかかわらず、そこから返ってくるはずのデータを確認できなかったとします。この場合、パケットキャプチャツールの設置場所を再考し、上位のネットワークセグメント（ネットワークB）でキャプチャを始めてみると、何が起こっているかがはっきりするはずです。ここでは、ネットワークBのルータがパケットを破棄しているか、ルーティングを誤っていたことにしましょう。これでトラブルの原因がルータの設定にあることがわかり、設定を直せば悩みは解決です。このシナリオは少々おおざっぱではありますが、ここで言いたかったことは、複数のルータやネットワークセグメントが存在する場合、全体像を把握するには、パケットキャプチャツールを何度か移動させる必要があるかもしれないということです。

ネットワークマップ

　ここまでの設置場所についての説明の中で、いくつかのネットワークマップを見てきました。**ネットワークマップ**（ネットワーク構成図）には、ネットワーク上のホストやネットワーク機器がどのように接続されているかが示されています。

　パケットキャプチャツールの設置場所を決定するには、ネットワークを視覚化するのが一番です。すでにネットワークマップがあるなら、トラブルシューティングや解析の際非常に役立ちま

すので、常に手元に置いておきましょう。もっと詳細なネットワークマップを作成したいと感じるかもしれません。トラブルシューティング作業の半分が、適切な位置のデータが収集されているかどうかの確認であることもよくあります。

2.5 パケットキャプチャツールを実際に設置する

スイッチで構成された環境におけるパケットのキャプチャについて、4つの方法を見てきました。これ以外に1台のホストにパケットキャプチャツールのアプリケーションをインストールするだけ（**直接インストール**）という方法もあります。5つもあると、どの方法が最適かを判断するのに少々悩んでしまうかもしれません。**表2-2**は各方法についての汎用的なガイドラインを示しています。

キャプチャは、可能な限り透過的でなければなりません。痕跡を一切残さずにデータを収集するのが理想です。法医学の検査官が犯行現場に手を加えたくないのと同様、私たちもキャプチャしたパケットに手を加えたくないのです。

表2-2　スイッチで構成された環境におけるキャプチャ方法のガイドライン

方法	ガイドライン
ポートミラーリング	●ネットワークに影響を与えず余分なパケットが生成されない ●ホストをネットワークから切断せずに設定可能なため、ルータやサーバのポートをミラーリングする場合に便利 ●スイッチからのパケットを処理するリソースが必要で、スループットが高い場合は不安定になる
ハブの使用	●ホストを一時的にネットワークから切断しても問題ない場合に限る ●複数のホストからのパケットをキャプチャする場合は、衝突やパケットの消失が起こる可能性があり、不向き ●本物のハブは通常10Mbpsしか対応していないため、現在の100/1000Mbps環境ではパケット消失の恐れあり
タップの使用	●ホストを一時的にネットワークから切断しても問題ない場合に理想的 ●光ファイバー接続の場合はタップしか使えない ●タップは信頼性が高くスループットが高い場合でも拡張可能なため、企業ネットワークでのパケットキャプチャや継続した監視が必要な場合に適したソリューション ●タップはこの目的のための機器であり、近年の高速ネットワークに対応するよう設計されているため、ハブよりも優れている ●特に広帯域に対応する場合高額となるため、予算が厳しい場合にはコスト的に困難
ARPキャッシュポイゾニング	●キャプチャするホストを経由するようにトラフィックの流れを変更するため、ネットワークに余分なパケットが流れてしまい、好ましくない ●ポートミラーリングが使えない場合、ホストをネットワークから切断せずにパケットを即座にキャプチャする必要がある際に有効 ●ネットワーク機能に影響を与えないよう、十分注意する必要がある
直接インストール	●ホストに問題がある場合、パケットが消失したり変更されてしまったりする可能性があるため推奨されない ●ホストのNICをプロミスキャスモードにする必要がない ●テスト環境、性能の確認や基準値の測定、他で作成されたキャプチャファイルの検査には最適

あとの章では、実践的なシナリオを通じて、ケースバイケースでデータの最適なキャプチャ方法を解説していきます。当面は、パケットのキャプチャに使用する最適な方法を決めるのに、**図2-15**のフローチャートが役立つでしょう。チャートではパケットのキャプチャを自宅で行うのかそれとも職場なのかといったことから始まり、さまざまな異なる要因を考慮しています。このフローチャートは一般的なものであり、ネットワークに潜入する際の選択肢のすべてを網羅しているわけではないことは留意しておいてください。

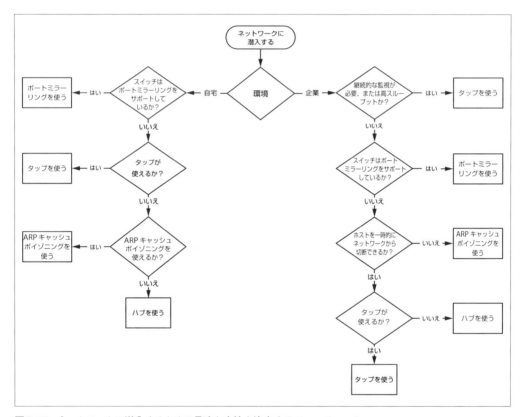

図2-15　ネットワークに潜入するための最適な方法を決定するフローチャート

3章
Wiresharkの概要

「1章 パケット解析とネットワークの基礎」で触れたように、パケット解析に使うパケットキャプチャツールにはさまざまな種類がありますが、本書ではWiresharkを取り上げています。この章ではWiresharkの概要を説明します。

3.1 Wiresharkの歴史

Wiresharkには長い歴史があります。Wiresharkはカンザスシティにあるミズーリ大学でコンピュータサイエンスを学んだジェラルド・コムズ（Gerald Combs）が必要に迫られて開発したのが始まりです。最初のバージョンは、1998年にGPL（GNU Public License）のもとEtherealという名前で公開されました。

Etherealが公開されてから8年後、コムズは新たなキャリアを求めてそれまで勤めていた企業を退職しました。残念ながら退職した企業がEtherealの商標権を持っていたため、コムズは契約上Etherealブランドを用いることができなくなってしまいました。代わりにコムズとEtherealの開発チームは、2006年半ばに**Wireshark**という新たな商標でプロジェクトを再開しました。

Wiresharkは劇的な成長を遂げ、開発には500人もの人が関わっています。Etherealという名前のプログラムはもう開発されていません。

3.2 Wiresharkの利点

Wiresharkには、日々のパケット解析に便利な機能がいくつもあり、将来有望な新人からパケット解析のプロまでを魅了するさまざまな機能が提供されています。「1章 パケット解析とネットワークの基礎」で述べたパケットキャプチャツールの評価項目に従ってWiresharkを評価してみましょう。

サポートされているプロトコル

Wiresharkは IP や DHCP のような一般的なものから、DNP3 や BitTorrent のような特定

のメーカーやソフトウェアでしか使われないものまで、本書執筆時点で1,000以上のプロトコルをサポートしています。Wiresharkはオープンソースモデルとして開発されており、Wiresharkが更新されるたびに新しいプロトコルが追加されています。

滅多にないことですが、Wiresharkがサポートしていないプロトコルを必要としている場合、自分でそのプロトコルをサポートするコードを書いてWireshark開発者に提供し、同梱を検討してもらうこともできます。Wiresharkプロジェクトにコードを提供する要件についてはhttps://www.wireshark.org/develop.htmlを参照してください。

操作性

Wiresharkはほかのパケットキャプチャツールと比較しても遜色ないインターフェースが備わっており、見やすいコンテキストメニューとレイアウトを備えたGUIベースのアプリケーションとなっています。プロトコルごとの色分けや生データのグラフィカルな表示といった、操作性を向上させる機能もいくつか備わっています。tcpdumpのような難解なコマンドラインインターフェースの代替となるツールと違い、Wiresharkはパケット解析を始めようという人にとって使いやすいツールとなっています。

コスト

Wiresharkはオープンソースで、GNUパブリックライセンス（GPL）のもと無償で入手することができます。個人利用、商用利用を問わず、誰でもWiresharkをダウンロードして任意の目的で使うことができます。

Wiresharkは無償ですが、間違ってお金を払っている人もいます。eBayでパケットキャプチャツールを検索すると、Wiresharkの「プロフェッショナル企業ライセンス」を、39.95ドルという低価格で売りつけようとしている人がたくさんいることに驚くでしょう。もちろんこれは茶番ですが、本当に買いたいなら、私に電話をください。私がケンタッキーで売りに出しているビーチに面した物件について話をしましょう[*1]。

サポート

ソフトウェアの善し悪しはそのサポートによって決まると言っても過言ではありません。Wiresharkのようなフリーで公開されているソフトウェアに公式サポートがあるとは限りません。オープンソースのソフトウェアのサポートがユーザー頼みであることが多いのはそのためです。幸運なことに、Wiresharkのユーザーコミュニティは、オープンソースのプロジェクトの中でも非常に活発です。WiresharkのWebサイトには、オンラインドキュメント、Wiki、

[*1] 監訳注：ケンタッキーは内陸の州なので、「ビーチに面した物件」は存在しません！

FAQ、主要な開発者も参加しているメーリングリストに登録するための方法といったリンクが載っています。Riverbed Technologyが提供する有償サポートを受けることもできます。

ソースコードへのアクセス

Wiresharkはオープンソースのソフトウェアであるため、いつでもコードにアクセスできます。アプリケーションのトラブルシューティングや、プロトコル解析の働き、あるいはコードの提供を行う際に役立ちます。

OSのサポート

WiresharkはWindows、Linuxベース、macOSのプラットフォームなど、現在主要なOSのすべてをサポートしています。サポートしているOSの一覧は、WiresharkのWebページで見ることができます。

3.3 Wiresharkのインストール

Wiresharkのインストールは驚くほど簡単です。ただし、インストール前に以下のシステム要件を満たしているかどうかを確認しておいてください。

- 32ビットx86または64ビットのCPU
- 400MBのRAM（ただし、大容量のキャプチャファイルを扱う場合はより多くのメモリが必要）
- 最低300MBのディスク領域とキャプチャファイル用のディスク領域
- プロミスキャスモードをサポートしているNIC
- WinPcap/libpcapキャプチャドライバ

WinPcapキャプチャドライバは、pcapというパケットキャプチャAPIのWindows版です。単にインストールするだけで、このドライバはOSとやり取りして生のパケットデータをキャプチャしたり、フィルタを適用したり、NICをプロミスキャスモードに切り替えたりしてくれます。

WinPcapは（http://www.winpcap.org/ から）個別にダウンロードすることもできますが、通常はWiresharkのパッケージからインストールすることをお勧めします。パッケージに同梱されているWinPcapはWiresharkでの動作が確認されたバージョンです。

3.3.1 Windowsでのインストール

Wiresharkの現行版は、延長サポートを含む、サポートのあるWindowsでテストされています。本書執筆時点では、Windows Vista、Windows 7、Windows 8、Windows 10、Windows Servers 2003/2008/2012が対象に含まれています。WiresharkはWindows XPなどのほかのバージョンのWindowsでも動作しますが、これらは正式にはサポートしていません。

WiresharkをWindowsにインストールする最初の一歩は、WiresharkのWebページ（http://www.

wireshark.org/）から、最新版のWiresharkを入手することです。Webサイトの「Download」へと進み、ミラーサイトを選択してください。パッケージをダウンロードしたら、以下の手順でインストールしてください。

1. .exeファイルをダブルクリックし、表示されたダイアログで［Next］ボタンをクリックします。
2. ライセンスを読み、同意するなら［I Agree］ボタンをクリックします。
3. **図3-1**のダイアログでインストールするWiresharkのコンポーネントを選択します。ここでは何も変更せず［Next］ボタンをクリックします。

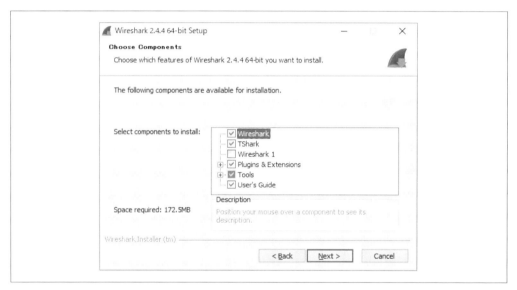

図3-1　インストールするコンポーネントを選択

4. ［Additional Tasks］ダイアログでは［Next］ボタンをクリックします。
5. Wiresharkのインストール先を指定し、［Next］ボタンをクリックします。
6. WinPcapをインストールするかを尋ねるダイアログが表示されるので、［Install WinPcap］チェックボックスが**図3-2**のようにチェックされていることを確認し、［Install］ボタンをクリックしてインストールを開始します。

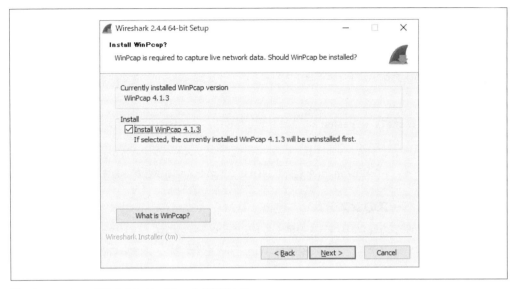

図3-2　WinPcapドライバのインストールを選択する

7. Wiresharkのインストールの途中で、WinPcapのインストールが始まります。継続を確認するダイアログが表示されるので[Next]ボタンをクリックし、ライセンスを読んでから[I Agree]ボタンをクリックしてください。
8. USBデバイスからデータを収集するUSBPcapをインストールするかを尋ねるオプションが表示されます。インストールしたい場合は適切なチェックボックスをチェックし、[Next]ボタンをクリックします。
9. WinPcap、また選択した場合はUSBPcapもインストールされます。終了したら[Finish]ボタンをクリックします。
10. Wiresharkのインストールが完了します。終了したら[Next]ボタンをクリックします。
11. インストール終了の確認ダイアログで、[Finish]ボタンをクリックします。

3.3.2　Linuxでのインストール

　Wiresharkはほぼすべての最新のUnixベースのプラットフォームをサポートします。ディストリビューションのパッケージ管理ツールを利用するか、適切なインストールパッケージをダウンロードして、Wiresharkをインストールしてください。すべてのインストール方法を説明するわけにはいかないので、代表的なものを取り上げます。

　通常システムにソフトウェアをインストールする際には、root権限が必要となります。しかしソフトウェアをソースからコンパイルして個人の領域にインストールする場合は、通常root権限なしでインストール可能です。

3.3.2.1 RPMベースのシステム

Red Hat Linuxや、CentOSのようなLinuxベースのディストリビューションでは、OSにYumパッケージ管理ツールがデフォルトでインストールされています。その場合はディストリビューションのリポジトリから、Wiresharkを簡単にインストールすることができます。コンソールを開き、次のように入力してください。

```
$ sudo yum install wireshark
```

依存するパッケージがインストールされていない場合は、インストールする旨が表示されます。完了すると、コマンドラインからWiresharkを起動し、GUIでアクセスすることができます。

3.3.2.2 DEBベースのシステム

DebianやUbuntuのようなDEBベースのディストリビューションには、APTパッケージ管理ツールが含まれているため、システムのリポジトリからWiresharkをインストールすることができます。コンソールを開き、次のように入力します。

```
$ sudo apt-get install wireshark wireshark-qt
```

こちらも、インストールを完了させるうえで、必要な依存するパッケージをインストールする旨が表示されます。

3.3.2.3 ソースからのコンパイル

OSのアーキテクチャやWiresharkの機能の変遷につれ、Wiresharkをソースからコンパイルする方法も随時変化しています。インストールを実行するのにOSのパッケージマネージャーを使うことをお勧めする理由はそのためです。しかし使っているLinuxディストリビューションにパッケージ管理機構がない場合や、特殊なインストールが必要な場合は、Wiresharkをソースからコンパイルしてインストールすることもできます。以下、手順を順に説明します。

1. WiresharkのWebサイトからソースパッケージをダウンロードします。
2. 次のように入力してアーカイブを展開します（ファイル名はダウンロードしたパッケージのものに適宜変えてください）。

```
$ tar -jxvf <file_name_here>.tar.bz2
```

3. Wiresharkのconfigureやインストールに際し、対象のLinux環境によっては依存するパッケージが必要な場合があります。たとえばUbuntu 14.04では、Wiresharkの動作にいくつかのパッケージが必要で、これらは以下のコマンドによってインストールできます（実行はrootで行うか、またはコマンドの前にsudoを付けて行う必要があります）。

```
$ sudo apt-get install pkg-config bison flex qt5-default libgtk-3-dev \
  libpcap-dev qttools5-dev-tools
```

4. 必要なパッケージをインストールしたら、Wiresharkのファイルが展開されたディレクトリに入ります。

5. ./configureコマンドを実行して、現在のLinuxディストリビューションに対応したビルドを行うためにソースを構成します。デフォルト以外のインストール設定をしたい場合は、ここでオプションを指定します。依存するライブラリなどが見つからない場合はおそらくエラーが発生するでしょう。この場合先に進む前に依存するライブラリなどをインストール、設定する必要があります。問題がなければ、**図3-3**のような成功を示すメッセージが表示されるはずです。

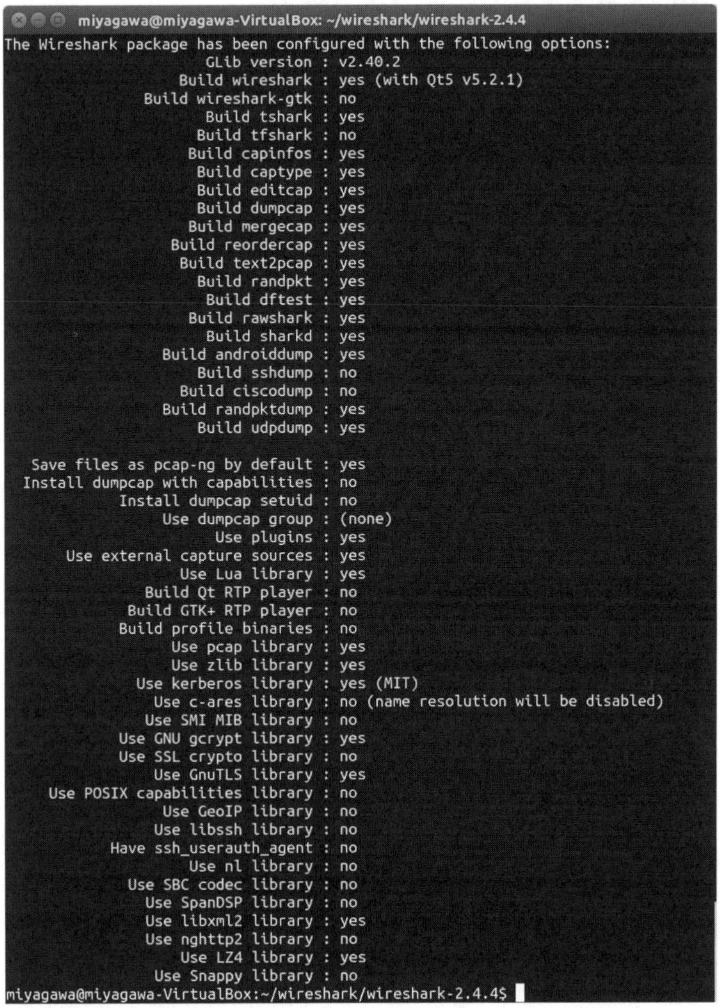

```
miyagawa@miyagawa-VirtualBox: ~/wireshark/wireshark-2.4.4
The Wireshark package has been configured with the following options:
                    GLib version : v2.40.2
                 Build wireshark : yes (with Qt5 v5.2.1)
             Build wireshark-gtk : no
                    Build tshark : yes
                   Build tfshark : no
                  Build capinfos : yes
                   Build captype : yes
                   Build editcap : yes
                   Build dumpcap : yes
                  Build mergecap : yes
                Build reordercap : yes
                 Build text2pcap : yes
                   Build randpkt : yes
                    Build dftest : yes
                  Build rawshark : yes
                    Build sharkd : yes
               Build androiddump : yes
                   Build sshdump : no
                  Build ciscodump : no
                Build randpktdump : yes
                   Build udpdump : yes

      Save files as pcap-ng by default : yes
    Install dumpcap with capabilities : no
           Install dumpcap setuid : no
               Use dumpcap group : (none)
                     Use plugins : yes
         Use external capture sources : yes
                 Use Lua library : yes
             Build Qt RTP player : no
            Build GTK+ RTP player : no
            Build profile binaries : no
                Use pcap library : yes
                Use zlib library : yes
            Use kerberos library : yes (MIT)
              Use c-ares library : no (name resolution will be disabled)
             Use SMI MIB library : no
          Use GNU gcrypt library : yes
           Use SSL crypto library : no
               Use GnuTLS library : no
       Use POSIX capabilities library : no
               Use GeoIP library : no
               Use libssh library : no
          Have ssh_userauth_agent : no
                  Use nl library : no
            Use SBC codec library : no
               Use SpanDSP library : no
              Use libxml2 library : no
              Use nghttp2 library : no
                 Use LZ4 library : yes
               Use Snappy library : no
miyagawa@miyagawa-VirtualBox:~/wireshark/wireshark-2.4.4$
```

図3-3 ./configureコマンドが成功すると、選択された設定とともにメッセージが表示される

6. **make**コマンドを入力し、ソースからバイナリをビルドします。
7. **sudo make install**コマンドで最終的なインストールを行います。
8. **sudo/sbin/ldconfig**コマンドでインストールを完了します。

これらの手順を行ったあとでエラーが表示された場合、追加のパッケージをインストールする必要があるかもしれません。

3.3.3　macOSシステムでのインストール

macOSにWiresharkをインストールするには以下の手順で行います。

1. WiresharkのWebサイトからmacOS用のパッケージをダウンロードします。
2. インストールユーティリティを実行し、指示に従って進めます。エンドユーザーライセンスに合意すると、インストールする場所の選択肢が表示されます。
3. インストールウィザードを完了します。

3.4　Wiresharkの基本

　Wiresharkを首尾よくインストールできたら、あとは使ってみるだけです。さっそくフルセットのパケットキャプチャツールを起動して、パケットを見て……何も表示されません！
　Wiresharkを起動しただけではあまり面白くありません。面白いものを見るには、データを収集する必要があります。

3.4.1　初めてのパケットキャプチャ

　Wiresharkでパケットのデータを解析するには、まずパケットをキャプチャしなければなりません。「ネットワークに障害がないのにどうやってパケットをキャプチャするのだろう？」と疑問に思うかもしれません。
　まず、ネットワークには、**常**に何らかの障害があります。疑うのならネットワークのユーザー全員にメールを送信して、何の問題もないかどうかを確認してみてください。
　次に、パケット解析は、障害があるときにしか行わないものではありません。実際のところ、ネットワーク管理者はトラブルシューティング中より、障害のないときのネットワークの解析に時間を割いています。ネットワークのトラブルシューティングを効果的に行うためには、ネットワークが正常な状態のときの情報と比較するためのベースラインが必要なのです。たとえばパケットを解析してDHCPの障害を解決しようとする場合、きちんと動作しているときのDHCPトラフィックがどのように流れているかを理解しておく必要があります。

つまり、日々のネットワークの動きから異常を見つけ出すためには、正常な状態を知っておかなければならないということです。ネットワークが正常なときにベースラインを設定することで、定常時のトラフィックがどのような状態かを把握できます。

それではさっそくパケットをキャプチャしてみましょう！

1. Wiresharkを起動します。
2. メインのドロップダウンメニューから［Capture（日本語版では「キャプチャ」。以下同じ）］、次に［Options（オプション）］を選択します。パケットをキャプチャできるNICの一覧が、基本的な情報とともにダイアログ上に表示されます（**図3-4**）。Traffic（トラフィック）列に着目すると、現在インターフェース上を流れているトラフィック量がグラフで表示されています。グラフの山の部分では、実際にパケットがキャプチャされています。キャプチャできていなければ、グラフは横ばいとなります。各インターフェースの左側の矢印をクリックするとMACアドレスやIPアドレスなどの関連情報を見ることができます。
3. キャプチャに使いたいインターフェースをクリックし、［Start（開始）］ボタンをクリックします。これでキャプチャされたデータが表示されるはずです。
4. 数分待って十分なパケットをキャプチャできたら、［Capture（キャプチャ）］メニューの［Stop（停止）］をクリックします。

図3-4　パケットをキャプチャするインターフェースを選択する

以上の手順でパケットキャプチャを終了すると、Wiresharkのメインウィンドウにデータが表示されます。大量のデータに圧倒されるかもしれませんが、Wiresharkのメインウィンドウの機能をひとつずつ理解していけば、すぐに理解できるようになります。

3.4.2 Wiresharkのメインウィンドウ

パケット解析中に一番よく見るのが、このメインウィンドウでしょう。ここにはキャプチャされたすべてのパケットが、わかりやすい形式で表示されています。先ほどキャプチャしたパケットを使って、**図3-5**のWiresharkのメインウィンドウを見ていきましょう。

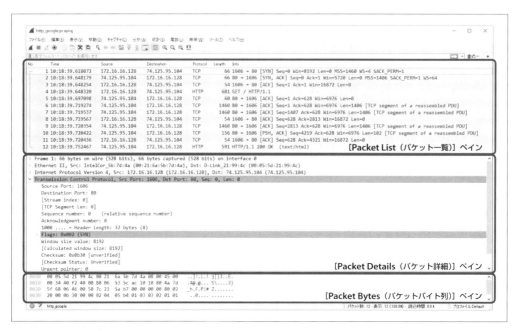

図3-5　3ペイン形式のメインウィンドウ

メインウィンドウの3つのペインの表示は互いに連携しています。[Packet List（パケット一覧）] ペイン（上段）でパケットをクリックして選択することで、[Packet Details（パケット詳細）] ペイン（中段）にそのパケットの詳細が表示されます。パケット選択後に [Packet Details（パケット詳細）] ペインでパケットの各部分をクリックすると、[Packet Bytes（パケットバイト列）] ペイン（下段）で該当部分に対応するバイト列を確認できます。

　図3-5では、[Packet List（パケット一覧）] ペインにいくつかのプロトコルが表示されていることがわかります。ただし、プロトコルの階層の違いを見た目で識別することはできません（色分けされていない限り）。すべてのパケットが、ネットワークから受け取ったままに表示されます。

以下に、各ペインの詳細を示します。

[Packet List（パケット一覧）]ペイン
上段のペインには、キャプチャファイルに存在するパケットの一覧が、パケット番号、パケットがキャプチャされた相対時刻、パケットの送信元と宛先、パケットのプロトコル、パケットの概要とともに表示されます。

本書中での**トラフィック**という言葉は、[Packet List（パケット一覧）]ペインに表示されているすべてのパケットのことだと思ってください。たとえば**DNSトラフィック**と言ったときには、[Packet List（パケット一覧）]ペインに表示されているすべてのDNSプロトコルのパケットを示します。

[Packet Details（パケット詳細）]ペイン
中段のペインには、特定のパケットの詳細が階層構造で表示されます。この表示は最初折りたたまれていますが、展開することで特定のパケットに関するすべての情報を見ることができます。

[Packet Bytes（パケットバイト列）]ペイン
下段のペインには、整形される前の生のパケットが表示されています。おそらく意味不明だと思います。これは、ネットワークを行き来するパケットの生情報であり、このままでは解析が非常に困難です。このデータを解析する方法は「付録B パケットを知る」で説明します。

3.4.3　Wiresharkの設定画面

Wiresharkは必要に応じてさまざまなカスタマイズが可能です。Wiresharkの設定画面は、メインウィンドウの[Edit（編集）]メニューから[Preferences（設定）]をクリックすると表示されます。[Preferences（設定）]ダイアログには、カスタマイズ可能なオプションが多数含まれています（**図3-6**）。

Wiresharkの[Preferences（設定）]ダイアログは、6つの主なセクションと[Advanced（高度設定）]セクションに分かれています。

[Appearance（外観）]セクション
Wiresharkのデータ表示方法を設定できます。ここでは、ウィンドウの位置を記憶するかどうか、3つのペインのレイアウト、スクロールバーの位置、[Packet List（パケット詳細）]ペインのカラム、キャプチャしたデータを表示する際のフォントと色といった多くのオプションが好みに応じて変更できます。

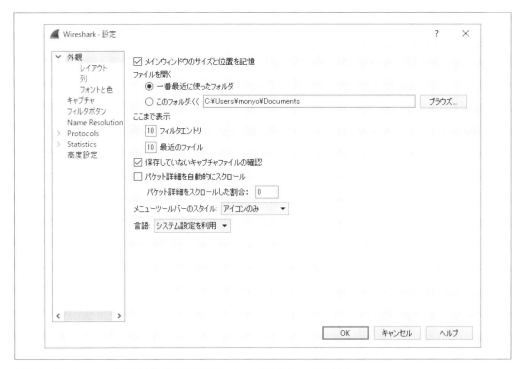

図3-6　[Preferences（設定）] ダイアログで Wireshark をカスタマイズできる

[Capture（キャプチャ）] セクション

デフォルトのインターフェース、プロミスキャスモードをデフォルトで使用するか、[Packet List（パケット詳細）] ペインをリアルタイムに更新するかといった、パケットキャプチャに関するオプションを設定できます。

[Filter Expressions（フィルタボタン）] セクション

特定の条件でトラフィックをフィルタする方法については、のちほど説明します。[Preferences（設定）] ダイアログのこのセクションで、フィルタを作成、管理することができます。

[Name Resolution] セクション

Wiresharkが持つ（MACアドレス、ネットワーク、トランスポート層などの）アドレスをわかりやすい名前に解決する機能を有効化するかを設定できます。また、同時に実行可能な名前解決リクエストの最大数も設定できます。

[Protocols] セクション

Wiresharkで解析が可能なさまざまなパケットのキャプチャや表示に関連するオプションを

設定できます。プロトコルのすべてに設定オプションがあるわけではありません。これらのオプションは、何らかの理由がない限り変更しないほうがよいでしょう。

[Statistics] セクション

Wiresharkの統計機能に関するオプションが設定できます。設定方法については「5章 Wiresharkの高度な機能」で詳しく説明します。

[Advanced (高度設定)] セクション

これまでのセクションではできない設定が可能です。ここでの設定は通常Wireshark上級者向けです。

3.4.4 パケットの色分け

読者の皆さんが私と同類であれば、鮮やかな画面やきれいな色合いを楽しんでくれると思います。そうすると、**図3-7**の例のような、色とりどりの [Packet List (パケット一覧)] ペインも魅力的ではないでしょうか (図はモノクロですが[*1]、意味はわかりますよね)。これらの色は適当に決められているようにも見えますが、そうではありません。

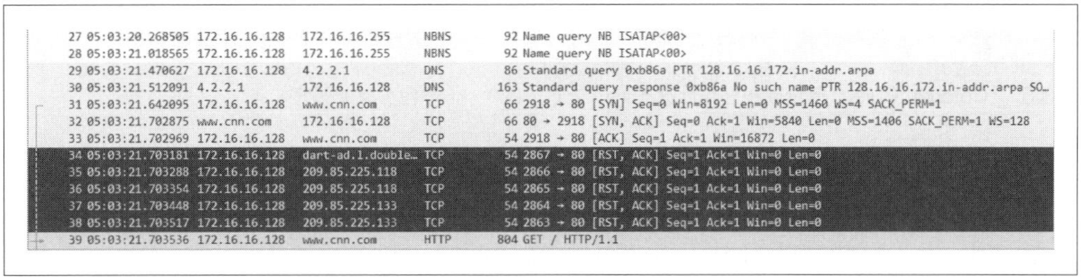

```
27 05:03:20.268505 172.16.16.128   172.16.16.255   NBNS   92 Name query NB ISATAP<00>
28 05:03:21.018565 172.16.16.128   172.16.16.255   NBNS   92 Name query NB ISATAP<00>
29 05:03:21.470627 172.16.16.128   4.2.2.1         DNS    86 Standard query 0xb86a PTR 128.16.16.172.in-addr.arpa
30 05:03:21.512091 4.2.2.1         172.16.16.128   DNS    163 Standard query response 0xb86a No such name PTR 128.16.16.172.in-addr.arpa SO…
31 05:03:21.642095 172.16.16.128   www.cnn.com     TCP    66 2918 → 80 [SYN] Seq=0 Win=8192 Len=0 MSS=1460 WS=4 SACK_PERM=1
32 05:03:21.702875 www.cnn.com     172.16.16.128   TCP    66 80 → 2918 [SYN, ACK] Seq=0 Ack=1 Win=5840 Len=0 MSS=1406 SACK_PERM=1 WS=128
33 05:03:21.702969 www.cnn.com     172.16.16.128   TCP    54 2918 → 80 [ACK] Seq=1 Ack=1 Win=16872 Len=0
34 05:03:21.703181 dart-ad.1.double… TCP           54 2867 → 80 [RST, ACK] Seq=1 Ack=1 Win=0 Len=0
35 05:03:21.703288 172.16.16.128   209.85.225.118  TCP    54 2866 → 80 [RST, ACK] Seq=1 Ack=1 Win=0 Len=0
36 05:03:21.703354 172.16.16.128   209.85.225.118  TCP    54 2865 → 80 [RST, ACK] Seq=1 Ack=1 Win=0 Len=0
37 05:03:21.703448 172.16.16.128   209.85.225.133  TCP    54 2864 → 80 [RST, ACK] Seq=1 Ack=1 Win=0 Len=0
38 05:03:21.703517 172.16.16.128   209.85.225.133  TCP    54 2863 → 80 [RST, ACK] Seq=1 Ack=1 Win=0 Len=0
39 05:03:21.703536 172.16.16.128   www.cnn.com     HTTP   804 GET / HTTP/1.1
```

図3-7　Wiresharkによって、プロトコルごとに見やすく色分けされている

各パケットの色には意味があり、プロトコルとフィールドの値によって色分けされています。たとえば、UDPトラフィックは青、HTTPトラフィックは緑といった具合です。色分けされているおかげで、[Packet List (パケット一覧)] ペインに表示されている各パケットの [Protocol] 列の値を1つ1つ確認しなくても、プロトコルをすばやく見分けることができます。巨大なキャプチャファイルを扱うときに、この色分けの機能のおかげで解析が大幅にスピードアップすることを実感できるでしょう。

色分けは、**図3-8**の [Coloring Rules (色付けルール)] ダイアログで簡単に確認できます。このダイアログを開くには、メニューから [View (表示)] を選択し、[Coloring Rules (色付けルール)] をクリックします。

[*1]　監訳注：紙版の本書はモノクロ印刷ですが、電子版のEbookではカラーです。

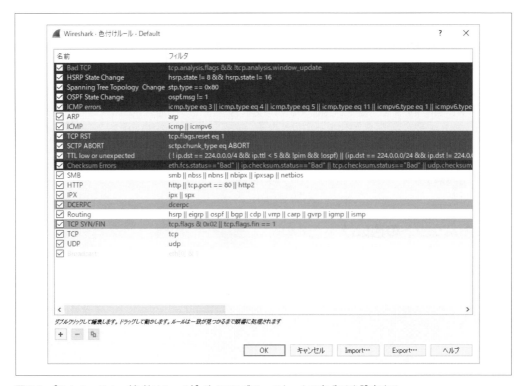

図3-8　[Coloring Rules（色付けルール）]ダイアログで、パケットの色分けを設定する

　Wiresharkフィルタによる色付けルールは「4章 Wiresharkでのパケットキャプチャのテクニック」で説明します。フィルタを使って、自分の色付けルールを定義したり、既存のものを変更したりすることができます。たとえば、HTTPトラフィックの背景色をデフォルトの緑からラベンダーに変える手順は以下のとおりです。

1. Wiresharkを起動し、[Coloring Rules（色付けルール）]ダイアログを表示します（[View（表示）]→[Coloring Rules（色付けルール）]を選択）。
2. 色付けルールの一覧からHTTPの色付けルールをクリックして選択します。
3. **図3-9**のように画面下に前景色と背景色が表示されます。

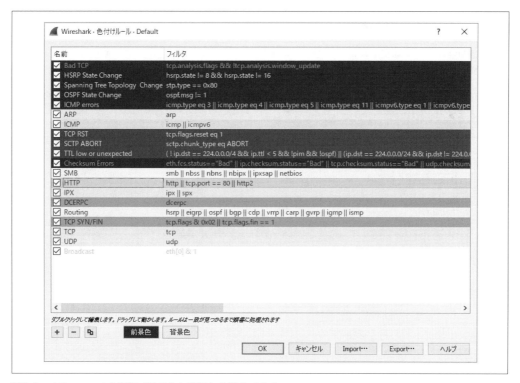

図3-9　カラーフィルタ編集で前景色と背景色を設定できる

4. ［Background（背景色）］ボタンをクリックします。
5. 色を選択画面で好みの色を選択し、［OK］ボタンをクリックします。
6. ［OK］ボタンを2回押して設定内容を反映し、メインウィンドウに戻ります。設定した色が反映されているはずです。

Wiresharkを使っていると、あるプロトコルがほかのプロトコルより多いことに気づくでしょう。色分けされていることでそれがわかりやすくなります。たとえばDHCPサーバに障害が起こりIPアドレスの割り当てがうまくいかなくなった場合、DHCPプロトコルの色付けルールを編集して、これを黄色に（あるいは別のわかりやすい色に）色付けするだけで、DHCPトラフィックをすぐに見分けることができ、パケット解析が効率化します。

それほど前の話ではありませんが、地元の学生グループを相手にWiresharkの色付けルールについて説明したことがあります。ある学生が色付けルールを変更できるとしてほっとした、と言いました。彼は色盲で、最初から設定されている色分けだと、区別が難しいプロトコルがあったためです。既存の色付けを変更可能というのは、アクセシビリティの向上にもつながります。

3.5　ファイルの設定

Wiresharkがさまざまな設定を保管している場所を把握することは、ファイルを直接変更する必要がある場合に役立ちます。Wireshark設定ファイルの場所は、メインメニューから[Help（ヘルプ）]を選択、[About Wireshark（Wiresharkについて）]を選び、[Folders（フォルダ）]タブをクリックすると確認できます（**図3-10**）。

図3-10　Wireshark設定ファイルの場所

Wiresharkのカスタマイズにおいてもっとも重要となる場所は、パーソナルおよびグローバル設定ディレクトリです。グローバル設定ディレクトリにはWiresharkのすべてのデフォルト設定と、デフォルトのプロファイルが設定を保管している場所が含まれています。パーソナル設定ディレクトリにはカスタマイズした設定とプロファイルが含まれています。新たに作成したプロファイルは、ユーザーが作成した名称で、パーソナル設定ディレクトリのサブディレクトリに保管されます。

グローバル設定ディレクトリとパーソナル設定ディレクトリの違いは重要です。グローバル設定ファイルに変更を加えると、そのシステムでWiresharkを利用するすべてのユーザーに影響するからです。

3.6　プロファイルの設定

Wiresharkの設定方法を学ぶと、ある設定を使っている際に、ほかの問題に対処するため、すぐさま別の設定に切り替えたいと思うことがあるでしょう。そうした場合、毎回手動で設定を変更しなくても、Wiresharkの設定プロファイルを利用すれば、いくつもの設定を保存することができます。

設定プロファイルでは以下の項目が保存されます。

- 設定

- キャプチャするフィルタ
- 表示フィルタ
- 色付けルール
- 使用していないプロトコル
- デコードの強制
- ペインのサイズ、メニューの外観の設定、カラムの幅など最近行った設定
- SNMPユーザーやカスタムHTTPヘッダなどのプロトコル特有のテーブル

プロファイル一覧を見るには、メインメニューで［Edit（編集）］をクリックし、［Configuration Profiles（設定プロファイル）］を選択するか、画面右下のプロファイルセクションを右クリックし、［Manage Profiles］を選択します。［Configuration Profiles（設定プロファイル）］ウィンドウには、**図3-11**のようにDefault、Bluetooth、Classicを含むいくつかの標準的なプロファイルが表示されます。Latency Investigationプロファイルは筆者が追加したもので、普通の書体で表示されています。グローバルおよびデフォルトのプロファイルはイタリック体で表示されています。

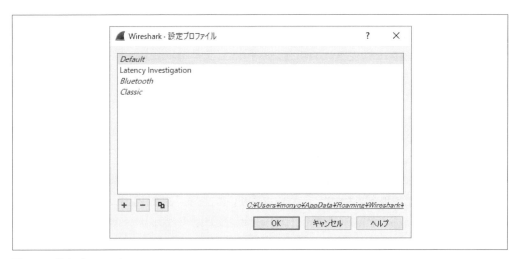

図3-11　設定プロファイル

［Configuration Profiles（設定プロファイル）］ウィンドウでは、プロファイルを作成、コピー、削除することができます。新規プロファイルの作成は非常に簡単です。

1. プロファイルとして保存したい設定をWiresharkで行います。
2. ［Configuration Profiles（設定プロファイル）］ウィンドウを表示するために、メインメニューで［Edit（編集）］をクリックして、［Configuration Profiles（設定プロファイル）］を選択します。
3. プラス［+］ボタンをクリックし、プロファイルに名前を付けます。

4. ［OK］をクリックします。

プロファイルを切り替える場合は、［Configuration Profiles（設定プロファイル）］ダイアログでプロファイル名をクリックし、［OK］をクリックします。**図3-12**のようにWiresharkウィンドウの右下で［Profile（プロファイル）］をクリックし、使いたいプロファイルを選択すればもっと早く切り替えられます。

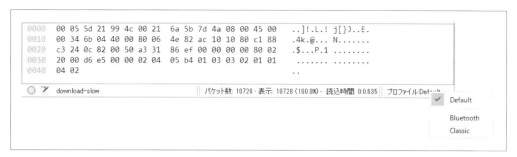

図3-12　右下の［Profile（プロファイル）］ですばやくプロファイルを切り替える

プロファイルの設定において非常に便利なのは、各プロファイルがそれぞれのディレクトリ内に設定ファイルと一緒に格納されているという点です。つまりプロファイルのバックアップをとったり、他のユーザーと共有したりすることができるのです。**図3-10**に示した［Folders（フォルダ）］タブを使えば、パーソナルおよびグローバル設定ファイルのディレクトリにアクセスできます。プロファイルを別のコンピュータのユーザーと共有するには、共有したプロファイル名と一致するディレクトリをコピーして、相手の同じディレクトリにペーストするだけです。

本書を読み進めていくと、汎用のトラブルシューティングのために高度なプロファイルを作成したり、ネットワーク遅延の原因を見つけたり、セキュリティ問題を調査したりする必要性に突き当たることもあるでしょう。そうした場合は迷わずプロファイルを使いましょう。設定をすばやく切り替えたいときに時間の節約になるからです。数十種類のプロファイルを使い分け、さまざまな問題にうまく対処している人々がたくさんいます。

Wiresharkを起動し、実行したところで、パケット解析の準備が整いました。「4章 Wiresharkでのパケットキャプチャのテクニック」ではキャプチャしたパケットを扱うテクニックについて説明します。

4章
Wiresharkでの
パケットキャプチャのテクニック

前章でWiresharkのイロハを紹介したので、実際にパケットをキャプチャし、解析してみましょう。本章ではキャプチャファイル、パケットの操作、時刻の表示形式についてのテクニックを紹介します。またパケットのキャプチャに関する、より高度なオプションを扱うことで、フィルタの世界に飛び込んでいきましょう。

4.1　キャプチャファイルの操作

　パケット解析を行ってみると、きちんとした解析は、キャプチャ後に行う必要があることに気づくと思います。通常は、パケットを何回かキャプチャして保存してから、それらを一括して解析することになります。そのため、Wiresharkにはキャプチャしたパケットをキャプチャファイルとして保存し、あとで解析することを可能とする機能が付いています。複数のキャプチャファイルをマージすることもできます。

4.1.1　キャプチャファイルの保存とエクスポート

　キャプチャしたパケットを保存するには、メニューから［File（ファイル）］→［Save As（として保存）］を選択します。すると**図4-1**のように［Save File As］ダイアログが表示されます。ここでキャプチャしたパケットの保存場所とファイル形式を選択します。ファイル形式を指定しない場合は、**.pcapng**形式で保存されます。

図4-1 [Save File As] ダイアログからキャプチャファイルを保存

キャプチャしたパケットの一部分のみを保存したい場合は、[File（ファイル）]→[Export Specified Packets（指定したパケットをエクスポート）]を選択します。すると**図4-2**のように[Export Specified Packets]ダイアログが表示されます。これは、膨れ上がったキャプチャファイルのサイズを小さくするのに非常に便利です。ある範囲のパケット番号のパケット、マーキングされたパケット、表示フィルタによって表示されたパケット（マーキングとフィルタについては本章でのちほど説明します）など、特定のパケットのみを保存することができます。

Wiresharkでは、別のメディアで参照したり、別のパケット解析ツールにインポートしたりするために、テキスト、ポストスクリプト、CSV、XMLといった形式でキャプチャデータをエクスポートすることができます。エクスポートするには、メニューから[File（ファイル）]→[Export Packet Dissections（指定したパケットをエクスポート）]を選択し、エクスポートするファイルのファイル形式を選択してください。[File（ファイル）]→[Save As（として保存）]から保存するときにも、保存形式を選択することができます。

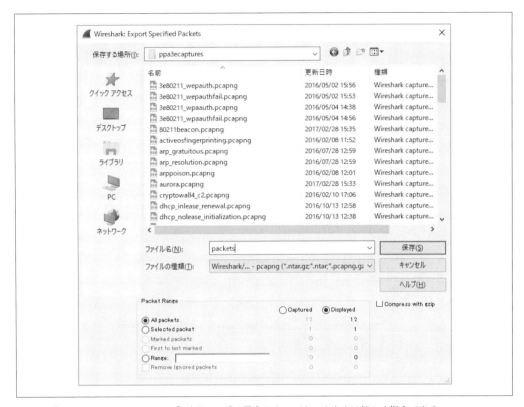

図4-2 [Export Specified Packets]ダイアログで保存したいパケットをより細かく指定できる

4.1.2 キャプチャファイルのマージ

　パケット解析をしていると、複数のキャプチャファイルをマージしたくなることがあります。これは、2つのデータストリームを比較したり、別々にキャプチャした同じトラフィックのストリームを組み合わせたりするときなどによく行われます。

　キャプチャファイルをマージするには、マージしたいキャプチャファイルを開き、メニューから[File（ファイル）]→[Merge（結合）]を選択して、[Merge with capture file]ダイアログを開きます（**図4-3**）。すでに開いているファイルに対してマージしたいファイルを選択してから、マージ方法を選択します。マージ方法には、[Prepend packets to selected file（現在選択しているパケットの前にマージするキャプチャファイルのパケットを追加する）]、[Append packets to existing file（現在表示されているパケットのあとにマージするキャプチャファイルのパケットを追加する）]、[Merge packet chronologically（タイムスタンプに沿って時系列に追加する）]の3つがあります。

図4-3　[Merge with capture file] ダイアログで2つのファイルをマージする

4.2　パケットの操作

　パケット解析を始めると、膨大な量のパケットと対峙することになります。数万、数百万とパケットの数が膨れ上がってくると、よほど効率的に解析しないと対応しきれなくなるでしょう。このためWiresharkでは、特定のルールにマッチするパケットを抽出してマーキングすることができるようになっています。また見やすくするためにパケットを印刷することもできます。

4.2.1　パケットの検索

　特定のルールにマッチするパケットを検索するには、**図4-4**のように、Ctrl+Fキーを押して［Find Packet］バーを開きます。このバーは［Filter］バーと［Packet List（パケット一覧）］ペインの間に表示されます。

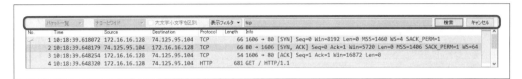

図4-4 Wiresharkで特定のルールにマッチするパケットを検索する。ここでは表示フィルタの条件式tcpにマッチするパケットを検索している

パケットの検索には3つのオプションがあります。

- ［Display filter（表示フィルタ）］オプションでは、条件式ベースのフィルタを入力することで、条件式にマッチしたパケットのみを検索します（**図4-4**）。
- ［Hex value（16進数値）］オプションでは、16進数で指定されたパケットを検索します。
- ［String（文字列）］オプションでは、文字列で指定されたパケットを検索します。検索対象となるペインの指定、大文字小文字を区別するかどうかの指定が可能です。

 本書監訳開始時点で最新のWireshark 2.4.4では上記に加えて［正規表現］オプションが追加されています。

表4-1にそれぞれの例を示します。

表4-1　パケット検索の例

検索オプション	例

Display filter	`not ip`
	`ip.addr==192.168.0.1`
	`arp`

Hex value	`00ff`
	`ffff`
	`00ABB1f0`

String	`Workstation1`
	`UserB`
	`domain`

検索オプションを設定し、テキストボックスに検索の条件式を入力して、［Find（検索）］ボタンをクリックすると、最初に条件にマッチしたパケットが表示されます。次候補を検索する場合にはCtrl＋Nキーを、前候補を検索する場合にはCtrl＋Bキーを押してください。

4.2.2　パケットのマーキング

条件にマッチするパケットを抽出したら、マーキングしておくことができます。マーキングしたパケットだけを個別に保存しておきたい場合や、あとから簡単に見つけられるようにしておきたい場合な

どに、マーキングは便利です。マーキングされたパケットは、**図4-5**のように黒地に白文字となり目立つようになります。

```
21 0.836373     69.63.190.22     172.16.0.122     TCP      1434 [TCP segment of a reassembled PDU]
22 0.836382     172.16.0.122     69.63.190.22     TCP      66 58637-80 [ACK] Seq=628 Ack=3878 Win=491 Len=0 TSval=301989922
```

図4-5　マーキングされたパケットはハイライト表示される。この例では2番目のパケットがマーキングされ、暗い色になっている

　パケットをマーキングするには、[Packet List（パケット一覧）] ペインでパケットを右クリックし、表示されたメニューから [Mark Packet（パケットをマーク）] を選んでください。パケットをクリックしてからCtrl＋Mキーを押すことでもマーキングできます。マーキングを解除するには、Ctrl＋Mキーをもう一度押します。パケットは好きなだけマーキングすることが可能です。複数のパケットをマーキングした場合、Shift＋Ctrl＋Nキーまたは Shift＋Ctrl＋Bでマーキングされたパケット間をジャンプすることができます。

4.2.3　パケットの印刷

　パケット解析はコンピュータ上で行うことが多いでしょうが、時には印刷する必要があるかもしれません。筆者はパケットを印刷して机の上に貼っておき、別の解析を行っているときでもその内容をすぐに参照できるようにしています。特に報告書を作成する場合など、パケットをPDF形式で印刷できる機能は非常に便利です。

　キャプチャしたパケットを印刷するには、メニューから [File（ファイル）]→[Print（印刷）] を選択してください。**図4-6**のような [Print（印刷）] ダイアログが表示されます。

図4-6 ［Print（印刷）］ダイアログからパケットの印刷ができる

　［Export Specified Packets］ダイアログと同じように、ある範囲のパケット番号を持つパケット、マーキングされたパケット、表示フィルタによって表示されたパケットなど、特定のパケットのみを印刷することもできます。また各パケットについてどこまで詳細に印刷するかも選択可能です。オプションを選択したら［Print］ボタンをクリックしてください。

4.3　時刻の表示形式と基準時刻表示

　パケット解析において、時刻は重要な要素です。ネットワークで発生している事象は時刻の要素抜きには語れず、解析の際には、ほぼすべてのキャプチャファイルで時刻の傾向やネットワークの遅延を調べることが必要になるでしょう。Wiresharkでは、時間の重要性を踏まえ、いくつかのオプションが提供されています。ここでは、時刻の表示形式と基準時刻表示を見ていきましょう。

4.3.1　時刻の表示形式

　Wiresharkでは、キャプチャした各パケットにシステム時刻をもとにしたタイムスタンプが付与されます。Wiresharkはパケットがキャプチャされた時刻を示す絶対時刻を表示することも、直前のパケットから相対時刻やキャプチャ開始時刻からの相対時刻で表示することもできます。

　時刻の表示に関するオプションは、メインメニューの［View（表示）］にある［Time Display Format（時

刻表示形式)] を使って設定します（**図4-7**）。ここでは、時刻の表示形式のほか、時刻の表示精度についても選択が可能です。

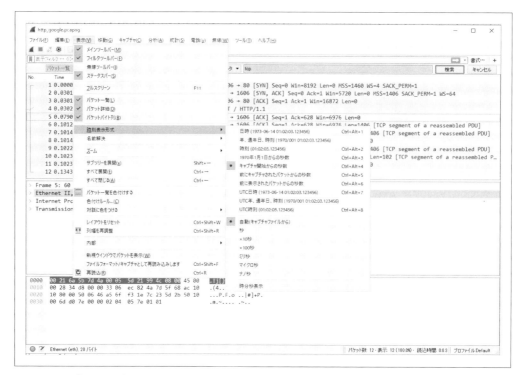

図4-7　さまざまな時刻表示形式が設定できる

時刻の表示形式については、日時、UTC日時、1970年1月1日からの秒数（エポック秒）、キャプチャ開始からの秒数（デフォルト設定）、前にキャプチャされたパケットからの秒数など、さまざまな設定が選べます。

時刻の精度については、自動設定以外に、秒、ミリ秒、マイクロ秒などを手動で指定できます。本書の以降の章ではこのオプションを変更している箇所もあるので、今のうちに慣れておいてください。

複数の機器からパケットデータをキャプチャするとき、特にフォレンジック分析やトラブルシューティングを行う場合には、機器が同じタイムソースで同期していることを確認してください。NTPを用いることで、ネットワーク機器の時刻を同期させることもできます。複数のタイムゾーンにまたがった機器からパケットをキャプチャする場合は、結果を報告する際の混乱を避けるためにも、ローカルタイムではなくUTCを使ってパケットを分析するようにしましょう。

4.3.2　時間参照

Wiresharkでは、あるパケットがキャプチャされた時点からの相対的な時間を表示するパケット時間
参照 (Packet Time Reference) の設定ができます。この機能は、キャプチャの開始時点以外のどこかで
開始された一連のイベントを調べるときに特に便利です。

あるパケットからの相対的な時刻を表示するには、[Packet List (パケット一覧)] ペインから基準と
したいパケットを右クリックし、[Set/Unset Time Reference (時間参照を設定/設定解除します)] を選
択します。表示を止めるには、パケットをクリックし、[Set/Unset Time Reference (時間参照を設定/
設定解除します)] を再度選択します。このオプションは [Packet List (パケット一覧)] ペインでトグル
にもなっており、Ctrl+Tで選択可能です。

この設定を行うと、基準となったパケットの [Packet List (パケット一覧)] ペインにおける [Time] カ
ラムは、**図4-8**のように＊REF＊と表示されます。

No.	Time	Source	Destination	Protocol	Length	Info
1	10:18:39.618072	172.16.16.128	74.125.95.104	TCP	66	1606 → 80 [SYN] Seq=0 Win=8192 Len=0 MSS=1460 WS=4 SACK_PERM=1
2	10:18:39.648179	74.125.95.104	172.16.16.128	TCP	66	80 → 1606 [SYN, ACK] Seq=0 Ack=1 Win=5720 Len=0 MSS=1406 SACK_PERM=1 WS=64
3	10:18:39.648254	172.16.16.128	74.125.95.104	TCP	54	1606 → 80 [ACK] Seq=1 Ack=1 Win=16872 Len=0
4	*REF*	172.16.16.128	74.125.95.104	HTTP	681	GET / HTTP/1.1
5	10:18:39.697098	74.125.95.104	172.16.16.128	TCP	60	80 → 1606 [ACK] Seq=1 Ack=628 Win=6976 Len=0
6	10:18:39.719274	74.125.95.104	172.16.16.128	TCP	1460	80 → 1606 [ACK] Seq=1 Ack=628 Win=6976 Len=1406 [TCP segment of a reassembled PDU]
7	10:18:39.719537	74.125.95.104	172.16.16.128	TCP	1460	80 → 1606 [ACK] Seq=1407 Ack=628 Win=6976 Len=1406 [TCP segment of a reassembled PDU]
8	10:18:39.719567	172.16.16.128	74.125.95.104	TCP	54	1606 → 80 [ACK] Seq=628 Ack=2813 Win=16872 Len=0

図4-8　パケット4がパケット時間参照の基準になっている

この設定は、時刻の表示形式をキャプチャ開始時点からの相対時刻にしておかないと意味がありま
せん。それ以外の形式では無意味なだけでなく、誤解を招く表示が行われてしまいます。

4.3.3　時間調整

複数ソースからパケットをキャプチャすると、時刻が同期していない場合があります。同じデータス
トリームを含むファイルを、2つの場所でキャプチャする際にはよくあることです。管理者からすれば、
ネットワーク上のすべての機器が時刻同期しているのが望ましいですが、機器の種類によっては数秒
のずれが生じるのも珍しくありません。Wiresharkにはこの問題を軽減するため、パケットのタイムス
タンプを変更する機能があります。

ひとつまたは複数のパケットのタイムスタンプを変更するには、[Edit (編集)] → [Time Shift (時間
調整)] を選択するか、Ctrl+Shift+Tを押して [Time Shift (時間調整)] ダイアログを開き、タイムス
タンプを変更したいファイルの範囲を指定します。個別に時間を変更することもできます。**図4-9**では、
各パケットに2分5秒ずつ追加して、キャプチャしたすべてのパケットのタイムスタンプを変更してい
ます。

68 | 4章　Wiresharkでのパケットキャプチャのテクニック

図4-9　［Time Shift（時間調整）］ダイアログ

4.4　キャプチャオプションの設定

　3章では［Capture Interfaces（キャプチャインターフェース）］ダイアログを見ながら、パケットキャプチャの基本中の基本について説明しました。そこでは触れませんでしたが、Wiresharkでは［Capture（キャプチャ）］→［Options（オプション）］からさまざまなオプションを設定できます。

　［Capture Interfaces（キャプチャインターフェース）］ダイアログにはあれこれとおまけがついていますが、いずれもパケットキャプチャを便利にするためのものです。［Input（入力）］、［Output（出力）］、［Options（オプション）］の3つのタブに分かれたオプションをひとつずつ見ていきましょう。

4.4.1　［Input（入力）］タブ

　［Input（入力）］タブの主な目的は、パケットキャプチャに使用可能なインターフェースの一覧と、各インターフェースの基本情報を表示することです（**図4-10**）。これにはOSが提供するインターフェース名、インターフェースのスループットを示すトラフィックグラフ、プロミスキャスモード状況やバッファサイズなどの追加の設定オプションが含まれます。図には表示されていませんが、右端には適用したキャプチャフィルタのカラムもあります。これについては「4.5.1　キャプチャフィルタ」で説明します。

　このタブでは、これらのオプションをクリックし、インライン編集することができます。たとえばインターフェースのプロミスキャスモードを無効にしたい場合は、ドロップダウンメニュー[1]で有効から無効へと切り替え可能です。

---

*1　監訳注：Wireshark 2.4.4ではチェックボックス。

4.4 キャプチャオプションの設定 | 69

図4-10 ［Capture Interfaces（キャプチャインターフェース）］の［Input（入力）］タブ

4.4.2 ［Output（出力）］タブ

　［Output（出力）］タブ（**図4-11**）で設定を行うことで、パケットをまずキャプチャしてからファイルに保存するのではなく、キャプチャしたパケットを自動的にファイルに保存することが可能となり、パケットを保存する手間を省くことができます。保存の際は、単一ファイル、ファイルセット、指定した数のファイルで循環を行うリングバッファ形式（のちほど説明します）が選択できます。このオプションを使うには、［File（ファイル）］テキストボックスにファイルのフルパス名を入力するか、［Browse...（参照…）］ボタンでディレクトリを選択し、ファイル名を入力します。

図4-11　[Capture Interfaces（キャプチャインターフェース）]の[Output（出力）]タブ

　大量のパケットをキャプチャする場合や長期にわたってキャプチャを行う場合には、**ファイルセット**が特に便利です。ファイルセットとは、指定された条件で分割された一連のファイルを意味します。ファイルセットとして保存するには、[Create a new file automatically after...（…後に自動的に新ファイルを作成します）]オプションをチェックします。

　Wiresharkでは、ファイルサイズと時間に基づくさまざまなトリガーで、ファイルセットの保存タイミングを制御することができます。これらのトリガーを有効にするには、サイズまたは時間に基づくトリガーのオプションの横にあるラジオボタン[*1]を選択し、トリガーの値と単位を指定します。キャプチャしたパケットのサイズが1MBに達するごとに新しいファイルを作成するトリガーや、**図4-12**のようにキャプチャ時間が1秒経過するごとに新しいファイルを作成するトリガーなどを作ることができます。

---

*1　監訳注：Wireshark 2.4.4ではチェックボックス。

名前 ^	更新日時	種類	サイズ
intervalcapture_00001_20180128175634	2018/01/28 17:57	ファイル	644 KB
intervalcapture_00002_20180128175734	2018/01/28 17:58	ファイル	45 KB
intervalcapture_00003_20180128175834	2018/01/28 17:59	ファイル	48 KB
intervalcapture_00004_20180128175934	2018/01/28 18:00	ファイル	50 KB
intervalcapture_00005_20180128180034	2018/01/28 18:01	ファイル	49 KB
intervalcapture_00006_20180128180134	2018/01/28 18:02	ファイル	46 KB

図4-12　Wiresharkにより1秒間隔で作成されたファイルセット

［Use a ring buffer（リングバッファを用いる）］オプションではファイル数の指定が必要です。これは、ファイルの上書きが発生しない範囲で、ファイルセットが保持できるファイル数を意味します。**リングバッファ**という用語にはさまざまな意味がありますが、ここではファイルセットの最後のファイルがいっぱいになった時点でさらにデータを保存する必要が発生した場合、最初のファイルを上書きするようなファイルセットを意味します。言い換えればこれはいわゆるFIFO方式です。このオプションを設定した場合、作成されるファイルの最大数を指定する必要があります。仮に1時間おきに新しいファイルを作成するよう設定し、リングバッファを「6」に設定したとしましょう。6番目のファイルが作成されるとリングバッファが一巡し、7番目のファイルを作成する代わりに、最初のファイルを上書きします。この設定をすると、新しいデータは書き込まれますが、ハードディスク内のデータファイルの数が6個以上になることはありません。

［Output（出力）］タブでは、.pcapngファイル形式の指定もできます。.pcapngファイル形式が解析できないツールを使用する場合は、従来どおり.pcapファイル形式も選択可能です。

4.4.3　［Options（オプション）］タブ

［Options（オプション）］タブでは、**図4-13**のように、表示、名前解決、キャプチャ停止といった、雑多なパケットキャプチャのオプションを選択できます。

図4-13 [Capture Interfaces（キャプチャインターフェース）]の[Options（オプション）]タブ

4.4.3.1　[Display Options（表示オプション）]の設定

　[Display Options（表示オプション）]セクションでは、キャプチャしたパケットの表示方法を制御できます。[Update list of packets in real-time（実時間でパケット一覧を更新）]は見てのとおりのオプションで、[Automatically scroll during live capture（キャプチャ中に自動スクロール）]オプションと組み合わせて使用することができます。両方を有効にすると、直近でキャプチャしたパケットから降順で、キャプチャしたすべてのパケットが表示されます。

[Update list of packets in real-time（実時間でパケット一覧を更新）]と[Automatically scroll during live capture（キャプチャ中に自動スクロール）]を同時に使用すると、それほど大量でないデータをキャプチャする場合でも、CPUに相当の負荷がかかります。リアルタイムでパケットを確認する必要がない限り、このオプションは両方とも使わないほうがよいでしょう。

　[Show extra capture information dialog（拡張キャプチャ情報画面を表示）]オプションを有効にすると、キャプチャ中は、キャプチャしたパケットの数とパーセントをプロトコルごとに表示する小さなウィンドウが有効になります。筆者は通常、キャプチャ中にはパケットの自動スクロールをしないので、キャプチャ情報画面だけを表示させるのが好みです[*1]。

[*1] 監訳注：Wireshark 2.4.4ではこのオプションは機能しないようです。Wiresharkのメーリングリストでも同様の投稿がありました。

4.4.3.2 ［Name Resolution（名前解決）］の設定

［Name Resolution（名前解決）］セクションでは、キャプチャ内のMAC（第2層）、ネットワーク層（第3層）、トランスポート（第4層）で自動的な名前解決の実施を制御できます。Wiresharkの名前解決については、その欠点を含め、「5章 Wiresharkの高度な機能」で詳しく説明します。

4.4.3.3 キャプチャ停止設定

［Stop capture automatically after...（…後に自動的にキャプチャを停止）］セクションでは、特定の条件が満たされた時点でキャプチャを停止する設定が行えます。複数のファイルセットを用いる場合、ファイルサイズや時間の間隔以外に、パケット数によるトリガーも作成できます。これらのオプションは、先ほど説明した［Output（出力）］タブの複数ファイルオプションとの併用が可能です。

4.5　フィルタを使う

フィルタを使うと、解析対象のパケットを的確に指定できます。簡単に言うと、フィルタは、どのパケットを対象に含むか除外するかの条件を定義する構文です。表示したくないパケットがあれば、フィルタを作成して除外できます。あるパケット以外を見たくないという場合は、見たいパケットだけを表示するフィルタを作成すればよいのです。

Wiresharkには、大きく2種類のフィルタがあります。

- **キャプチャフィルタ**は、パケットをキャプチャしている際に適用されるもので、指定された構文に基づき、特定のパケットのみをキャプチャするものです。
- **表示フィルタ**は、キャプチャ済みのパケットに適用されるもので、指定された構文に基づき、不要なパケットを非表示にしたり、必要なパケットのみを表示したりするものです。

まずはキャプチャフィルタを見てみましょう

4.5.1　キャプチャフィルタ

キャプチャフィルタは、パケットをキャプチャしている際に適用されるもので、解析に回すパケットを最初から限定するためのものです。キャプチャフィルタを使う主な理由はパフォーマンスにあります。トラフィックの特定の範囲が解析不要であるとわかっている場合、キャプチャフィルタでフィルタを行えば、こうしたパケットのキャプチャに使う分のCPUが節約できます。

独自のキャプチャフィルタを作成できる機能は、大量のデータを扱う場合に役立ちます。必要なパケットのみに限定して調査を進めることで、解析作業を高速化できるからです。

キャプチャフィルタの使用例として、たとえば、262番ポートを使用するサービスを提供しているサーバのトラブルシューティングを考えてみましょう。解析対象のサーバがさまざまなポートでサービスを提供している場合、262番ポートのトラフィックのみを見つけて解析するだけでも一苦労ですが、キャ

プチャフィルタを使えば262番ポートのパケットのみをキャプチャできます。[Capture Interfaces（キャプチャインターフェース）]ダイアログから、次のようにしてキャプチャフィルタを作成できます。

1. [Capture（キャプチャ）]を選択したら、パケットのキャプチャに使いたいインターフェースの右にある[Options（オプション）]ボタンをクリックし、[Capture Interfaces（キャプチャインターフェース）]ダイアログを開きます[*1]。
2. パケットのキャプチャに使うインターフェースを確認の上、右端にある[Capture Filter（キャプチャフィルタ）]オプションまでスクロールします。
3. [Capture Filter（キャプチャフィルタ）]のカラムをクリックして構文を入力することで、キャプチャフィルタが適用されます。今回は262番ポートで送受信するトラフィックだけをキャプチャしたいので、図4-14のように「port 262」と入力します（構文については次の項で詳しく説明します）。セルの色が緑に変われば、入力した構文が有効、赤に変われば構文が無効であることを意味します。

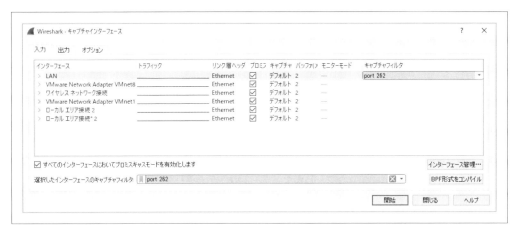

図4-14　[Capture Interfaces（キャプチャフィルタ）]ダイアログでキャプチャフィルタを作成する

4. フィルタを作成したら、[Start（開始）]ボタンをクリックしてキャプチャを始めます。

これで262番ポートで送受信するトラフィックのみが見えているはずです。こうすることで、必要なデータだけを効率よく解析できます。

4.5.1.1　キャプチャ/BPF構文

キャプチャフィルタはlibpcap/WinPcapが解析するもので、Berkeley Packet Filter（BPF）構文で記述します。さまざまなパケット解析ツールでこの構文が使われているのは、大半のパケット解析ツール

[*1]　監訳注：Wireshark 2.4.4では、単に[Capture（キャプチャ）]から[Options（オプション）]を開きます。

がBPF構文に対応したlibpcap/WinPcapライブラリを使っているからです。ネットワークをパケットレベルで深く解析する際にBPF構文の知識は不可欠です。

BPF構文を使って作成したフィルタを**式**（expression）と呼び、それぞれの式は1つ以上の**プリミティブ**（primitive）で構成されています。プリミティブは（**表4-2**のように）1つ以上の**修飾子**（qualifier）と、そのあとに続く**図4-15**で示したようなID文字列または数値のセットから構成されます。

表4-2 BPFの修飾子

修飾子の種類	説明	例
Type	ID文字列や数値の意味	host、net、port
Dir	ID文字列や数値の転送方向	src、dst
Proto	特定のプロトコル	ether、ip、tcp、udp、http、ftp

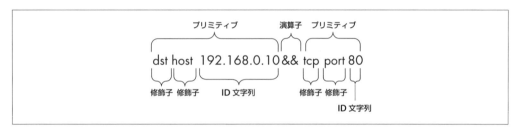

図4-15 キャプチャフィルタの一例

実際に式を作ってみましょう。dst host修飾子と192.168.0.10というID文字列を組み合わせることでプリミティブを作成します。このプリミティブのみだと、192.168.0.10というIPアドレスからのトラフィックのみをキャプチャするという式になります。

論理演算子を使ってプリミティブを組み合わせ、より高度な式を作成することが可能です。使える論理演算子は以下の3つです。

- 論理積演算子 AND（&&）
- 論理和演算子 OR（||）
- 否定演算子 NOT（!）

一例を挙げると、次の式は192.168.0.10という送信元IPアドレスで、80番ポートで送受信されるトラフィックのみをキャプチャします。

```
src host 192.168.0.10 && port 80
```

4.5.1.2 ホスト名とアドレスによるフィルタ

フィルタの多くは、通常特定のネットワーク機器、機器群を指定するものです。状況によって、機器のMACアドレス、IPv4アドレス、IPv6アドレス、DNSホスト名などに基づいてフィルタを行います。

76 | 4章 Wiresharkでのパケットキャプチャのテクニック

たとえば、ネットワーク上のあるサーバとやり取りしている、とあるホストのトラフィックが気にかかるとしましょう。サーバ側で、そのホストのIPv4アドレスを用いるすべてのトラフィックをキャプチャするフィルタを、host修飾子を使って作成します。

```
host 172.16.16.149
```

IPv6ネットワークの場合は、host修飾子を使ってIPv6アドレスによるフィルタを行います。

```
host 2001:db8:85a3::8a2e:370:7334
```

ホスト名でフィルタを行うことも可能です。

```
host testserver2
```

ホストのIPアドレスが変更される可能性を危惧するのであれば、etherというプロトコル修飾子によって、MACアドレスでフィルタを行うことも可能です。

```
ether host 00-1a-a0-52-e2-a0
```

転送方向を示す修飾子は、これらの設定と組み合わせることで指定した機器を送信元もしくは宛先とするトラフィックをキャプチャする場合によく使われます。たとえば、特定ホストが送信元のトラフィックのみをキャプチャしたければ、src修飾子を付加します。

```
src host 172.16.16.149
```

172.16.16.149のサーバを宛先とするデータのみをキャプチャするなら、dst修飾子を付加します。

```
dst host 172.16.16.149
```

type修飾子（host、net、port）をプリミティブで使用しない場合は、host修飾子を指定したものとみなされます。したがって前の例ではhost修飾子を省くことも可能です。

```
dst 172.16.16.149
```

4.5.1.3　ポートによるフィルタ

ホストに基づくフィルタ以外に、各パケットが用いるポートでフィルタを行うこともできます。ポートによるフィルタは、サービスポートがわかっているサービスやアプリケーションに基づくフィルタを行う際に使用できます。たとえば、8080番ポートで通信されるトラフィックのみをキャプチャする簡単なフィルタは以下のようになります。

```
port 8080
```

8080番ポート以外で通信されるすべてのトラフィックをキャプチャする場合は次のようになります。

```
!port 8080
```

ポートによるフィルタと転送方向を示す修飾子を組み合わせることも可能です。たとえば、標準的な80番のHTTPポートで待ち受けているWebサーバを宛先とするトラフィックのみをキャプチャする場合、dst修飾子を使います。

```
dst port 80
```

4.5.1.4　プロトコルによるフィルタ

プロトコルによるフィルタを使うことで、特定のプロトコルでフィルタを行うことができます。これは、ポートによる指定ができない、アプリケーション層以外のプロトコルを指定する際に用います。たとえば、ICMPトラフィックだけを参照したい場合にも、このフィルタを使用できます。

```
icmp
```

IPv6トラフィック以外のすべてのトラフィックを見たい場合は、この技が使えます。

```
!ip6
```

4.5.1.5　プロトコルフィールドによるフィルタ

BPF構文の底力のひとつが、プロトコルヘッダの各バイトを調べて、そのデータに基づく特殊なフィルタを作成できる機能です。ここで説明するこの高度なフィルタを使うと、パケットの指定された位置からの、指定されたバイト数を確認することができます。

たとえば、ICMPヘッダのタイプフィールドでフィルタを行いたいとしましょう。タイプフィールドはパケットの一番先頭にあり、オフセット値が0となっています。パケット内で調べたい位置を識別するには、プロトコル修飾子に続いてオフセット値を[ ]記号（square bracket）で囲んで指定します。今回の例ではicmp[0]なります。これにより1バイトの整数値が返却されるので、比較に用いることができます。たとえば、到達不能（Destination Unreachable）メッセージ（タイプ3）のICMパケットのみを取得するなら、フィルタ式で次のように等値演算子を使います。

```
icmp[0] == 3
```

エコー要求（タイプ8）もしくはエコー応答（タイプ0）のICMPパケットを調べたいという場合は、2つのプリミティブとOR演算子を使います。

```
icmp[0] == 8 || icmp[0] == 0
```

これらのフィルタはうまく機能しますが、フィルタに使えるのは、パケットヘッダ内のたった1バイトだけです。幸いなことに、[ ]記号内のオフセット値のあとにバイト長をコロン（:）で区切って付加することで、返却されるデータ長を指定することができます。

たとえば、ICMPのタイプ3、コード1（ホスト到達不能）パケットをキャプチャするフィルタを作成したいとします。これはパケットヘッダのオフセット0から始まる1バイトのフィールド2つになります。

78 | 4章　Wiresharkでのパケットキャプチャのテクニック

これを識別するためには、パケットヘッダのオフセット0から始まる2バイトのデータを確認し、16進数0301（タイプ3、コード1）と比較するフィルタを作成します。

```
icmp[0:2] == 0x0301
```

RSTフラグがセットされたTCPパケットだけをキャプチャしたいということがよくあります。TCPについては「8章 トランスポート層プロトコル」で詳しく説明しますので、ここではTCPパケットのフラグがオフセット13にあるということだけ理解してください。これは1バイトのフラグフィールドですが、このバイト内の各ビットによってフラグが識別されるというフィールドです。「付録B パケットを知る」で詳しく説明しますが、バイト内の各ビットは2のべき乗として表されます。フラグであるビットはビットが表す値によって保存、指定されているため、最初のビットは1、次のビットは2、そして3番目は4と続きます。TCPパケットでは複数のフラグを同時に設定できるので、tcp[13]という表現だけは効果的にフィルタを行うことができません。RSTビットがセットされている値は複数あるからです。

調査対象のバイト内での位置を指定するためには、このプリミティブに&記号を付加し、そのあとにフラグが保存されている場所を表す値を付加する必要があります。RSTフラグはこのバイト内で4という数字なので、このビットが4という値になっていればフラグが設定されていることになります。

```
tcp[13] & 4 == 4
```

8という値のビットのPSHフラグがセットされているパケットを参照したい場合は、代わりにその位置を指定します。

```
tcp[13] & 8 == 8
```

4.5.1.6　キャプチャフィルタの例

現状に合ったフィルタを作成できるかどうかで、解析の成否が決まるといっても過言ではないでしょう。**表4-3**はよく使われるキャプチャフィルタの一例です。

表4-3　よく使われるキャプチャフィルタ

フィルタ	説明
tcp[13] & 32 == 32	URGフラグがセットされたTCPパケット
tcp[13] & 16 == 16	ACKフラグがセットされたTCPパケット
tcp[13] & 8 == 8	PSHフラグがセットされたTCPパケット
tcp[13] & 4 == 4	RSTフラグがセットされたTCPパケット
tcp[13] & 2 == 2	SYNフラグがセットされたTCPパケット
tcp[13] & 1 == 1	FINフラグがセットされたTCPパケット
tcp[13] == 18	TCP SYN-ACKパケット
ether host 00:00:00:00:00:00 （実際のMACアドレスに置き換える）	指定したMACアドレスで送受信されるトラフィック
!ether host 00:00:00:00:00:00 （実際のMACアドレスに置き換える）	指定したMACアドレス以外で送受信されるトラフィック
broadcast	ブロードキャストトラフィックのみ

フィルタ	説明
icmp	ICMPトラフィック
icmp[0:2] == 0x0301	ICMPホスト到達不能
ip	IPv4トラフィックのみ
ip6	IPv6トラフィックのみ
udp	UDPトラフィックのみ

4.5.2 表示フィルタ

　表示フィルタは、キャプチャファイルに適用されるフィルタで、フィルタにマッチするパケットのみを表示させるものです。表示フィルタは [Packet List (パケット一覧)] ペインの上部にある [Filter (表示フィルタ)] テキストボックスに設定します。

　表示フィルタを使う機会はキャプチャフィルタより多いでしょう。これは、実際のキャプチャファイルのデータを損なうことなく、特定のパケットのフィルタを行うことができるからです。フィルタの式を消去するだけで、元々のキャプチャファイルを必要に応じて再表示することができます。しかも表示フィルタはWiresharkの膨大なライブラリのおかげでかなり強力です。

　表示フィルタは、キャプチャファイルから無意味なブロードキャストパケットを消去する際にも役立ちます。たとえば [Packet List (一覧)] ペインからARPブロードキャストが解析したいトラブルと関係ないので消去したいといった場合です。とはいえ、こうしたARPブロードキャストパケットはのちほど解析に必要になるかもしれないので、削除するよりも、表示フィルタで一時的に表示させないようにするほうがよいのです。

　ARPパケットを非表示にするには、[Packet List (パケット一覧)] ペインの上部にある [Filter (表示フィルタ)] テキストボックスにカーソルを置いた状態で図4-16のように !arp と入力して、一覧からARPパケットを消去します。フィルタを削除するには [×] ボタンをクリックします。後日使うために保存したい場合は、プラス [+] ボタンをクリックします。

図4-16　[Packet List (パケット一覧)] ペイン上部の [Filter (表示フィルタ)] テキストボックスで表示フィルタを作成する

　表示フィルタを作成する方法は2つあります。1つはこの例のように直接構文を使う方法、もうひとつは [Display Filter Expression (表示フィルタ式)] ダイアログを使う方法で、初めてフィルタを使う初心者向けの簡単な方法です。簡単なほうから先に、両方の手法を見ていきましょう。

4.5.2.1 ［Display Filter Expression（表示フィルタ式）］ダイアログ（簡単な作成方法）

図4-17の［Display Filter Expression（表示フィルタ式）］ダイアログは、Wireshark初心者がキャプチャフィルタや表示フィルタを簡単に作成できるようにしてくれる機能です。ダイアログを表示するには、［Filter（表示フィルタ）］ツールバーの［Expression（書式）］ボタンをクリックします。

図4-17　［Display Filter Expression（表示フィルタ式）］ダイアログを使うとフィルタを簡単に作成できる

ダイアログの左側には、使用可能なプロトコルフィールドの一覧が表示されており、ここから使用可能なフィルタ要素を指定できるようになっています。フィルタを作成するには、以下の手順に従ってください。

1. プロトコル名の左にある矢印をクリックして、各プロトコルで利用可能なフィルタ要素を参照します。利用したいフィルタ要素をクリックしてください。
2. 選択したフィルタ要素と、その値の評価方法を指定してください。評価方法は、等しい（=）、大なり（>）、小なり（<）などの演算子です。
3. 値を指定して、フィルタ式を作成します。Wiresharkが提供する定義済みの値から選択するか、自身で値を設定してください。

4. フィルタの作成が完了したら[OK]ボタンをクリックしてください。作成したフィルタが画面下に表示されます。

[Display Filter Expression（表示フィルタ式）]ダイアログは初心者には非常に便利な機能ですが、フィルタの使用方法が理解できれば、手動でフィルタを作成するほうが効率がよいでしょう。表示フィルタは非常に強力ですが、構文は簡単です。

4.5.2.2　フィルタ式の文法（難しい作成方法）

Wiresharkを使いこなせるようになると、メインウィンドウで直接表示フィルタ式を入力して、時間を節約したいと思うようになるでしょう。幸いにも表示フィルタで使われる構文は標準的なスキームに則っており、非常に簡単です。大半の場合、このスキームはプロトコルを中心としており、[Display Filter Expression（表示フィルタ式）]ダイアログで見たように、*protocol.feature.subfeature*形式となっています。いくつか例を見てみましょう。

大半の場合、特定プロトコルのパケットだけを見るためのキャプチャフィルタや表示フィルタを作ることが多いでしょう。たとえばTCPのトラブルシューティングの場合、TCPのトラフィック以外は見る必要がないので、単純にtcpというフィルタを作っておくといった具合です。

この課題を別の側面から見てみましょう。TCPに関連したトラブルシューティングを行う過程を考えてみます。pingを多用して、ICMPのトラフィックが大量に発生していたとすると、!icmpというフィルタを使えば、ICMPのトラフィックをキャプチャから消去することができます。

比較演算子を使えば、値を比較することができます。たとえばTCP/IPネットワークのトラブルシューティングの場合、特定のIPアドレスを参照するすべてのパケットを参照することがよくあります。比較演算子「==」を使えば、192.168.0.1というIPアドレスを含むパケットのみを表示するフィルタが作成できます。

```
ip.addr==192.168.0.1
```

今度は長さが128バイト以下のパケットのみを表示する場合を考えてみましょう。この場合は「<=」という比較演算子をフィルタ式で使用すればよいのです。

```
frame.len<=128
```

Wiresharkで使用可能な比較演算子は**表4-4**のとおりです。

表4-4　Wiresharkのフィルタとして使用できる比較演算子

演算子	説明
==	等しい
!=	等しくない
>	大なり
<	小なり
>=	以上
<=	以下

論理演算子を使えば、複数のフィルタ式を1つの文にすることができます。論理演算子を使いこなすことで、フィルタの効率が飛躍的に増加します。たとえば、2つのIPアドレスを含むパケットを表示したい場合を考えてみましょう。この場合は、「or」演算子を使って次のようにどちらかのIPアドレスを含むパケットを表示する式を作ればよいのです。

    ip.addr==192.168.0.1 or ip.addr==192.168.0.2

Wiresharkで使用可能な論理演算子は**表4-5**のとおりです。

表4-5　Wiresharkのフィルタとして使用できる論理演算子

演算子	説明
and	論理積
or	論理和
xor	排他的論理和
not	否定

4.5.2.3　表示フィルタの例

フィルタの概念は難しくありませんが、実際にフィルタを作成する際には、どんなキーワードや演算子を使ったらよいか悩むところでしょう。**表4-6**に筆者がよく使う表示フィルタをいくつか示します。一覧についてはWiresharkの表示フィルタのリファレンスhttp://www.wireshark.org/docs/dfref/を参照してください。

表4-6　よく使用される表示フィルタ

フィルタ	説明
!tcp.port==3389	RDPトラフィックを消去する
tcp.flags.syn==1	SYNフラグがセットされたTCPパケット
tcp.flags.reset==1	RSTフラグがセットされたTCPパケット
!arp	ARPトラフィックを消去する
http	HTTPトラフィック
tcp.port==23 || tcp.port==21	TelnetまたはFTPトラフィック
smtp || pop || imap	電子メールトラフィック（SMTP、POP、IMAP）

4.5.3　フィルタの保存

キャプチャフィルタや表示フィルタを山のように作っていると、頻繁に使うフィルタがあることに気づくことでしょう。幸い同じフィルタを何度も作成する必要はありません。Wiresharkには、フィルタを保存する機能があるのです。独自に作成したキャプチャフィルタを保存するには、以下の手順に従ってください。

1. メニューから［Capture（キャプチャ）］→［Capture Filters（キャプチャフィルタ）］を選択し、［Capture Filter（キャプチャフィルタ）］ダイアログを開いてください。

2. ダイアログの左下にあるプラス［+］ボタンをクリックし、新たなフィルタを作成します。
3. ［Filter name（名前）］ボックスにフィルタ名を入力します。
4. ［Filter string（フィルタ）］ボックスにフィルタ式を入力します。
5. フィルタ式を入力したら、［OK］ボタンをクリックして保存します。

独自に作成した表示フィルタを保存するには、以下の手順に従ってください。

1. ［Packet List（パケット一覧）］ペインの上部にある［Filter（表示フィルタ）］バーに作成したフィルタ名を入力し、バーの左側にある［リボン］ボタンをクリックします。
2. ［Save this Filter（このフィルタを保存）］オプションをクリックすると、保存した表示フィルタの一覧が別のダイアログに表示されます。そこでフィルタ名を入れ、［OK］をクリックして保存します（**図4-18**）。

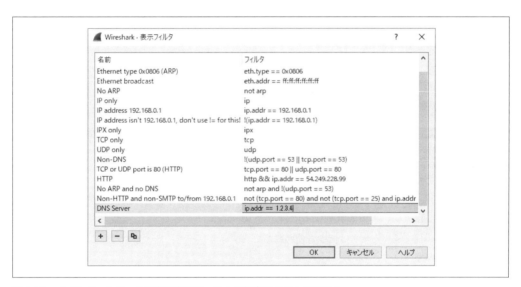

図4-18　メインツールバーから直接表示フィルタを保存することができる

4.5.4　表示フィルタのツールバーへの追加

頻繁にオンにしたりオフにしたりするフィルタがある場合、［Packet List（パケット一覧）］ペインの上にある［Filter（表示フィルタ）］バーに、フィルタのオンオフを切り替えるトグルを追加すると便利です。トグルを追加するには、以下の手順に従ってください。

1. ［Packet List（パケット一覧）］ペインの上にある［Filter（表示フィルタ）］バーにフィルタを入力し、バーの右側にあるプラス［+］ボタンをクリックします。
2. ［Filter（表示フィルタ）］バーの下に表示されたバーの［Label（ラベル）］フィールドにフィルタ名を

入力します（**図4-19**）。この名前がツールバー上でフィルタ名として表示されます。フィールドへの入力を終えたら［OK］をクリックし、［Filter］ツールバーへのショートカットを作成します。

図4-19　［Filter］ツールバーにフィルタ式のショートカットを追加する

　RSTフラグを有効にしたTCPパケットをすばやく表示するフィルタへのショートカットを作成しました（**図4-20**）。「3章 Wiresharkの概要」で説明したように、構成プロファイルにフィルタを追加したツールバーを保存しておくと、さまざまな場面でパケットをキャプチャする際に直面する問題を、格段に識別できるようになります。

図4-20　ツールバー上のショートカットを利用したフィルタ

　Wiresharkには、定義済のフィルタがいくつかありますが、これらはフィルタがどのようなものかを示す好例です。独自のフィルタを作成する際に、（Wiresharkのヘルプページと併せて）これらを活用できます。本書の例でもフィルタは何度も使われています。

5章
Wiresharkの高度な機能

Wiresharkの基本を習得したところで、次のステップとして解析とグラフ機能を習得しましょう。この章では、エンドポイントと［Conversations］ダイアログ、名前解決の詳細、プロトコルの分析、ストリームの解釈、IOグラフなどを含む強力な機能の一端を見ていきます。

これらはグラフィカルな解析ツールであるWireshark独自の機能であり、解析処理のさまざまな段階で役立ちます。ここに記載した機能をすべて試してから、次のステップへ進んでください。本書で紹介する実践的な解析のシナリオにおいて、これらの機能は何度も繰り返し登場するからです。

5.1　ネットワークのエンドポイントと対話

ネットワーク通信が行われるときは、最低でも2つの機器間でデータがやり取りされている必要があります。Wiresharkでは、ネットワーク上にあるデータを送受信する機器を**エンドポイント**と呼びます。2つのエンドポイント間で行われる通信が**対話**です。Wiresharkではエンドポイントと対話を、通信の属性、特にさまざまなプロトコルで使用されるアドレスに基づいて表示します。

エンドポイントはOSI参照モデルの各層に割り当てられたアドレスによって識別されます。たとえばデータリンク層であれば、機器固有のアドレスであるMACアドレスとなります（変更も可能ですが、必要になることはないでしょう）。ネットワーク層では、エンドポイントはIPアドレスによって識別され、これはいつでも変更が可能です。これらのアドレスの使い方については、このあとの章で説明します。

図5-1は、対話中の2つのエンドポイントを、アドレスから識別する2つの例を示しています。対話Aでは2つのエンドポイントがデータリンク（MAC）層で通信を行っています。エンドポイントAは00:ff:ac:ce:0b:de、エンドポイントBは00:ff:ac:e0:dc:0fというMACアドレスを持っています。対話Bは、2つの機器がネットワーク（IP）層で通信していることがわかります。エンドポイントAは192.168.1.25、エンドポイントBは192.168.1.30というIPアドレスを持っています。

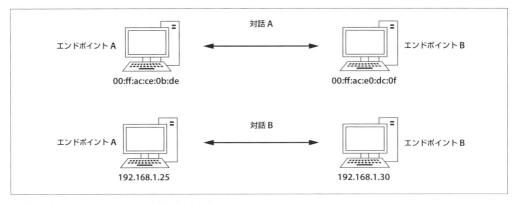

図5-1　ネットワークのエンドポイントと対話

　Wiresharkがエンドポイントや対話におけるネットワーク通信に関する情報を提供する方法について見ていきましょう。

5.1.1　エンドポイントの統計を見る

`lotsofweb.pcapng`

　トラフィックを解析する際に、ネットワーク上の特定のエンドポイントにトラブルを絞り込める場合もあるでしょう。たとえばlotsofweb.pcapngというファイルを開いてから、［Statistics（統計）］→［Endpoints（終端）］と選択して［Endpoints］ダイアログを開くと、**図5-2**のように各エンドポイントのアドレスや、送受信したパケット数、バイト数といった有用な統計を参照することができます[*1]。

[*1] 監訳注：ネットワークでは、「Endpoint」の訳としてを通常「エンドポイント」もしくは「端末」といった用語を用いると思いますので、「終端」という訳語にはかなり違和感がありますが、本書監訳開始時点で最新のWireshark 2.4.4では［終端］となっているため、本書でもその訳語を用います。

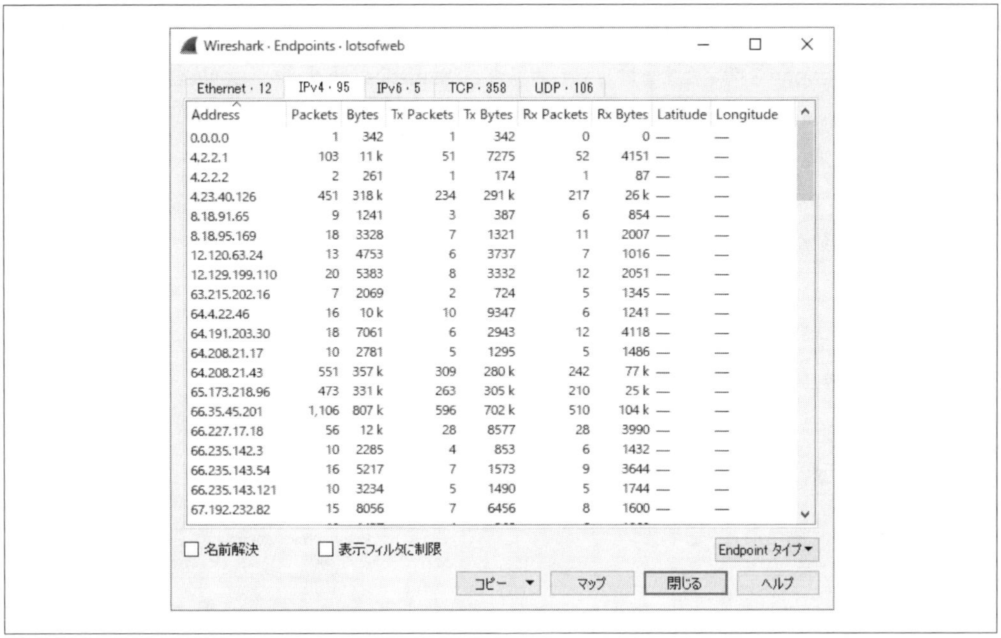

図5-2　[Endpoints]ダイアログでキャプチャファイルの各エンドポイントの情報がわかる

　ダイアログ上部にある各タブ（TCP、イーサネット、IPv4、IPv6、UDP）では、プロトコル別にエンドポイントの数を示しています。特定のプロトコルについてのエンドポイントを参照したい場合は、タブをクリックしてください。右下の［Endpoint Types（Endpoint タイプ）］ボックスをクリックして追加したいプロトコルを選べば、タブを追加することも可能です。［Name resolution（名前解決）］チェックボックスをオンにすると、名前解決が有効になります（「5.3 名前解決」を参照してください）。キャプチャファイルが大容量で、表示するエンドポイントを絞りたいなら、メインウィンドウでディスプレイフィルタを適用してから、［Endpoints］ダイアログの［Limit（表示フィルタに制限）］を選択することで、表示フィルタと一致するエンドポイントのみが表示されるようになります。

　［Endpoints］ダイアログは、［Packet List（パケット一覧）］ペインで特定のパケットのみを表示するためのフィルタとして使用することもできます。この機能を使うと、個々のエンドポイントのパケットを簡単に詳しく調べることができます。エンドポイントを右クリックすると、選択したエンドポイントのみを含む、もしくは除外するパケットを表示するフィルタを作成するといったオプションがいくつか表示されます。また［Colorize（色をつける）］オプションを選択し、選択したエンドポイントに色付けルールを直接適用することも可能です（色付けルールについては「4章 Wiresharkでのパケットキャプチャのテクニック」で説明しています）。これにより特定のエンドポイントに関連したパケットを目立たせることができるので、解析のときに見つけやすくなります。

88 | 5章　Wiresharkの高度な機能

5.1.2　ネットワークの対話を見る

lotsofweb.pcapng

　lotsofweb.pcapngを開いたままにしている場合、［Statistics（統計）］→［Conversations（対話）］を選択して［Conversations］ダイアログを開くと、**図5-3**のようにキャプチャファイル内のすべての対話が表示されます。［Conversations］ダイアログは［Endpoints］ダイアログと似ていますが、［Conversations］ダイアログでは1つの対話について1行に2つのアドレスが表示され、各機器の間で送受信されたパケット数とバイト数が表示されます。「Address A」のカラムが発信先のエンドポイントで、「Address B」が送信先です。

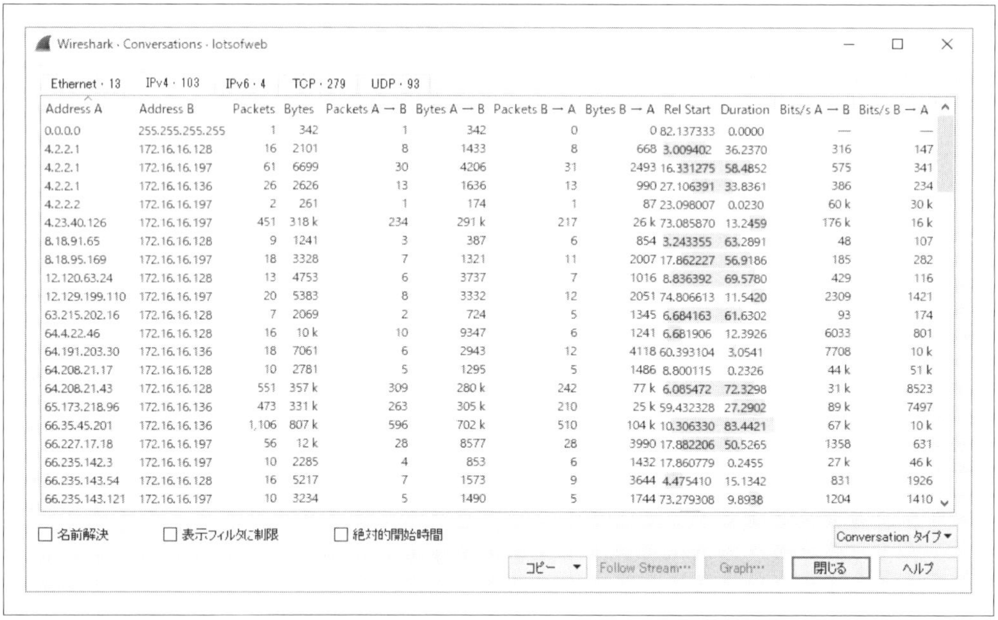

Address A	Address B	Packets	Bytes	Packets A → B	Bytes A → B	Packets B → A	Bytes B → A	Rel Start	Duration	Bits/s A → B	Bits/s B → A
0.0.0.0	255.255.255.255	1	342	1	342	0	0	82.137333	0.0000	—	—
4.2.2.1	172.16.16.128	16	2101	8	1433	8	668	3.009402	36.2370	316	147
4.2.2.1	172.16.16.197	61	6699	30	4206	31	2493	16.331275	58.4852	575	341
4.2.2.1	172.16.16.136	26	2626	13	1636	13	990	27.106391	33.8361	386	234
4.2.2.2	172.16.16.197	2	261	1	174	1	87	23.098007	0.0230	60 k	30 k
4.23.40.126	172.16.16.197	451	318 k	234	291 k	217	26 k	73.085870	13.2459	176 k	16 k
8.18.91.65	172.16.16.128	9	1241	3	387	6	854	3.243355	63.2891	48	107
8.18.95.169	172.16.16.128	18	3328	7	1321	11	2007	17.862227	56.9186	185	282
12.120.63.24	172.16.16.128	13	4753	6	3737	7	1016	8.836392	69.5780	429	116
12.129.199.110	172.16.16.197	20	5383	8	3332	12	2051	74.806613	11.5420	2309	1421
63.215.202.16	172.16.16.128	7	2069	2	724	5	1345	6.684163	61.6302	93	174
64.4.22.46	172.16.16.128	16	10 k	10	9347	6	1241	6.681906	12.3926	6033	801
64.191.203.30	172.16.16.136	18	7061	6	2943	12	4118	60.393104	3.0541	7708	10 k
64.208.21.17	172.16.16.128	10	2781	5	1295	5	1486	8.800115	0.2326	44 k	51 k
64.208.21.43	172.16.16.128	551	357 k	309	280 k	242	77 k	6.085472	72.3298	31 k	8523
65.173.218.96	172.16.16.136	473	331 k	263	305 k	210	25 k	59.432328	27.2902	89 k	7497
66.35.45.201	172.16.16.128	1,106	807 k	596	702 k	510	104 k	10.306330	83.4421	67 k	10 k
66.227.17.18	172.16.16.197	56	12 k	28	8577	28	3990	17.882206	50.5265	1358	631
66.235.142.3	172.16.16.197	10	2285	4	853	6	1432	17.860779	0.2455	27 k	46 k
66.235.143.54	172.16.16.128	16	5217	7	1573	9	3644	4.475410	15.1342	831	1926
66.235.143.121	172.16.16.197	10	3234	5	1490	5	1744	73.279308	9.8938	1204	1410

図5-3　［Conversations］ダイアログでキャプチャファイルのそれぞれの対話を分析できる

　［Conversations］ダイアログはプロトコル別に整理されています。（［Endpoints］ダイアログと同じく）上部にあるタブをクリックするか、右下の［Conversation Types（Conversation タイプ）］ボタンをクリックしてほかのプロトコルタイプを追加すると、そのプロトコルを使った対話のみが表示されます。［Endpoints］ダイアログと同じく、名前解決の有効化や、ディスプレイフィルタを作成した表示する対話の絞り込み、特定の対話を右クリックしての、当該対話ベースでのフィルタの作成といった機能を使えます。対話ベースのフィルタは着目したい通信の流れを詳細に掘り下げるのに便利です。

5.1.3　エンドポイントと対話から通信量が多い機器を識別　`lotsofweb.pcapng`

トラブルシューティングにおいて、[Endpoints] ダイアログと [Conversations] ダイアログは非常に有用です。特にネットワーク上で大量のトラフィックの発生源を突き止める際には不可欠です。

たとえば、lotsofweb.pcapngというファイルに再度着目すると、ファイル名のとおり、いくつかのクライアントがインターネットをブラウジングしていることを示す、HTTPトラフィックが目に入ります。**図5-4**はこのファイルのエンドポイントを、バイト数順にソートした一覧です。

これを見ると、もっともトラフィックが多い（バイト数が多い）のは172.16.16.128です。これは内部ネットワークアドレスであり（判断する方法は「7章 ネットワーク層プロトコル」で説明します）、これがネットワーク上で**もっともおしゃべりな（通信量がもっとも多い）機器**であることがわかります。

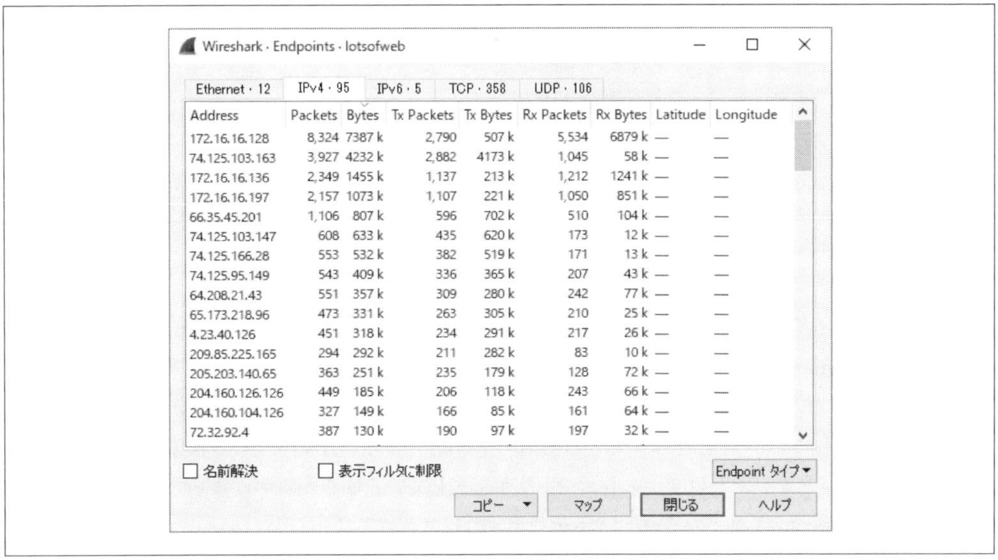

Wireshark · Endpoints · lotsofweb

Ethernet · 12　IPv4 · 95　IPv6 · 5　TCP · 358　UDP · 106

Address	Packets	Bytes	Tx Packets	Tx Bytes	Rx Packets	Rx Bytes	Latitude	Longitude
172.16.16.128	8,324	7387 k	2,790	507 k	5,534	6879 k	—	—
74.125.103.163	3,927	4232 k	2,882	4173 k	1,045	58 k	—	—
172.16.16.136	2,349	1455 k	1,137	213 k	1,212	1241 k	—	—
172.16.16.197	2,157	1073 k	1,107	221 k	1,050	851 k	—	—
66.35.45.201	1,106	807 k	596	702 k	510	104 k	—	—
74.125.103.147	608	633 k	435	620 k	173	12 k	—	—
74.125.166.28	553	532 k	382	519 k	171	13 k	—	—
74.125.95.149	543	409 k	336	365 k	207	43 k	—	—
64.208.21.43	551	357 k	309	280 k	242	77 k	—	—
65.173.218.96	473	331 k	263	305 k	210	25 k	—	—
4.23.40.126	451	318 k	234	291 k	217	26 k	—	—
209.85.225.165	294	292 k	211	282 k	83	10 k	—	—
205.203.140.65	363	251 k	235	179 k	128	72 k	—	—
204.160.126.126	449	185 k	206	118 k	243	66 k	—	—
204.160.104.126	327	149 k	166	85 k	161	64 k	—	—
72.32.92.4	387	130 k	190	97 k	197	32 k	—	—

☐ 名前解決　　☐ 表示フィルタに制限　　　　　　　　　　Endpoint タイプ▼

コピー ▼　　マップ　　閉じる　　ヘルプ

図5-4　[Endpoints] ダイアログでどのホストの通信量が一番多いかがわかる

2番目のアドレスである74.125.103.163はインターネットアドレスです。情報がない外部アドレスの場合は、WHOIS検索をかければ登録者がわかります。この例ではAmerican Registry for Internet Numbers（https://whois.arin.net/ui/）から、このIPアドレスがGoogleのものであるとわかります（**図5-5**）。

90 | 5章　Wiresharkの高度な機能

Network	
Net Range	74.125.0.0 - 74.125.255.255
CIDR	74.125.0.0/16
Name	GOOGLE
Handle	NET-74-125-0-0-1
Parent	NET74 (NET-74-0-0-0-0)
Net Type	Direct Allocation
Origin AS	
Organization	Google LLC (GOGL)
Registration Date	2007-03-13
Last Updated	2012-02-24
Comments	
RESTful Link	https://whois.arin.net/rest/net/NET-74-125-0-0-1
See Also	Related organization's POC records.
See Also	Related delegations.

図5-5　WHOIS検索の結果74.125.103.163はGoogleのIPだった

WHOIS検索でIPアドレスの所有者を判断する

　IPアドレスの割り当ては、地域によって異なる組織（レジストリ）が管理します。American Registry for Internet Numbers（ARIN）は米国および周辺国におけるIPアドレス割り当てを担当していますが、AfriNICはアフリカ、RIPEは欧州、APNICはアジア太平洋を管理しています。一般にはIPアドレスを管理している組織のWebサイトで、IPのWHOIS検索を実行してください。アドレスを見ただけでどのレジストリが担当しているかを知るのは難しいので、Robtex（http://robtex.com/）などのWebサイトを利用すれば、代わりに正しいレジストリにクエリを送り、適切な答えを提供してくれます。もし間違ったレジストリで検索したとしても、通常は適切なレジストリが表示されます。

　この情報から、172.16.16.128および74.125.103.163が、自ネットワーク上にある複数デバイスと大量の通信を行っているか、両エンドポイントが互いに通信を行っていることが推測されます。実際、大量の通信を行っているエンドポイント同士が、一番対話を行っているケースが多いのです。今度は［Conversations］ダイアログで［IPv4］タブを開き、バイト順のソートで確認してみましょう。これら2つのエンドポイント間で行われた対話により送受信されたバイト数がもっとも多いことがわかります。また**図5-6**を見ると、外部アドレスA（74.125.103.163）から送信されたバイト数が、内部アドレスB（172.16.16.128）から送信されたバイト数よりもはるかに多いことから、トラフィックが大量のダウンロードと推定できます。

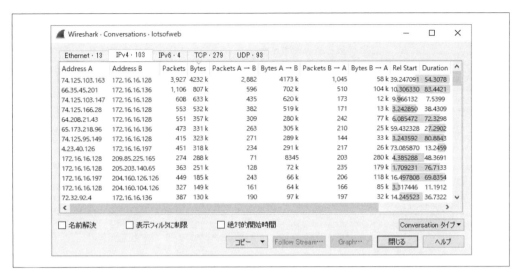

図5-6 [Conversations]ダイアログで、通信量が一番多いエンドポイント同士が通信していることがわかる

表示フィルタを適用して、この対話を調べることができます。

```
ip.addr == 74.125.103.163 && ip.addr == 172.16.16.128
```

パケットの一覧をスクロールし、[Packet List（パケット一覧）]ダイアログの[Info]カラムを見ると、http://youtube.comドメインにDNSが数回リクエストしているのがわかります。このことは74.125.103.163がGoogleのIPアドレスであるという、先ほどの発見とも一致しています。GoogleがYouTubeを所有しているからです。

[Endpoints]と[Conversations]ダイアログを現場でどのように使うかについては、のちほど説明します。

5.2 プロトコル階層統計

lotsofweb.pcapng

正体不明のキャプチャファイルを解析する際に、たとえばキャプチャしたパケットのうち何パーセントがTCPで、何パーセントがIP、何パーセントがDHCPかなど、各プロトコルがどのような配分になっているかを把握することが必要な場合があります。その際、パケットを1つ1つ数える必要はありません。[Protocol Hierarchy Statistics（プロトコル階層統計）]ダイアログを見ればよいのです。

`lotsofweb.pcapng`ファイルを開き、以前に適用したフィルタを削除したら、メニューから[Statistics（統計）]→[Protocol Hierarchy（プロトコル階層）]を選択して、[Protocol Hierarchy Statistics（プロトコル階層統計）]ダイアログを開いてみましょう（**図5-7**）。

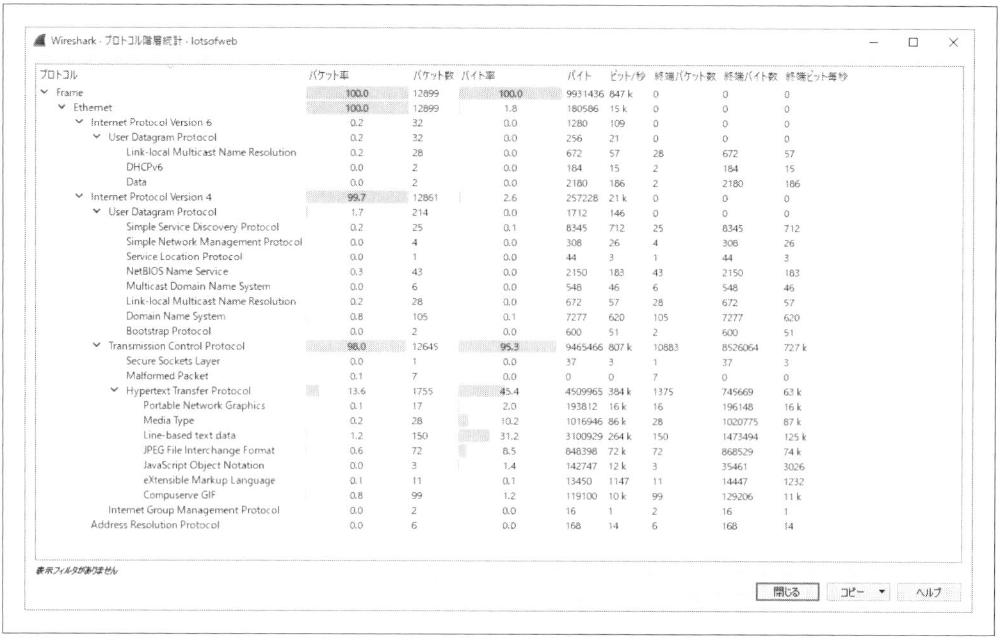

プロトコル	パケット率	パケット数	バイト率	バイト	ビット/秒	終端パケット数	終端バイト数	終端ビット毎秒
Frame	100.0	12899	100.0	9931436	847 k	0	0	0
Ethernet	100.0	12899	1.8	180586	15 k	0	0	0
Internet Protocol Version 6	0.2	32	0.0	1280	109	0	0	0
User Datagram Protocol	0.2	32	0.0	256	21	0	0	0
Link-local Multicast Name Resolution	0.2	28	0.0	672	57	28	672	57
DHCPv6	0.0	2	0.0	184	15	2	184	15
Data	0.0	2	0.0	2180	186	2	2180	186
Internet Protocol Version 4	99.7	12861	2.6	257228	21 k	0	0	0
User Datagram Protocol	1.7	214	0.0	1712	146	0	0	0
Simple Service Discovery Protocol	0.2	25	0.1	8345	712	25	8345	712
Simple Network Management Protocol	0.0	4	0.0	308	26	4	308	26
Service Location Protocol	0.0	1	0.0	44	3	1	44	3
NetBIOS Name Service	0.3	43	0.0	2150	183	43	2150	183
Multicast Domain Name System	0.0	6	0.0	548	46	6	548	46
Link-local Multicast Name Resolution	0.2	28	0.0	672	57	28	672	57
Domain Name System	0.8	105	0.1	7277	620	105	7277	620
Bootstrap Protocol	0.0	2	0.0	600	51	2	600	51
Transmission Control Protocol	98.0	12645	95.3	9465466	807 k	10883	8526064	727 k
Secure Sockets Layer	0.0	1	0.0	37	3	1	37	3
Malformed Packet	0.1	7	0.0	0	0	7	0	0
Hypertext Transfer Protocol	13.6	1755	45.4	4509965	384 k	1375	745669	63 k
Portable Network Graphics	0.1	17	2.0	193812	16 k	16	196148	16 k
Media Type	0.2	28	10.2	1016946	86 k	28	1020775	87 k
Line-based text data	1.2	150	31.2	3100929	264 k	150	1473494	125 k
JPEG File Interchange Format	0.6	72	8.5	848398	72 k	72	868529	74 k
JavaScript Object Notation	0.0	3	1.4	142747	12 k	3	35461	3026
eXtensible Markup Language	0.1	11	0.1	13450	1147	11	14447	1232
Compuserve GIF	0.8	99	1.2	119100	10 k	99	129206	11 k
Internet Group Management Protocol	0.0	2	0.0	16	1	2	16	1
Address Resolution Protocol	0.0	6	0.0	168	14	6	168	14

図5-7 [Protocol Hierarchy Statistics（プロトコル階層統計）]ダイアログでは各プロトコルのトラフィックの割合が表示される

［Protocol Hierarchy Statistics（プロトコル階層統計）］ダイアログを見れば、今ネットワークで発生している事象の全体像がよくわかります。**図5-7**を見ると、イーサネットのトラフィックが100%、IPv4が99.7%、TCPが98%、WebブラウジングからのHTTPが13.5%となっています。この情報は、特に普段のネットワークトラフィックの状況がわかっていると、ネットワークのベンチマークを把握するのにとても役立ちます。たとえば普段はARPのトラフィックが全体の10%なのに、直近のキャプチャで50%になっていたら、何か問題が起きていると予測できます。時には滅多にないプロトコルに興味を引かれるかもしれません。Spanning Tree Protocol（STP）を使うように構成されたデバイスがないのに、プロトコル階層でこれが表示されているという場合は、機器の設定誤りの可能性があります。

慣れてくると、［Protocol Hierarchy Statistics（プロトコル階層統計）］ウィンドウで使われているプロトコル比率を見るだけで、ネットワーク上のユーザーや機器の概況がわかることに気づくでしょう。たとえばHTTPトラフィックの量が多ければ、大量のWeb閲覧が行われているといった具合です。またトラフィックを見るだけで、ネットワーク上のある機器が所属する部署を特定できることにも気づくかもしれません。たとえばICMPやSNMPなどの管理用プロトコルが多ければIT部門、SMTP（メール）トラフィックの量が多ければカスタマサービス部門、『World of

Warcraft』[1]のトラフィックで溢れている一帯は厄介なインターン用のコーナーといった具合です。

5.3　名前解決

ネットワークのデータは、00:16:ce:6e:8b:24というMACアドレス、192.168.47.122というIPv4アドレス、あるいは2001:db8:a0b:12f0::1というIPv6アドレスのように、覚えるには長すぎる英数字のアドレス体系を用いてやり取りされています。**名前解決**（**名前参照**とも呼ばれる）とは、既知のアドレスを覚えやすい別のアドレスに変換するための処理です。たとえば216.58.217.238よりも、google.comのほうがはるかに覚えやすいでしょう。暗号のようなアドレスを読みやすいアドレスに変換することによって、機器を識別しやすいようにするわけです。

5.3.1　名前解決を有効にする

Wiresharkでは、解析を容易にするために、パケットデータを表示する際に名前解決を行うことができます。名前解決を有効にするには、メニューから［Edit（編集）］→［Preferences（設定）］→［Name Resolution］を選択してください。**図5-8**のように、Wiresharkでは名前解決にいくつかのオプションがあります。

MAC層の名前解決

ARPプロトコルを使って、00:09:5b:01:02:03といった第2層のMACアドレスを10.100.12.1といった第3層のアドレスに変換します。変換できない場合、Wiresharkはプログラムの置かれたディレクトリにあるethersファイルを使って変換を試みます。それにも失敗すると、Netgear_01:02:03のようにMACアドレスの先頭3バイトをIEEEが定めたメーカー名に変換します。

トランスポート層の名前解決

ポート番号を名前に変換します。たとえば80番ポートを「http」という名前に変換します。非標準のポートが出てきた場合や、ポートに割り当てられているサービスが不明な場合に便利です。

ネットワーク（IP）層の名前解決

IPアドレス192.168.1.50といった第3層のアドレスを「http://MarketingPC1.domain.com」といった読みやすいDNS名に変換します。わかりやすい名前を付けることで、システムの用途や所有者を識別するのに役立ちます。

＊1　監訳注：米Blizzard Entertainment社のオンラインゲーム。世界最大のMMORPG（Massively Multiplayer Online Role-Playing Game：大規模多人数同時参加型オンラインRPG）で、一般的には「WoW」と略記されます。

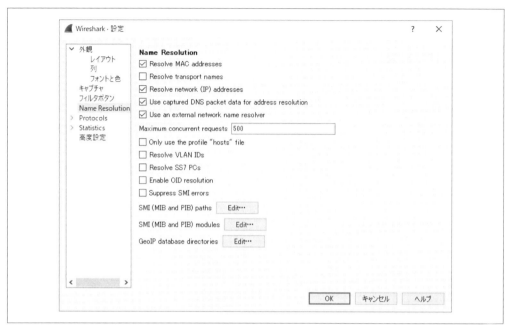

図5-8 ［Preferences（設定）］ダイアログで名前解決を有効にする。最初の3つのチェックボックスで、MAC層の名前解決のみが選択されている

図5-8の［Preferences（設定）］ダイアログ内の［Name Resolution］には、他にもいくつか便利なオプションがあります。

［Use captured DNS packet data for address resolution］

　　　　キャプチャしたDNSパケットからDNSデータを解析し、IPアドレスをDNS名に変換します。

［Use an external network name resolver］

　　　　WiresharkからDNSサーバに問い合わせ、IPアドレスをDNS名に変換します。DNSによる名前解決を行いたいが、解析中のキャプチャファイルに関連するDNSパケットが含まれていない場合に役立ちます。

［Maximum concurrent requests］

　　　　同時に処理を行うDNSクエリの数を制限します。キャプチャファイルの処理の際に大量のDNSリクエストが発生し、ネットワークやDNSサーバの帯域を奪ってしまう懸念がある場合に、このオプションを使います。

［Only use the profile "hosts" file］

　　　　現在アクティブなプロファイルに対応した「hosts」ファイルに限定してDNS名前解決を行い

ます。このファイルの使い方はのちほど説明します。

　[Preferences（設定）]ダイアログで行った変更は、Wiresharkを終了し再起動しても適用されたまま
です。名前解決の設定の有効、無効を一時的に切り替えるには、ドロップダウンメニューで［View（表
示）］→［Name Resolution（名前解決）］をクリックします。物理アドレス、トランスポート層アドレス、
ネットワークアドレスの名前解決を、有効、無効とする設定が可能です。

　さまざまな名前解決機能の力を借りてキャプチャファイルを読みやすくすることで、解析に要する時
間を劇的に節約できる場合もあります。たとえばDNS名前解決を使えば、特定パケットの送信元のコ
ンピュータの名前を一瞬で確認することができます。

5.3.2　名前解決の欠点

　名前解決は良いことずくめのように見えますが、次のような欠点があります。まず、ネットワーク層
の名前解決ですが、IPアドレスに対応する名前を提供できるDNSサーバがなければうまくいきません。
また名前解決した情報はキャプチャファイルに保存されないため、キャプチャファイルを開くたびに
名前解決の処理が行われます。あるネットワークでパケットをキャプチャして、別のネットワーク上で
ファイルを開くと、元々のネットワークにあるDNSサーバにアクセスできず、名前解決に失敗してしま
うかもしれません。

　加えて名前解決のために余分な処理が発生します。巨大なキャプチャファイルを扱っているときに
は、システムのリソースを有効活用するために名前解決は行わないほうがよいでしょう。巨大なキャプ
チャファイルを開こうとして、処理がなかなか完了しない場合や、そもそもWiresharkがクラッシュし
てしまうといった場合は、名前解決を無効にするとよいかもしれません。

　さらなる問題点として、ネットワーク層の名前解決はDNSに依存することになるため、余分なパケッ
トが発生します。このため、名前解決のためDNSサーバに送信される通信がキャプチャファイルを埋
め尽くしてしまうかもしれません。さらに面倒なことに、解析中のキャプチャファイルに悪意のあるIP
アドレスが含まれていると、そのアドレスを名前解決しようとして、攻撃者が管理するシステムへと
問い合わせてしまいます。攻撃者に対して反応してしまうこととなり、ターゲットとされてしまいかね
ません。キャプチャファイルを無用のパケットで埋め尽くさず、攻撃者と望まぬやり取りをしないため
にも、［Preferences（設定）]ダイアログ内の［Name Resolution］で、［Use an external network name
resolver]オプションを無効にしておきましょう。

5.3.3　専用のhostsファイルを使う

　巨大なキャプチャファイルで、いくつものホストからのトラフィックを記録していくのは、特に外部
ホストの名前解決が行えないと、単調で退屈な作業となります。こうした状況に対する解のひとつが、
Wiresharkの「hosts」ファイルを使って、手作業でシステムのIPアドレスを対応付ける方法です。こ
のファイルはIPアドレスと名前のリストが格納されたテキストファイルです。「hosts」ファイルにより、

Wireshark上で手軽にアドレスに対して名前を付けることができます。この名前は［Packet List（パケット一覧）］ペインで表示されます。

「hosts」ファイルを使うには、次の手順に従ってください。

1. ［Edit（編集）］→［Preferences（設定）］→［Name Resolution］の順に進み、［Only use the profile "hosts" file］をチェックします。
2. Windowsのメモ帳または同様のテキストエディタを使って新規ファイルを作成します。**図5-9**のように、ファイルの各行にはIPアドレスと解決する名前が入ったエントリが含まれるようにします。これにより、［パケット一覧］ペインで左側のIPアドレスに対して右側の名前が表示されるようになります。

図5-9　Wiresharkのhostsファイルを作成する

3. ファイルを「hosts」という名前のテキストファイルとして、以下に示す適切なディレクトリに保存します。ファイルに拡張子は付けないでください。
    - **Windows**──<USERPROFILE>\Application Data\Wireshark\hosts
    - **macOS**──/Users/<username>/.wireshark/hosts
    - **Linux**──/home/<username>/.wireshark/hosts

キャプチャファイルを開くと**図5-10**のように、「hosts」ファイルに含まれるすべてのIPアドレスが指定した名前に変換されているはずです。［パケット一覧］ペインの［Source］および［Destination］列にIPアドレスが並んでいる状態と比べると、わかりやすい名前が表示されます。

図5-10　Wiresharkの"hosts"ファイルによる名前解決

このように「hosts」ファイルを利用してキャプチャファイルを読みやすくすることで、解析に要する時間を劇的に節約できる場合もあります。チームで解析に取り組む際には、メンバー間で「hosts」ファ

イルを共有することを検討してみてください。サーバやルータなどの静的アドレスを持つシステムを迅速に確認するのに役立ちます。

「hosts」ファイルが機能しないように感じたときは、ファイル名に誤って拡張子を付けていないか確認してください。ファイル名は単にhostsでなければなりません。

5.3.4 名前解決を手動で行う

Wiresharkは、必要なときに一時的な名前を付与する機能も備えています。これは［Packet List（パケット一覧）］ペインでパケットを右クリックし、［Edit Resolved Name（解決した名前を編集）］オプションを選択し、ポップアップ表示されるウィンドウで、ラベルのようにアドレスに対して名前を指定することで設定します。この設定はキャプチャファイルを閉じると無効になるので、のちほど元に戻す必要がなく、一時的に名前を設定したい場合に便利です。各キャプチャファイルに対してhostsファイルを逐一設定するよりもずっと便利なので、筆者はよくこの方法を使っています。

5.4　プロトコル分析機構

Wiresharkの最大の強みは、数千以上のプロトコルの解析をサポートしていることです。Wiresharkがオープンソースで、**プロトコル分析機構**（protocol dissector）を作成するフレームワークを提供しているからです。これによりプロトコルを認識、分析し、いくつかのフィールドに分解したうえで、ユーザーインターフェース上で表示することが可能となっています。Wiresharkは各パケットの分析を一斉に行うために、いくつかの分析機構を併用しています。たとえばICMPのプロトコル分析機構は、WiresharkがICMPデータを含んだIPパケットを認識し、抽出したICMPタイプとコードを、［Packet List（パケット一覧）］ペインの［Info］カラムに表示できるように成形します。

分析機構は、生データとWireshark間の翻訳機のようなものです。Wiresharkがプロトコルをサポートするには、そのプロトコルの分析機構がWiresharkに用意されている必要があります（自分で作成することもできます）。

5.4.1 分析機構の変更

`wrongdissector.pcapng`

Wiresharkは分析機構を利用して個々のプロトコルを認識し、ネットワーク上の情報をどのように表示するかを決定します。残念ながら、Wiresharkがいつも正しい分析機構を選択するとは限りません。これは特に（ネットワーク管理者によってセキュリティ対策として設定されたり、従業員によってアクセス制限を迂回するために行われたりする）非標準のポートの使用といった、一般的でない設定が行われている際に言えることです。

wrongdissector.pcapngを開いてみましょう。このファイルには2台のホスト間での大量のSSL

通信が記録されています。SSLはSecure Socket Layerプロトコルの略で、コンピュータ間での暗号化された安全な通信のために使用されます。普通の状況であれば、SSLは暗号化されているため、Wiresharkでトラフィックを参照してもあまり有益な情報は得られません。しかしながら何かがおかしいのは明らかです。パケットをクリックして［Packet Bytes（パケットバイト列）］ペインを参照し、これらのパケットの内容をよく見てみると、平文のトラフィックがあることにすぐに気づきます。4番目のパケットを見ると、FileZillaというFTPサーバのアプリケーションに関する文字列が存在していることがわかります。それに続くパケットでは、ユーザー名とパスワードに関するリクエストとレスポンスがはっきりと表示されています。

これが本当にSSLトラフィックであれば、パケットに含まれているデータは読めないはずで、送信されているユーザー名やパスワードも一切表示されないはずです（**図5-11**）。ここに示されている情報を見る限り、これはおそらくSSLトラフィックではなく、FTPトラフィックであると仮定して問題ないでしょう。このFTPトラフィックがHTTPS（HTTP over SSL）の標準である443番ポートを使っているために、WiresharkはこのトラフィックをSSLトラフィックと誤認識してしまったのです。

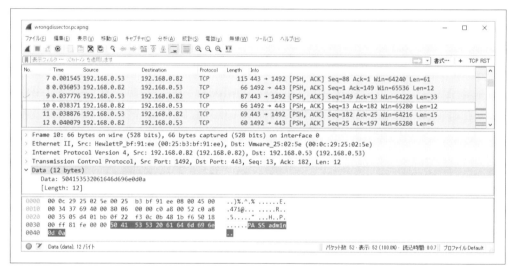

図5-11　平文のユーザー名とパスワード……これはSSLではなくFTPのようだ！

この問題を解決するには、FTPの分析機構を使うようWiresharkに**分析機構の変更を指示**する必要があります。以下の手順に従って設定してください。

1. ［Protocol］列でSSLパケットのひとつ（パケット30など）を右クリックして［Decode As（…としてデコード）］を選択すると、新しいダイアログが表示されます。
2. ［Field（フィールド）］列でTCP portを選択し、［Value（値）］列に443と入力、［Current（現在）］列のドロップダウンメニューからFTPを選択して、TCPの宛先ポートが443番のトラフィックすべ

てを分析するようWiresharkに指示します（**図5-12**）。

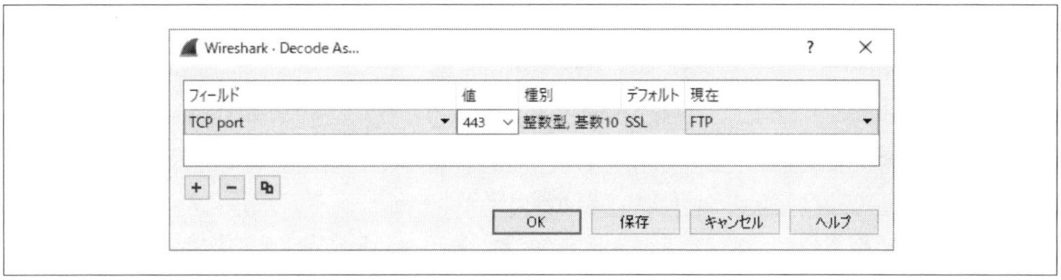

図5-12　[Decode As] ダイアログで解析を指示する

3. [OK]ボタンをクリックすれば、キャプチャファイルに即座に変更が適用されます。

データはFTPトラフィックとして解析されるので、逐一バイト列を確認しなくても、[Packet List（パケット一覧）]ペインを見るだけで、パケットを解析できるはずです（**図5-13**）。

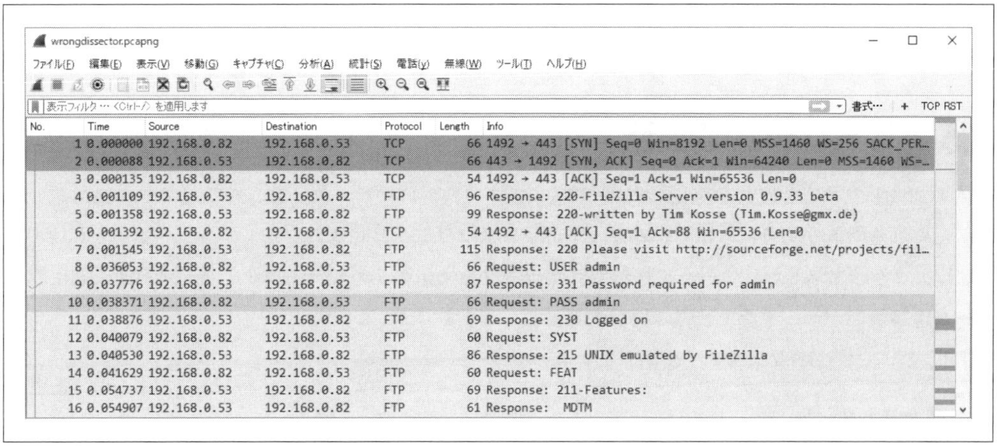

図5-13　正しく解析されたFTPトラフィック

　同じキャプチャファイルで分析機構の変更を何度行ってもかまいません。Wiresharkは分析機構の変更を記録しています。[Decode As] ダイアログを見れば、今までに行った変更の一覧を見たり、編集したりすることができます。

　デフォルトでは、分析機構の変更はキャプチャファイルには保存されませんが、[Decode As] ダイアログの [Save（保存）] ボタンをクリックすれば、保存するよう変更できます。これを行うと、現在のWiresharkのユーザープロファイルに変更が保存され、キャプチャファイルを開くたびに適用されます。ダイアログで [−]（マイナス）ボタンをクリックして、保存した変更を消去することも可能です。

　分析機構の変更を保存した際にそれを忘れてしまうことがよくあります。これは混乱につながる

可能性があるので、十分注意してください。こうしたトラブルに陥らないよう、筆者は普段メインの
Wiresharkプロファイルでは分析機構の変更を行わないようにしています。

5.4.2　分析機構のソースコードを見る

　オープンソースアプリケーションを使う醍醐味は、なぜそうなっているのかがわからなくなったとき、
ソースコードを見てその原因を明確に確認できることです。個々の分析機構を調べることができるた
め、特定のプロトコルが間違って分析されている理由を確認するときに特に便利です。

　プロトコル分析機構のソースコードを確認するには、WiresharkのWebサイトで、[Develop]をク
リックし、[Browse the Code]をクリックしてください。Wiresharkのコードリポジトリへと移動し、
最近のバージョンのソースコードが見られます。epan/dissectorsフォルダ内にプロトコル分析機
構のソースコードが見つかるはずです。各分析機構は「packets-プロトコル名.c」という名称になっ
ています。

　ファイルの中身はちょっと複雑ですが、いずれも標準的なテンプレートを採用しており、豊富なコメ
ントがついていることに気づくでしょう。C言語に詳しくなくても、分析機構の基本的な機能は理解で
きます。Wiresharkで参照できる内容を深く理解したいならば、単純なプロトコルでよいので、最低限
分析機構をきちんと理解しておくことをお勧めします。

5.5　ストリームの表示　　`http_google.pcapng`

　Wiresharkのとても便利な機能のひとつに、複数パケットのデータをまとめて読みやすい形式に成
形してくれる機能があり、しばしば**パケットトランスクリプト**と呼ばれます。パケットを順々にクリッ
クして、クライアントからサーバに送信されたデータを大量の小さいデータとして見る代わりに、**スト
リーム追跡機能**がデータをまとめて見やすくしてくれます。

　利用できるストリームは4タイプあります。

TCPストリーム

　　HTTPやFTPなど、TCPを使うプロトコルのデータをまとめて表示します。

UDPストリーム

　　DNSなど、UDPを使うプロトコルのデータをまとめて表示します。

SSLストリーム

　　HTTPSなど、暗号化されたプロトコルのデータをまとめて表示します。トラフィックを復号
　　するための鍵を提供する必要があります。

HTTPストリーム

　　HTTPプロトコルのデータをまとめて展開して表示します。TCPストリームによるHTTPデー
　　タ表示では、HTTPペイロードが完全に解読できないときに役立ちます。

簡単なHTTPトランザクションを考えてみましょう。http_google.pcapngファイルを開き、ファイル内のTCPまたはHTTPパケットのどれかをクリックしてから、パケットを右クリックして、[Follow（追跡）]→[TCP Stream（TCPストリーム）]と選択します。するとTCPストリームが統合され、**図5-14**のように別のダイアログにやり取りの内容が表示されます。

図5-14 読みやすい形式で通信を表示する[Follow TCP Stream（TCPストリームを追跡）]ダイアログ

このダイアログ内のテキストは2色に色分けされています。赤（この図では上部）は送信元から宛先へのトラフィック、青（この図では下部）は反対方向、つまり宛先から送信元へのトラフィックを示しています。どちらから発信されたかで色分けされているのです。この例では、クライアントがWebサーバに対してコネクションを開始しているので、赤で表示されています。

このTCPストリームは、Webのルートディレクトリ（/）へのGETリクエストで始まり、サーバはリクエストが成功したことをHTTP/1.1 200 OKという形式で応答しています。以降では、クライアントが個々のファイルをリクエストし、サーバがそれに対して応答するといった、同様のパターンが別のストリームとして繰り返し行われています。これはユーザーが実際にGoogleホームページをブラウズしているところですが、パケットすべてを順番に見る代わりに、トランスクリプトをスクロールして見ています。ユーザーが実際に見ているものを、内側から見ているのです。

画面上で生のデータを見るだけでなく、テキスト内を検索したり、ファイルとして保存や印刷したりすることができます。また文字列をASCII、EBCDIC、16進数、C言語の配列に変換することも可能で

す。大量のデータの解析を容易にするこれらのオプションは、[Follow TCP Stream (TCPストリームを追跡)]ダイアログの下部にあります。

5.5.1 SSLストリームの表示

TCPストリームとUDPストリームは、単に2回クリックを行うことで追跡できますが、SSLストリームを読みやすい形式で表示するには、もう少し手間がかかります。トラフィックが暗号化されているため、サーバの暗号鍵を渡す必要があるためです。鍵を取得する方法は使用しているサーバの技術によって異なるため、本書の範疇を超えますが、鍵を取得したら次の手順に従ってWiresharkに鍵をロードします。

1. [Edit (編集)]→[Preferences (設定)]の順にクリックします。
2. [Protocols]セクションを展開し、**図5-15**のように[SSL]プロトコルのヘッダをクリックします。[RSA keys list]の横にある[Edit]ボタンをクリックします。
3. プラス[+]ボタンをクリックします。
4. 暗号鍵を保管するサーバのIPアドレス、ポート、プロトコル、鍵ファイルの場所、鍵ファイルを使う場合のパスワードといった、必要な情報を入力します。
5. Wiresharkを再起動します。

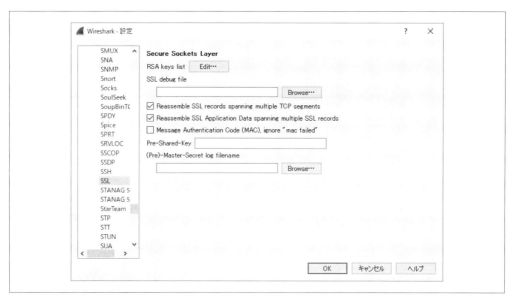

図5-15　SSL暗号化情報を追加する

手順が完了したら、クライアントとサーバ間の暗号化されたトラフィックをキャプチャできるはずで

す。HTTPSパケットを右クリックし、[Follow（追跡）]→[SSL Stream（SSLストリーム）]とクリックすると、わかりやすいテキストでトランスクリプトが表示されます。

パケットトランスクリプトの表示は、Wiresharkでもっともよく使われる解析機能のひとつで、どういったプロトコルが使われているかを迅速に判断するのに役立ちます。パケットトランスクリプトの表示を活用するシナリオについては、後の章で説明します。

5.6　パケット長

download-slow.pcapng

単一の、もしくはいくつかのパケット群のサイズからさまざまなことがわかります。一般的な状況であれば、イーサネットの最大フレームサイズは1,518バイトです。この数値からイーサネット、IP、TCPのヘッダを差し引いた1,460バイトを第7層のプロトコルヘッダおよびデータのやり取りに使うことができます。パケット送信の最低条件がわかれば、パケット長の分布から、キャプチャしたトラフィックについて推測してみましょう。こうした推測は特に巨大なキャプチャファイルの構成を理解するのに役立ちます。[Packet Lengths]ダイアログで、パケット長によるパケットの配分を見ることができます。

download-slow.pcapngファイルを開き、メニューから[Statistics（統計）]→[Packet Lengths（パケット長）]を選択すると、**図5-16**のような[Packet Lengths]ダイアログが表示されます。

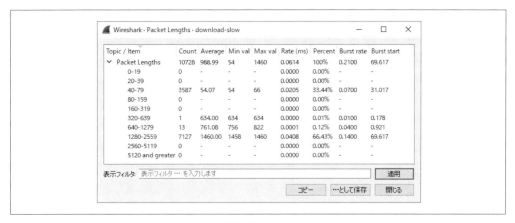

図5-16　キャプチャファイルのトラフィックの推測に役立つ[Packet Lengths]ダイアログ

サイズが1,280バイトから2,559バイトのパケットの統計を示している部分をよく見てください。サイズの大きなパケットは通常データ転送を、小さなパケットはプロトコルのシーケンス制御を示しています。ここでは、大きなパケットの比率がかなり大きくなっています（66.43%）。そのためファイルの中のパケットを見なくても、キャプチャファイルには1つ以上のデータ転送が含まれていることが推測できます。つまりこれはHTTPダウンロードかFTPアップロード、あるいはその他のホスト間でデータ転送が行われる通信だということになります。

104 | 5章　Wiresharkの高度な機能

　残りのパケットの大半 (33.44%) は、サイズが40バイトから79バイトです。このサイズのパケットは、通常データを含まないTCP制御パケットです。一般的なプロトコルヘッダのサイズを考えてみましょう。イーサネットヘッダは14バイト (プラス4バイトのCRC)、IPヘッダは最少で20バイト、そしてデータやオプションのないTCPヘッダも20バイトです。つまり標準的なTCP制御パケット (SYN、ACK、RST、FINなど)は54バイト程度であり、この範囲に収まることになります。もちろんIPやTCPオプションが付加されていればサイズは増えます。IPとTCPオプションについては「7章 ネットワーク層プロトコル」と「8章 トランスポート層プロトコル」でそれぞれ解説します。

　パケット長を調べると、キャプチャの全体像がよくわかります。サイズの大きなパケットがたくさんあれば、データが転送されていると考えてよいでしょう。またパケットの大半が小さいサイズなら、データ転送があまり行われていない、プロトコル制御命令で構成されていると考えられます。これは確実な規則ではありませんが、さらに細かい分析を行う前に、こうした仮説を立てておくと有益な場合が多々あります。

5.7　グラフ表示

　グラフは分析の基本であり、データの概要を把握する最適な方法のひとつです。Wiresharkではキャプチャしたデータの把握を助けるグラフ機能がいくつかありますが、そのひとつがIOグラフ機能です。

5.7.1　IOグラフを見る　`download-fast.pcapng, download-slow.pcapng, http_espn.pcapng`

　Wiresharkでは、[IO Graphs (入出力)] ダイアログで送受信されているデータのスループットをグラフ化することができます。ここではデータのスループットにあるスパイクや小康状態を確認したり、各プロトコルのパフォーマンス遅延を確認したり、複数のデータストリームを同時に比較したりすることが可能です。

　入出力グラフの例として、インターネットからのファイルのダウンロードを見てみましょう。download-fast.pcapngを開いて、TCPパケットのどれかをクリックしてハイライトし、[Statistics (統計)]→[IO Graphs (入出力グラフ)]を選択します。

　[IO Graphs (入出力グラフ)] ダイアログでは、キャプチャファイル中のデータの流れを、グラフとして見ることができます。**図5-17**の例では、ダウンロードにより平均500パケット/秒の転送が継続的に続き、最後に減少していることがグラフからわかります。

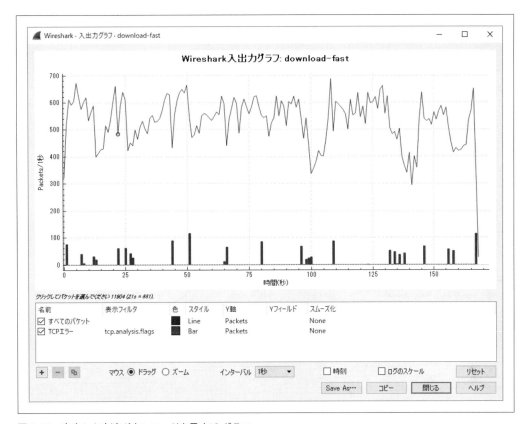

図5-17　安定した高速ダウンロードを示すIOグラフ

　これを速度の遅いダウンロードのものと比較してみましょう。現在のファイルを開いたまま、Wiresharkの別のインスタンスを開いて、download-slow.pcapngを開きます。このダウンロードをIOグラフにしてみると、**図5-18**のように違いがはっきりとわかります。

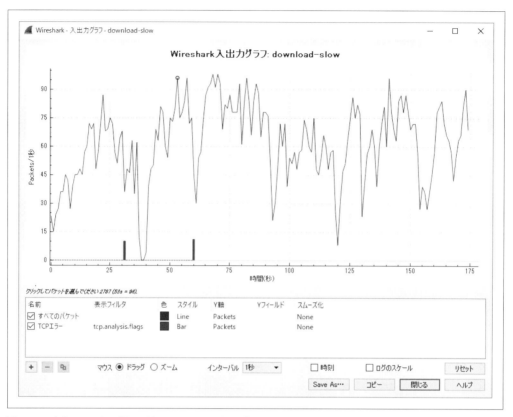

図5-18　安定していない遅いダウンロードを示すIOグラフ

　このダウンロードのデータ転送レートは0から100パケット/秒で、安定からは程遠く、1秒当たりのパケット数がほぼ0になっているときさえあります。2つのダウンロードのグラフを並べてみると、その不安定さは一目瞭然です（**図5-19**）。2つのグラフを比較するとき、x軸とy軸の値に注目してください。**図5-19**の2つのグラフの大きな違いは、パケット数やデータ転送によって目盛りが自動的に調整されている点です。速度の遅いダウンロードのグラフでは、目盛りが0から100パケット/秒ですが、速いダウンロードのグラフでは0から700パケット/秒になっています。

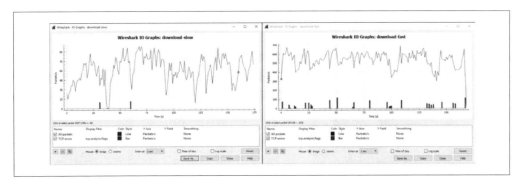

図5-19 複数の入出力グラフを並べると違いの識別に役立つ

　ダイアログの下部にいくつか設定オプションが存在します。フィルタをいくつか作成でき（表示やキャプチャと同じ構文が使えます）、色分けをすることができます。たとえば、特定のIPアドレスをある色で表示するフィルタを作成すれば、各機器のスループットを見分けることができます。さっそく試してみましょう。

　ESPNのホームページを閲覧したときにキャプチャした、http_espn.pcapngを開きます。[Conversations]ダイアログを見ると、一番通信量の多い外部IPアドレスは205.234.218.129であることがわかります。この事実から、このホストがhttp://espn.comを閲覧した際の主要コンテンツプロバイダであることが推測できます。しかしこの対話にはほかにもいくつかのIPが関わっているので、外部のコンテンツプロバイダと広告業者からもコンテンツがダウンロードされている可能性があります。**図5-20**のようにIOグラフを利用すれば、直接配信されたコンテンツと外部によって配信されたコンテンツの違いを可視化することができます。

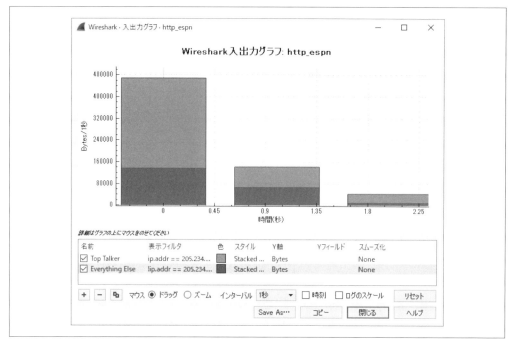

図5-20　2つの異なる機器のIOグラフ

　使用されている2つのフィルタは、［IO Graph（入出力グラフ）］ダイアログの下部に表示されています。［Top Talker］というフィルタは、主要コンテンツプロバイダのIPアドレス205.234.218.129の入出力のみを示しています。積み上げ棒グラフで青（ここでは薄いグレー）で塗られているのがこの値です。2番目の［Everything Else］フィルタは、205.234.218.129を除いたIPアドレスのキャプチャファイルの入出力、つまり外部コンテンツプロバイダのものを示しています。グラフでは赤い（ここでは濃いグレー）部分です。y軸の単位をバイト毎秒に変更することで、主要コンテンツプロバイダと外部コンテンツプロバイダ間の差異や、外部コンテンツプロバイダから実際にどれだけコンテンツが提供されているのかがわかりやすくなります。よく閲覧されるWebサイトでこれを繰り返してみるのは面白い学習になりますし、さまざまなホストの入出力を比較してみるのは、何かと有用です。

5.7.2　往復遅延時間（ラウンドトリップタイム）グラフ　`download-fast.pcapng`

　Wiresharkには、キャプチャファイルのラウンドトリップタイムを表示するグラフ機能も備わっています。**ラウンドトリップタイム**（RTT）とは、パケットの受信が確認されるまでにかかる時間を指します。これは、パケットが宛先に届き、その返答が自分に戻ってくるのにかかった時間です。RTTの分析は、通信の遅延が発生したポイントやボトルネックを見つけて、遅延の有無を確認するためによく行われ

ます[*1]。

この機能を使ってみましょう。download-fast.pcapngファイルを開いて、TCPパケットのいずれかを選んでから、メニューから［Statistics（統計）］→［TCP Stream Graphs（TCPストリームグラフ）］→［Round Trip Time Graph（往復遅延時間）］を選択すると、**図5-21**のようなRTTグラフが表示されます。

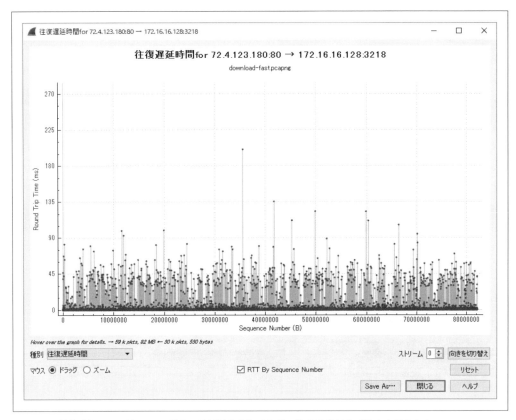

図5-21　高速ダウンロードのRTTグラフはほぼ安定しており、値の分散はわずかしか見られない

グラフのそれぞれの点が各パケットのRTTを表しています。デフォルトではシーケンス番号によってソートされた値が表示されます[*2]。グラフ内の点をクリックすると、［Packet List（パケット一覧）］ペインの該当パケットに直接移動できます。

[*1] 監訳注：Wiresharkのユーザーインターフェースでは「往復遅延時間」という訳語があてられていますが、通常はラウンドトリップタイムもしくはRTTという呼称が一般的だと思います。原書ではRTTという表記が行われているため、本書でもそれに準じています。

[*2] 監訳注：本書監訳時点で最新のWireshark 2.4.4では、［RTT By Sequence Number］を明示的にチェックする必要があります。

RTTグラフは単一方向なので、解析したいトラフィックの向きを正しく選択することが重要です。作成したグラフが**図5-21**のように表示されない場合、[Switch Direction（向きを切り替え）] ボタンを2回クリックしてみてください。

RTTグラフを見ると、高速ダウンロードのRTT値はほぼ0.05秒以下で、やや遅い場合でも0.10秒から0.25秒程度であることがわかります。許容範囲を超えている値もわずかにあるものの、RTT値のほとんどは問題がないので、ファイルのダウンロードとしては問題ないRTTとみなせるでしょう。スループット問題を調べるためにRTTグラフを見る場合は、レイテンシ（遅延）を探します。y軸の値が何度も高くなっている部分がレイテンシを示しています。

5.7.3　フローグラフ

`dns_recursivequery_server.pcapng`

コネクションを視覚化して時間経過に伴うデータの流れを示し、機器がどのように通信しているのかをわかりやすく提供するものとして、フローグラフ機能は非常に便利です。フローグラフは、基本的にホスト間のコネクションを示すカラムビューとなっており、視覚的にトラフィックを把握できるように、トラフィックが整理されています。

フローグラフを作成するために、dns_recursivequery_server.pcapngファイルを開き、[Statistics（統計）]→[Flow Graph（フローグラフ）] を選択してみましょう。**図5-22**のようなグラフが作成されます。

図5-22　TCPフローグラフでコネクションを視覚化できる

5.8 エキスパート情報 | 111

　これはDNSの再帰クエリ、つまりひとつのホストがDNSクエリを受け取って、別のホストに転送していることを示すフローグラフです（DNSについては「9章 知っておきたい上位層プロトコル」で説明します）。縦の線は各ホストを表しています。フローグラフは2つの機器や、あるいはこの例のように、複数の機器の間で行われている通信を視覚化するのに優れた方法です。あまり馴染みのないプロトコルの通常の通信の流れを理解するのにも便利です。

5.8　エキスパート情報

download-slow.pcapng

　Wiresharkの各プロトコル分析機構では、そのプロトコルのパケットが特定の状態となった際に警告を挙げるために用いられる**エキスパート情報**を設定することができます。状態は以下の4つに分けることができます。

Chat

　　通信の基本情報

Note

　　通常の通信の一部であると考えられる異常なパケット

Warning

　　通常の通信の一部であるとは考えられない異常なパケット

Error

　　パケットもしくはそれを解析した解析機構でエラーが発生したもの

　サンプルを見てみましょう。download-slow.pcapngファイルを開き、［Analyze（分析）］をクリック、［Expert Information（エキスパート情報）］を選択して、［Expert Information（エキスパート情報）］ダイアログを表示します。次に［Group by summary（概要ごとにグループ化）］のチェックを外し、出力を重要度の高い順に整理します（**図5-23**）。

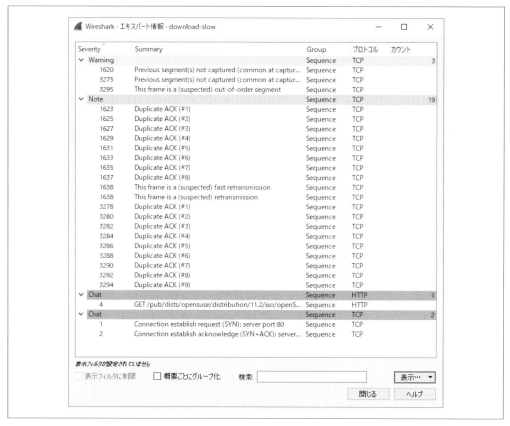

図5-23　[Expert Information（エキスパート情報）]ダイアログはプロトコル解析機構によるエキスパートシステムからの情報を表示する

ダイアログには分類された状態ごとにセクションがあり、Errorはゼロ、Warningが3、Noteが19、Chatが3あることがわかります。

このキャプチャファイルのメッセージのほとんどがTCP関連となっているのは、エキスパート情報システムが通常、ほぼTCPプロトコルで使われているからです。執筆時点ではTCP関連で29個のエキスパート情報メッセージが存在し、トラブルシューティングの際に非常に有用です。これらのメッセージは、以下に示すような条件を満たした際に、個々のパケットにフラグを立ててくれます（これらのメッセージの意味はTCPについて学ぶ「8章 トランスポート層プロトコル」で、またトラブルシューティングについては「11章 ネットワークの遅延と戦う」で説明します）。

Chatメッセージ

Window Update

TCP受信ウィンドウのサイズが変更されたことを送信者に通知するために、受信者によって

送信される

Noteメッセージ

TCP Retransmission

パケット消失の結果、ACKが重複して受信された、またはパケットの再送タイマーがタイムアウトとなった場合に発生する

Duplicate ACK

ホストが次に期待するシーケンス番号を受け取らなかった場合、最後に受信したデータの重複ACKを生成する

Zero Window Probe

ゼロウィンドウパケットが送信されたあとに、TCP受信ウィンドウの状態を監視するのに使われる(「11章 ネットワークの遅延と戦う」で説明)

Keep Alive ACK

キープアライブパケットに応答が送信された

Zero Window Probe ACK

Zero Window Probeパケットに応答が送信された

Window Is Full

受信者のTCP受信ウィンドウがいっぱいの状態であることを、送信元のホストに知らせる際に使われる

Warningメッセージ

Previous Segment Lost

パケット消失を意味する。データストリームにおいて期待するシーケンス番号がスキップされた場合に発生する

ACKed Lost Packet

ACKパケットによって送達確認されたはずのパケットが到着していない場合に発生する

Keep Alive

コネクションのキープアライブパケットが確認された

Zero Window

TCP受信ウィンドウのサイズが一定値に達し、Zero Window通知が送られて、送信者にデータ送信を停止するよう要求された場合に発生する

Out-of-Order

シーケンス番号により、受信したパケットのシーケンスの乱れが検知された

Fast Retransmission

重複ACKから20ミリ秒以内に発生した再送信

Errorメッセージ

特になし

　本章で説明したいくつかの機能は、滅多に起こらない状況でしか使われないように見えるかもしれませんが、想像以上に利用することになると思います。ここで説明したダイアログとオプションに慣れておいてください。以降の章で何度も触れることになります。

6章
コマンドラインでの
パケット解析

ほとんどのケースではGUI（グラフィカルユーザーインターフェース）で作業できますが、TSharkや tcpdumpなどのコマンドラインツールを使ったほうがよい、または使わざるを得ない場合があります。ここではWiresharkではなくコマンドラインツールを使ったほうがよいケースを見ていきます。

- Wiresharkは一度に多くの情報を提供します。コマンドラインツールを使うことで、各行でIPアドレスだけを表示するなど、必要なデータだけに絞り込んだ表示をすることができます。
- コマンドラインツールはパケットキャプチャファイルにフィルタを適用して、Unixパイプを使って別のツールに直接結果を供給するのに適しています。
- 巨大なキャプチャファイルをWiresharkで処理する際は、ファイル全体をメモリにロードする必要があるため大変です。コマンドラインツールでストリーム処理すれば、必要なパケットの絞り込みをすばやく行えます。
- サーバ上での作業でグラフィックツールが使えない場合、コマンドラインツールを使わざるを得ないでしょう。

この章では、2つのよく使われるコマンドラインパケット解析ツール、TSharkとtcpdumpの機能を紹介します。筆者は通常WindowsではTShark、Unixではtcpdumpを使っています。これらのツールに慣れておくと便利ですが、Windowsしか使わないなら、tcpdumpについて書いた部分は読み飛ばしてもかまいません。

6.1　TSharkをインストールする

コマンドライン版のWireshark、通称TSharkは、Wiresharkとほぼ同等の機能を提供する、GUIなしのコマンドラインインターフェースで動作するパケット解析ツールです。Wiresharkをインストールしている場合は、その際に意図的に除外する選択をしていない限り、すでにTSharkもインストールされているはずです。TSharkがインストールされているかどうかは、次のステップで確認することができます。

1. コマンドプロンプトを開きます。[スタート メニュー]*1をクリックし、**cmd**と入力して、[コマンド プロンプト]をクリックします。

2. Wiresharkをインストールしたディレクトリを参照します。デフォルトの場所にインストールした場合は、コマンドプロンプトで**cd C:\Program Files\Wireshark**と入力します。

3. TSharkを実行し、**tshark -v**と入力してバージョン情報を出力します。TSharkがインストールされていなければコマンドが見つからないといったエラーが表示されます。インストールされていれば、TSharkのバージョン情報が出力されます。

```
C:\Program Files\Wireshark> tshark -v
TShark (Wireshark) 2.4.4 (v2.4.4-0-g90a7be11a4)
--snip--
```

TSharkを今すぐインストールしたい場合は、Wiresharkのインストールをやり直し、TSharkを選択するだけです（デフォルトでは選択されています）。

TSharkの機能についてすぐ知りたいのなら、-hオプションを使って利用可能なコマンドを表示してみてください。コマンドの一部は本章でも説明します。

```
C:\Program Files\Wireshark> tshark -h
```

TSharkもWiresharkと同様、さまざまなOS上で動作しますが、OS固有のグラフィック機能に依存しないため、どのOS上で使っても使用感にあまり差がありません。つまりTSharkは、Windows上でもLinux上でもmacOS上でもほぼ同じように動きます。とはいえ若干の違いはあります。本書では元々TSharkを動作するOSとして想定されたWindowsでの使用に絞って紹介していきます。

6.2　tcpdumpをインストールする

Wiresharkは世界で一番よく使われている、GUIのパケット解析アプリケーションですが、コマンドラインのパケット解析アプリケーションでの人気ナンバーワンはtcpdumpです。UnixベースのOS向けに設計されたtcpdumpは、一般的なパッケージ管理アプリケーションで簡単にインストールすることができます。また有名なLinuxにはたいていインストールされています。

本書は主にWindowsに焦点を当てていますが、tcpdumpについてはUnixユーザーも対象としています。ここでは、特にUbuntu 14.04 LTSを例に説明します。Windows機でtcpdumpを使いたい場合は、Windows版のWinDumpを、http://www.winpcap.org/windump/ からダウンロードし、インストールしてください。tcpdumpとWinDumpの使用感はまったく同一ではありませんが、パケット解析機能はほぼ同等です。ただしWinDumpはtcpdumpほど頻繁にメンテナンスされていないため、新しい機能が追加されていなかったり、セキュリティの脆弱性が存在したりする場合があります（本書では

---

*1　監訳注：Windows 10の場合はスタートメニュー横の[ここに入力して検索]。

WinDumpについて解説しません）。

Ubuntuではtcpdumpがデフォルトでインストールされていませんが、APTパッケージ管理システムで簡単にインストールすることができます。次の手順に従ってtcpdumpをインストールしてください。

1. 端末ウィンドウを開いて**sudo apt-get update**コマンドを実行し、パッケージリポジトリが最新であることを確認します。

2. **sudo apt-get install tcpdump**コマンドを実行します。

3. tcpdumpの実行に必要な依存パッケージをいくつかインストールするよう指示されます。**Y**と入力してからEnterキーを押して、これらのインストールを許可します。

4. インストールが完了したら、**tcpdump -h**コマンドでtcpdumpを実行し、バージョン情報を出力します。コマンドが正常動作し、端末ウィンドウに以下のようなテキストが表示されれば、tcpdumpを使う準備は完了です。

```
sanders@ppa:~$ tcpdump -h
tcpdump version 4.5.1
libpcap version 1.5.3
Usage: tcpdump [-aAbdDefhHIJKlLnNOpqRStuUvxX#] [ -B size ] [ -c count ]
               [ -C file_size ] [ -E algo:secret ] [ -F file ] [ -G seconds ]
               [ -i interface ] [ -j tstamptype ] [ -M secret ]
               [ -Q metadata-filter-expression ]
               [ -r file ] [ -s snaplen ] [ -T type ] [ --version ] [ -V file ]
               [ -w file ] [ -W filecount ] [ -y datalinktype ] [ -z command ]
               [ -Z user ] [ expression ]
```

次のように man tcpdump コマンドで、tcpdumpで使えるすべてのコマンドを表示できます。

```
sanders@ppa:~$ man tcpdump
```

これらのコマンドの使い方をいくつか説明しましょう。

6.3　パケットをキャプチャし保存する

まずはパケットをキャプチャし、端末上に表示してみましょう。単に**tshark**コマンドを実行するだけで、TSharkでパケットをキャプチャできます。コマンドを実行すると、ネットワークインターフェースからパケットをキャプチャする処理が始まり、端末ウィンドウの画面に次のような表示が行われます。

```
C:\Program Files\Wireshark> tshark
   1   0.000000 172.16.16.128 -> 74.125.95.104 TCP 66 1606      80 [SYN]
Seq=0 Win=8192 Len=0 MSS=1460 WS=4 SACK_PERM=1
   2   0.030107 74.125.95.104 -> 172.16.16.128 TCP 66 80        1606 [SYN, ACK]
Seq=0 Ack=1 Win=5720 Len=0 MSS=1406 SACK_PERM=1 WS=64
   3   0.030182 172.16.16.128 -> 74.125.95.104 TCP 54 1606      80 [ACK]
```

```
   Seq=1 Ack=1 Win=16872 Len=0
    4    0.030248 172.16.16.128 -> 74.125.95.104 HTTP 681 GET / HTTP/1.1
    5    0.079026 74.125.95.104 -> 172.16.16.128 TCP 60 80      1606 [ACK]
   Seq=1 Ack=628 Win=6976 Len=0
```

tcpdumpでは、**tcpdump**コマンドを実行してパケットをキャプチャします。コマンドを実行すると、端末ウィンドウでは次のような表示が行われるはずです。

```
sanders@ppa:~$ tcpdump
tcpdump: verbose output suppressed, use -v or -vv for full protocol decode
listening on eth0, link-type EN10MB (Ethernet), capture size 65535 bytes
21:18:39.618072 IP 172.16.16.128.slm-api > 74.125.95.104.http: Flags [S],
seq 2082691767, win 8192, options [mss 1460,nop,wscale 2,nop,nop,sackOK],
length 0
21:18:39.648179 IP 74.125.95.104.http > 172.16.16.128.slm-api:
Flags [S.], seq 2775577373, ack 2082691768, win 5720, options [mss
1406,nop,nop,sackOK,nop,wscale 6], length 0
21:18:39.648254 IP 172.16.16.128.slm-api > 74.125.95.104.http: Flags [.],
ack 1, win 4218, length 0
21:18:39.648320 IP 172.16.16.128.slm-api > 74.125.95.104.http: Flags [P.],
seq 1:628, ack 1, win 4218, length 627: HTTP: GET / HTTP/1.1
21:18:39.697098 IP 74.125.95.104.http > 172.16.16.128.slm-api: Flags [.],
ack 628, win 109, length 0
```

Unixでのパケットキャプチャには管理者権限が必要なので、rootユーザーとしてtcpdumpを実行するか、sudoコマンドを使うかの選択となるでしょう。権限が制限されたユーザーとして、Unixシステムにアクセスしているケースも多いはずです。権限がないというエラーメッセージが表示される場合は、おそらくこれが原因です。

システムの設定によっては、TSharkやtcpdumpが、パケットをキャプチャするネットワークインターフェースのデフォルトが期待どおりではないかもしれません。この際は、明示的にインターフェースを指定してください。TSharkでは-Dオプションを使うことで、次のようにインターフェースが番号付きで一覧表示されます。

```
C:\Program Files\Wireshark> tshark -D
1. \Device\NPF_{1DE095C2-346D-47E6-B855-11917B74603A} (Local Area
Connection* 2)
2. \Device\NPF_{1A494418-97D3-42E8-8C0B-78D79A1F7545} (Ethernet 2)
```

インターフェースを指定するには、次のように-iオプションを使ってインターフェースの番号を指定します。

```
C:\Program Files\Wireshark> tshark -i 1
```

このコマンドを実行すると、インターフェース一覧で番号が1になっていた、Local Area Connection* 2という名前のインターフェースからのパケットのみがキャプチャされます。どのインターフェースからパケットをキャプチャするかを、常に指定することをお勧めします。仮想マシン用のツールやVPNはインターフェースを追加することが多いため、目的のインターフェースからのパケットを確実にキャプチャするためにも指定したほうがよいでしょう。

macOSシステムでtcpdumpを使う場合は、`ifconfig`コマンドを使って利用可能なインターフェースの一覧を表示します。

```
sanders@ppa:~$ ifconfig
eth0      Link encap:Ethernet HWaddr 00:0c:29:1f:a7:55
          inet addr:172.16.16.139 Bcast:172.16.16.255 Mask:255.255.255.0
          inet6 addr: fe80::20c:29ff:fe1f:a755/64 Scope:Link
          UP BROADCAST RUNNING MULTICAST MTU:1500 Metric:1
          RX packets:5119 errors:0 dropped:0 overruns:0 frame:0
          TX packets:3088 errors:0 dropped:0 overruns:0 carrier:0
          collisions:0 txqueuelen:1000
          RX bytes:876746 (876.7 KB) TX bytes:538083 (538.0 KB)
```

インターフェースの指定には先ほどと同じく-iオプションを使います。

```
sanders@ppa:~$ tcpdump -i eth0
```

このコマンドを実行すると、eth0インターフェースからのパケットだけをキャプチャします。

設定を終えたら、パケットのキャプチャを始めましょう。トラフィックをキャプチャしたい機器が忙しく通信を行っていれば、パケットを示す行の表示がめまぐるしく更新され、読み取るのは難しいかもしれません。パケットをファイルに保存し、そのファイルから必要なものだけを読み込むことで、この問題を解決できます。

TSharkやtcpdumpで収集したパケットをファイルに保存するには、-wオプションに続きファイル名を指定します。Ctrl+Cを押すとパケットキャプチャが終了し、ファイルがプログラムの実行されたディレクトリに保存されます。別の場所に保存するよう指定することもできます。

TSharkにおける、このコマンドの使用例を以下に示します。

```
C:\Program Files\Wireshark> tshark -i 1 -w packets.pcap
```

このコマンドは、インターフェース一覧の最初のインターフェースからキャプチャしたすべてのパケットをpackets.pcapに書き出します。

tcpdumpで同じコマンドを実行するには次のようにします。

```
sanders@ppa:~$ tcpdump -i eth0 -w packets.pcap
```

保存したファイルからパケットを読み込むには、-rオプションに続きファイル名を指定します。

120 | 6章　コマンドラインでのパケット解析

```
C:\Program Files\Wireshark> tshark -r packets.pcap
```

このコマンドを使うとpackets.pcapのすべてのパケットを画面上に表示します。

tcpdumpのコマンドもほぼ同じです。

```
sanders@ppa:~$ tcpdump -r packets.pcap
```

読み込もうとしているファイルに大量のパケットが含まれている場合、先ほどと同じく、画面にパケットの行が次々に表示されるので、スピードが速すぎて読み取れないという状況に陥ります。-cオプションを使うことで表示されるパケットの数を制限できます。

たとえば、次のコマンドではTSharkのキャプチャファイルに含まれる最初の10個のパケットのみが表示されます。

```
C:\Program Files\Wireshark> tshark -r packets.pcap -c10
```

tcpdumpでも同じオプションが使えます。

```
sanders@ppa:~$ tcpdump -r packets.pcap -c10
```

-cオプションはパケットをキャプチャするときにも使えます。コマンドを実行すると、最初の10個のパケットのみがキャプチャされます。-cオプションと-wオプションを組み合わせれば、保存することもできます。

TSharkでこのコマンドを使う場合は次のようになります。

```
C:\Program Files\Wireshark> tshark -i 1 -w packets.pcap -c10
```

tcpdumpでは次のとおりです。

```
sanders@ppa:~$ tcpdump -i eth0 -w packets.pcap -c10
```

6.4　出力を操作する

コマンドラインツールを使うメリットとして、出力される情報がきちんと吟味される点が挙げられます。GUIはすべてを表示してくれるので、必要な情報を探しだすのは、使う人次第です。一方コマンドラインツールは最低限のものしか表示しないので、さらに掘り下げるには、コマンドを駆使しなければなりません。TSharkもtcpdumpもその点は同じです。どちらも各パケットの出力を1行に表示するので、プロトコルの詳細やバイトなどの情報を見るには、さらにコマンドを実行する必要があります。

TSharkの出力では、1行が1つのパケットを表しています。各行のフォーマットはパケットで使われているプロトコルに依存します。TSharkはWiresharkと同じプロトコル分析機構を使い、同じ方法でパケットデータを解析するため、出力をWiresharkと並べて同時に実行すると、Wiresharkの［Packet List（パケット一覧）］ペインとほぼ同様になります。TSharkは第7層プロトコル分析機構を持っている

ため、こうしたパケットについて、tcpdumpよりも多くの情報を提供してくれます。

tcpdumpでも1行が1パケットを表しており、プロトコルごとに固有のフォーマットで表示されます。tcpdumpはWiresharkのプロトコル分析機構を使っていないので、第7層プロトコルの情報を提供しません。これはtcpdumpの最大の欠点といえます。各行に表示されるパケットは、トランスポート層プロトコル、つまりTCPかUDPに対応したフォーマットで表示されます（これらのプロトコルについては「8章 トランスポート層プロトコル」で詳しく説明します）。

TCPパケットのフォーマットを以下に示します。

```
[Timestamp] [Layer 3 Protocol] [Source IP].[Source Port] > [Destination IP].
[Destination Port]: [TCP Flags], [TCP Sequence Number], [TCP Acknowledgement
Number], [TCP Windows Size], [Data Length]
```

UDPパケットのフォーマットを以下に示します。

```
[Timestamp] [Layer 3 Protocol] [Source IP].[Source Port] > [Destination IP].
[Destination Port]: [Layer 4 Protocol], [Data Length]
```

こうした1パケット1行のまとめ表示は、すばやく解析するには非常に便利ですが、いずれはパケットをもっと詳しく解析する必要がでてきます。Wiresharkでは [Packet List（パケット一覧）] ペインでパケットをクリックすることで [Packet Details（パケット詳細）] ペインと [Packet Bytes（パケットバイト列）] ペインに情報が表示されました。コマンドラインでも同じ情報を得る方法があります。

各パケットについてさらに情報を得る一番簡単な方法は、出力の内容を詳細に表示することです。TSharkでは大文字のVを使います。

```
C:\Program Files\Wireshark> tshark -r packets.pcap -V
```

これによって、キャプチャファイルpackets.pcapから読み取ったパケットを、Wiresharkの [Packet Details（パケット詳細）] ペインと同じように出力できます。標準の出力と、詳細な出力（-Vオプションでより詳細な情報を取得）の例を示します。

以下は標準の出力です。

```
C:\Program Files\Wireshark> tshark -r packets.pcap -c1
    1   0.000000 172.16.16.172 -> 4.2.2.1       ICMP Echo (ping) request
id=0x0001, seq=17/4352, ttl=128
```

以下は詳細な出力の一部です。

```
C:\Program Files\Wireshark> tshark -r packets.pcap -V -c1
Frame 1: 74 bytes on wire (592 bits), 74 bytes captured (592 bits) on
interface 0
    Interface id: 0 (\Device\NPF_{C30671C1-579D-4F33-9CC0-73EFFFE85A54})
    Encapsulation type: Ethernet (1)
    Arrival Time: Dec 21, 2015 12:52:43.116551000 Eastern Standard Time
```

```
    [Time shift for this packet: 0.000000000 seconds]
--snip--
```

tcpdumpで詳細な情報を表示するには、小文字のvを使います。TSharkとは違い、tcpdumpでは
各パケットの情報の詳細度が選べます。複数のvを指定することで、次のように3段階で詳細度を上げ
ることができます。

```
sanders@ppa:~$ tcpdump -r packets.pcap -vvv
```

同じパケットについて、標準の表示と、1段階詳しい表示を行った例を以下に示します。ただし詳細
度を最大にしても、TSharkほど詳細にはなりません。

```
sanders@ppa:~$ tcpdump -r packets.pcap -c1
reading from file packets.pcap, link-type EN10MB (Ethernet)
13:26:25.265937 IP 172.16.16.139 > a.resolvers.level3.net: ICMP echo
request,
id 1759, seq 150, length 64
sanders@ppa:~$ tcpdump -r packets.pcap -c1 -v
reading from file packets.pcap, link-type EN10MB (Ethernet)
13:26:25.265937 IP (tos 0x0, ttl 64, id 37322, offset 0, flags [DF], proto
ICMP (1), length 84)
    172.16.16.139 > a.resolvers.level3.net: ICMP echo request, id 1759, seq
150, length 64
```

どこまで詳細な情報が得られるかは、調べているパケットのプロトコルによります。詳細表示は便利
ですが、すべての情報が表示されているわけではありません。TSharkとtcpdumpとも、各パケットの
内容をすべてを保存しており、16進数かASCII形式で表示することができます。

TSharkでは、-xオプションにより、パケットを16進数かASCII形式で表示できます。rオプション
と組み合わせれば、ファイルからパケットを読み出して、表示することが可能です。

```
C:\Program Files\Wireshark> tshark -xr packets.pcap
```

表示形式を**図6-1**に示します、Wiresharkの [Packet Byte（パケットバイト列）] ペインとよく似てい
ます。

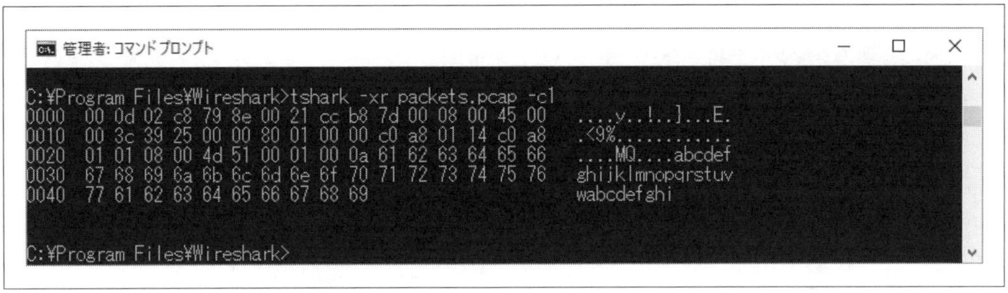

図6-1　TSharkでパケットを16進数とASCII形式で表示する

　tcpdumpでは、-Xスイッチを使うことで16進数およびASCII形式での表示ができます。-Xとrオプションを組み合わせれば、次のようにパケットファイルから読み出せます。

sanders@ppa:~$ **tcpdump -Xr packets.pcap**

このコマンドの出力が**図6-2**です。

図6-2　tcpdumpでパケットを16進数とASCIIで見る

　必要な場合、tcpdumpではもう少し細かく表示内容を制御できます。小文字の-xオプションを使えば16進数形式のみ、-Aオプションを使えばASCII形式のみでの表示が可能です。

　こうしたデータ出力のオプションを使ってみると、データの山に圧倒されてしまうかもしれません。コマンドラインで解析するときは、必要最小限の情報から始めるほうが効率的です。デフォルトの標準的な表示形式でパケットを表示するところから始めて、興味深いパケットを数個に絞り込んでから、より詳細な出力に切り替えます。そうすればデータの山に埋もれることはなくなるでしょう。

6.5　名前解決

　Wiresharkと同じく、TSharkとtcpdumpも名前解決によってアドレスとポート番号を変換します。先ほどの例を試しているなら、名前解決がデフォルトで有効になっていることに気づいているでしょう。前にも説明したように、パケット解析の際に余計なパケットを発生させたくないので、筆者はこの機能を無効にしています。

TSharkでは-nオプションで名前解決を無効にすることができます。このオプションもほかのオプション同様、別のコマンドと組み合わせて使うことが可能です。

```
C:\Program Files\Wireshark> tshark -ni 1
```

-Nオプションで特定範囲の名前解決を有効にしたり無効にしたりすることができます。-Nオプションを指定することで、**値**を適切に指定することで明示的に有効化したもの以外、すべての名前解決が無効となります。たとえば次のコマンドでは、トランスポート層（ポート番号）のみ、名前解決が有効となります。

```
C:\Program Files\Wireshark> tshark -i 1 -Nt
```

複数の値を組み合わせることも可能です。次のコマンドでは、トランスポート層とMACアドレスの名前解決のみを有効にします。

```
C:\Program Files\Wireshark> tshark -i 1 -Ntm
```

-Nオプションでは、以下の値を指定できます。

- m —— MACアドレスの名前解決
- n —— ネットワークアドレスの名前解決
- t —— トランスポート層（ポート番号）の名前解決
- N —— 外部のリゾルバを使う
- C —— 同時にDNSルックアップを行う

tcpdumpでは-nオプションでIPの名前解決を無効に、また-nnオプションでポート番号の名前解決も併せて無効にすることができます。

このオプションは次のようにほかのコマンドと組み合わせることも可能です。

```
sanders@ppa:~$ tcpdump -nni eth1
```

次の例では、最初がポート番号の名前解決を有効、次が-nオプションで無効としています。

```
sanders@ppa:~$ tcpdump -r tcp_ports.pcap -c1
reading from file tcp_ports.pcap, link-type EN10MB (Ethernet)
14:38:34.341715 IP 172.16.16.128.2826 > 212.58.226.142. ❶http: Flags [S],
seq
3691127924, win 8192, options [mss 1460,nop,wscale 2,nop,nop,sackOK], length
0
sanders@ppa:~$ tcpdump -nr tcp_ports.pcap -c1
reading from file tcp_ports.pcap, link-type EN10MB (Ethernet)
14:38:34.341715 IP 172.16.16.128.2826 > 212.58.226.142. ❷80: Flags [S], seq
3691127924, win 8192, options [mss 1460,nop,wscale 2,nop,nop,sackOK],
length 0
```

6.6　フィルタを使う | **125**

どちらのコマンドもキャプチャファイルtcp_ports.pcapから最初のパケットのみを読み込んでいます。最初のコマンドではポート番号の名前解決が有効なので、80番ポートはhttpで表示されていますが❶、次のコマンドでは番号表示となっています❷。

6.6　フィルタを使う

TSharkとtcpdumpではBPF構文で記述したキャプチャフィルタが使えるので、フィルタを柔軟に設定することができます。TSharkではWiresharkのディスプレイフィルタも使えます。Wireshark同様、TSharkのキャプチャフィルタもパケットをキャプチャしている際にのみ適用され、表示フィルタはキャプチャしている際、またはキャプチャ済のパケットの表示の際に使えます。まずはTSharkのフィルタから見ていきましょう。

キャプチャフィルタを適用するには、-fオプションのあとに二重引用符で囲んだBPF構文を続けます。次のコマンドではTCPプロトコルの、80番ポートで受信されるパケットのみをキャプチャします。

```
C:\Program Files\Wireshark> tshark -ni 1 -w packets.pcap -f "tcp port 80"
```

表示フィルタを適用するには、-Yオプションのあとに二重引用符で囲んだWiresharkのフィルタ構文を続けます。次のようにしてキャプチャ時に適用することも可能です。

```
C:\Program Files\Wireshark> tshark -ni 1 -w packets.pcap -Y "tcp.dstport == 80"
```

同様のオプション指定で、キャプチャ済のパケットに表示フィルタを適用することもできます。次のコマンドはpackets.pcapファイルのパケットのうちフィルタに一致するもののみを表示します。

```
C:\Program Files\Wireshark> tshark -r packets.pcap -Y "tcp.dstport == 80"
```

tcpdumpの場合は、コマンドの最後に単一引用符で囲ってフィルタを指定します。次のコマンドはTCPの80番ポートで受信されるパケットのみをキャプチャし、保存します。

```
sanders@ppa:~$ tcpdump -nni eth0 -w packets.pcap "tcp dst port 80"
```

表示するパケットにもフィルタが適用できます。次のコマンドはpackets.pcapファイルのパケットのうちフィルタに一致するもののみを表示します。

```
sanders@ppa:~$ tcpdump -r packets.pcap 'tcp dst port 80'
```

キャプチャの際にフィルタを適用していなかった場合、キャプチャファイルには表示されていないパケットも含まれていることを覚えておいてください。既存のファイルから読み込んだ際に、画面に表示するパケットを限定しただけなのです。

ではキャプチャファイルにさまざまなパケットが含まれている際に、その一部をフィルタで抽出し、別のファイルに保存したい場合はどうすればいいのでしょうか。その場合は-wオプションと-rオプションを組み合わせて使います。

```
sanders@ppa:~$ tcpdump -r packets.pcap 'tcp dst port 80' -w http_packets.pcap
```

このコマンドはpackets.pcapファイルの内容を読み込み、TCPの80番ポート（http用）で受信されるパケットのみを抽出し、これらのパケットをhttp_packets.pcapという新規のファイルに保存します。この手法は、大量なデータを含む.pcapファイルを保持しつつ、少量ずつ解析したい場合によく使われます。筆者は膨大なキャプチャファイルから少しずつデータを取り出して、Wiresharkで解析する場合にこのtcpdumpのテクニックをよく使っています。小さいキャプチャファイルのほうが扱いやすいからです。

tcpdumpではフィルタを指定するだけでなく、一連のフィルタを含むBPFファイルを参照することもできます。コマンドを作成して直接指定するのが大変な、非常に大きく複雑なフィルタを適用する際にはとても便利です。次のように-Fオプションを使ってフィルタファイルを指定します。

```
sanders@ppa:~$ tcpdump -nni eth0 -F dns_servers.bpf
```

ファイルがあまりにも大きい場合、フィルタにメモやコメントを追加したくなるかもしれません。しかしBPFフィルタファイルにはコメントを付けることはできません。フィルタのための構文以外のものを追加すると、エラーが生じます。大きなフィルタファイルの解読にはコメントが非常に便利なので、筆者は通常、同じフィルタファイルを2種類用意しています。ひとつはコメントを含まないtcpdump用で、もうひとつはコメントを含む参照用です。

6.7 TSharkの時刻表示形式

解析の初心者がよく混乱するのが、TSharkで使われているデフォルトのタイムスタンプです。これはパケットキャプチャ開始時刻からの相対時刻での表示となっています。この表示が好ましい場合もありますが、通常はtcpdumpのデフォルトのタイムスタンプである、パケットがキャプチャされた時刻の表示のほうが便利です。-tオプションとad値（絶対時刻）を使えば、TSharkでも絶対時刻で出力できます。

```
C:\Program Files\Wireshark> tshark -r packets.pcap -t ad
```

デフォルトの相対時刻でのタイムスタンプ❶と、絶対時刻でのタイムスタンプ❷を、同じパケットで比較してみましょう。

```
C:\Program Files\Wireshark> tshark -r packets.pcap -c2   ❶
    1   0.000000 172.16.16.172 -> 4.2.2.1         ICMP Echo (ping)
 request  id=0x0001, seq=17/4352, ttl=128
    2   0.024500 4.2.2.1 -> 172.16.16.172         ICMP Echo (ping)
   reply  id=0x0001, seq=17/4352, ttl=54 (request in 1)

C:\Program Files\Wireshark> tshark -r packets.pcap -t ad -c2   ❷
    1 2015-12-21 12:52:43.116551 172.16.16.172 -> 4.2.2.1         ICMP Echo (ping)
```

```
request  id=0x0001, seq=17/4352, ttl=128
  2 2015-12-21 12:52:43.141051      4.2.2.1 -> 172.16.16.172 ICMP Echo (ping)
reply    id=0x0001, seq=17/4352, ttl=54 (request in 1)
```

-tオプションを使うと、Wiresharkと同じ時刻の表示形式が指定できます。使用可能な表示形式を**表6-1**にまとめました。

表6-1　TSharkで使える時刻の表示形式

値	タイムスタンプ	例
a	パケットがキャプチャされた絶対時刻 (ローカル時刻)	15:47:58.004669
ad	パケットがキャプチャされた絶対時刻と日付 (ローカル時刻)	2015-10-09 15:47:58.004669
d	直前のパケットからの経過時間	0.000140
dd	直前の表示対象パケットからの経過時間	0.000140
e	エポック時間 (協定世界時 (UTC) の1970年1月1日0:00からの経過秒数)	1444420078.004669
r	最初のパケットからの経過時間	0.000140
u	パケットがキャプチャされた絶対時刻 (UTC)	19:47:58.004669
ud	パケットがキャプチャされた絶対時刻と日付 (UTC)	2015-10-09 19:47:58.004669

　残念ながら、tcpdumpではここまで詳しく表示形式を指定することはできません。

6.8　TSharkの統計機能

　キャプチャファイルから統計を生成する機能は、tcpdumpにはない、TSharkのもうひとつの便利な機能です。これらはWiresharkを模した機能ですが、コマンドラインから簡単に使うことができます。統計を生成するには、生成したい出力の名前を指定して、-zオプションを使います。次のコマンドを使うと、生成可能な統計の一覧を見ることができます。

```
C:\Program Files\Wireshark> tshark -z help
```

　これまでに説明した機能の多くが-zオプションで指定できます。これにはエンドポイントや対話の統計も含まれます。

```
C:\Program Files\Wireshark> tshark -r packets.pcap -z conv,ip
```

　このコマンドは**図6-3**のように、packets.pcapファイルのIP対話に関する情報の統計を表示します。

　同じオプションを使ってプロトコルごとの情報を見ることもできます。HTTPリクエストとレスポンスの解析結果を、http,treeオプションを使って表形式で見ることが可能です (**図6-4**)。

```
C:\Program Files\Wireshark> tshark -r packets.pcap -z http,tree
```

図6-3　TSharkを使って対話の統計を見る

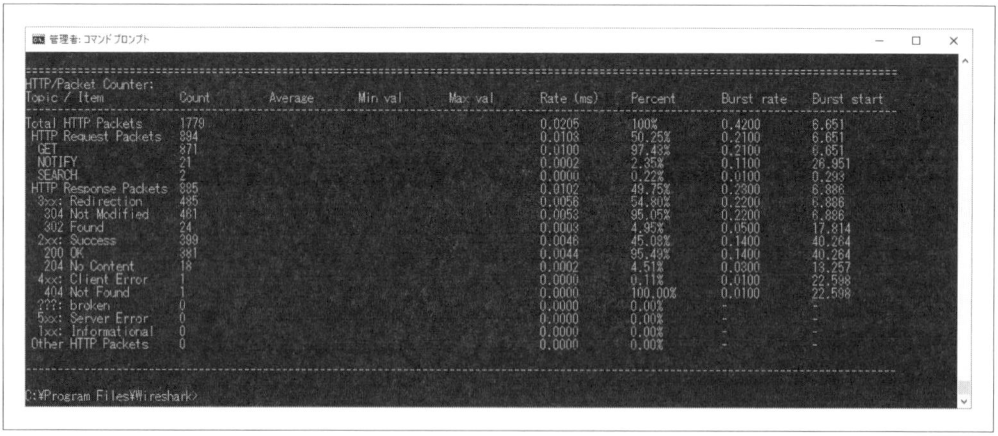

図6-4　TSharkを使ってHTTPリクエストとレスポンスの統計を見る

　もうひとつの便利な機能が、ストリーム出力を再構築して表示する機能です。これはWiresharkでパケットを右クリックし、[Follow（追跡）]→[TCP Stream（TCPストリーム）]オプションを選択するのとよく似ています。followオプションでストリームのタイプ、出力モード、どのストリームを表示するかを指定します。対話の統計を出力すると、一番左のカラムに、ストリームに割り振られた番号が表

6.8 TShark の統計機能 | **129**

示されるので、ストリームを識別することができます（**図6-3**）。このコマンドは次のようになります。

```
C:\Program Files\Wireshark> tshark -r http_google.pcap -z follow,tcp,ascii,0
```

次のコマンドは、http_google.pcapファイルから、TCPストリーム0をASCIIフォーマットで表示します。出力は次のようになります。

```
C:\Program Files\Wireshark> tshark -r http_google.pcap -z

--snip--
===================================================================
Follow: tcp,ascii
Filter: tcp.stream eq 0
Node 0: 172.16.16.128:1606
Node 1: 74.125.95.104:80
627
GET / HTTP/1.1
Host: www.google.com
User-Agent: Mozilla/5.0 (Windows; U; Windows NT 6.1; en-US; rv:1.9.1.7)
Gecko/20091221 Firefox/3.5.7
Accept:
text/html,application/xhtml+xml,application/xml;q=0.9,*/*;q=0.8
Accept-Language: en-us,en;q=0.5
Accept-Encoding: gzip,deflate
Accept-Charset: ISO-8859-1,utf-8;q=0.7,*;q=0.7
Keep-Alive: 300
Connection: keep-alive
Cookie: PREF=ID=257913a938e6c248:U=267c896b5f39fb0b:FF=4:LD=e
n:NR=10:TM=1260730654:LM=1265479336:GM=1:S=h1UBGonTuWU3D23L;
NID=31=Z-nhwMjUP63e0tYMTp-3T1igMSPnNS1eM1kN1_DUrnO2zW1cPM4JE3AJec9b_
vG-YFibFXszOApfbhBA1BOX4dKx4L8ZDdeiKwqekgP5_kzELtC2mUHx7RHx3PIttcuZ


        1406
HTTP/1.1 200 OK
Date: Tue, 09 Feb 2010 01:18:37 GMT
Expires: -1
Cache-Control: private, max-age=0
Content-Type: text/html; charset=UTF-8
Content-Encoding: gzip
Server: gws
Content-Length: 4633
X-XSS-Protection: 0
```

IPアドレスで表示するストリームを指定することもできます。たとえば次のコマンドは、特定のエンドポイントとポートで送受信されるUDPストリームをキャプチャします。

```
C:\Program Files\Wireshark> tshark -r packets.pcap -z ^
```

```
follow,udp,ascii,192.168.1.5:23429❶,4.2.2.1:53❷
```

このコマンドは、packets.pcapファイルから、エンドポイント192.168.1.5の23429番ポート❶とエンドポイント4.2.2.1の53番ポート❷間のUDPストリームを表示します。

筆者のお気に入りの統計オプションをいくつかご紹介します。

- ip_hosts,tree ── キャプチャファイル中のすべてのIPアドレスと、各アドレスがトラフィックに占める割合を表示します。
- io,phs ── キャプチャファイル内で見つかったすべてのプロトコルをプロトコル階層の形式で表示します。
- http,tree ── HTTPリクエストとレスポンスに関する統計を表示します。
- http_req,tree ── すべてのHTTPリクエストの統計を表示します。
- smb,srt ── Windows通信を解析するためにSMBコマンドに関する統計を表示します。
- endpoints,wlan ── 無線エンドポイントを表示します。
- expert ── キャプチャファイルのエキスパート情報（チャート、エラーなど）を表示します。

-zオプションで使える便利なオプションはたくさんあります。何ページも必要になるのでここではすべては説明しませんが、TSharkを頻繁に使うつもりなら、https://www.wireshark.org/docs/man-pages/tshark.htmlにある公式のドキュメントを勉強する時間を取るべきです。

6.9　TSharkとtcpdumpの違い

本章で見てきたTSharkもtcpdumpも、対象としているタスクの遂行に適しており、どちらを使っても必要な労力の度合いは違えど、タスクの遂行には役立つでしょう。最適なツールを選べるよう、違いをいくつか挙げておきます。

OS
> tcpdumpはUnix版しかありませんが、TSharkはUnixでもWindowsでも機能します。

対応するプロトコル
> 両ツールともに一般的な第3層および第4層のプロトコルに対応しますが、第7層プロトコルについて、tcpdumpのサポートは限定的です。TSharkはWiresharkのプロトコル分析機構が利用できるため、第7層プロトコルに十分対応しています。

解析機能
> どちらのツールでも解析結果を理解できるものにするには人間の解析が不可欠ですが、TSharkはWiresharkの解析、統計機能に匹敵する機能を提供しているため、GUIが使えなくても同等の解析が行えます。

最終的な選択は、ツールの入手しやすさや、個人的な好みに左右されるでしょう。幸いにもこれらのツールはどちらもよく似ているので、片方を学べばもう一方についても勉強したことになり、使えるツールの幅が広がります。

7章
ネットワーク層プロトコル

遅延に関するトラブルをトラブルシューティングするとき、うまく機能していないアプリケーションを確認するとき、あるいは異常なトラフィックを発見するためにセキュリティ上の脅威に注力するときなど、まずは正常時のトラフィックの理解が不可欠です。ここからの数章では、正常時のネットワークトラフィックについて、OSI参照モデルの下層から上層までパケットレベルで見ていきます。それぞれのプロトコルのセクションでは関連するキャプチャファイルを最低ひとつは紹介しているので、ダウンロードして直接いじってみることができます。

本章では特に、ARP、IPv4、IPv6、ICMP、ICMPv6といった、ネットワーク通信を担うネットワーク層プロトコルに焦点を当てています。

ネットワーク層プロトコルについて説明したここからの3章は、間違いなく本書においてもっとも重要な章です。ここを読み飛ばすのは、オーブンを予熱せずに感謝祭のディナーを作ろうとするようなものです。各プロトコルの機能について、すでにきちんと理解している場合でも、最低限さっと目を通して、それぞれのパケットの構造を見直しておきましょう。

7.1 ARP（Address Resolution Protocol）

ネットワーク通信では、論理アドレスおよび物理アドレスの両方が使われます。論理アドレスを用いることで、ネットワーク越しに直接接続されていない機器間での通信が可能になります。物理アドレスは、単一のネットワークセグメント上でスイッチを通じて直接つながっている機器間の通信に使われます。たいていの場合、通信を行うには、この両方のアドレスが連携して動作する必要があります。

ネットワーク上のある機器と通信したいとしましょう。その機器はサーバかもしれませんし、ファイルを共有したいワークステーションかもしれません。通信を始めようとしているアプリケーションは、すでにリモートのホストのIPアドレスを（「9章 知っておきたい上位層プロトコル」で説明するDNSによって）認識しており、送信したいパケットの第3層から第7層を構築するのに必要な情報をすべて持っているものとします。ここでさらに必要な情報は、宛先ホストのMACアドレス（物理アドレス）を含む、

第2層（データリンク層）のデータだけです。

　MACアドレスが必要なのは、ネットワーク上の機器をつないでいるスイッチが、そのポートに接続しているすべての機器のMACアドレスを格納する**CAM**（Content Addressable Memory）テーブルを使っているためです。スイッチは、特定のMACアドレスに対するトラフィックを受信すると、このテーブルを使ってどのポートにトラフィックを送信するかを判断します。宛先のMACアドレスが不明な場合、送信元の機器は、まず自身のキャッシュにアドレスがないかを調べます。キャッシュに存在しない場合は、ネットワークに対してさらなる通信を行うことで解決することが必要になります。

　TCP/IPネットワーク（IPv4）において、IPアドレスからMACアドレスを求めるのに使われるプロトコルを**ARP**（Address Resolution Protocol）と呼び、これはRFC 826で定義されています。ARPは、ARPリクエストとARPレスポンスの2種類のパケットしか使いません（**図7-1**）。

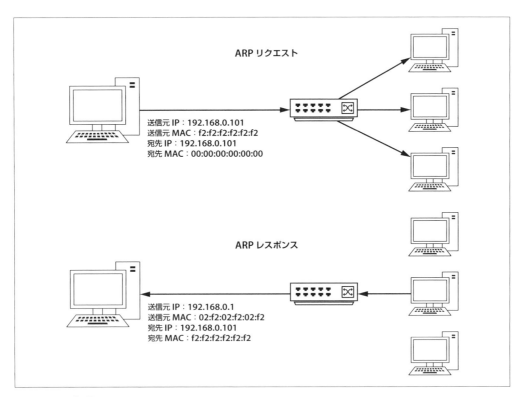

図7-1　ARP処理

　RFC（Request for Comments）とは、プロトコルの標準的な実装について定義している、Internet Engineering Task Force（IETF）とInternet Society（ISOC）が発行している技術刊行物のことです。RFCのWebサイトhttp://www.rfc-editor.org/で、RFCを検索することができます。

送信元のホストが、「皆さんこんにちは、私のIPアドレスは192.168.0.101で、MACアドレスはf2:f2:f2:f2:f2:f2です。IPアドレスが192.168.0.1の人に送信するものがあるのですが、MACアドレスがわかりません。このIPアドレスを持っている方、MACアドレスを返信してくれませんか?」というARPリクエストを送ったとしましょう。

このパケットはネットワークセグメント上のすべての機器に送られますが、このIPアドレスを持たない機器はパケットを単に廃棄します。このIPアドレスを持つ機器だけが、「送信元さん、あなたが探しているIPアドレス192.168.0.1を持っているのは私です。私のMACアドレスは02:f2:02:f2:02:f2です」という答えのARPレスポンスを送ります。

この処理が完了すると、送信元はこの機器のMACおよびIPアドレスの情報でキャッシュを更新し、データ送信を開始できる状態になります。

コマンドプロンプトで **arp -a** と入力すると、WindowsのARPテーブルを参照することができます。

この処理が実際に行われているところを見れば、どう機能するかを理解する助けになると思いますが、実例を見る前に、まずはARPパケットヘッダについて説明します。

7.1.1　ARPパケットの構造

ARPヘッダには、**図7-2**に示しているようなフィールドが含まれています。

オフセット	オクテット	0	1	3	4
オクテット	ビット	0–7	8–15	0–7	8–15
0	0	ハードウェアタイプ		プロトコルタイプ	
4	32	ハードウェアアドレス長	プロトコルアドレス長	オペレーション	
8	64	送信元ハードウェアアドレス			
12	96	送信元ハードウェアアドレス		送信元プロトコルアドレス	
16	128	送信元プロトコルアドレス		宛先ハードウェアアドレス	
20	160	宛先ハードウェアアドレス			
24+	192+	宛先プロトコルアドレス			

図7-2　ARPパケットの構造

ハードウェアタイプ

第2層のタイプ。ほとんどの場合、イーサネット（タイプ1）です。

プロトコルタイプ

ARPリクエストが使われる上位層のプロトコル。

ハードウェアアドレス長

ハードウェアアドレスの長さ（オクテット / バイト）。イーサネットの場合は6。

プロトコルアドレス長

指定されたプロトコルタイプの論理アドレスの長さ（オクテット / バイト）。

オペレーション

ARPパケットの機能。リクエストの場合は1、レスポンスの場合は2。

送信元ハードウェアアドレス

送信元のハードウェアアドレス。

送信元プロトコルアドレス

送信元の上位層のプロトコルアドレス。

宛先ハードウェアアドレス

宛先のハードウェアアドレス（ARPリクエストの場合は0）。

宛先プロトコルアドレス

宛先の上位層のプロトコルアドレス。

arp_resolution.pcapngファイルを開き、この処理を見てみましょう。個々のパケットをひとつずつ見ていきます。

7.1.2　パケット1：ARPリクエスト　　`arp_resolution.pcapng`

最初のパケットはARPリクエストです（**図7-3**）。［Packet Details(パケット詳細)］ペインでイーサネットヘッダを調べれば、このパケットが確かにブロードキャストパケットであることを確認できます。宛先のアドレスはff:ff:ff:ff:ff:ff❶です。これはイーサネットのブロードキャストアドレスなので、この宛先に送信されたパケットは、現在のネットワークセグメント上にあるすべての機器にブロードキャストされます。イーサネットヘッダにある送信元アドレスはMACアドレスとして認識されます❷。

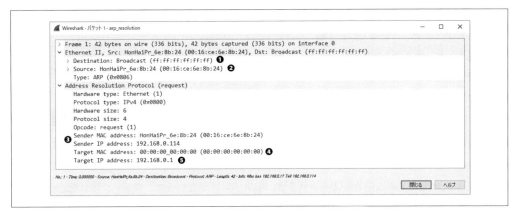

図7-3　ARPリクエストパケット

構造から見て、これは確かにIPv4を使っているイーサネットネットワーク上のARPリクエストであることがわかります。送信元のIPアドレス（192.168.0.114）とMACアドレス（00:16:ce:6e:8b:24）❸が、宛先のIPアドレス（192.168.0.1）❺とともに表示されています。宛先のMACアドレス（入手しようとしている情報）は不明なので、宛先のMACアドレスは00:00:00:00:00:00となっています❹。

7.1.3　パケット2：ARPレスポンス

最初のリクエストに対するレスポンス（**図7-4**）では、イーサネットヘッダに、最初のパケットの送信元MACアドレスが宛先アドレスとして格納されています。このARPレスポンスのヘッダはARPリクエストのヘッダとよく似ていますが、いくつかの違いがあります。

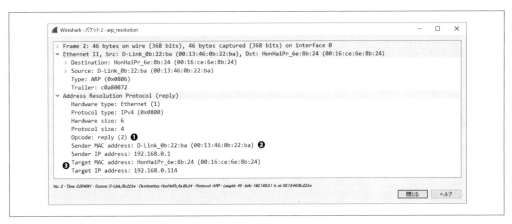

図7-4　ARPレスポンスパケット

- パケットのオペレーションコード（opcode）が0x0002となり❶、リクエストではなくレスポンスであることを示しています。

- アドレス情報が入れ替わっており、送信元MACアドレスとIPアドレスが、宛先のMACアドレスとIPアドレスになっています❸。
- 何よりも重要なこととして、IPアドレス192.168.0.1のホストのMACアドレス（00:13:46:0b:22:ba）❷が格納されています。

7.1.4　gratuitous ARP

`arp_gratuitous.pcapng`

何かが「勝手に（gratuitously）」行われるというのは、否定的な意味合いを持つことがよくあります。しかしながら**gratuitous ARP**（勝手なARP）は有意義なものです。

IPアドレスは変更される場合がよくあります。IPアドレスが変わると、キャッシュに記憶されたIPアドレスとMACアドレスとのマッピング情報が不正となります。これによる通信のトラブルを防ぐため、gratuitous ARPパケットが送信され、受け取った機器のキャッシュを新しいマッピング情報で強制的に更新します（**図7-5**）。

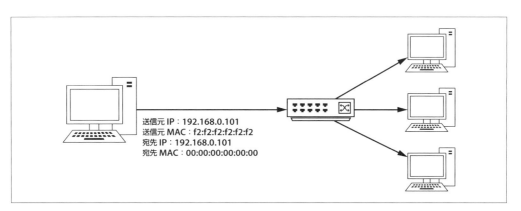

図7-5　gratuitous ARPの処理

gratuitous ARPパケットが使用される場面はいくつかあります。一番よく見られるのは、IPアドレスの変更です。キャプチャファイル`arp_gratuitous.pcapng`を開き、実際に見てみてください。gratuitous ARPを構成するパケットは1つだけなので、ファイルに含まれているパケットも1つです（**図7-6**）。

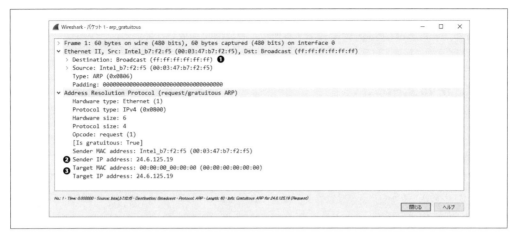

図7-6 gratuitous ARPパケット

　イーサネットヘッダを調べると、このパケットはブロードキャストとして送信されているため、すべての機器が受信することがわかります❶。gratuitous ARPのヘッダはARPリクエストのヘッダと似ていますが、送信元IPアドレス❷と宛先IPアドレス❸が同一である点が異なります。gratuitous ARPパケットを受け取った機器は、ARPテーブルを新しいIPアドレスとMACアドレスとのマッピング情報で更新します。このARPパケットは一方的に送りつけられるものですが、受け取った側は、結果としてAPRキャッシュを更新するため、「gratuitous（勝手）」ということになるのです。

　gratuitous ARPパケットが使われる場面はほかにもあります。機器のIPアドレスの変更によって生成される以外に、一部のOSは起動時にgratuitous ARPを生成します。また受信トラフィックのロードバランスのためにgratuitous ARPパケットが使われる場合があります。

7.2　IP（Internet Protocol）

　OSI参照モデルにおける第3層プロトコルの主な役割は、ネットワーク間で通信を行うことです。ここまで見てきたように、MACアドレスは第2層の単一ネットワーク上での通信に利用されます。似たような形で、第3層はネットワーク間の通信処理を担当しています。この通信を可能にするプロトコルはいくつかありますが、もっとも一般的なのは**IP**（Internet Protocol）で、現在はバージョン4とバージョン6の2つのバージョンがあります。まずRFC 791で定義されたIPv4から見ていきます。

7.2.1　IPv4（インターネット・プロトコル・バージョン4）

　IPv4の働きを理解するには、ネットワーク間のトラフィックの流れを理解する必要があります。IPv4は通信処理を担っており、エンドポイントの場所にかかわらず、その間のデータ通信を担当しています。
　ハブまたはスイッチですべての機器がつながっている単純なネットワークを**LAN**（Local Area

Network）と呼びます。2つのLANを接続する場合はルータでつなぎます。複雑なネットワークは、世界中に分布する何千台ものルータを経由する何千ものLANで構成されていることがあります。インターネット自体も、数百万に及ぶLANとルータの集合体と言えます。

7.2.1.1　IPv4アドレス

IPv4アドレスは32ビットのアドレスで、ネットワークに接続された機器に割り振られた識別番号です。32文字もの長さの1と0が連続した文字列を覚えるのは至難の業なので、IPアドレスはドット区切り**10進数表記**（dotted-quad notation）で記述されます。

ドット区切り10進数表記では、IPアドレスを構成する1と0の数字を4分割し、10進数へと変換して、「A.B.C.D」の形式で0から255までの数字を使って表現します（**図7-7**）。11000000 10101000 00000000 00000001というIPアドレスがあるとします。この値はまず覚えられません。しかしドット区切り10進数表記を使えば、192.168.0.1と表記することができます。

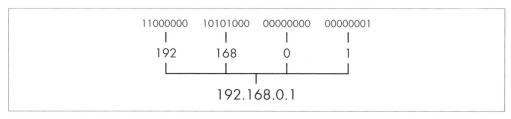

図7-7　ドット区切り10進数表記によるIPv4アドレス表記

IPアドレスは2つの部分、**ネットワークアドレス**と**ホストアドレス**から成り立っています。ネットワークアドレスは機器が接続しているLANを識別するもので、ホストアドレスは機器そのものを識別するためのものです。IPアドレスのどの部分がネットワークアドレスで、どの部分がホストアドレスとなるかは常に同じというわけではありません。これを決めるのは、**ネットワークマスク**（ネットマスク）と呼ばれるアドレス情報で、**サブネットマスク**と呼ばれることもあります。

 本書でIPアドレスというときは、常にIPv4アドレスを意味します。この章の後半でIPバージョン6を取り上げますが、IPv4とはアドレスの表記ルールが異なります。IPv6アドレスを取り上げる場合は、明示的にIPv6アドレスと呼称します。

ネットマスクは、IPアドレスのどの部分がネットワークアドレスで、どの部分がホストアドレスかを識別します。ネットマスクの数値も32ビット長であり、1にセットされた各ビットが、ネットワークアドレスのために確保されたIPアドレス部分を示します。残ったビットは0にセットされ、ホストアドレスを示します。

たとえば、2進数で00001010 00001010 00000001 00010110となるIPアドレス10.10.1.22があったと

します。ネットマスクにより、IPアドレスを2つに分けることができます。ネットマスクが11111111 11111111 00000000 00000000 だとします。この場合、アドレスの前半（10.10 / 00001010 00001010）はネットワークアドレスとなり、後半（.1.22 / 00000001 00010110）がネットワーク上にある個々のホストになります（**図7-8**）。

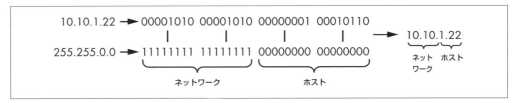

図7-8　IPアドレスのビットの配置はネットマスクで決まる

図7-8のように、ネットマスクもドット区切り10進数表記で記述できます。たとえばネットマスク 11111111 11111111 00000000 00000000 は、255.255.0.0 と表記できます。

一般にIPアドレスとネットマスクは、**CIDR**（Classless Inter-Domain Routing）表記で記述されます。この形式では、IPアドレスの表記に続き、/記号とIPアドレスのネットワーク部分を表すビット数が続きます。たとえばIPアドレス10.10.1.22、ネットマスク255.255.0.0をCIDR表記で記述すると、10.10.1.22/16 となります。

7.2.1.2　IPv4のパケットの構造

送信元と宛先のIPアドレスはIPv4パケットヘッダの重要な構成部分ですが、パケット内のIP情報はこれだけではありません。IPヘッダは、先に見たARPパケットのヘッダと比べるとかなり複雑です。IPが適切に機能するよう多くの機能が盛り込まれているのです。

IPv4ヘッダには以下のフィールドがあります（**図7-9**）。

バージョン
　　使用されているIPのバージョン（IPv4の場合常に4）。

ヘッダ長
　　IPヘッダの長さ。

サービスタイプ（TOS）
　　トラフィックに優先順位をつけるためにルータが使用する優先フラグとサービス種別フラグ。

パケット長
　　パケットに含まれるIPヘッダとデータの長さ。

識別子

パケットもしくは断片化した一連のパケット群を識別するために用いられる識別子。

フラグ

パケットが断片化されたパケットの一部なのかどうかを識別するのに使われます。

フラグメントオフセット

パケットが断片化されている場合、このフィールドの値を使ってパケットを正しい順序で並べて復元します。

生存時間 (TTL)

パケットの「寿命」を定義する値。ルータを通過する際のホップ数もしくは秒数で計測されます。

プロトコル

IPv4ヘッダを格納するトランスポート層ヘッダを識別するのに使われます。

ヘッダチェックサム

IPヘッダが破損していないかを検証するのに用いられるエラー検出機構。

送信元IPアドレス

パケットを送信した機器のIPアドレス。

宛先IPアドレス

パケットの宛先のIPアドレス。

オプション

追加のIPオプションのために予約されている。ソースルーティングやタイムスタンプのオプション情報が含まれます。

データ

IPとともに送信される実際のデータ。

7.2 IP (Internet Protocol)

オフセット	オクテット	0		1	2		3
オクテット	ビット	0–3	4–7	8–15	16–18	19–23	24–31
0	0	バージョン	ヘッダ長	サービスタイプ	パケット長			
4	32	識別子			フラグ	フラグメントオフセット	
8	64	生存時間		プロトコル	ヘッダチェックサム		
12	96	送信元IPアドレス						
16	128	宛先IPアドレス						
20	160	オプション						
24+	192+	データ						

IPv4（インターネット・プロトコル・バージョン4）

図7-9　IPv4パケットの構造

7.2.1.3　生存時間（TTL）

`ip_ttl_source.pcapng, ip_ttl_dest.pcapng`

　パケットが破棄されるまでの時間、あるいはパケットが通過できるルータの数を定義するのが、**生存時間**（TTL）です。TTLはパケットが作成されるときに定義され、通常パケットがルータによって転送されるごとに、1ずつ減っていきます。たとえば、あるパケットのTTLが2の場合、最初に到達したルータはTTLを1減らして次のルータへとパケットを転送します。さらに受け取ったルータはTTLを0へと減らすため、パケットの最終的な宛先がそのネットワーク上にない場合、パケットは破棄されます（**図7-10**）。

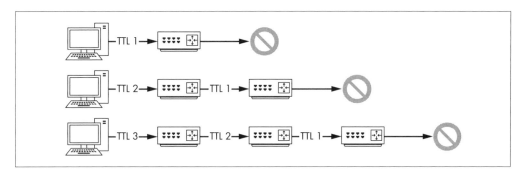

図7-10　パケットのTTLはルータを通過するごとに減少する

　TTL値はなぜ重要なのでしょうか？　パケットの生存時間について意識するのは、通常送信元から宛先までに要する時間だけです。しかしながら、何十台ものルータを経由して、インターネット越しの宛先までたどり着かなければならないパケットを考えてみましょう。その途中で設定に誤りがあるルータにぶつかれば、最終的な宛先へと到着できなくなる可能性があります。そのルータの動作によっては、

パケットがネットワーク上を永遠にさまよう場合があるのです。

　無限ループがさまざまな問題を引き起こし、プログラムやOS全体をクラッシュさせてしまう結果をもたらすのはおわかりでしょう。同じことがネットワーク上のパケットでも起こるのです。ルータ間を延々と行き来するパケットの数が増えれば、DoS状態に陥るまで、ネットワークの使用可能帯域は消耗します。こうした問題を回避するために、IPヘッダのTTLフィールドが作られたのです。

　Wiresharkで一例を見てみましょう。ip_ttl_source.pcapngファイルには、2つのICMPパケットが含まれています。ICMP（本章でのちほど説明します）がIPを使ってパケットを送っていることは、[Packet Details（パケット詳細）]ペインのIPヘッダセクションを展開することで確認できます（**図7-11**）。

図7-11　パケットのIPヘッダ

　ここではIPのバージョンは4❶、ヘッダ長は0バイト❷、ヘッダとペイロードを合わせたパケット長は60バイト❸、TTLフィールドの値は128❹であることがわかります。

　ICMP pingの主な目的は、機器間の通信テストです。データはある機器から別の機器へリクエストとして送られ、受信した機器はそのデータをレスポンスとして送り返さなければなりません。このファイルでは、アドレス10.10.0.3の機器❺が、アドレス192.168.0.128の機器❻へとICMPリクエストを送っています。このキャプチャファイルは、送信元である10.10.0.3の機器で作成されています。

　今度はip_ttl_dest.pcapngファイルを開きましょう。このファイルでは、データは宛先である192.168.0.128でキャプチャされています。先頭のパケットのIPヘッダを開き、TTL値を調べます（**図7-12**）。

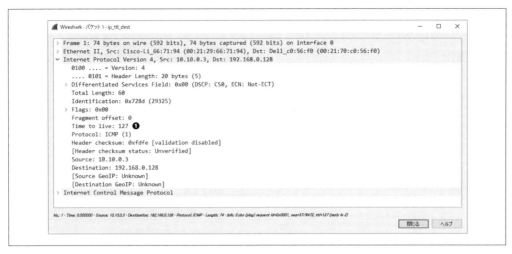

図7-12　IPヘッダからTTLが1減少しているのがわかる

このTTL値が127❶で、最初のTTL値128よりも1少ないのがすぐにわかるはずです。ネットワークの構造を知らなくても、この2台の通信機器の間には1台のルータがあり、そのルータを通過するときにTTL値が1減ったと結論づけることができます。

7.2.1.4　IPフラグメンテーション（断片化）

`ip_frag_source.pcapng`

パケットのフラグメンテーション（断片化）は、データストリームをより小さな断片（fragment）に分割することで、多種多様なネットワーク上でも確実に送信するためのIPの機能です。

パケットの断片化は、第2層のデータリンク層プロトコルの**MTU**（Maximum Transmission Unit）サイズと、これらの第2層プロトコルを使っている通信機器の設定によって発生します。多くの場合、第2層で使われているプロトコルはイーサネットです。イーサネットのデフォルトのMTUは1500、つまりイーサネットネットワーク上で送信できるパケットの最大サイズは1,500バイトということになります（イーサネットヘッダ分の14バイトは除く）。

> MTUには標準値がありますが、機器のMTUは手動で再設定できます。MTU設定はインターフェースごとに設定でき、ルータのインターフェースだけでなく、WindowsやLinuxシステムでも変更できます。

通信機器はIPパケットの送信準備をする際に、パケットが送信されるネットワークインターフェースのMTUサイズとパケットのデータサイズとを比較して、パケットを断片化すべきかどうかを判断します。データサイズがMTUより大きければ、パケットは断片化されます。パケットの断片化は次のような手順で行われます。

1. 通信機器がデータを送信するためにデータをいくつかのパケットへと断片化します。
2. 断片化された各データのサイズに合わせ、IPヘッダのパケット長フィールドを設定します。
3. 最後のパケットを除いたすべてのパケットのMF(More Fragments)フラグを1にセットします。
4. 断片化された各パケットヘッダのフラグメントオフセットフィールドを設定します。
5. パケットが送信されます。

ip_frag_source.pcapngファイルは、アドレス192.168.0.128の通信機器へpingリクエストを送信しているアドレス10.10.0.3のホストで取得されたものです。[Packet List (パケット一覧)] ペインの[Info]カラムには、ICMP(ping)リクエストに続き、断片化されたIPパケットが2つあります。

まずは1つ目のパケットのIPヘッダを調べてみましょう(**図7-13**)。

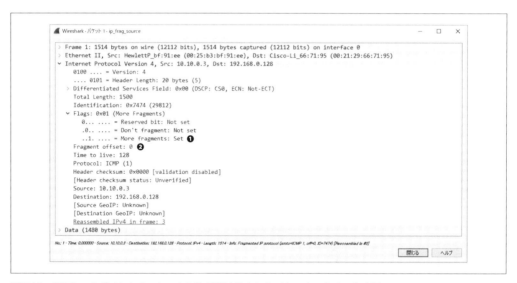

図7-13　MFとフラグメントオフセットの値が断片化されたパケットであることを示している

MFフラグとフラグメントオフセットフィールドから、このパケットは断片化されたパケットの一部であることがわかります。断片化されたパケットは、フラグメントオフセットの値が正になっているか、MFフラグがセットされています。最初のパケットではMFフラグがセットされている❶ので、受信側の機器では引き続きパケットの到着を待ち続けることになります。フラグメントオフセットが0に設定されている❷ので、このパケットが断片化されたパケットの最初のパケットであることがわかります。

2番目のパケットのIPヘッダ(**図7-14**)でもMFフラグがセットされていますが❶、フラグメントオフセットの値は1480です❷。これは1,500バイトのMTUから、IPヘッダの20バイトを引いた数字です。

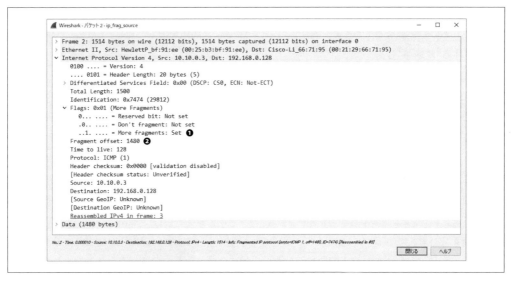

図7-14　フラグメントオフセットの値はパケットのサイズによって増える

3番目のパケット（**図7-15**）ではMFフラグはセットされていない❷ので、これはデータストリームの最後のパケットであることがわかります。フラグメントオフセットの値は 1480 + (1500 − 20) の 2960 に設定されています❸。これらの断片化されたパケットは、IPヘッダの識別子フィールドの値が同一である❶ことから、いずれも同じパケットの一部であるとわかります。

図7-15　MFセットされていないので最後のパケットであることがわかる

ネットワーク上で断片化されたパケットを見る機会は以前より少なくなりましたが、パケットがなぜ断片化されるのかを理解しておくと、実際に目にしたときに、問題を診断したり、なくなった断片を見つけたりするのに役立ちます。

7.2.2　IPv6（インターネット・プロトコル・バージョン6）

IPv4仕様が定められた時点では、インターネットに接続する機器がこれほど膨大な数になるとは誰も想像していませんでした。IPv4がアドレスに割り当て可能な空間は、最大で約43億個分です。しかしテストやブロードキャストトラフィック、RFC 1918に定義されるプライベートIPアドレスなどの特別な用途にも空間が割かれるため、実際の数はさらに少なくなるでしょう。IPv4アドレスの枯渇を遅らせるための努力も行われていますが、この問題を解決する方法は、IP仕様の新バージョンの開発しかありません。

そこで策定されたのがIPv6仕様であり、最初のバージョンは1998年にRFC 2460として公開されました。IPv6ではアドレス空間が大幅に拡張したのに加え、いくつかの機能向上が実現しています。ここではIPv6のパケットの構造を見ていくとともに、IPv6の通信がIPv4とどう違うのかを説明します。

7.2.2.1　IPv6アドレス

IPv4アドレスは32ビットに制限されているため、アドレスが割り当て可能な空間は10億単位でした。一方IPv6アドレスは128ビットなので、割り当て可能な空間は澗単位（10の36乗）と、とてつもない大きさです。

IPv6アドレスは128ビットであるため、バイナリ形式では扱うのは非現実的です。通常は2バイトずつコロン（:）で区切って8組にわけ、16進数で表します。たとえばシンプルなIPv6アドレスは次のようになります。

```
1111:aaaa:2222:bbbb:3333:cccc:4444:dddd
```

IPv4アドレスを見慣れている多くの人と同様、最初は次のような感想を持ったのではないでしょうか。「IPv6アドレスを覚えるのはまず無理だ」残念ながら、これがはるかに大きなアドレス空間を得たことの代償なのです。

連続する「ゼロ」が含まれるグループを、省略可能なのがIPv6アドレスの特徴のひとつです。以下のようなIPv6アドレスがあるとしましょう。

```
1111:0000:2222:0000:3333:4444:5555:6666
```

この場合ゼロを含むグループを、次のように完全に省略することができます。

```
1111::2222:0000:3333:4444:5555:6666
```

ただし省略できるのは1グループだけなので、次のようなアドレスは無効となります。

```
    1111::2222::3333:4444:5555:6666
```

また各グループの先頭にあるゼロも省略が可能です。この例では4番目、5番目、6番目の組の先頭にゼロがあります。

```
    1111:0000:2222:0333:0044:0005:ffff:ffff
```

このアドレスをよりわかりやすくすると次のようになります。

```
    1111::2222:333:44:5:ffff:ffff
```

IPv4アドレスほど使いやすいとはいえませんが、長い表記よりはかなりマシです。

IPv6アドレスにはネットワークアドレスとホストアドレスがありますが、前者を**ネットワークプレフィックス**、後者を**インターフェース識別子**と呼びます。どちらにどれだけ配分するかはIPv6通信の分類によって異なります。IPv6トラフィックは大きく分けてユニキャスト、マルチキャスト、エニーキャストの3つに分類することができます。通常扱うのは同一ネットワーク内の機器同士の通信である、リンクローカルなユニキャストトラフィックになるでしょう。リンクローカルなユニキャストのIPv6アドレスは**図7-16**のようになります。

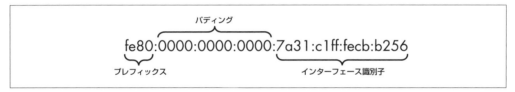

図7-16　IPv6リンクローカルなユニキャストアドレス

リンクローカルアドレスは、同一ネットワーク上のほかの機器と通信する場合に用いられるアドレスです。先頭の10ビットが1111 1110 10で始まるのが特徴で、次の54ビットのセットはすべて0となっています。つまり前半部分がfe80:0000:0000:0000なら、リンクローカルアドレスだということになります。

IPv6リンクローカルアドレスの後半は、エンドポイントのホストのネットワークインターフェースを識別するために使用されるインターフェース識別子で、イーサネットネットワークではこれはMACアドレスとなります。ところがMACアドレスは48ビットしかありません。そこで64ビットすべてを埋めるため、MACアドレスを2つに分け、0xfffeの値をパディングとして間に挟んでユニーク識別子を作り、最後に最初のバイトの7番目のビットを転換しています。これは少々複雑ですが、**図7-17**のインターフェースIDを見てください。この機器を表すもとのMACアドレスは78:31:c1:cb:b2:56です。0xfffeのバイトを中央に加え、最初のバイトの7番目のビットを「8」から「a」へと転換しています。

図7-17　MACアドレスとパディングを使ったインターフェース識別子

IPv6アドレスはIPv4アドレスと同じように、CIDR表記でも表すことができます。この例では64ビットのアドレススペースをリンクローカルアドレスで表しています。

```
fe80:0000:0000:0000:/64
```

公共のインターネット上を経由するグローバルなユニキャストトラフィックで使われる場合のIPv6アドレスの構成は若干異なります（**図7-18**）。この環境では、グローバルユニキャストの先頭3ビットが「001」で、次に45ビットのグローバルルーティングプレフィックスが続きます。グローバルルーティングプレフィックスは、アドレスを管理しているIANA（Internet Assigned Numbers Authority）によって割り当てられる、各組織のIPスペースを識別するためのものです。次の16ビットは各組織がサイト内部のアドレッシング階層を識別するのに利用できるサブネットIDで、IPv4のネットマスクと似ています。最後の64ビットは、リンクローカルユニキャストと同じインターフェース識別子です。ルーティングプレフィックスとサブネットIDの長さは調節できます。

図7-18　IPv6グローバルユニキャストアドレス

IPv6は宛先へパケットを送信するうえでIPv4よりもはるかに効率がよく、またアドレス空間を有効活用することができます。これが可能なのは、扱えるアドレス数が大幅に増えたことと、ユニークなホスト識別子を用いたリンクローカルアドレスおよびグローバルアドレスが利用可能になったためです。

人間がIPv6アドレスとIPv4アドレスの違いを見分けるのは簡単ですが、プログラムはそうはいきません。IPv6アドレスをブラウザやコマンドラインユーティリティなどのアプリケーションで指定する場合は、[1111::2222:333:44:5:ffff]のように、アドレスを[]で囲う必要があります。しかしこの要件が記されていないケースが多く、IPv6を学習中の多くの人々の頭痛の種となっています。

7.2.2.2　IPv6パケットの構造

`http_ip4and6.pcapng`

IPv6ヘッダ構造はIPv4より多くの機能をサポートしつつ、解析しやすくなっています。IPv4のヘッダ長フィールドのサイズにばらつきがあり、ヘッダを解析する前に確認が必要でしたが、IPv6では40バイトに固定されているからです。またIPv6では拡張ヘッダのオプションが強化されています。そのおかげでパケットを転送するのに、一般的なルータであれば40バイトのヘッダだけ処理すればよくなりました。

図7-19はIPv6ヘッダのフィールドを示しています。

IPv6（インターネット・プロトコル・バージョン6）						
オフセット	オクテット	0		1		2	3
オクテット	ビット	0–3	4–7	8–11	12–15	16–23	24–31
0	0	バージョン	トラフィッククラス	フローラベル			
4	32	ペイロード長				ネクストヘッダ	ホップリミット
8	64	送信元 IP アドレス					
12	96						
16	128						
20	160						
24	192	宛先 IP アドレス					
28	224						
32	256						
36	288						

図7-19　IPv6パケットの構造

バージョン

使っているIPのバージョン（IPv6の場合常に6）。

トラフィッククラス

トラフィックの特定クラスを優先するために使用。

フローラベル

同じフローに属する一連のパケットにラベル付けするためのソースが使用。このフィールドは通常、QoS（Quality of Service）管理と、同じフローのパケットが同じ経路を確実に通るようにするために利用されます。

ペイロード長

IPv6ヘッダのあとに続くデータ部の長さ。

ネクストヘッダ

IPv4のプロトコルフィールドに代わるもので、IPv6ヘッダにあとに続く第4層のヘッダのタイプを識別します。

ホップリミット

IPv4のTTLフィールドに該当し、破棄されるまでにパケットがたどっていくリンクの最大数を定義します。

送信元IPアドレス

パケットを送信したホストのIPアドレス。

宛先IPアドレス

パケットの宛先のIPアドレス。

http_ip4and6.pcapngで、IPv4とIPv6パケットの違いを見てみましょう。このキャプチャでは、WebサーバがNo.同じ物理的なホストでIPv4とIPv6の両方に接続するよう設定されています。**図7-20**では、単一のクライアントが、IPv4とIPv6の両方のアドレスで設定されていて、それぞれのアドレスを別々に用いてサーバをブラウズし、CurlアプリでHTTPを使ってindex.phpページをダウンロードしています。

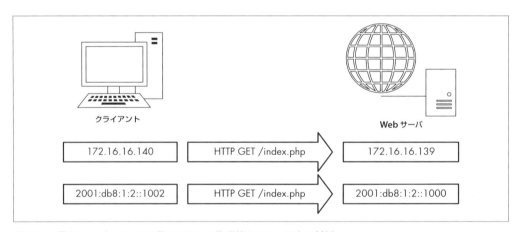

図7-20　異なるIPバージョンを用いた同一の物理的なホスト同士の対話

キャプチャファイルを開くと、[Packet List（パケット一覧）]の[Source]と[Destination]カラムのアドレスから、どのパケットがどの対話を行っているかがわかるはずです。パケット1から10まではIPv4ストリーム（ストリーム0）、パケット11から20まではIPv6ストリーム（ストリーム1）を表しています。[Conversations（対話）]ダイアログ、またはフィルタバーに**tcp.stream == 0**もしくは**tcp.stream == 1**と入力すれば、どちらかのストリームにフィルタを設定することができます。

インターネット上でWebページの情報提供の役割を持つプロトコルであるHTTPについては、「8章 トランスポート層プロトコル」で詳しく説明します。ここでは使われる下層ネットワークプロトコルに関係なく、Webページは着実に表示されるということだけ覚えておいてください。同じことがTCPにも言えます。IPv4とIPv6の機能は異なるものの、別の層で機能するプロトコルは影響を受けません。

図7-21では同じ働きを持つ2つのパケット、パケット1と11を比較しています。どちらもクライアントからサーバへの接続を確立するために送信されるTCP SYNパケットです。どちらのパケットも、イーサネットとTCPの部分はほぼ同じです。しかしIPの部分が完全に異なっています。

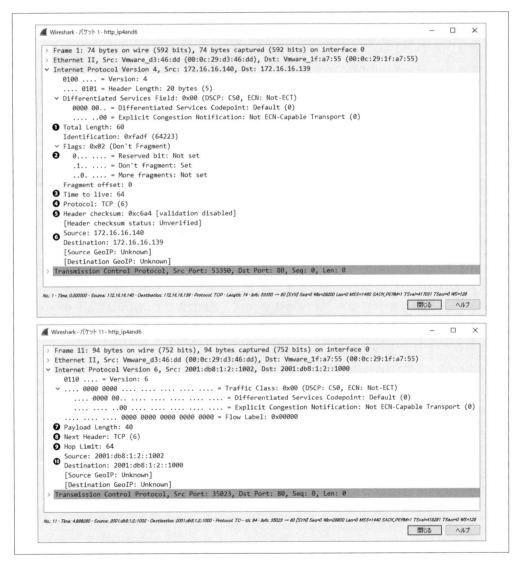

図7-21　IPv4（上）とIPv6（下）パケットの比較

- 送信元と宛先のアドレス形式が異なります❻ ❿。
- IPv4パケットは74バイトで、IPv4ヘッダとペイロードを含む60バイトのパケット長❶、14バイトのイーサネットヘッダで構成されています。一方IPv6パケットは96バイトで、IPv6ペイロードが40バイト❼、それとは別に40バイトのIPv6ヘッダと14バイトのイーサネットヘッダがあります。IPv6ヘッダはより大きなアドレスサイズに対応するため、IPv4ヘッダの20バイトの2倍の40バイトとなっています。
- IPv4は［Protocol］フィールドでプロトコルを識別しますが❹、IPv6は［Next header］フィールドで識別します。これは拡張ヘッダの指定にも利用できます❽。
- IPv4のTTLフィールド❸は、IPv6では同じ機能を持つ［Hop limit］フィールドとなっています❾。
- IPv4にはヘッダチェックサム値がありますが❺、IPv6にはありません。
- IPv4パケットは断片化されていませんが、断片化オプションの値を含んでいます❷。一方IPv6ヘッダにはこの情報は含まれていません。断片化が必要な場合、拡張ヘッダに実装されるからです。

IPv4とIPv6のトラフィックを同時に比較するのは、2つのプロトコルの違いを知るのに最適です。

7.2.2.3　近隣探索プロトコル（NDP）とARP　`icmpv6_neighbor_solicitation.pcapng`

先ほどトラフィックの分類で、ユニキャスト、マルチキャスト、エニーキャストについて触れましたが、ブロードキャストトラフィックについては説明しませんでした。データ伝送の効率が悪いとみなされ、IPv6ではサポートされていないからです。ブロードキャストトラフィックが存在しないので、ネットワーク上でホストがお互いを探すのにARPを使うことはできません。ではIPv6の機器はどのように相手を見つけるのでしょうか？

この答えが、近隣探索プロトコル（NDP）の機能である、**近隣探索**です。NDPはICMPv6（本章の最後で説明）を使って仕事をしてくれます。これを実行するためにICMPv6は、あらかじめ指定した特定の複数のホストだけがパケットを受け取って処理できるようにする、マルチキャストを使います。マルチキャストトラフィックには独自のIPスペース（ff00::/8）が準備されているので、すぐに識別できます。

アドレス解決処理を行うのは別のプロトコルですが、NDPでも非常に単純な要求と応答を行います。たとえばIPv6アドレス2001:db8:1:2::1003のホストが、2001:db8:1:2::1000のアドレスを持つホストと通信するケースを考えてみましょう。これはプライベートネットワーク通信であるため、IPv4と同様、送信元のホストは、相手先のリンク層（MAC）アドレスを取得する必要があります。この処理を図式化したのが**図7-22**です。

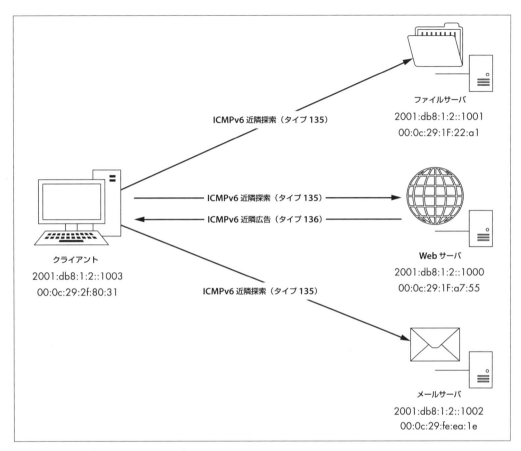

図7-22　近隣探索処理のアドレス解決

　この処理では、ホスト2001:db8:1:2::1003が近隣探索（ICMPv6タイプ135）パケットをネットワーク上のすべての機器にマルチキャストで送信し、「IPアドレス2001:db8:1:2::1000の機器のMACアドレスは何ですか？　私のMACアドレスは00:0C:29:2f:80:31です」と尋ねています。

　このIPv6アドレスを持つ機器がマルチキャストでパケットを受け取ると、送信元ホストに近隣広告（ICMPv6タイプ136）パケットで返信します。パケットは「私のネットワークアドレスは2001:db8:1:2::1000で、MACアドレスは00:0c:29:1f:a7:55です」と答えています。メッセージが受信されると、通信が始まります。

　キャプチャファイルicmpv6_neighbor_solicitation.pcapngで、この処理を実際に見ることができます。先ほど説明したように、2001:db8:1:2::1003が2001:db8:1:2::1000に通信を求めているのがわかります。最初のパケットで、［Packet Details（パケット詳細）］ダイアログのICMPv6の部分を展開すると（**図7-23**）、ICMPタイプ135のパケットが❷、2001:db8:1:2::1003からマルチキャストアドレスff02::1:ff00:1000に送信されているのがわかります❶。送信元ホストは通信したい相手のIPv6アドレス

❸と、自分の第2層MACアドレスを提供しています❹。

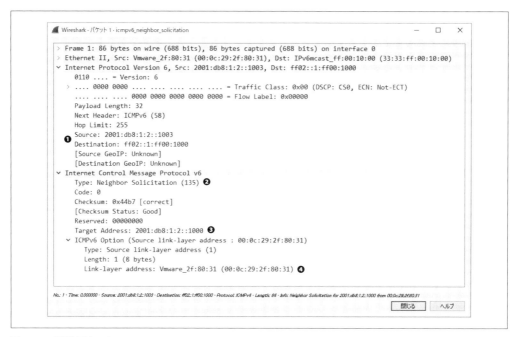

図7-23　近隣探索パケット

近隣探索への応答はキャプチャファイルの2番目のパケットにあります。[Packet Details（パケット詳細）] ダイアログのICMPv6部分を展開すると（**図7-24**）、このパケットがICMPタイプ136❷で、2001:db8:1:2::1000から2001:db8:1:2::1003へ送られており❶、IPアドレス2001:db8:1:2::1000の機器のMACアドレス00:0c:29:1f:a7:55を含んでいることがわかります❸。

7.2 IP (Internet Protocol) | 157

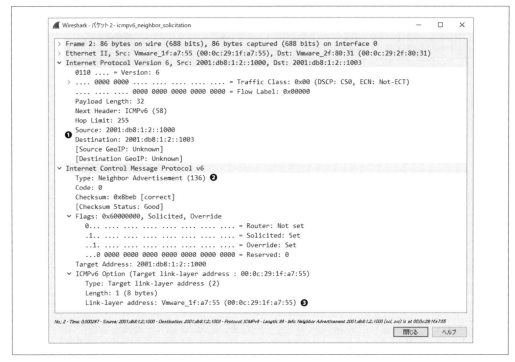

図7-24　近隣広告パケット

2001:db8:1:2::1003と2001:db8:1:2::1000は、ICMPv6エコー要求と応答パケットで平常どおりに通信を開始しているので、近隣探索処理とリンク層アドレス解決が成功したことになります。

7.2.2.4　IPv6フラグメンテーション（断片化）　　`ipv6_fragments.pcapng`

IPv4では、ネットワークMTUサイズにばらつきがあっても、パケットがネットワーク上を通過できるよう、断片化情報はヘッダに含まれていました。しかしIPv6では断片化はあまり行われないため、このオプションはヘッダには含まれていません。IPv6パケットを送信する機器は、**MTU探索**という処理を実行します。これは実際にパケットを送信する前に、パケットの最大サイズを決定する処理です。ルータは、設定したMTUを超える大きなパケットを受け取ると、そのパケットを破棄し、送信元ホストにICMPv6 Packet Too Big（タイプ2）メッセージを戻します。そのメッセージを受け取ると、送信元ホストはMTUを小さくしてパケットを再送します（上位層プロトコルでサポートされていれば）。この処理はMTUが適切なサイズとなり宛先に到着するか、ペイロードがこれ以上断片化できなくなるまで繰り返されます（**図7-25**）。ルータ自身はパケットに対し断片化を行いません。送信元の機器が通信経路に応じて適切なMTUを設定し、断片化を実行する必要があります。

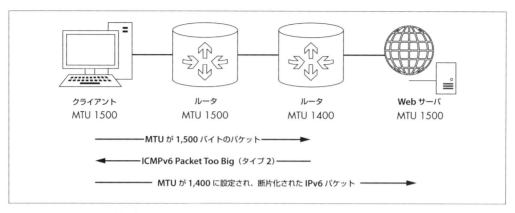

図7-25　IPv6 MTU経路探索

　IPv6と共に使用される上位層プロトコルがパケットのペイロードサイズを制御できない場合は、断片化を行う必要があります。この場合、IPv6パケットに拡張ヘッダの1つであるフラグメントヘッダを追加します。IPv6断片化のキャプチャの実例は、ファイル名ipv6_fragments.pcapngで見ることができます。

　宛先の機器のMTUは送信元のMTUよりも小さいため、ICMPv6エコー要求と応答が2個の断片化されたパケットとなっています。最初のパケットのフラグメントヘッダは図7-26のようになります。

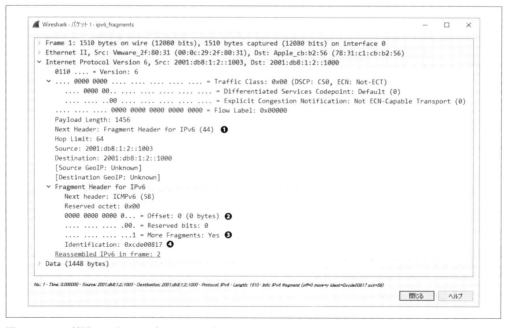

図7-26　IPv6拡張ヘッダのフラグメントヘッダ

8バイトの拡張ヘッダには、IPv4パケットと同じく、フラグメントオフセット❷、MFフラグ❸、識別子フィールド❹などのフラグメンテーション属性が含まれています。これらはすべてのパケットに存在するのではなく、断片化が必要な場合のみ、パケットの最後に追加されます。このほうが効率的ですし、受信側が断片化されたパケットを再度組み立てるうえでも問題ありません。この拡張ヘッダが追加されている場合、Next headerフィールドはプロトコルではなく拡張ヘッダを示しています❶。

7.2.2.5 IPv6への移行

IPv6は現実的な問題を解決する手段ですが、ネットワークインフラの再構築が必要となるため、IPv4からの移行は遅々として進んでいません。そこでこの移行を少しでも容易にするために登場したのが、IPv4のみに対応するネットワークにおいてIPv6通信を実現する、トンネリング技術です。ここでトンネリングというのは、プロトコルをカプセル化するのと同じように、IPv6パケットをIPv4パケット内にカプセル化する手法です。カプセル化は一般に次の3つのいずれかの方法で行われます。

ルータ・ルータ間

IPv4ネットワーク上で送受信しているホスト間のIPv6トラフィックを、トンネリング方式を使ってカプセル化します。この方法ではIPv6で通信するネットワーク全体をカプセル化することができます。

ホスト・ルータ間

ルータレベルでカプセル化を行い、IPv6のホストからIPv4ネットワーク上で通信を行います。この方法では、ホストがIPv4のみに対応するネットワーク上にあっても、個々のホストはIPv6で通信することができます。

ホスト・ホスト間

2つのエンドポイント間でトンネル技術を用い、IPv4またはIPv6対応ホスト間のIPv6トラフィックをカプセル化します。この方法ではIPv6のエンドポイントがIPv4ネットワーク経由でも直接通信することができます。

本書では移行技術については詳しく説明していませんが、パケットレベルでの解析を行う際に、これらを調べる必要が出てくるかもしれないので、知っておくと便利です。一般的な技術をいくつか挙げておきます。

6to4

IPv6 over IPv4とも呼ばれるこの移行技術では、IPv4ネットワーク上でIPv6パケットを送信することが可能です。この技術はリレールータとルータによってルータ・ルータ間、ホスト・ルータ間、ホスト・ホスト間のIPv6通信を実現します。

Teredo

ネットワークアドレス変換（NAT）機器を経由するIPv4ネットワークでのIPv6ユニキャスト通信に使われるこの技術は、UDPトランスポート層プロトコルで、IPv6パケットをIPv4パケット内にカプセル化します。

ISATAP

ホスト・ホスト間のネットワーク内で、IPv4のみに対応した機器とIPv6のみに対応した機器間の通信を可能にする技術です。

7.3 ICMP

ICMP（Internet Control Message Protocol）は、TCP/IPが動作するための補助的な役割を果たすプロトコルで、TCP/IPネットワーク上の通信機器、サービス、経路などが使用可能かどうかに関する情報を提供します。ネットワークのトラブルシューティングに関するテクニックやツールの大半が、ICMPメッセージタイプを駆使しています。ICMPはRFC 792で定義されています。

7.3.1 ICMPパケットの構造

ICMPはIPの一部であり、メッセージの送信にIPを使っています。ICMPヘッダは比較的小さく、目的に応じて変わります。ICMPヘッダのフィールドは次のとおりです（**図7-27**）。

ICMP				
オフセット	オクテット	0	1	2	3
オクテット	ビット	0–7	8–15	16–23	24–31
0	0	タイプ	コード	チェックサム	
4+	32+	データ			

図7-27　ICMPヘッダの構造

タイプ

RFCの規定に基づく、ICMPメッセージのタイプや分類。

コード

RFCの規定に基づく、ICMPメッセージの下位分類。

チェックサム

受信時にICMPヘッダとデータの完全性を確認するためのもの。

データ
　タイプとコードのフィールドによって変わる部分。

7.3.2　ICMPのタイプとコード

　先述したように、ICMPパケットの構造はその目的によって変わり、「タイプ」と「コード」の各フィールドの値によって決まっています。

　タイプをパケットの分類、コードを下位分類と考えるとよいかもしれません。たとえばタイプの値が3なら「宛先到達不可能（Destination Unreachable）」を意味します。この情報だけでは問題解決には不十分ですが、コードの値が3、つまり「ポート到達不能（Port Unreachable）」とわかれば、通信を試行しているポートに問題があると結論づけることができます。

　　　ICMPのタイプとコードの網羅的なリストについては、http://www.iana.org/assignments/icmp-parameters/を参照してください。

7.3.3　エコー要求とエコー応答　　　　　　　　　　　　`icmp_echo.pcapng`

　pingコマンドに対する賛辞こそが、ICMPが名声を勝ち得た最大の要因と言ってよいでしょう。**ping**は機器間の接続性の確認に用いられます。pingそのものはICMP仕様の一部ではありませんが、ICMPを使ってコアとなる機能を実現しています。

　pingを使うには、コマンドプロンプトでping <IPアドレス>と入力します。「<IPアドレス>」の部分は、ネットワーク上の機器の実際のIPアドレスに置き換えてください。対象の機器が起動しており、通信経路に問題がなく、ファイアウォールで通信がブロックされていなければ、pingコマンドに対する応答があるはずです。

　図7-28では、応答を4回受け取ることに成功しており、そのサイズ、RTT（パケットが到着して応答が返ってくるまでの時間）、使用されたTTLが表示されています。pingは、パケットの送信数、受信数、消失数についての概要も提供しています。通信に失敗した場合には、その理由を説明したメッセージが表示されます。

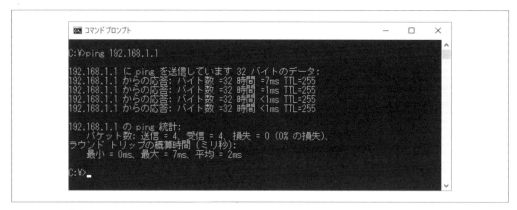

図7-28　接続確認に用いられるpingコマンド

　基本的に、pingコマンドは相手の機器にパケットを1つ送って応答を待つことで、**図7-29**のようにその機器との接続性を判断します。

図7-29　pingコマンドは2ステップのみ

　pingは長きにわたりITの必需品となっていますが、ホストベースのファイアウォールの普及により、結果の信憑性が少々怪しくなってきています。今日のファイアウォールの多くが、ICMPパケットへの応答を抑止しているからです。攻撃者がpingを使って機器への接続性を確認する行為が阻止されるため、セキュリティの観点からは素晴らしいのですが、同時にトラブルシューティングをも難しくしてしまっています。相手と通信ができるとわかっているのに、接続確認でpingを送っても応答が得られないというのは、イライラさせられるものです。

　簡単なICMP通信の一例として、実際にpingコマンドがどう機能するかを見てみましょう。icmp_echo.pcapngファイルのパケットは、pingを実行すると何が起こるかを示しています。

　図7-30は、192.168.100.138が、192.168.100.1にパケットを送信していることを示しています❶。このパケットのInternet Control Message Protocol（ICMP）部分を展開し、TypeとCodeフィールドを見れば、このパケットの種類がわかります。このサンプルではパケットのタイプは8❷、コードは0❸なので、エコー要求であることを示しています（Wiresharkではタイプとコードについての説明が表示さ

れます)。このエコー (ping) 要求は、処理の前半部分です。これはIPを使う単純なICMPパケットで、データはほとんど含んでいません。ICMPパケットには、タイプ、コード、チェックサムに加え、要求と応答を対にするためのシーケンス番号と、ICMPパケットの可変部分にランダムなテキスト文字列が含まれています。

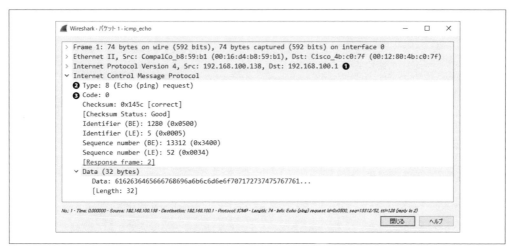

図7-30　ICMPエコー要求パケット

エコーと**ping**という用語はしばしばほぼ同じ意味で使われますが、**ping**はツールの名称であることを覚えておきましょう。pingはICMPエコー要求パケットを送るために使われます。

2番目のパケットは、要求に対する応答です (**図7-31**)。このパケットのICMP部分のタイプは0❶、コードは0❷で、これがエコー応答であることを示しています。シーケンス番号と識別子が最初のパケットと一致しているので❸、このエコー応答が先のパケットのエコー要求に対応するものであることがわかります。WiresharkはBE (ビッグエンディアン) とLE (リトルエンディアン) 形式でこれらのフィールドの値を表示します。言い換えれば、特定のエンドポイントがデータを処理する方法によって、異なる順番でデータを表示するということです。この応答パケットには、最初のエコー要求で送られたものと同じ32バイトの文字列も含まれています❹。192.168.100.138がこのパケットを受け取ると、pingが成功を報告します。

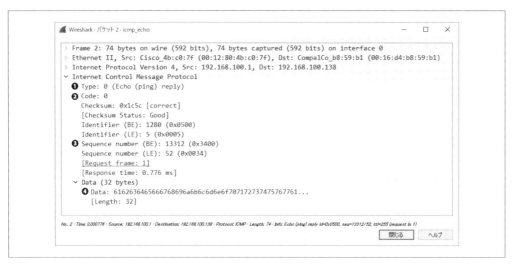

図7-31　ICMPエコー応答パケット

　エコー要求のデータパディングのサイズを増やすことで、パケットを断片化させて、ネットワークのさまざまなトラブルシューティングにpingコマンドを利用できることを覚えておきましょう。断片化を引き起こすサイズが小さいネットワークのトラブルシューティングの際には、これが必要となるかもしれません。

ICMPエコー要求に含まれるランダムなテキスト文字列は、攻撃者の興味の対象となり得ます。攻撃者は、この情報により標的とする機器のOSを突き止めることができるからです。また攻撃者が秘密の通信手段として、このフィールドに小さなデータを埋め込むことも可能です。

7.3.4　traceroute

`icmp_traceroute.pcapng`

　tracerouteは、ある機器から別の機器までの経路を調べるのに利用されます。単純なネットワークであれば、経路上にはルータがひとつだけ、あるいはひとつもない場合もあるでしょう。しかし複雑なネットワークになると、パケットは最終目的地へ到達するまでに、何十ものルータを通過しなければならないので、トラブルが発生した場合にそれを解決できるよう、パケットの経路を正確に追跡することが重要となります。

　ICMPを使うことで（少しだけIPの助けを借りて）、tracerouteはパケットがたどる経路を突き止めます。`icmp_traceroute.pcapng`ファイルの最初のパケットは、先ほど見たエコー要求とかなりよく似ています（**図7-32**）。

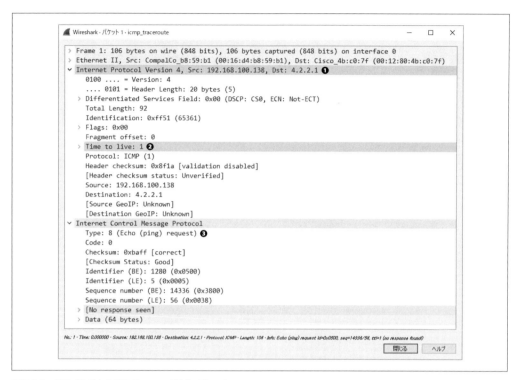

図7-32　TTL値が1のICMPエコー要求パケット

　このキャプチャでは、コマンドtracert 4.2.2.1の実行によってパケットが生成されています。Windowsでtracerouteを使うには、コマンドプロンプトでtracert <IPアドレス>と入力します。「<IPアドレス>」の部分は、経路を突き止めたい機器の実際のIPアドレスに置き換えてください。LinuxまたはmacOSの場合は、コマンドtraceroute <IPアドレス>を使います。

　ぱっと見ると、このパケットは、192.168.100.138から4.2.2.1❶への、単純なエコー要求❸のように見えます。パケットのICMP部分は、エコー要求パケットの形式とまったく同じです。しかしながら、このパケットのIPヘッダを展開すると、ひとつ奇異な値があることに気づくはずです。パケットのTTLが1❷、つまり最初のルータに届いた時点でパケットが消失することを意味しています。宛先の4.2.2.1はインターネットアドレスなので、送信元と宛先の間には最低1台のルータが存在するはずであり、つまりこのパケットは宛先へ届かないことになります。実は、tracerouteはこのパケットを最初のルータまでしか届かなくさせることで機能を実現しているので、これはまったく問題ありません。

　2番目のパケットは、予想どおり最初のルータからの応答です（**図7-33**）。パケットが192.168.100.1の機器に到達した時点で、TTLが0に減らされるため、パケットはこれ以上転送されないことになり、ルータはICMPレスポンスを返します。このパケットのタイプは11❶、コードは0❷で、転送の途中でTTLが時間切れになってしまったために、宛先に到達しなかったことを意味しています。

図7-33　経路の最初のルータからのICMPレスポンス

このICMPパケットはICMP部分の末尾に、IPヘッダのコピー❸と最初のエコー要求で送られたICMPデータ❹を含んでいるため、**ダブルヘッドパケット**と呼ばれる場合があります。この情報はトラブルシューティングの際に非常に役立ちます。

TTL値1でパケットを再送信するという処理が、7番目のパケットまで2回繰り返されます。7番目のパケットでも最初のパケットと同様のことが行われますが、今回はIPヘッダのTTL値が2に設定されているので、パケットは2番目のルータまで到達することになります。予想どおり、12.180.241.1のルータから、同じように宛先到達不能のメッセージとTTL切れのメッセージが送られてきます。

最終的な宛先である4.2.2.1に到達するまで、TTL値を1ずつ増やして処理が続きます。しかし、**図7-34**のように到達前に、8行目の要求が時間切れとなっています。要求が時間切れとなっているにもかかわらず処理が無事完了しているのはなぜでしょうか。一般に時間切れが起きるのは、ルータがICMP要求に応答しないように設定されているためです。ルータは、要求自体は受け取って次のルータへ転送しているので、**図7-34**の9行目のように次のルータに到達できます。つまりは、経路上の他のルータと異なり、TTL切れパケットを生成していないだけなのです。応答がない場合、traceroute（Windows

ではtracert）は要求が時間切れになったと判断し、次のルータに対する処理に移ります。

```
C:\>tracert 4.2.2.1

a.resolvers.level3.net [4.2.2.1] へのルートをトレースしています
経由するホップ数は最大 30 です:

  1     1 ms    <1 ms    <1 ms  INTERIORE2000 [172.16.16.1]
  2     1 ms     1 ms     1 ms  192.168.1.1
  3     2 ms     2 ms     1 ms  192.168.0.1
  4    25 ms    21 ms    21 ms  172-127-116-3.lightspeed.tukrga.sbcglobal.net [17
2.127.116.3]
  5    26 ms    26 ms    24 ms  76.201.208.162
  6    28 ms    25 ms    24 ms  12.83.82.181
  7    24 ms    25 ms    26 ms  12.122.117.121
  8     *        *        *     要求がタイムアウトしました。
  9    24 ms    24 ms    24 ms  a.resolvers.level3.net [4.2.2.1]

トレースを完了しました。

C:\>
```

図7-34　tracerouteからの出力例

まとめると、tracerouteの処理とは、経路上にある各ルータとやり取りし、宛先までの経路図を作成するというものです。**図7-34**がこの経路図の例です。

> ここではICMPのみを使うWindowsのtracerouteについて説明しました。Linuxのtracerouteはもう少し多才で、経路情報の取得にほかのプロトコルを利用することができます。

7.3.5　ICMPv6

IPv6向けにアップデートした**ICMPv6**は、先ほどの例でも示したように、近隣広告と経路探索などの機能を使うのに、ICMPに大きく依存しています。ICMPv6はRFC 4443によって規定され、IPv6に必要な機能と拡張をサポートしています。ICMPv6はICMPパケットと同じパケットの構造のため、本書では特に取り上げません。

一般にICMPv6パケットは、エラーメッセージと情報メッセージの大きく2種類に分類されます。IANAによるタイプとコードの一覧はhttp://www.iana.org/assignments/icmpv6-parameters/icmpv6-parameters.xhtmlで見ることができます。

本章では、パケット解析作業で調査することになるプロトコルの中で最重要のものの一端を紹介しました。ARP、IP、ICMPはネットワーク通信の基礎であり、日々の作業において必須のものです。「8章　トランスポート層プロトコル」では、トランスポート層で知っておきたいプロトコル、TCPとUDPに

ついて見ていきます。

8章
トランスポート層プロトコル

　この章では、引き続き個々のプロトコルの機能と、これらのプロトコルがパケットレベルでどのように見えるかについて見ていきます。ここではOSI参照モデルのトランスポート層と、もっとも一般的なプロトコルであるTCPとUDPについて説明します。

8.1　TCP

　TCP（Transmission Control Protocol）の目的は、エンドポイント間でデータを確実に配送することです。RFC 793で定義されているTCPは、データの順序性とエラー訂正を行い、データが到着すべき場所に確実に届くようにします。TCPは一般に**コネクション指向プロトコル**とみなされています。データを送信する前には手順に則ってコネクションを確立し、パケットを追跡し、送信が完了すると手順に則ってコネクションを終了するためです。一般的に使われているアプリケーション層プロトコルの多くが、TCPとIPによってパケットを宛先に配送しています。

8.1.1　TCPパケットの構造

　TCPヘッダの複雑さを見れば、どれほど多くの機能を提供しているかがわかります。TCPヘッダのフィールドは次のようになっています（**図8-1**）。

送信元ポート番号

　　パケットの送信に用いられるポート番号。

宛先ポート番号

　　パケットが送信される先のポート番号。

シーケンス番号

　　TCPセグメントを識別するための番号。このフィールドはデータストリームの欠損を防ぐために使われます。

確認応答番号（ACK番号）

通信の相手機器から受け取る番号で、次のパケットに含まれることが期待されるシーケンス番号。

フラグ

送信されたTCPパケットのタイプを識別するもので、URG、ACK、PSH、RST、SYN、FINフラグがあります。

ウィンドウサイズ

バイト単位の受信側のバッファサイズ。

チェックサム

TCPヘッダとデータの内容が、到着時に変更されていないことを確認するために使われます。

緊急ポインタ

URGフラグをセットした場合、このフィールドにより、CPUがパケット内のデータをどこから読み始めるべきかを指示します。

オプション

TCPパケットで指定できるさまざまなオプションフィールド。

TCP						
オフセット	オクテット	0		1	2	3
オクテット	ビット	0–3	4–7	8–15	16–23	24–31
0	0	送信元ポート番号			宛先ポート番号	
4	32	シーケンス番号				
8	64	ACK番号				
12	96	データオフセット	予約済	フラグ	ウィンドウサイズ	
16	128	チェックサム			緊急ポインタ	
20+	160+	オプション				

図8-1　TCPヘッダの構造

8.1.2　TCPポート

`tcp_ports.pcapng`

すべてのTCP通信は送信元と宛先の**ポート**を使って行われます。これはTCPヘッダからもわかります。ポートとは、昔の電話交換器のジャックのようなものです。電話交換器のオペレータは、ライトとプラグを監視しています。ライトが光ると、電話のかけ手とつなぎ、誰に電話をかけたいのかを尋ね、

かけ手と話したい相手（受け手）とをケーブルでつなぎます。すべての通話には送信元ポート（電話のかけ手）と宛先ポート（受け手）が必要です。TCPポートもほぼ同じように機能します。

リモートサーバや機器上にある特定のアプリケーションにデータを送信するには、TCPパケットが待ち受けているリモートサービスのポートを知っていなければなりません。設定済みのポート以外のポートにアクセスしようとすると、通信に失敗してしまいます。

送信元ポートは、このやり取りの中でそれほど重要ではなく、ランダムに選ぶことができます。リモートサーバは、送信されてきた元々のパケットから、通信に使うポートを決定します（**図8-2**）。

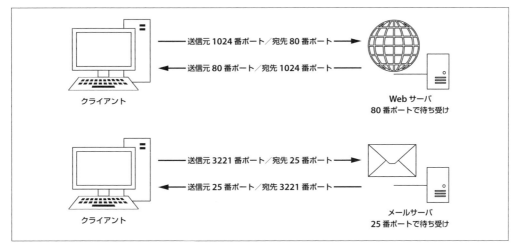

図8-2　TCPはポートを使ってデータを送信する

TCPで通信に使えるポートは65,535個あり、一般に2つのグループに分けることができます。

- 1から1023までが**システムポート**、または標準ポート、ウェルノウンポートとも呼ばれるグループです（0は予約済みなので除外します）。サービスが使っている標準のポート番号の多くが、システムポートグループ内のポートとなっています。
- 1024から65535までが**エフェメラルポートグループ**です（ただしOSによってはこの定義が異なります）。どんなときでも、1個のポートで通信できるのは1つのサービスだけなので、現代のOSは、ポートの重複を避けるために、送信元ポートをランダムに選択します。こうした送信元ポートは、エフェメラルポートの範囲に入ります。

tcp_ports.pcapngファイルを開いて、いくつかのTCPパケットを確認することで、パケットが使っているポート番号を識別してみましょう。このファイルには、2つのWebサイトをブラウズしているクライアントのHTTP通信が含まれています。前述したように、HTTPは通信にTCPを使用するので、これは標準的なTCPトラフィックの良いサンプルとなります。

このファイルの最初のパケットでは（**図8-3**）、最初の2つの値がパケットの送信元ポートと宛先ポートを表しています。このパケットは、172.16.16.128から212.58.226.142へ送信されています。送信元ポートは2826❶で、エフェメラルポートです（送信元ポートはOSがランダムに選択するということを思い出してください。なおランダムに選択された番号より大きい値が使われることもあります）。宛先ポートは標準のポートである80番ポートです❷。このポートはHTTPを使用するWebサービスが利用するものです。

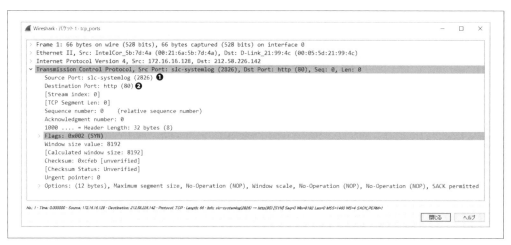

図8-3　TCPヘッダに送信元ポートと宛先ポートが含まれている

Wiresharkではこれらのポートにslc-systemlog（2826）とhttp（80）というラベルを付けている点に注意してください。Wiresharkはポート番号と、その一般的な用途の一覧を管理しています。これらのポートは主にシステムポートですが、多数のエフェメラルポートがサービスに割り当てられています。ポートのラベルは非常にわかりにくいため、名前解決を無効にしておきましょう。これを行うには、メニューから［Edit（編集）］→［Preferences（設定）］→［Name Resolution］を選択し、［Enable Transport Name Resolution］の横のチェックを外します。この機能は有効のままにして、Wiresharkが特定のポートに付与するラベル名だけを変更したい場合は、WiresharkシステムディレクトリにあるServicesファイルを修正します。このファイルはIANA（Internet Assigned Numbers Authority）の一般的なポート一覧を元にしています（名前解決ファイルの編集方法については「5.3.3 専用のhostsファイルを使う」を参照してください）。

2番目のパケットは、212.58.226.142から172.16.16.128へと送り返されたものです（**図8-4**）。IPアドレス同様、送信元と宛先ポートが入れ替わっています❶。

図8-4　返信では送信元と宛先のポート番号が入れ替わる

　多くのTCP通信が、ランダムに選ばれた送信元ポートが既知の宛先ポートと通信するという形で行われます。最初のパケット以降、リモートの通信機器は確立されたポートを使って送信元と通信します。

　このサンプルのキャプチャファイルには、もうひとつ通信ストリームが含まれています。通信に使用されたポート番号を探してみましょう。

本書を読み進めるに従い、一般的なプロトコルやサービスに割り当てられたポートについての知識がさらに深まるでしょう。そのうちに使っているポートを見れば、使われているサービスと通信機器がわかるようになります。一般的なポート番号の網羅的な一覧については、Wiresharkのシステムディレクトリにある`services`ファイルを参照してください。

8.1.3　TCPの3ウェイハンドシェイク

`tcp_handshake.pcapng`

　TCPを使用する通信は、必ず2つの機器間の**ハンドシェイク**で始まります。ハンドシェイクの処理には、いくつかの目的があります。

- 送信元の機器が、宛先の機器と確実に通信できるようにします。
- 送信元の機器が、送信元が通信しようとしているポートで待ち受けが行われていることを確認できるようにします。
- 送信元の機器が受信者に向けて初期シーケンス番号の送信を行い、両機器間でパケットの順序性を保てるようにします。

　TCPハンドシェイクには3つのステップがあります（**図8-5**）。最初のステップで、通信を行いたい機

器（ホストA）は宛先（ホストB）にTCPパケットを送ります。この最初のパケットには、下位層のプロトコルヘッダ以外のデータは含まれていません。このパケットのTCPヘッダにはSYNフラグがセットされており、通信処理に使われる最初のシーケンス番号とMSS（Maximum Segment Size）が含まれています。ホストBはこのパケットに応答し、SYNフラグとACKフラグがセットされ、最初のシーケンス番号を含んだ同様のパケットを送り返します。最後にホストAは、ACKフラグのみがセットされた最終パケットをホストBに送ります。この処理が完了すると、通信開始に必要なすべての情報を、両ホストが持つことになります。

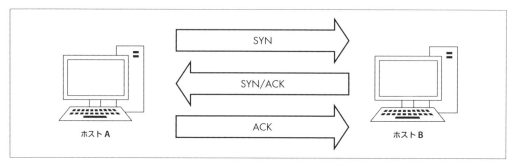

図8-5　TCP 3ウェイハンドシェイク

TCPパケットは、セットされたフラグの名前で呼ばれることがよくあります。たとえばSYNフラグがセットされたパケットなら、SYNパケットと呼びます。つまりTCPハンドシェイク処理で使われるパケットは、SYNパケット、SYN/ACKパケット、ACKパケットとなります。

　tcp_handshake.pcapngを開き、この処理を実際に見てみましょう。Wiresharkには、TCPパケットのシーケンス番号を解析しやすい番号に置き換える機能がありますが、実際のシーケンス番号を見るため、ここではこの機能を無効にしておきます。無効にするには、メニューから［Edit（編集）］→［Preferences（設定）］を選択し、［Protocols］を展開してから［TCP］を選択します。次に［Relative Sequence Numbers］の横のチェックボックスをオフにして、［OK］ボタンをクリックします。

　最初のパケットはSYNパケットです❷（図8-6）。このパケットは172.16.16.128の2826番ポートから、212.58.226.142の80番ポートへと送られています。送信されたシーケンス番号は3691127924であること❶がわかります。

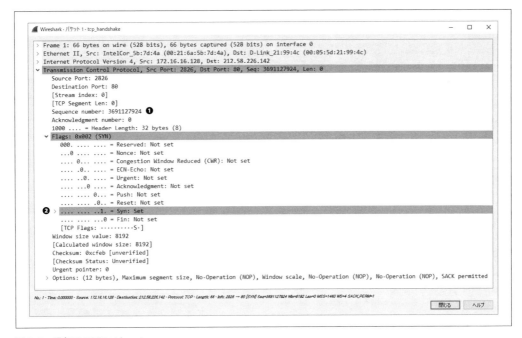

図8-6　最初のSYNパケット

2番目のパケットは、212.58.226.142からの応答となるSYN/ACKパケットです❸（図8-7）。このパケットには、初期シーケンス番号（233779340）❶と、ACK番号（3691127925）❷が含まれています。ACK番号は、送信元から送られてきたシーケンス番号に1を加えたものになっています。次に受け取ることを期待するシーケンス番号の指定に使われるのがこのフィールドだからです。

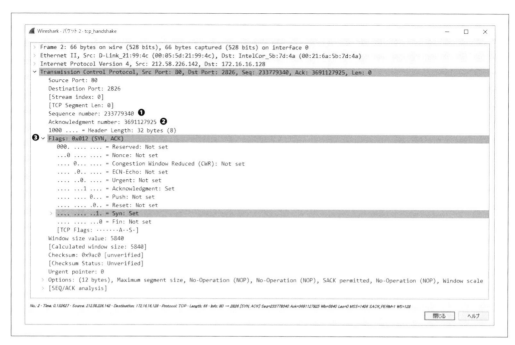

図8-7　SYN/ACK応答パケット

　最後のパケットは、172.16.16.128から送られるACKパケットです❷（**図8-8**）。このパケットには、先ほどのパケットのACK番号フィールドにあったシーケンス番号3691127925❶が含まれています。

　TCP通信の前には必ずハンドシェイクが行われます。中身のごちゃごちゃしたキャプチャファイルで通信の始まりを検索する場合、SYN-SYN/ACK-ACKのシーケンスが目印となります。

図8-8　最終のACKパケット

8.1.4　TCPのティアダウン（切断）

tcp_teardown.pcapng

どんな出会いにも別れはつきものですが、TCPハンドシェイクにもティアダウン（切断）があります。**TCPのティアダウン**は、通信を終えた2つの通信機器間のコネクションを正常に終了させるのに用いられるものです。この処理には4個のパケットが関わり、コネクションの終了を示すものとしてFINフラグが使われます。

ティアダウンでは、ホストAはホストBにFINフラグとACKフラグがセットされたTCPパケットを送り、コネクションの終了を知らせます。ホストBはACKパケットで応答後、自分のFIN/ACKパケットを送ります。これに対しホストAはACKパケットで応答し、通信が終了します。この処理を図式化したのが**図8-9**です。

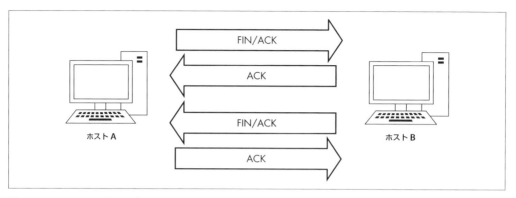

図8-9　TCPティアダウンの処理

　tcp_teardown.pcapngファイルを開いて、この処理をWiresharkで見てみましょう。最初のパケット（**図8-10**）に着目すると、67.228.110.120の機器が、FIN/ACKフラグがセットされた❶パケットを送って、ティアダウンの処理を開始しているのがわかります。

図8-10　FIN/ACKがティアダウンの処理を開始

　このパケットを受け取ると、172.16.16.128は受信したことを知らせるACKパケットで応答し、FIN/ACKパケットを送ります。67.228.110.120が最後のACKを送信すると、処理が完了します。これで2つの機器間の通信は終了するので、通信を再開するには新たにTCPハンドシェイクを行わなければなり

ません。

8.1.5 TCPリセット

`tcp_refuseconnection.pcapng`

すべてのコネクションがTCPティアダウンで正常に終了するのが理想です。しかし実際には、コネクションの突然の終了が頻繁に起こります。これは、攻撃者によるポートスキャンの実行や、単なる機器の設定ミスからも起こり得ます。こうした場合、RSTフラグをセットしたTCPパケットが使われます。RSTフラグはコネクションの突然の終了や、コネクションの試行の拒否を示すためのものです。

tcp_refuseconnection.pcapngファイルは、RSTパケットを含んだネットワークトラフィックの一例です。最初のパケットは、192.168.100.1と80番ポートで通信しようとしている、192.168.100.138の機器から送られたものです。この機器は、192.168.100.1がCiscoルータであり、80番ポートで待ち受けていないことを知りません。Ciscoルータの場合、Webインターフェースを設定しない限り、80番ポートでコネクションを待ち受けるサービスは存在しません。この通信の試行に対し、192.168.100.1は192.168.100.138にパケットを送り、80番ポートでは通信が行えないと知らせます。**図8-11**は、通信の試行が突如終了したことを示す、2番目のパケットのTCPヘッダです。このRSTパケットにはRSTフラグとACKフラグ以外には何も含まれておらず❶、これ以降は通信はありません。

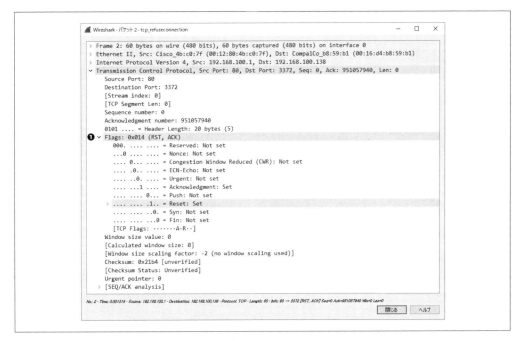

図8-11　RSTフラグとACKフラグが通信終了を知らせる

RSTパケットは、この例のように通信の試行の最初で送られた場合、通信の途中で送られた場合、

180 | 8章　トランスポート層プロトコル

どちらの場合でも通信を終了させます。

8.2　UDP

`udp_dnsrequest.pcapng`

UDP（User Datagram Protocol）は、TCPのほかに現代のネットワークでよく使われるもうひとつの第4層プロトコルです。TCPがエラー検出機能により信頼性の高いデータ転送を目的に設計されているのに対し、UDPは高速な転送を目的としています。このためUDPは、ベストエフォートでのデータ転送を行うものであり、一般的に**コネクションレスプロトコル**と呼ばれます。コネクションレスプロトコルは、TCPのハンドシェイクやティアダウンのような、手順に基づいたコネクションの確立や終了を行いません。

UDPは信頼性の高いデータ送信を提供しないコネクションレスプロトコルであるため、UDPのトラフィックは、どう考えても信頼できないように思えます。確かにそうなのですが、実際のところ、UDPを使うプロトコルは、信頼性を保証するための独自のサービスを内蔵していたり、信頼性の高い接続を実現するためにICMP機能を使ったりしています。たとえばパケットの高速送信を重視するDNSやDHCPといったアプリケーション層プロトコルは、UDPをトランスポート層プロトコルとして利用しますが、エラー検出と再送信タイマーを独自に実装しています。

8.2.1　UDPパケットの構造

`udp_dnsrequest.pcapng`

UDPヘッダは、TCPヘッダよりもはるかに小さくシンプルです。UDPヘッダのフィールドは次のようになっています（**図8-12**）。

送信元ポート

　　パケット送信に使われるポート。

宛先ポート

　　パケットの宛先となるポート。

パケット長

　　パケットの長さをバイトで示したもの。

チェックサム

　　UDPヘッダとデータの内容が、到着時に変更されていないことを確認するために使います。

8.2 UDP

オフセット	オクテット	0	1	2	3
オクテット	ビット	0–7	8–15	16–23	24–31
0	0	送信元ポート		宛先ポート	
4	32	パケット長		チェックサム	

User Datagram Protocol（UDP）

図8-12　UDPヘッダの構造

　udp_dnsrequest.pcapngファイル内のパケットは1つです。このパケットはUDPを使ったDNSリクエストです。UDPヘッダを開くと、4つのフィールドがあるのがわかります（**図8-13**）。

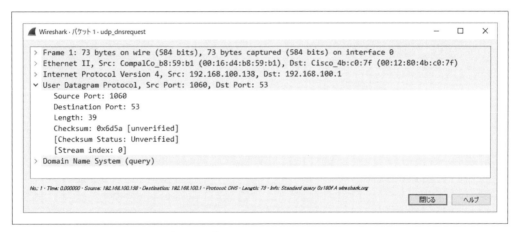

図8-13　UDPパケットの中身は非常にシンプル

　UDPはデータ配信の信頼性を保証しないことを覚えておいてください。したがってUDPを使うアプリケーションは、信頼性が必要な場合、別の手段を取る必要があります。正式なコネクションを確立してティアダウンを行い、パケットが無事送信されたことを確認するTCPとは対照的です。

　本章ではトランスポート層プロトコルのTCPとUDPについて説明しました。ネットワーク層プロトコルと同様、TCPとUDPは日々の通信でよく利用されるプロトコルであり、これらを効率的に解析することはパケットの効率的な解析において非常に重要です。「9章 知っておきたい上位層プロトコル」では一般的なアプリケーション層プロトコルを見ていきます。

9章
知っておきたい上位層プロトコル

　この章では、引き続き個々のプロトコルの機能と、これらのプロトコルがWiresharkでどのように見えるかについて見ていきます。ここでは最低限知っておきたい上位層（第7層）プロトコルであるDHCP、DNS、HTTP、SMTPについて説明します。

9.1　DHCP

　昔のネットワークでは、ネットワーク上で通信を行いたければ、機器に手作業でアドレスを割り当てる必要がありました。しかしネットワークが拡大するにつれ、この手作業の処理はたちまち面倒なものへとなっていきます。この問題を解決するために開発されたのが、ネットワークに接続した機器に自動的にアドレスを割り当てるBOOTP（Bootstrap Protocol）です。のちにBOOTPは、より洗練されたDHCP（Dynamic Host Configuration Protocol）によって置き換えられました。

　DHCPは、DNSサーバやルータなどその他の重要なネットワーク情報のアドレス）を取得できるようにするアプリケーション層プロトコルです。今日のDHCPサーバのほとんどは、ネットワークのデフォルトゲートウェイやDNSサーバのアドレスといった情報もクライアントに提供しています。

9.1.1　DHCPパケットの構造

　DHCPパケットは、非常に多くの情報をクライアントに提供します。DHCPパケット内には以下のフィールドがあります（**図9-1**）。

オペコード（OpCode）
　　パケットがDHCP要求かDHCP応答かを示します。

ハードウェアタイプ
　　ハードウェアアドレスのタイプ（10MBイーサネット、IEEE 802、ATMなど）。

ハードウェアアドレス長

ハードウェアアドレスのアドレス長。

ホップ数

DHCPサーバの発見を補助するリレーエージェントが使用します。

トランザクションID

要求と応答を対にするために使われるランダムな数字。

経過秒数

クライアントがDHCPサーバにアドレスを要求してからの秒数。

フラグ

DHCPクライアントが受け取るトラフィックのタイプ（ユニキャスト、ブロードキャストなど）。

クライアントIPアドレス

クライアントのIPアドレス（IPアドレスフィールドから得られたもの）。

割り当てIPアドレス

DHCPサーバから提供されたIPアドレス（最終的にはクライアントのIPアドレスフィールド値となります）。

サーバIPアドレス

DHCPサーバのIPアドレス。

ゲートウェイIPアドレス

ネットワークのデフォルトゲートウェイのIPアドレス。

クライアントハードウェアアドレス

クライアントのMACアドレス。

サーバホスト名

サーバのホスト名（オプション）。

ブートファイル

DHCPが使うブートファイル（オプション）。

オプション

パケットの構造を拡張してDHCPの機能を拡張するために使用します。

オフセット オクテット	オクテット ビット	0 (0-7)	1 (8-15)	2 (16-23)	3 (24-31)
0	0	オペコード	ハードウェアタイプ	ハードウェアアドレス長	ホップ数
4	32	トランザクション ID			
8	64	経過秒数		フラグ	
12	96	クライアント IP アドレス			
16	128	割り当て IP アドレス			
20	160	サーバ IP アドレス			
24	192	ゲートウェイ IP アドレス			
28	224	クライアント IP アドレス			
32	256	クライアントハードウェアアドレス（16 バイト）			
36	288					
40	320					
44	352					
48+	384+	サーバホスト名（64 バイト）			
		ブートファイル（128 バイト）			
		オプション			

図9-1　DHCPパケットの構造

9.1.2　DHCP更新処理

`dhcp_nolease_initialization.pcapng`

　DHCPの主な目的は、更新処理でクライアントにアドレスを割り当てることです。DHCP更新処理は、`dhcp_nolease_initialization.pcapng`ファイルを見るとわかるように、特定のクライアントとDHCPサーバ間で発生します。DHCP更新処理は、DISCOVER、OFFER、REQUEST、ACKNOWLEDGMENT（ACK）の4種類のDHCPパケットを使うため、DORAプロセスとも呼ばれています（**図9-2**）。それぞれのDORAパケットを見てみましょう。

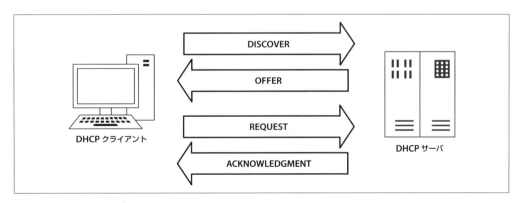

図9-2　DHCP DORAプロセス

9.1.2.1　DHCP DISCOVERパケット

キャプチャファイルでわかるように、最初のパケットは0.0.0.0の68番ポートから255.255.255.255の67番ポートへと送られます。なぜ0.0.0.0なのかというと、このクライアントにはまだIPアドレスがないからです。パケットが255.255.255.255に送られるのは、このアドレスがネットワークに依存しないブロードキャストアドレスであり、パケットがネットワーク上のすべての機器に確実に届くようにしてくれるからです。機器はDHCPサーバのアドレスを知らないので、最初のパケットは、待ち受けているDHCPサーバを見つけるために送られます。

［Packet Details（パケット詳細）］ペインを見ると、まずDHCPがトランスポート層プロトコルとしてUDPを使っていることに気づきます。DHCPはクライアントが要求した情報を受信するまでの速度を非常に重視しているためです。またDHCPは信頼性を維持する機構を持っているため、UDPが最適なのです。［Packet Details（パケット詳細）］ペインで最初のパケットのDHCPセクションを調べれば、DISCOVER処理の詳細を見ることができます（**図9-3**）。

図9-3　DHCP DISCOVERパケット

　Wiresharkは、現在でもDHCPをBOOTPとして扱っているため、［Packet Details（パケット詳細）］ペインでは、DHCPセクションの代わりにBootstrap Protocolセクションが確認できます。ただし、本書では、これをパケットの**DHCPセクション**として扱います。

このパケットがリクエストであるのは、Message typeフィールドが1であることからわかります❶。
リクエストパケットのほとんどのフィールドは、前節のDHCPフィールドの一覧に基づき、(IPアドレ
スフィールド❷のように) すべてゼロか、見ればすぐわかる設定になっています。このパケットの中核
は4つのオプションフィールドにあります❸。

DHCP Message Type

これはオプションタイプ「53 (t = 53)」であり、長さが1、Discover値も1となっています❸。
これらの値はDHCP DISCOVERパケットであることを示しています。

Client Identifier

IPアドレスを要求しているクライアントについての追加情報を提供します。

Requested IP Address

クライアントが割り当てを要求するIPアドレスを提示します。これは以前使ったIPアドレス
もしくは0.0.0.0となります。

Parameter Request List

クライアントがDHCPサーバから受け取りたい設定項目 (重要なネットワーク機器のIPアドレ
スとその他非IP項目) の一覧。

9.1.2.2 DHCP OFFERパケット

2番目のパケットのIPヘッダには正規のIPアドレスの一覧が含まれており、このパケットが
192.168.1.5から192.168.1.10へ送られていることを示しています (**図9-4**)。クライアントにはまだ
192.168.1.10のアドレスが割り当てられていないので、サーバはまずARPから提供されたハードウェア
アドレスを使ってクライアントとの通信を試行します。通信できなかった場合は、ブロードキャストを
行います。

9章 知っておきたい上位層プロトコル

図9-4　DHCP OFFERパケット

　2番目のパケットのDHCP部分は**OFFERパケット**と呼ばれ、Message typeが応答であることを示しています❶。パケットには先ほどのパケットと同じトランザクションIDが含まれているので❷、この応答が要求に対するものであるとわかります。

　OFFERパケットは、DHCPサーバがクライアントにサービスを提供するために送るものです。パケットには、DHCPサーバ自身の情報と、クライアントに提供したいアドレスの情報とが含まれています。**図9-4**では、Next server IP addressフィールドから192.168.1.5であることがわかるサーバ❹から、

Your (client) IP addressフィールドで、192.168.1.10がクライアントに提供されています❸。

　最初のオプションはパケットがDHCP OFFERとして認識されていることを示しています❺。そのあとに続くオプションにより、サーバからクライアントのIPアドレス以外の追加情報が提供されていることがわかります。提供されているのは次のような情報です。

- IPアドレスリース期間は10分
- サブネットマスクが255.255.255.0
- ブロードキャストアドレスは192.168.1.255
- ルータアドレスは192.168.1.254
- ドメイン名はmydomain.example
- DNSアドレスは192.168.1.1と192.168.1.2

9.1.2.3　DHCP REQUESTパケット

　クライアントはDHCPサーバからの通知を受け取ると、**図9-5**のようにDHCP REQUESTパケットを送ります。

図9-5　DHCP REQUESTパケット

まだIPアドレスの取得処理が完了していないので、3番目のパケットもIPアドレス0.0.0.0から送ります❶が、パケットは、宛先のDHCPサーバを知っています。

Message typeフィールドは、パケットが要求パケットであることを示しており❷、トランザクションIDフィールドが最初の2つのパケットと同じなので❸、同一のトランザクションであることを示しています。IPアドレス情報がすべてゼロになっているという点で、DHCP DISCOVERパケットと似ています。

Optionフィールドから❹、これがDHCP REQUESTパケットであることがわかります。Requested IP Addressが空白でなくなり、DHCP Server Identifierフィールドにもアドレスが入っています❺。

9.1.2.4　DHCP ACKパケット

処理の最終段階としてDHCPサーバは、**図9-6**のように要求されたIPアドレスをクライアントにDHCP ACKパケットで送り、この情報をデータベースに記録します。これでクライアントにIPアドレスが割り当てられ、通信を始めることが可能になりました。

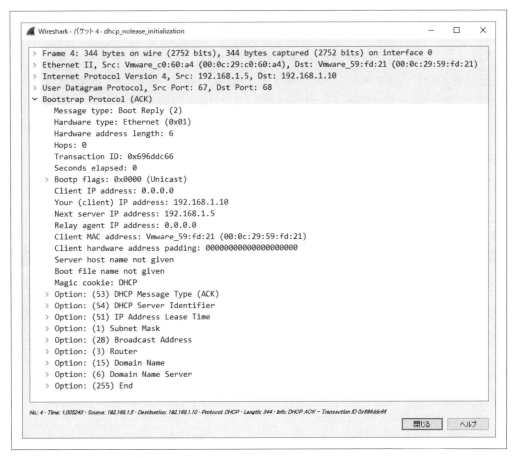

図9-6　DHCP ACKパケット

9.1.3　DHCPのリース更新

`dhcp_inlease_renewal.pcapng`

DHCPサーバが機器にIPアドレスを割り当てることを、クライアントにIPアドレスを**リース**（貸し出し）すると言います。つまりクライアントは一定期間だけこのIPアドレスを使用でき、引き続き使用したい場合はリースの更新が必要になります。先述したDORAプロセスは、クライアントが初めてIPアドレスを取得する場合や、リース期限が切れている場合に発生し、いずれの場合も機器の**リース期限が切れている**ものとして扱われます。

IPアドレスをリース中のクライアントが再起動すると、IPアドレスを再度要求するためにDORAプロセスの簡略版を実行しなければなりません。この処理を**リース更新**と呼びます。

リース更新では、DHCP DISCOVERパケットとDHCP OFFERパケットは不要です。リース期限切れ更新でのDORAプロセスと比較すると、リース更新ではREQUESTとACKパケットのステップ以外必要ありません。リース更新のサンプルのキャプチャファイルが`dhcp_inlease_renewal.pcapng`にあります。

9.1.4　DHCPオプションとメッセージタイプ

DHCPの柔軟性は、そのオプションにあります。ご覧のとおり、そのサイズも内容も多種多様にわたっています。パケット全体の大きさは、使用するオプションの組み合わせによって変わってきます。DHCPオプションの網羅的な一覧については、http://www.iana.org/assignments/bootp-dhcp-parameters/を参照してください。

すべてのDHCPパケットに必須となる唯一のオプションがMessage Typeオプション（オプション53）です。このオプションは、パケットに含まれる情報を、DHCPクライアントまたはサーバがどのように処理するかを識別します。**表9-1**のように、Message Typeオプションは8種類あります。

表9-1　DHCP Message Typeオプション

タイプ番号	メッセージタイプ	説明
1	DISCOVER	クライアントが使用可能なDHCPサーバを見つけるためのメッセージ
2	OFFER	サーバからクライアントへ送られるDISCOVERパケットへの応答メッセージ
3	REQUEST	クライアントからサーバへ送られる設定情報要求メッセージ
4	DECLINE	クライアントからサーバへ送られる設定情報無効通知メッセージ
5	ACK	サーバからクライアントへ送られる設定情報の提供メッセージ
6	NAK	サーバからクライアントへ送られる設定情報の提供拒否メッセージ
7	RELEASE	クライアントからサーバへ送られるリースの中断メッセージ。これにより設定情報が解放される
8	INFORM	クライアントがすでにIPアドレスを取得している際に、設定情報をクライアントがサーバに問い合わせるメッセージ

9.1.5　DHCPv6

`dhcp6_outlease_acquisition.pcapng`

図9-1のDHCPパケットの構造を見ると、IPv6アドレス割り当てに必要な長さに対応するスペースを提供していないことがわかります。RFC 3315で定義されたDHCPv6はBOOTPに基づいておらず、ヘッダ形式はかなり簡略化されています（**図9-7**）。

		Dynamic Host Configuration Protocol Version 6 (DHCPv6)			
オフセット	オクテット	0	1	2	3
オクテット	ビット	0–7	8–15	16–23	24–31
0	0	メッセージタイプ	トランザクションID		
4+	32+	オプション			

図9-7　DHCPv6パケットの構造

　ヘッダに必ず含まれる値は2つだけで、その機能はDHCPと同じです。それ以外の構造は最初のバイトで識別されるメッセージタイプによって異なります。オプションのフィールドでは各オプションが2バイトのオプションコードと2バイトのオプション長で表されます。これらフィールドのメッセージタイプとオプションコードの完全な一覧はhttp://www.iana.org/assignments/dhcpv6-parameters/dhcpv6-parameters.xhtmlで参照してください。

　DHCPv6の目的はDHCPと同じですが、DHCPv6の通信の流れを理解するには、DORAを新たにSARRで置き換える必要があります。**図9-8**では、リースが切れているクライアントを例に、これを図示しています。

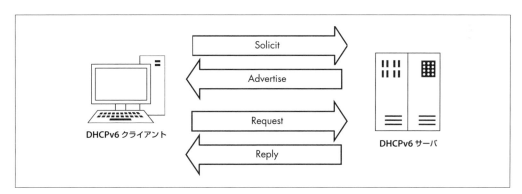

図9-8　DHCPv6 SARRのリース切れ更新処理

　SARRプロセスには4つのステップがあります。

1. **Solicit**（要請）
   ネットワーク上のDHCPv6サーバの場所を突き止めるために、クライアントから特別なマルチキャストアドレス（ff02::1:2）で送信される最初のパケット。

2. **Advertise**（公告）
   DHCPサービスで利用可能なサーバが、利用可能であることを示すために、クライアントに直接設定情報を送って応答します。

3. **Request**（要求）

クライアントは設定情報を確認するために形式の則ったリクエストを、マルチキャストでサーバに送信します。

4. **Reply**（応答）

サーバは要求されたすべての設定情報をクライアントに直接送信し、処理が完了します。

この処理の概要を示したものが**図9-9**で、これは dhcp6_outlease_acquisition.pcapng ファイルを読み込んだものです。この例では、ネットワーク上の新しいホスト（fe80::20c:29ff:fe5e:7744）が、DHCPv6サーバ（fe80::20c:29ff :fe1f:a755）から設定情報を受け取っている SARR プロセスを見ることができます。各パケットは SARR プロセスの1つのステップを表していて、最初の Solicit パケットと Advertise パケットがトランザクション ID 0x9de03f で結びついており、Request パケットと Replay パケットがトランザクション ID0x2d1603 で関連付けられています。図には載っていませんが、この通信はポート546番と547番で行われており、どちらも DHCPv6 が使用する標準ポートです。

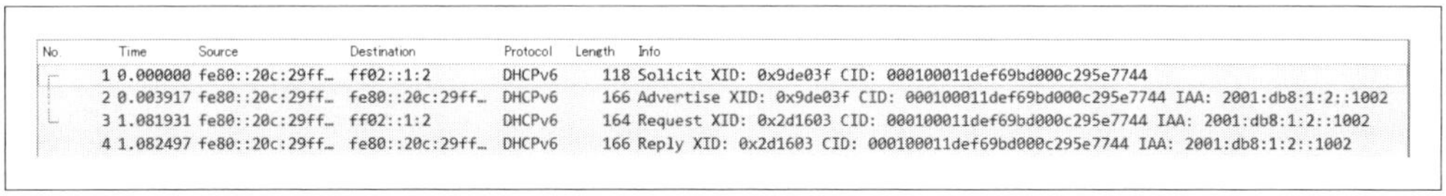

```
No.   Time      Source          Destination     Protocol  Length  Info
    1 0.000000  fe80::20c:29ff…  ff02::1:2       DHCPv6    118     Solicit XID: 0x9de03f CID: 000100011def69bd000c295e7744
    2 0.003917  fe80::20c:29ff…  fe80::20c:29ff…  DHCPv6    166     Advertise XID: 0x9de03f CID: 000100011def69bd000c295e7744 IAA: 2001:db8:1:2::1002
    3 1.081931  fe80::20c:29ff…  ff02::1:2       DHCPv6    164     Request XID: 0x2d1603 CID: 000100011def69bd000c295e7744 IAA: 2001:db8:1:2::1002
    4 1.082497  fe80::20c:29ff…  fe80::20c:29ff…  DHCPv6    166     Reply XID: 0x2d1603 CID: 000100011def69bd000c295e7744 IAA: 2001:db8:1:2::1002
```

図9-9 　クライアントがDHCPv6でIPv6アドレスを取得

DHCPv6パケットの構造はかなり違いますが、DHCPサーバを見つけ、その設定情報を得るための形式が必要というコンセプトはほぼ一緒です。これらの処理は、クライアントとサーバ間で交換される各パケットのペアのトランザクション ID と結びついています。従来のDHCPの仕組みはIPv6アドレスをサポートしていないので、ネットワーク上の機器がサーバから自動的にIPv6アドレスを割り当てられた場合は、すでにDHCPv6サービスを利用している可能性が高いといえます。DHCPとDHCPv6の違いについてさらに詳しく知りたい場合は、本章で取り上げたそれぞれのパケットキャプチャを並べて、比較することをお勧めします。

9.2　DNS

DNS（Domain Name System）は、インターネットプロトコルの中でも最重要なもののひとつです。DNSは http://www.google.com などのような名前（DNS名）を 74.125.159.99 のような IP アドレスに変換します。これにより、通信したいネットワーク機器のIPアドレスがわからないときでも、DNS名でアクセスすることができます。

DNSサーバはIPアドレスとDNS名の対応付けを行う**リソースレコード**というデータベースを持ち、これをクライアントやほかのDNSサーバと共有しています。

DNSサーバのアーキテクチャはかなり複雑なので、ここでは一般的なDNSトラフィックを扱います。https://www.isc.org/community/rfcs/dns/で、DNS関連のさまざまなRFCを参照することができます。

9.2.1　DNSパケットの構造

図9-10からわかるように、DNSパケットの構造は、先ほどのものとは若干異なります。DNSパケットのフィールドは次のようになっています。

DNS識別子
　DNSクエリに対するレスポンスを対応付けるために用いられます。

QR (Query/Response)
　パケットがDNSクエリなのか、レスポンスなのかを示します。

OpCode
　メッセージに含まれるクエリのタイプを定義します。

AA (Authoritative Answers)
　レスポンスパケットでこの値がセットされていた場合、ドメインに権威のあるネームサーバからのレスポンスであることを示します。

TC (Truncation)
　レスポンスが長すぎてパケット内に収まらないため、切り詰められたことを意味します。

RD (Recursion Desired)
　DNSクエリにこの値がセットされていると、DNSクライアントは目的のネームサーバに対して、要求した情報がない場合に再帰クエリを要求します。

RA (Recursion Available)
　レスポンスにこの値がセットされていると、ネームサーバが再帰クエリをサポートしていることを示します。

Z (Reserved)
　RFC 1035で、すべて0にセットされることが規定されています。しかしRCodeフィールドの拡張として用いられる場合もあります。

RCode (Response Code)
　DNSレスポンスで使われ、エラーの有無を示します。

Question Count

Questionセクションに含まれているエントリ数。

Answer Count

Answerセクションに含まれているエントリ数。

Name Server（Authority）Record Count

Authorityセクションに含まれているネームサーバのリソースレコード数。

Additional Records Count

Additional Informationセクションに含まれているその他のリソースレコード数。

Questionセクション

DNSサーバに送られた1つ以上のクエリを含む可変長セクション。

Answersセクション

クエリのレスポンスとなる1つ以上のリソースレコードを含む可変長セクション。

Authorityセクション

名前解決処理を継続する際に使用できる権威あるネームサーバを示すリソースレコードを含む可変長セクション。

Additional Informationセクション

クエリのレスポンスとして必須ではない関連情報を保持するリソースレコードを含む可変長セクション。

Domain Name System（DNS）										
オフセット	オクテット	0		1		2			3	
オクテット	ビット	0–7		8–15		16–23			24–31	
0	0	DNS 識別子			QR	OpCode	AA TC RD RA		Z	RCode
4	32	Question Count				Answer Count				
8	64	Name Server (Authority) Record Count				Additional Records Count				
12+	96+	Question セクション				Answers セクション				
		Authority セクション				Additional Information セクション				

図9-10　DNSパケットの構造

9.2.2 単純なDNSクエリ

`dns_query_response.pcapng`

DNSはクエリ/レスポンスの形式で機能します。DNS名をIPアドレスに変換したいクライアントはDNSサーバに**クエリ**を送信し、サーバは**レスポンス**として要求された情報を返却します。キャプチャファイルdns_query_response.pcapngからわかるように、もっとも単純な場合、この処理に必要なのは2個のパケットのみです。

最初のパケットは、クライアント192.168.0.114からサーバ205.152.37.23の53番ポート（DNSの標準ポート）に送られたDNSクエリです（**図9-11**）。

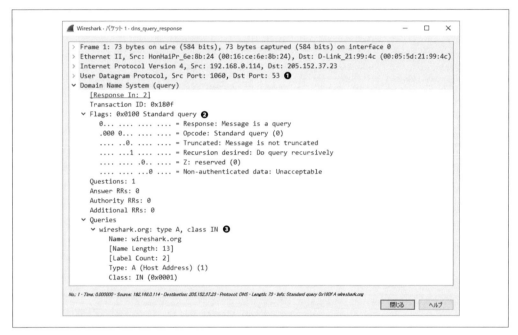

図9-11　DNSのクエリパケット

このパケットのヘッダを調べると、DNSもまたUDPを使っていることがわかります❶。

パケットのDNS部分を見ると、先頭のほうの小さなフィールドが、ひとつのFlagsセクションに集約されているのがわかります。このセクションを展開すると、メッセージが標準クエリ（Standard query）であり❷、切り詰められておらず、再帰を要求されていることがわかります（再帰については後述します）。Queriesセクションを展開すると、クエリがひとつだけ確認できます。ここでは、wireshark.orgという名前に対するホスト（Aタイプ）インターネット（IN）アドレスのクエリを確認できます❸。つまりこのパケットは「wireshark.org (http://wireshark.org) ドメインに割り当てられたIPアドレスは？」と尋ねているわけです。

このリクエストに対するレスポンスが、**図9-12**で示している2番目のパケットです。このパケットに

は同一の識別子が付いているので❶、元々のクエリに対応するレスポンスが含まれていることがわかります。

図9-12　DNSのレスポンスパケット

　Flagsセクションを見ると、これがレスポンスであり、必要であれば再帰が可能なことがわかります❷。このパケットには1つの問い合わせと1つのリソースレコードしか含まれておらず❸、元々の問い合わせとそのレスポンスが入っています。Answersセクションを展開すると、wireshark.org（http://wireshark.org）のIPアドレスは128.121.50.122というクエリに対するレスポンスが確認できます❹。クライアントはこの情報をもとにIPパケットを生成し、wireshark.orgとの通信を開始します。

9.2.3 DNSの問い合わせタイプ

Typeフィールドは、DNSのクエリとレスポンスで使われる、リソースレコードのタイプを示します。一般的なリソースレコードのタイプを**表9-2**にまとめました。通常のトラフィックや本書を通じてこれらのタイプを目にすることになるでしょう。なお、**表9-2**は網羅的な一覧ではありません。DNSのリソースレコードのタイプを網羅的に参照したい場合は、http://www.iana.org/assignments/dns-parameters/ を参照してください。

表9-2 一般的なリソースレコードのタイプ

値	タイプ	説明
1	A	IPv4ホストのアドレス
2	NS	権威のあるネームサーバ
5	CNAME	ホストの別名（エイリアス）
15	MX	メールサーバ
16	TXT	テキスト文字列
28	AAAA	IPv6ホストのアドレス
251	IXFR	増分ゾーン転送
252	AXFR	完全ゾーン転送

9.2.4 DNSの再帰 `dns_recursivequery_client.pcapng, dns_recursivequery_server.pcapng`

インターネットのDNSは階層的な構造を取っているため、クライアントから送られたクエリに対するレスポンスを送信するときは、DNSサーバ同士が通信する必要があります。内部のDNSサーバは、ローカルのイントラネットサーバのDNS名とIPアドレスの対応付けは知っているはずですが、GoogleやDellのIPアドレスは知るよしもありません。

DNSサーバがIPアドレスを検索する場合、リクエストを行ったクライアントの代理として別のDNSサーバにクエリを行います。DNSサーバがクライアントのように行動するこの処理を**再帰**と呼びます。

DNSクライアントとDNSサーバの両方の視点から再帰処理を確認してみましょう。まず、dns_recursivequery_client.pcapngファイルを開きます。このファイルには、クライアントのDNSトラフィックをキャプチャした2つのパケットが含まれています。最初のパケットはDNSクライアント172.16.0.8から、DNSサーバ172.16.0.102へと送られたクエリです（**図9-13**）。

図9-13　再帰要求ビットがセットされたDNSクエリ

このパケットのDNS部分を展開すると、これがwww.nostarch.com（http://www.nostarch.com）というDNS名❷のAタイプレコードに対する標準クエリであることがわかります。Flagsセクションを展開すると、このパケットの詳細がわかり、再帰が要求されていることもわかります❶。

2番目のパケットは、予想どおり最初のクエリに対応するものです（**図9-14**）。

9.2 DNS | **201**

```
Wireshark · パケット 2 · dns_recursivequery_client                              —    □    ×

> Frame 2: 92 bytes on wire (736 bits), 92 bytes captured (736 bits) on interface 0
> Ethernet II, Src: Vmware_92:94:9f (00:0c:29:92:94:9f), Dst: HewlettP_bf:91:ee (00:25:b3:bf:91:ee)
> Internet Protocol Version 4, Src: 172.16.0.102, Dst: 172.16.0.8
> User Datagram Protocol, Src Port: 53, Dst Port: 56125
˅ Domain Name System (response)
     [Request In: 1]
     [Time: 0.183134000 seconds]
     Transaction ID: 0x8b34 ❶
  ˅ Flags: 0x8180 Standard query response, No error
       1... .... .... .... = Response: Message is a response
       .000 0... .... .... = Opcode: Standard query (0)
       .... .0.. .... .... = Authoritative: Server is not an authority for domain
       .... ..0. .... .... = Truncated: Message is not truncated
       .... ...1 .... .... = Recursion desired: Do query recursively
       .... .... 1... .... = Recursion available: Server can do recursive queries
       .... .... .0.. .... = Z: reserved (0)
       .... .... ..0. .... = Answer authenticated: Answer/authority portion was not authenticated by the server
       .... .... ...0 .... = Non-authenticated data: Unacceptable
       .... .... .... 0000 = Reply code: No error (0)
     Questions: 1
     Answer RRs: 1
     Authority RRs: 0
     Additional RRs: 0
  ˅ Queries
     ˅ www.nostarch.com: type A, class IN
          Name: www.nostarch.com
          [Name Length: 16]
          [Label Count: 3]
          Type: A (Host Address) (1)
          Class: IN (0x0001)
  ˅ Answers
     ˅ www.nostarch.com: type A, class IN, addr 72.32.92.4 ❷
          Name: www.nostarch.com
          Type: A (Host Address) (1)
          Class: IN (0x0001)
          Time to live: 3600
          Data length: 4
          Address: 72.32.92.4

No.: 2 · Time: 0.183134 · Source: 172.16.0.102 · Destination: 172.16.0.8 · Protocol: DNS · Length: 92 · Info: Standard query response 0x8b34 A www.nostarch.com A 72.32.92.4

                                                              [ 閉じる ]  [ ヘルプ ]
```

図9-14　DNSクエリのレスポンス

　このパケットのトランザクションIDはクエリのIDと一致しており❶、エラーもないので、www.
nostarch.comのAタイプソースレコードを受け取ります❷。

　このクエリが再帰によって応答されているのを確認する方法は、dns_recursivequery_server.
pcapngファイルにあるように、再帰クエリが行われた際のDNSサーバのトラフィックをキャプチャす
ることです。このファイルは、クエリが行われた際のローカルDNSサーバ上のトラフィックをキャプ
チャしたものです（**図9-15**）。

No.	Time	Source	Destination	Protocol	Length	Info
1	0.000000	172.16.0.8	172.16.0.102	DNS	76	Standard query 0x8b34 A www.nostarch.com
2	0.000379	172.16.0.102	4.2.2.1	DNS	76	Standard query 0xf34d A www.nostarch.com
3	0.182602	4.2.2.1	172.16.0.102	DNS	92	Standard query response 0xf34d A www.nostarch.com A 72.32.92.4
4	0.183134	172.16.0.102	172.16.0.8	DNS	92	Standard query response 0x8b34 A www.nostarch.com A 72.32.92.4

図9-15　サーバから見たDNS再帰

最初のパケットは、先ほどキャプチャしたファイルで見たクエリと同一です。DNSサーバはクエリを受け取り、ローカルのデータベースと照会しましたが、DNS名（www.nostarch.com）と一致するIPアドレスは何かという問い合わせの回答を見つけられませんでした。パケットには再帰要求ビットがセットされているので、DNSサーバが答えを見つけるためにほかのDNSサーバに問い合わせているのが、2番目のパケットからわかります。

2番目のパケットでは**図9-16**のように、172.16.0.102のDNSサーバが4.2.2.1に新たなクエリを送っています❶。4.2.2.1は、上位に対するリクエストの転送先として設定されたサーバです。このクエリは元々のクエリから生成されたもので、DNSサーバをクライアントへと変貌させています。先ほどのキャプチャファイルとはトランザクションIDが異なるため❷、これが新たなクエリであることがわかります。

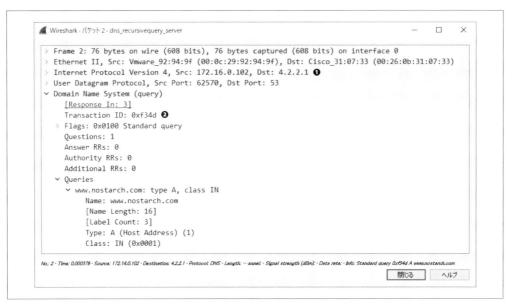

図9-16　再帰クエリ

サーバ4.2.2.1がこのパケットを受け取ると、ローカルDNSサーバは**図9-17**のようなレスポンスを受け取ります。

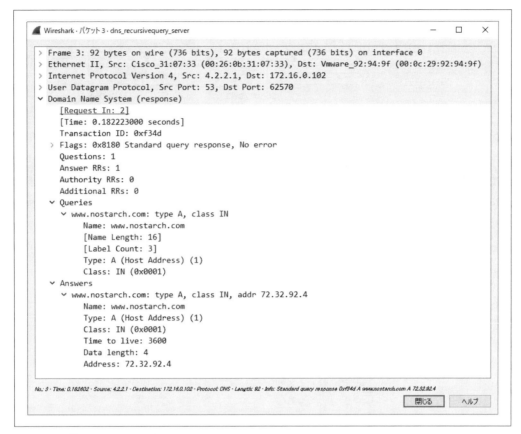

図9-17　再帰クエリへのレスポンス

　レスポンスを受け取ると、ローカルDNSサーバは4個目の最後のパケットに要求された情報を格納して、DNSクライアントに送信します。

　このサンプルでは再帰は1回だけですが、1回のDNS要求で再帰が何度も行われることがあります。ここではDNSサーバ4.2.2.1から回答を受け取りましたが、DNSサーバは回答を得るために、ほかのDNSサーバに再帰クエリを再送信する場合があります。1つの簡単なクエリが最終的に適切な回答を得るまでに、世界中を巡ることがあるのです。**図9-18**は再帰クエリの処理を図式化しています。

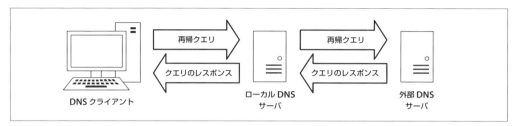

図9-18　再帰クエリ

9.2.5　DNSゾーン転送

`dns_axfr.pcapng`

DNSゾーンとは、DNSサーバが管理を任された名前空間（DNS名のグループ）です。仮に「Emma's Diner」が、emmasdiner.com（http://emmasdiner.com）を管理するDNSサーバを持っているとしましょう。この場合、emmasdiner.comのIPアドレスを照会しようとする内外の通信機器は、そのゾーンに権限を持っている該当のDNSサーバとやり取りする必要があります。Emma's Dinerが成長し、DNS名前空間のメール部分（仮にmail.emmasdiner.comとしておきます）を扱うために、2番目のDNSサーバを追加した場合、そのサーバはmailサブドメインに権限を持つことになります。**図9-19**のように、サブドメインがもっと必要になれば、さらにDNSサーバを追加することができます。

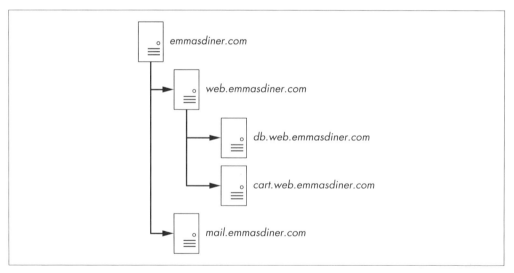

図9-19　DNSゾーンは名前空間の責任範囲を分割する

ゾーン転送は、通常冗長化を行う目的で2つの機器の間でゾーンデータが転送される際に発生します。たとえば複数のDNSサーバを持つ組織の管理者は、通常プライマリのDNSサーバが停止した場合に備え、プライマリDNSサーバのDNSゾーン情報の複製を保持するようセカンダリのDNSサーバを設定しています。ゾーン転送には次の2種類があります。

完全ゾーン転送（AXFR）

機器間でゾーン全体を転送します。

増分ゾーン転送（IXFR）

ゾーン情報の一部のみを転送します。

　ファイルdns_axfr.pcapngには、172.16.16.164と172.16.16.139という2つの機器間での完全ゾーン転送のサンプルが含まれています。このファイルを初めて見ると、UDPパケットではなくTCPパケットがあるので、間違ったファイルを開いたのではないかと思うかもしれません。確かにDNSはUDPを使いますが、ゾーン転送などの一部のタスクについてはTCPを使います。大量のデータを転送する場合、TCPのほうが信頼度が高いからです。このキャプチャファイルの最初の3つのパケットは、TCPの3ウェイハンドシェイクです。

　4個目のパケットは、172.16.16.164と172.16.16.139間のゾーン転送リクエストで始まっています。このパケットにDNS情報は含まれていません。「TCP segment of reassembled PDU」となっているのは、ゾーン転送リクエストのデータが、複数のパケットで送られたためです。4番目と6番目のパケットにデータが含まれています。5番目のパケットは4番目のパケットを受け取ったというACKパケットです。パケットがこのようにわかりやすい形で表示されるのもWiresharkの機能のひとつです。図9-20に示しているように、6番目のパケットを完全なDNSゾーン転送リクエストとして参照することができます。

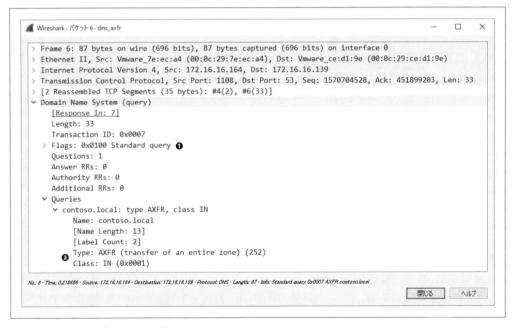

図9-20　DNS完全ゾーン転送要求

ゾーン転送要求は標準クエリですが❶、AXFRというレコードタイプを1つだけ要求します❷。これは、サーバからDNSゾーン全体の受信を要求するという意味になります。サーバからのレスポンスは、**図9-21**の7番目のパケットのように、ゾーン全体のレコードが含まれたものとなります。ゾーン転送ではかなりの量のデータがやり取りされますが、これはまだ単純なサンプルです。ゾーン転送が完了すると、TCP終了（ティアダウン）処理で終了します。

ゾーン転送に含まれるデータが悪意を持った人の手に渡ると非常に危険です。DNSサーバを順に見ていくだけで、ネットワークの全体構造が描けてしまうからです。

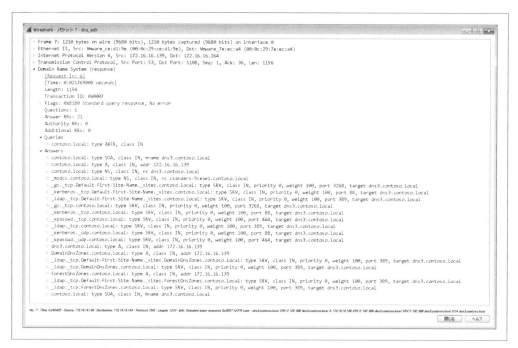

図9-21　DNS完全ゾーン転送の実行

9.3　HTTP

HTTP（Hypertext Transfer Protocol）は、World Wide Webの配信機構であり、Webブラウザが Webサーバに接続してWebページを閲覧する行為を実現しています。多くの組織では、HTTPのトラフィック量が他と比較して飛び抜けて多くなっています。Googleで検索したり、Twitterでツイートしたり、あるいはケンタッキー大学のバスケット試合の得点を http://www.espn.com/ でチェックしたりするたびに、HTTPを使っているのです。

HTTPパケットの構造は、ここでは扱いません。HTTPプロトコルには実にさまざまな実装があり、構造も非常に多岐に渡るため、その確認は読者にお任せします。ここではコンテンツの検索やアップロードなどの、HTTPの実例をいくつか見ていきましょう。

9.3.1 HTTPでブラウズする

`http_google.pcapng`

HTTPはWebブラウザを使ってWebページを閲覧する際によく利用されます。キャプチャファイルhttp_google.pcapngには、TCPをトランスポート層プロトコルとして利用するHTTPトラフィックが含まれています。通信はクライアント172.16.16.128とGoogleのWebサーバ74.125.95.104との間の3ウェイハンドシェイクで始まります。

通信が確立されると、最初のHTTPパケットが、**図9-22**のようにクライアントからサーバへと送られます。

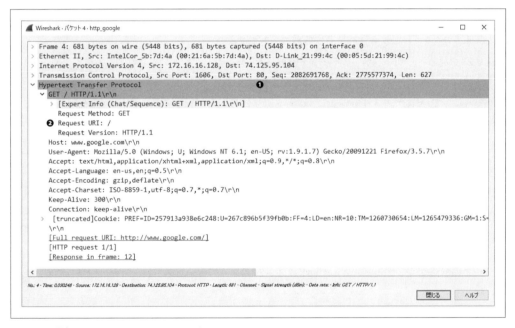

図9-22　最初のHTTP GETリクエストパケット

HTTPパケットはTCP上を、HTTP通信の標準ポートである80番ポート❶（8080番、8888番などほかにもよく使われるポートがあります）に対して送られます。

HTTPパケットには8つのメソッド（HTTP1.1で定義されています。http://www.iana.org/assignments/http-methods/http-methods.xhtmlを参照してください）があり、これによってパケット送信元が宛先で実行させたいアクションが決まります。**図9-22**では、GETメソッドが発行されており、リクエストURI（Uniform Resource Indicator）は/、リクエストバージョンはHTTP/1.1となっていま

す❷。この情報から、クライアントはHTTPのバージョン1.1を使っているWebサーバのルートWeb
ディレクトリ（/）をダウンロード（GET）するリクエストを送信していることがわかります。

　引き続き、クライアントは自身の情報をWebサーバに送ります。情報には使用しているユーザーエー
ジェント（ブラウザ）、ブラウザが対応可能な言語（Accept-Languages）、Cookie情報（キャプチャの末
尾）などが含まれます。サーバはこの情報を利用して、互換性を満たすために、クライアントにどのデー
タを返却すべきかを判断します。

　サーバは4番目のパケットでHTTP GETリクエストを受け取ったあと、TCP ACKをレスポンスと
して返却し、次に6番目から11番目のパケットを使ってリクエストされたデータの転送を開始しま
す。HTTPはクライアントとサーバ間でアプリケーション層のコマンドを発行するためにのみ使用され
ます。パケット一覧において、HTTPパケットがTCPとして表示されているのはなぜでしょうか。こ
れは、データ転送開始後の各パケットにはHTTPリクエスト/レスポンスヘッダが存在しないため、
Wiresharkのパケット一覧では、これらのパケットがHTTPではなくTCPパケットとして認識されるた
めです。このようにデータ転送が始まると、ProtocolカラムにはHTTPではなくTCPとして表示されま
す。言うまでもなく、これもHTTP通信処理の一部です。

　図9-23を見ると、サーバからのデータが6番目と7番目のパケットで送られると、クライアントから
のACKが8番目のパケットであり、さらに9番目と10番目のパケットでデータが送られると、11番目の
パケットとしてACKが送られています。データ転送はHTTPが行っていますが、Wiresharkではこれ
らのパケットはすべてHTTPではなく、TCPとして表示されています。

```
No.     Time      Source          Destination      Protocol  Length  Info
      6 0.101202  74.125.95.104   172.16.16.128    TCP       1460 80 → 1606 [ACK] Seq=2775577374 Ack=2082692395 Win=6976 Len=1406 [TCP segment of a reassembled PDU]
      7 0.101465  74.125.95.104   172.16.16.128    TCP       1460 80 → 1606 [ACK] Seq=2775578780 Ack=2082692395 Win=6976 Len=1406 [TCP segment of a reassembled PDU]
      8 0.101495  172.16.16.128   74.125.95.104    TCP       54 1606 → 80 [ACK] Seq=2082692395 Ack=2775580186 Win=16872 Len=0
      9 0.102282  74.125.95.104   172.16.16.128    TCP       1460 80 → 1606 [ACK] Seq=2775580186 Ack=2082692395 Win=6976 Len=1406 [TCP segment of a reassembled PDU]
     10 0.102350  74.125.95.104   172.16.16.128    TCP       156 80 → 1606 [PSH, ACK] Seq=2775581592 Ack=2082692395 Win=6976 Len=102 [TCP segment of a reassembled PDU]
     11 0.102364  172.16.16.128   74.125.95.104    TCP       54 1606 → 80 [ACK] Seq=2082692395 Ack=2775581694 Win=16872 Len=0
```

図9-23　クライアントのブラウザとWebサーバ間のTCPデータ転送

　データの転送が完了すると、Wiresharkは**図9-24**のようにデータストリームを再構築して表示しま
す。

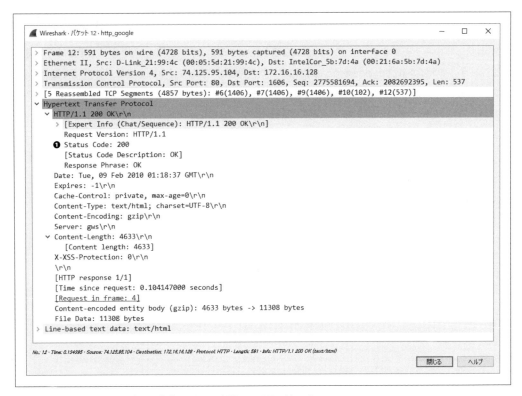

図9-24　ステータスコード200となっている末尾のHTTPパケット

　　一連のパケットを眺めても、読める形のHTMLデータを目にすることはまずありません。帯域を効率よく使うため、データが圧縮されているからです。これは、特にWebサーバからのHTTPレスポンスにあるContent-Encodingフィールドについて言えます。ストリーム全体を見る段階になって初めて、圧縮されたデータが展開されて簡単に読める形になります。

　HTTPは定義されているステータスコードの番号を用いてリクエストメソッドの成否を示します。このサンプルではステータスコードが200であり❶、これはリクエストメソッドの成功を意味します。パケットには、タイムスタンプをはじめ、コンテンツの符号化やWebサーバのパラメータ設定に関する追加の情報も含まれています。クライアントがこのパケットを受け取ると、トランザクションが完了します。

9.3.2 HTTPでデータをアップロードする

http_post.pcapng

WebサーバからデータをダウンロードするPする処理を見てきたので、今度はアップロードするほうを見てみましょう。ファイルhttp_post.pcapngには、ユーザーがWebサイトにコメントを投稿するという、非常に単純なアップロードのサンプルが含まれています。最初の3ウェイハンドシェイクのあと、クライアント(172.16.16.128)は、図9-25のように、Webサーバ(69.163.176.56)にHTTPパケットを送ります。

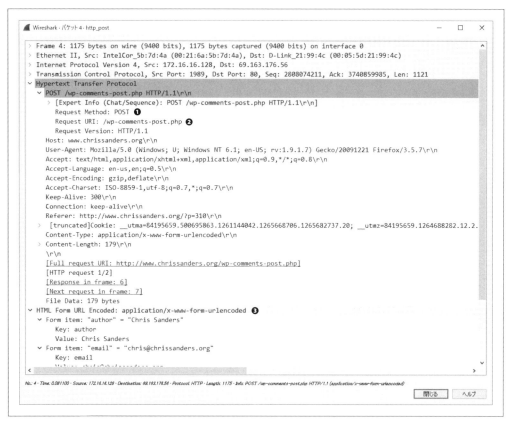

図9-25　HTTP POSTパケット

パケットはPOSTメソッドを使って❶Webサーバにデータをアップロードします。POSTメソッドでは、URIとして/wp-comments-post.php❷、HTTPバージョンとしてHTTP/1.1が指定されています。アップロードされたデータの内容を見るには、パケットの「HTML Form URL Encoded」部分を開きます❸。

POSTでデータが送信されると、ACKパケットが送られます。図9-26のように、サーバは6番目のパケットで、ステータスコード302❶「found」を送信してレスポンスを返却しています。

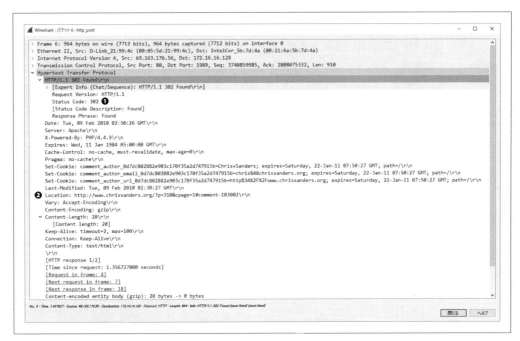

図9-26　HTTPステータスコード302はリダイレクトに使われる

　ステータスコード302は、HTTPでは通常リダイレクトを示します。パケット内のLocationフィールドが、クライアントのリダイレクト先を示しています❷。ここでは、コメントが投稿された最初のWebページがリダイレクト先となっています。クライアントがリダイレクト先のコンテンツを得るためにGETリクエストを送り、そのコンテンツが続くいくつかのパケットを使って転送されます。最後にサーバがステータスコード200を送り、通信が完了します。

9.4　SMTP

　ユーザーがネットで行うもっとも一般的な活動がWebブラウジングだとしたら、2番目に多いのがメールの送受信でしょう。**SMTP**（Simple Mail Transfer Protocol）は、Microsoft ExchangeやPostfixなどがメール送信に用いる標準プロトコルです。

　HTTPと同じくSMTPパケットの構造も、実装やクライアントおよびサーバがサポートする機能によって大きく異なります。ここではパケットレベルでのメール送信を調べることで、SMTPの基本的な機能を見てみましょう。

9.4.1 メールの送受信

メールの構造は米国郵政公社の仕組みとよく似ています。手紙を書いてポストに投函すると、郵便局員が回収し、郵便局へ運んで仕分けをします。仕分けられた手紙は、郵便局によって別の配送サービス、または最終的な配達を受け持つほかの郵便局へと配送されます。手紙は複数の郵便局を経由する場合もあれば、特定地域の郵便局への配送のみを担当する「ハブ」へと送られる場合もあります。この手紙の流れを示したのが**図9-27**です。

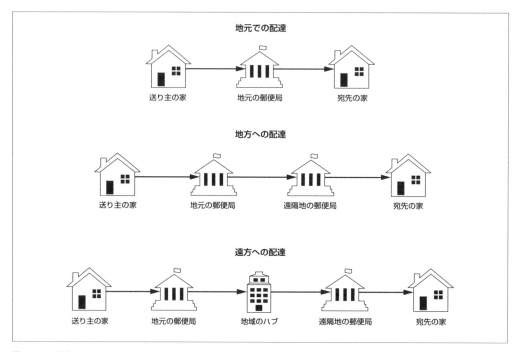

図9-27　郵便サービスを利用して手紙を送る

メールの配信も非常に似た方法で行われますが、使われる用語が違います。個人の視点で言うと、物理的な郵便箱は、電子メールの送受信を円滑に行うとともに、保管を担う電子メールボックスに変わります。このメールボックスには、Microsoft OutlookやMozilla Thunderbirdといったメールクライアントを意味する**MUA**（mail user agent）を使ってアクセスします。

メッセージを送ると、MUAから**MTA**（mail transfer agent）へとそれが送信されます。MTAは一般にメールサーバと呼ばれるもので、その代表的なアプリケーションがMicrosoft ExchangeやPostfixです。送信者と同じドメインの受信者にメールを送信した場合、MTAは受信者のメールボックスに送るだけで通信が終了します。メールがほかのドメインに送信される場合は、MTAはDNSを使って受信者のメールサーバの位置を示すアドレスを調べ、メッセージを送ります。メールサーバは一般に、MDA

（Mail Delivery Agent）やMSA（Mail Submission Agent）など複数のコンポーネントから構成されていますが、ネットワーク的な観点で言うと、クライアントとサーバの概念を理解していれば十分です。基本的な概要を示したのが**図9-28**です。

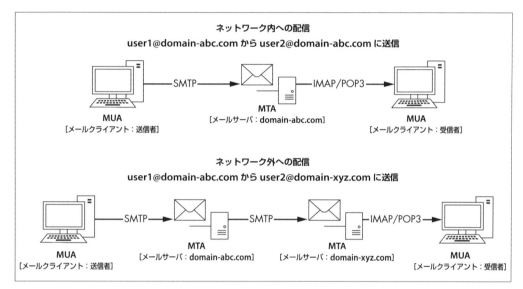

図9-28　SMTPでメールを送信する

わかりやすくするため、MUAはメールクライアント、MTAはメールサーバと呼ぶことにします。

9.4.2　メールの追跡

メールがどのように転送されるかの基本を理解したところで、この処理をパケットレベルで見てみましょう。まず**図9-29**の例を見てください。

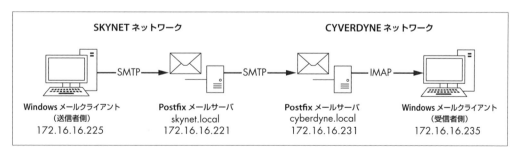

図9-29　送信者から受信者へ送られたメールを追跡する

この処理には3つのステップがあります。

1. ユーザーがコンピュータ（172.16.16.225）からメッセージを送信します。メールクライアントはSMTP経由でメッセージをローカルメールサーバ（172.16.16.221/skynet.localドメイン）に送ります。
2. ローカルメールサーバはメッセージを受信すると、SMTP経由でリモートメールサーバ（172.16.16.231/cyberdyne.localドメイン）に転送します。
3. リモートメールサーバはメッセージを受け取り、宛先であるメールボックスに送ります。ユーザーのコンピュータのメールクライアント（172.16.16.235）はIMAPプロトコルでこのメッセージを受け取ります。

9.4.2.1　ステップ1：クライアントからローカルサーバ　　mail_sender_client_1.pcapng

mail_sender_client_1.pcapngファイルのステップ1から順番に、この処理を見ていきましょう。ファイルはユーザーがメールクライアントの「送信」ボタンをクリックするところから始まり、1番目から3番目までのパケットで、コンピュータとローカルメールサーバ間でTCPハンドシェイクが行われています。

ここで説明するパケットキャプチャ解析では、ETHERNET FRAME CHECK SEQUENCE INCORRECTエラーは無視してかまいません。これらのパケットは検証環境で作られた人工的なものだからです。

接続が確立されると、SMTPがユーザーのメッセージをサーバに送信する作業を開始します。それぞれのパケットをスクロールし、［Packet Details（パケット詳細）］ダイアログのSMTP部分を見れば、SMTP要求と応答を調べることができますが、もっと簡単な方法があります。SMTPは単純なトランザクションプロトコルであり、このサンプルはわかりやすい平文なので、単一のウィンドウ内でTCPストリームを表示して、トランザクション全体を見ることが可能です。いずれかのキャプチャパケットを右クリックし、［Follow（追跡）］→［TCP Stream（TCPストリーム）］を選択してください。ストリームを示したのが**図9-30**です。

図9-30　メールクライアントからローカルサーバへのTCPストリーム

　接続が確立すると、メールサーバは4番目のパケットでクライアントにバナーを送り、コマンドを受け取る準備ができていることを知らせます。ここでは自分がUbuntu Linux上で動作するPostfixサーバであり❶、**ESMTP**（Extended SMTP）コマンドを受け取ることができると知らせています。ESMTPはSMTP仕様の拡張であり、メール送信において拡張コマンドを使うことができます。

　メールクライアントは5番目のパケットでEHLOコマンドを送ります❷。EHLOとは、送信元ホストがESMTPをサポートしていることを知らせるときに使う「Hello」コマンドです。ESMTPが使えない場合、クライアントはHELOコマンドを戻します。この例では送信者がIPアドレスを知らせていますが、DNS名も使うことができます。

　サーバは7番目のパケットで、VRFY、STARTTLS、SIZE 10240000といった項目の一覧を送って

応答します❸。この一覧はSMTPサーバがサポートするコマンドを反映しており、メッセージを送信する際に使えるコマンドがわかるよう、クライアントに提供されます。このネゴシエーションはメッセージが送信される前の、すべてのSMTPトランザクションの開始時に行われるものです。メッセージの送信は8番目のパケットで始まり、このキャプチャの残りすべてを構成しています。

SMTPでは、クライアントが単純なコマンドとパラメータ値を送信すると、サーバがそれに続いて応答コードを送信します。これはHTTPやTELNETといったプロトコルと同様であり、単純な設計となっています。サンプルでは8番目と9番目のパケットが要求と応答です。クライアントはMAILコマンドとFROM:<sanders@skynet.local> SIZE=556パラメータを送り❹、サーバは応答コード250（要求されたメールは正常に処理されました）と2.1.0 Okパラメータで応答します。クライアントはここで送信者のメールアドレスとメッセージのサイズを提示し、サーバはこのデータが受信され、受取可能であると答えています。同様のやり取りが10番目と11番目のパケットでも行われ、クライアントはRCPTコマンドとTO:<sanders@cyberdyne.local>パラメータを送り❺、サーバが250 2.1.5 Okコードを返します。

利用可能なすべてのSMTPコマンドとパラメータを確認したい場合は、http://www.iana.org/assignments/mail-parameters/mail-parameters.xhtmlを参照してください。応答コード一覧についてはhttps://www.iana.org/assignments/smtp-enhanced-status-codes/smtp-enhanced-status-codes.xmlで見ることができます。

あとはメッセージそのものを送信するだけです。クライアントはこの処理を、DATAコマンドの送信によって12番目のパケットで開始します。サーバは応答コード354とメッセージを返し❻、サーバがメッセージのバッファを作成し、送信を開始したことをクライアントに伝えます。応答コード354を含んだ行は、送信の最後にドット（<CR><LF>.<CR><LF>）を付けるようクライアントに伝えています。メッセージは平文で送られ、応答コードはメッセージが無事送信されたことを示しています。データ、コンテンツタイプと符号化形式、送信を行うユーザーエージェントを含む追加の情報がメッセージテキストに含まれています。これにより、このメッセージを送信したエンドユーザーがMozilla Thunderbirdを使用していることがわかります❼。

送信が完了すると、メーククライアントから18番目のパケットでパラメータのないQUITコマンドが送信され、SMTP接続が終了します。サーバは19番目のパケットで応答コード221（<ドメイン>のサービスは通信チャンネルの接続を閉じている）と2.0.0 Byeパラメータを返します❽。TCP接続は20番目から23番目のパケットで正常に終了しています。

9.4.2.2　ステップ2：ローカルサーバからリモートサーバ　mail_sender_server_2.pcapng

今度はアドレス172.16.16.221を持つskynet.localドメインのローカルメールサーバの視点から、同じやり取りを見てみましょう。このキャプチャはメールサーバから直接得たmail_sender_ server_2.pcapngファイルにあります。想像していたかもしれませんが、最初の20個ほどのパケットは、同じパケットを別の場所でキャプチャしたものですので、ステップ1でキャプチャしたパケットと同じです。

　メッセージが同じskynet.localドメインのほかのメールボックスに送信されたものなら、これ以上のSMTPトラフィックはありません。POP3またはIMAPプロトコルでメールクライアントから受信したメッセージを見ることになります。しかしこのメッセージはcyberdyne.localドメインに送信されているので、ローカルSMTPサーバはこのドメインを受け持つリモートSMTPサーバにメッセージを送信する必要があります。この処理は22番目のパケットにおける、ローカルサーバ172.16.16.221とリモートメールサーバ172.16.16.231のTCPハンドシェイクで始まります。

実際には、メールサーバは**メールMX（Mail Exchange）レコード**として知られる特別なDNSレコードタイプを使って、送信先となるメールサーバを探します。このシナリオは検証環境で作られており、リモートメールサーバのIPアドレスはローカルサーバ上で事前に設定されているので、当該のトラフィックを確認することはできません。メール配信をトラブルシューティングする際は、メール特有のプロトコルの問題だけではなく、DNSの問題の可能性についても考えるべきです。

　接続を確立したら、［Packet List（パケット一覧）］ダイアログで、リモートサーバにメッセージを配信するSMTPを確認することができます。トランザクションのTCPストリームを表示すれば、この対話がよくわかるでしょう（**図9-31**）。この接続だけを見たい場合は、フィルタバーに**tcp.stream == 1**をフィルタとして適用します。

図9-31　ローカルメールサーバからリモートメールサーバへのTCPストリーム

このトランザクションは**図9-30**のものとほぼ同じです。重要なのは、メッセージがサーバ間でやり取りされているということです。リモートサーバは自分をmail02❶、ローカルサーバは自分をmail01❷と名乗って、対応しているコマンドの一覧をやり取りしています❸。メッセージ全体は、Toの行の上に追加された直前のトランザクションの情報とともに送られます❹。これらはすべて27番目から35番目のパケットにおいて行われており、最後はTCPティアダウンで通信チャンネルを閉じています。

メッセージがメールクライアントからであっても、SMTPサーバから送られたものであっても、サーバは同じルールを適用し、同じように処理します（アクセス制限を除いて）。実際には、ローカルメール

サーバとリモートメールサーバが同じ機能をサポートしておらず、基本とするプラットフォームもまったく異なる場合があります。だからこそ最初のSMTP通信は非常に重要です。受信側のサーバが自分が対応している機能の一覧を送信側に送ることができるからです。SMTPクライアントやサーバが、受信側のサーバが対応している機能を知っていれば、SMTPコマンドを調整できるためメッセージが効率よく送信されます。この機能のおかげでSMTPはクライアントとサーバの台数や技術を問わないため、幅広く利用されるようになりました。また受信者側のネットワーク構造を知らなくてもメールが送信可能なのも、この機能のおかげです。

9.4.2.3　ステップ3：リモートサーバからリモートクライアント

mail_receiver_server_3.pcapng

　この時点では、cyberdyne.localドメインのメールボックスにメールを配信するリモートサーバまで、メールが届いています。今度はリモートサーバの視点から、パケットキャプチャのファイルmail_receiver_server_3.pcapngを見てみましょう（**図9-32**）。

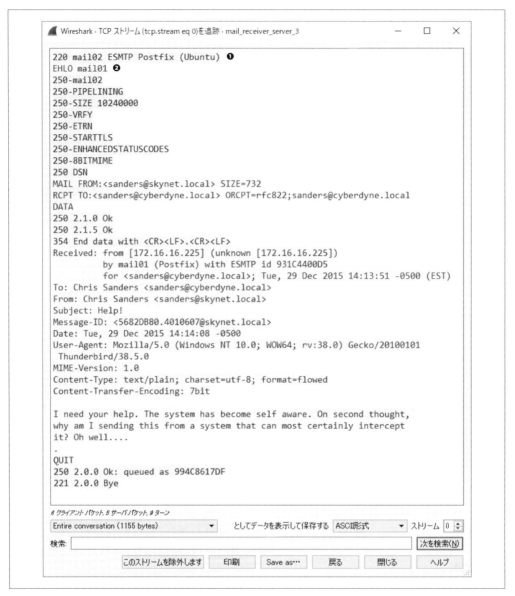

図9-32　ローカルメールサーバからリモートメールサーバへのTCPストリーム

　このキャプチャの最初の15番目までのパケットは以前のものとよく似ています。ローカルメールサーバを表す送信元アドレス❶と、リモートメールサーバを表す宛先アドレス❷の間で交換された、同じメッセージを表しているからです。この一連のやり取りが完了すると、SMTPサーバはメッセージを適切なメールボックスに割り振るので、宛先である受信者はメールクライアント経由でメールを受信する

ことができます。

　先述したように、SMTPはメール送信においてもっともよく利用されるプロトコルです。一方サーバ上のメールボックスからメールを受け取る方法はもっと多様です。ニーズは多種多様なうえに、そのタスクを担うよう設計されたプロトコルが複数あるためです。もっとも普及しているのはPOP3（Post Office Protocol version 3）とIMAP（Internet Message Access Protocol）です。この例ではリモートクライアントが、16番目から34番目のパケットで、IMAPを使ってメールサーバからメッセージを取得しています。

　本書ではIMAPは取り上げませんが、説明したとしてもこの例では通信が暗号化されているので、あまり役に立たないでしょう。21番目のパケットを見ると❶、クライアント（172.16.16.235）がメールサーバ（172.16.16.231）に、STARTTLSコマンドを送信しているのがわかります（**図9-33**）。

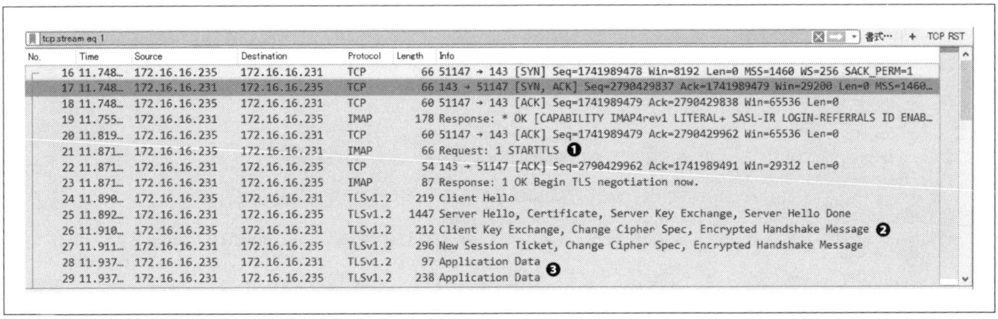

図9-33　STARTTLSコマンドはIMAPトラフィックが暗号化されていることを示している

　このコマンドによってクライアントはサーバに対し、TLSでメッセージを暗号化し、安全に受信したいと伝えています。経路を安全にするためのやり取りは、各エンドポイント間で24番目から27番目のパケットで行われ❷、そのあとのパケットで**TLS**（Transport Layer Security）プロトコルを経由して、メッセージは安全に受信されます❸。データを見たり、TCPストリームを表示しようとしてパケットをクリックしても、中身を見ることはできません（**図9-34**）。トラフィックを乗っ取ったり、傍受したりしようとする人間から、メールが守られているのがわかります。

　最後のパケットが受信されると、ひとつのドメインのユーザーが別のドメインのユーザーにメールを送信するという処理が完了します。

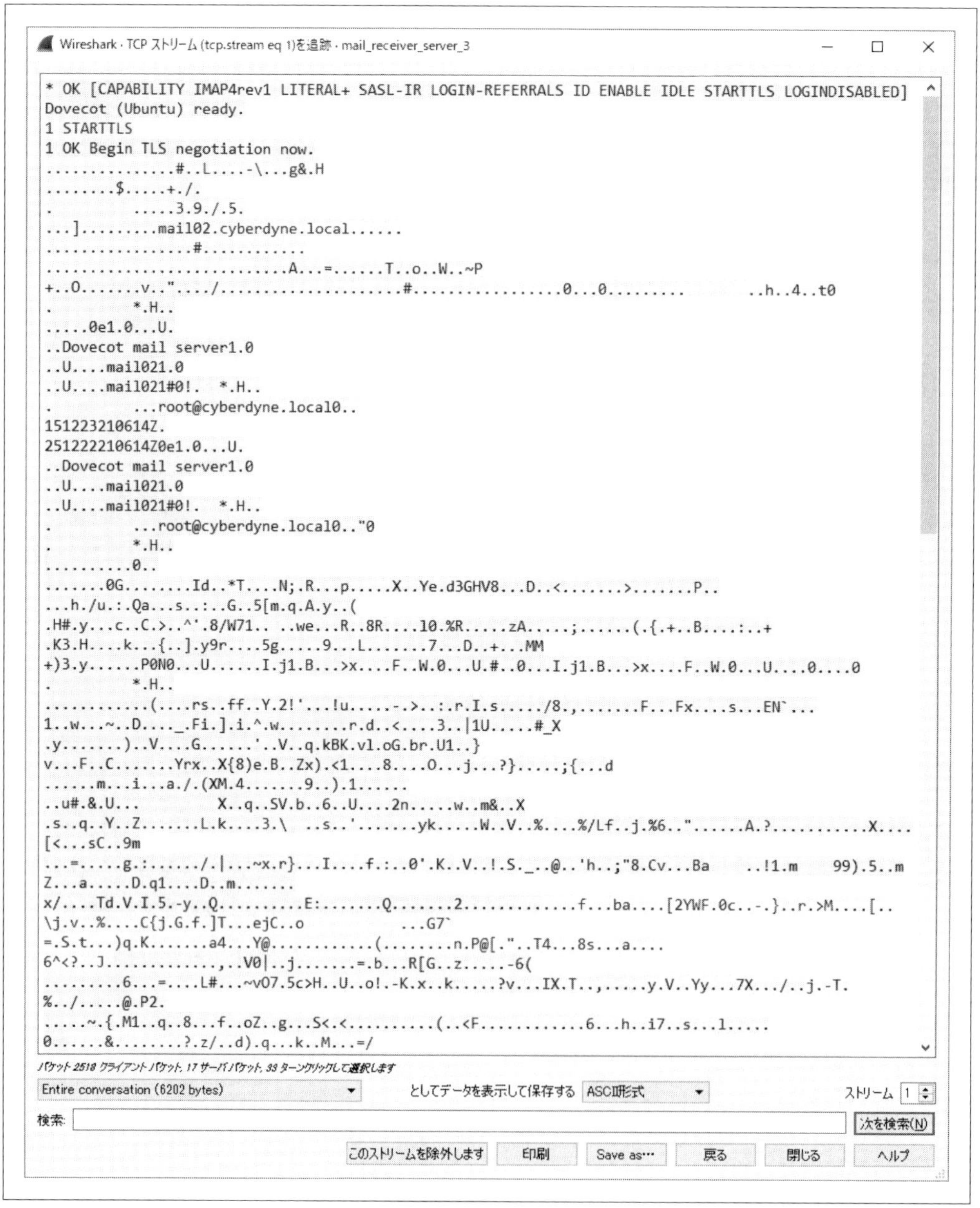

```
Wireshark · TCP ストリーム (tcp.stream eq 1)を追跡 · mail_receiver_server_3                    —    □    ×

* OK [CAPABILITY IMAP4rev1 LITERAL+ SASL-IR LOGIN-REFERRALS ID ENABLE IDLE STARTTLS LOGINDISABLED]
Dovecot (Ubuntu) ready.
1 STARTTLS
1 OK Begin TLS negotiation now.
................#..L....-\...g&.H
.........$.....+./.
.           .....3.9./.5.
...].........mail102.cyberdyne.local......
...............#...........
......................A...=.....T..o..W..~P
+..O.......v..".../.....................#............0...0.........     ..h..4..t0
.        *.H..
.....0e1.0...U.
..Dovecot mail server1.0
..U....mail021.0
..U....mail021#0!.  *.H..
.          ...root@cyberdyne.local0..
1512232106147.
251222210614Z0e1.0...U.
..Dovecot mail server1.0
..U....mail021.0
..U....mail021#0!.  *.H..
.          ...root@cyberdyne.local0.."0
.          *.H..
..........0..
.......0G........Id..*T...N;.R...p.....X..Ye.d3GHV8...D..<.......>.......P..
...h./u.:.Qa...s..:..G..5[m.q.A.y..(
.H#.y...c..C.>..^'.8/W71...we...R..8R...10.%R.....zA.....;......(.{.+..B....:.+
.K3.H....k...{..].y9r....5g....9...L......7...D..+...MM
+)3.y......P0N0...U.....I.j1.B...>x....F..W.0...U.#..0...I.j1.B...>x....F..W.0...U....0...0
.          *.H..
..........(....rs..ff..Y.2!'...!u......-.>..:.r.I.s...../8.,.......F...Fx....s...EN`...
1..w...~..D....._.Fi.].i.^.w.........r.d..<....3..|1U.....#_X
.y.......).V....G.......'..V..q.kBK.v1.oG.br.U1..}
v..F..C.......Yrx..X{8)e.B..Zx).<1...8...O...j...?}.....;{...d
.......m...i..a./.(XM.4.......9..).1.....
..u#.&.U...          X..q..SV.b..6..U...2n.....w..m&..X
.s..q..Y..Z......L.k....3.\  .s..'.......yk.....W..V..%....%/Lf..j.%6.."......A.?...........X....
[<...sC..9m
...=.....g.:....../.|...~x.r}...I....f.:..0'.K..V..!.S._.@..'h..;"8.Cv...Ba    ..!1.m  99).5..m
Z...a....D.q1...D..m......
x/....Td.V.I.5.-y..Q.........E:......Q......2.........f...ba...[2YWF.0c..-.}..r.>M....[..
\j.v..%....C{j.G.f.]T...ejC..o          ...G7`
=.S.t...)q.K.......a4...Y@...........(......n.P@[."..T4...8s...a....
6^<?..J..............,..V0|..j......=.b...R[G..z.....-6(
.......6...=....L#...~v07.5c>H..U..o!.-K.x..k.....?v...IX.T..,.....y.V..Yy...7X.../..j.-T.
%../.....@.P2.
.....~.{.M1..q..8...f..oZ..g...S<.<............(..<F............6...h..i7..s...1.....
0......&.........?.z/..d).q..k..M...=/

パケット 2518 クライアント パケット. 17 サーバ パケット. 33 ターンクリックして選択します
Entire conversation (6202 bytes)  ▼    としてデータを表示して保存する  ASCII形式  ▼      ストリーム 1 ▲▼

検索:                                                                    次を検索(N)

           このストリームを除外します   印刷   Save as…   戻る   閉じる   ヘルプ
```

図9-34　クライアントがメッセージをダウンロードする際のIMAPトラフィックは暗号化される

9.4.3 SMTPで添付ファイルを送る

mail_sender_attachment.pcapng

　SMTPはファイル転送向けには設計されたものではありませんが、ファイルを簡単にメールできるため、多くのユーザーにとって重要なファイル転送機構となっています。SMTPを使ってファイルを送る簡単な例を、パケットレベルで見てみましょう。

　パケットキャプチャ mail_sender_attachment.pcapng では、ユーザーはクライアント（172.16.16.225）からローカルSMTPメールサーバ（172.16.16.221）経由で、同一ネットワーク上の別のユーザーに対し、メールを送信しています。メールにはテキストと、画像の添付ファイルが含まれています。

　SMTP経由での添付ファイル送信とテキスト送信には、大きな違いはありません。サーバに送られるのはデータであり、ある種の特別な符号化が行われるとしても、DATAコマンドを利用するのに変わりはないからです。実際に見るには、キャプチャファイルを開き、SMTPトランザクションのTCPストリームを表示してください。このストリームを図式化したのが**図9-35**です。

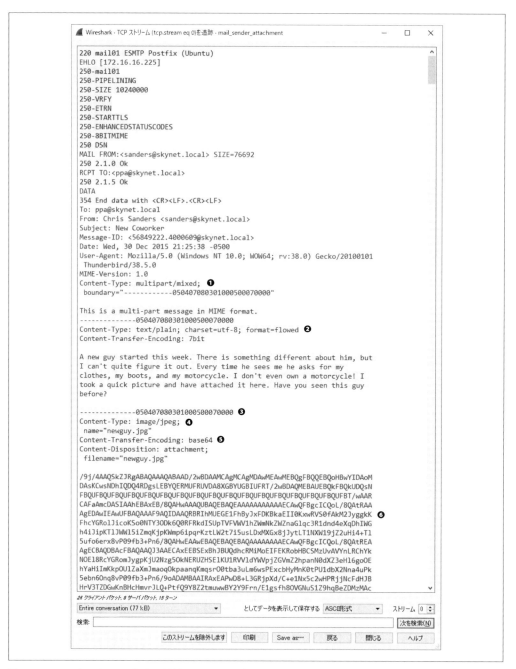

図9-35　ユーザーがSMTP経由で添付ファイルを送信する

この例でも先ほどの例と同じように、互いのホスト名を知らせてから、対応しているプロトコルを交換しています。クライアントがメッセージを送信する準備が整うと、送信元と宛先のアドレスを提供し、DATAコマンドをサーバに送り、バッファを空けて情報を受け取るよう指示します。この部分が先ほどとは少々異なります。

先の例では、クライアントがサーバに直接テキストを送信し、それで完了していました。しかしこの例では、クライアントは平文のメッセージとともに、添付した画像に関連するバイナリデータを送らなければなりません。これを実行するために、クライアントはコンテンツタイプがmultipart/mixedであり、境界（boundary）が-------------0504070803010000500070000であると知らせます❶。これは複数のタイプのデータが送信され、各データが独自のMIMEタイプを持ち符号化されていて、指定した境界値で区切られていることをサーバに伝えています。つまり別のメールクライアントがこのデータを受け取ると、各データごとに指定された境界値とMIMEタイプおよび符号化形式をもとに、内容を読む方法がわかるというわけです。

この例のメッセージは、2つの部分で構成されています。最初の部分はメールテキスト本文で、text/plainコンテンツタイプで示されています❷。このあとに境界のマーカーがあり、メッセージの新しい部分が始まっています❸。ここに画像ファイルが含まれており、コンテンツタイプはimage/jpegとなっています❹。Content-Transfer-Encodingの値がbase64にセットされている❺ことにも注意しておきましょう。これはデータが解析のためにbase64で転換されていることを示しています。データ転送の残りの部分に、符号化された画像ファイルが含まれています❻。

この符号化をセキュリティ機能と誤解しないでください。Base 64符号化は単にデータを変換しただけで、どんな攻撃者でも苦もなくこの通信から画像ファイルを取り出すことができます。パケットキャプチャからこの画像ファイルを再現したい場合は、HTTPによるファイル転送から画像を再現するのと同様の方法で行うことができます（これについては「12.3.2 リモートアクセス型のトロイの木馬」で説明しています）。この項目を読んだらこのキャプチャファイルに戻り、謎の新しい同僚の正体を探ってみてください[*1]。

9.5　まとめ

この章では、アプリケーション層のトラフィックを調査する際によく目にする、一般的なプロトコルを紹介しました。このあとに続く章では、多種多様の実践的なシナリオを通じて新しいプロトコルについて学ぶとともに、本章で紹介したプロトコルについても、未紹介のさまざまな機能について説明していきます。

個々のプロトコルをさらに詳しく知りたければ、関連するRFCを読むか、または『TCP/IP Guide』

[*1]　監訳注：**図9-35**で示されている画像ファイルの名前がnewguyつまり「新しい同僚」となっていることに掛けています。

（Charles Kozierok 著、No Starch Press 2005年）を参照してください。また「付録A 推薦文献」も参考にしてください。

10章
現場に即したシナリオの第一歩

　この章からは、Wiresharkを使って現実のネットワークトラブルを分析する中で、パケット解析の本質を掘り下げていきます。それぞれのトラブルを取り巻く状況を解説するとともに、その時点でパケット解析者が入手していた情報を提供します。下調べを行ったら、パケット解析に移り、適切なパケットをキャプチャするための手法を説明し、解析作業を段階を踏んで説明します。パケット解析が完了したら、トラブルの解決方法、あるいは解決の糸口を提示して、ここで学んだことの概要を説明します。

　パケット解析は非常に臨機応変な作業です。それぞれのシナリオの解析に用いた手法は、読者の手法とは異なるかもしれません。解析手法は人それぞれです。一番大切なのは、解析の結果トラブルが解決したか、たとえ解決できなかったとしても、その失敗から学習できたかといったことなのです。求めるものが得られなかったとしても、経験できたということが大切です。

　また本章で説明するトラブルの大半は、パケットキャプチャツールを使わずに解決できるかもしれません。しかし、パケット解析の手法に初めて接したときに、パケット解析を用いて別の視点からありがちなトラブルに取り組むことが非常に役立つことに気づいたため、こうしたシナリオも提示しています。

10.1　Webコンテンツが表示されない　`http_espn_fail.pcapng`

　最初のシナリオを見てみましょう。パケット・ピートは、大学バスケットボールのファンですが、遅くまで起きていられないので、西海岸で行われている試合は見ることができません。朝起きると、まずコンピュータの前に座り、昨晩の試合結果をhttp://www.espn.com/でチェックします。ピートが今朝ESPNをチェックしていると、ページをロードするのに非常に時間がかかり、やっと終わったかと思ったら、画像とコンテンツが表示されていませんでした（**図10-1**）。ピートがこの問題を解析する手助けをしましょう。

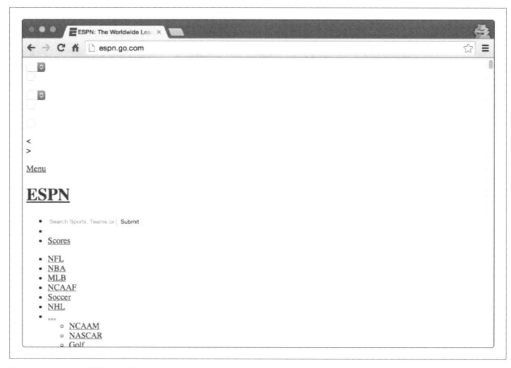

図10-1　ESPNが正しく表示されない

10.1.1　ケーブルへの潜入

　トラブルが起きているのはピートのコンピュータだけで、ほかの機器には影響が出ていないので、問題のコンピュータから直接パケットをキャプチャすることから始めましょう。Wiresharkをインストールし、ESPNサイトをブラウジングしている最中にパケットをキャプチャします。パケットはhttp_espn_fail.pcapngファイルです。

10.1.2　パケット解析

　ピートの問題はブラウジングしているWebサイトが見られないことだとわかっているので、HTTPプロトコルを重点的にチェックしましょう。前の章を読んでいれば、クライアントとサーバ間のHTTPトラフィックがどのようなものかという基本は理解していると思います。リモートサーバへHTTPリクエストが送信されたところから始めるのが最良です。GET要求でフィルタを適用するか（**http.request.method == "GET"**を使う）、メインのドロップメニューから［Statistics（統計）］→［HTTP］→［Requests（要求）］と選択します（**図10-2**）。

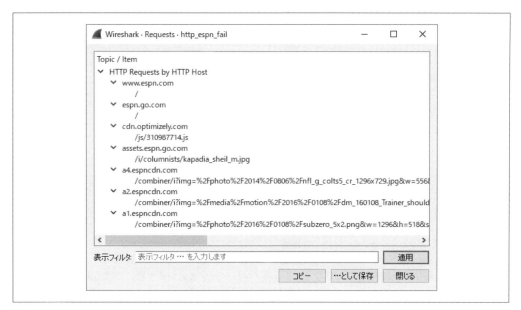

図10-2　ESPNへのHTTPリクエスト

図10-2を見ると、キャプチャしているのは7つのHTTPリクエストのみで、そのすべてがESPNサイトに関連しているようです。各要求内のドメイン名には1つを除きespnという文字列が含まれており、その例外であるcdn.optimizely.com (http://cdn.optimizely.com) は、多数のサイトに広告を配信するのに使われる**CDN** (content delivery network) です。広告や他の外部コンテンツをホストするWebサイトをブラウズする場合、CDNへの要求があるのはよくあることです。

解決の糸口が見つからないので、次に [Statistics（統計）]→[Protocol Hierarchy（プロトコル階層）] を選択し、キャプチャファイルのプロトコル階層を見てみます。これにより、予期せぬプロトコルや、プロトコルごとにおかしなトラフィックを見つけることができます（**図10-3**）。プロトコル階層の画面は現在設定しているディスプレイフィルタを基本としていることを忘れないでください。パケットキャプチャ全体に基づく結果を見たい場合は、以前に設定したフィルタを削除する必要があります。

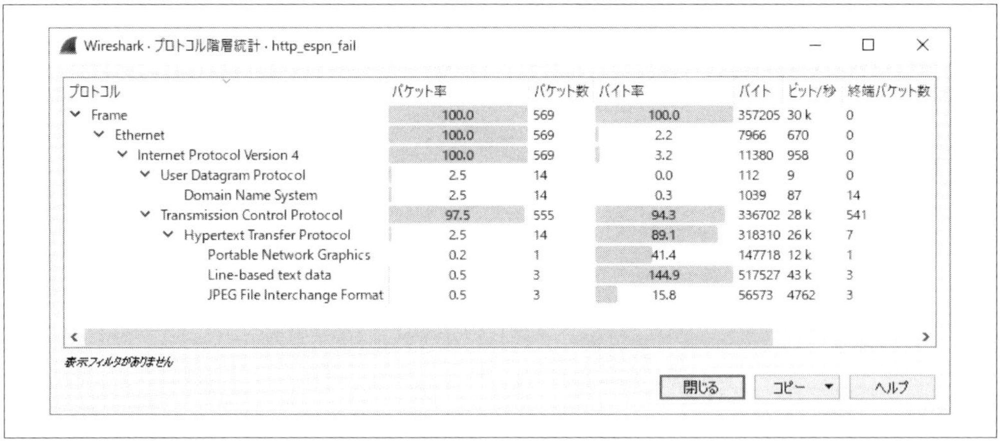

Wireshark・プロトコル階層統計・http_espn_fail

プロトコル	パケット率	パケット数	バイト率	バイト	ビット/秒	終端パケット数
Frame	100.0	569	100.0	357205	30 k	0
Ethernet	100.0	569	2.2	7966	670	0
Internet Protocol Version 4	100.0	569	3.2	11380	958	0
User Datagram Protocol	2.5	14	0.0	112	9	0
Domain Name System	2.5	14	0.3	1039	87	14
Transmission Control Protocol	97.5	555	94.3	336702	28 k	541
Hypertext Transfer Protocol	2.5	14	89.1	318310	26 k	7
Portable Network Graphics	0.2	1	41.4	147718	12 k	1
Line-based text data	0.5	3	144.9	517527	43 k	3
JPEG File Interchange Format	0.5	3	15.8	56573	4762	3

表示フィルタがありません

図10-3　ブラウジングセッションのプロトコル階層

　プロトコル階層はそれほど複雑ではなく、2つのアプリケーションレイヤ層、つまりHTTPとDNSしかないことがすぐにわかります。「9章 知っておきたい上位層プロトコル」で学んだように、ドメイン名をIPアドレスに変換するのにDNSが利用されます。つまりhttp://www.espn.com/などのサイトをブラウズすると、システムはDNS問い合わせを送り、リモートWebサーバのIPアドレスを見つける必要があります（アドレスを知らない場合）。正しいIPアドレスがDNSのレスポンスで返ってくると、この情報がローカルキャッシュに追加され、TCPを使ったHTTP通信が始まります。

　すべて正常に見えますが、DNSパケットが14あることに注意してください。1つのドメイン名に対するDNSリクエストは通常1つのパケットに含まれており、それに対するレスポンスも1つのパケットです（パケットが非常に大きい場合は例外で、その場合DNSはTCPを利用します）。ここには14のパケットがあるので、最大7つのDNSクエリが生成された可能性があります（7つのクエリ＋7つのレスポンス＝14パケット）。**図10-2**は7つの異なるドメインに対するHTTPリクエストを示していますが、ピートがブラウザに入力したURLは1つだけです。なぜ6つも余計な要求が送られたのでしょうか。

　単純に考えれば、Webページを閲覧するには1台のサーバに問い合わせ、1回のHTTP対話でそのコンテンツをすべて獲得すれば済むはずです。しかし現実には、個々のWebページが提供するコンテンツは、複数のサーバでホストされています。テキストのコンテンツがとある場所にあり、画像は別の場所、埋め込まれた動画はさらに別の場所にあるかもしれないのです。しかもこれには、複数のプロバイダがさらに数十ものサーバを使ってホストしている広告は含まれていません。HTTPクライアントがHTMLコードを解析し、別のホスト上にあるコンテンツへの参照を見つけると、そのコンテンツをそのホストへと問い合わせ、その問い合わせがさらに別のDNSクエリとHTTPリクエストを生み出します。これがまさに、ピートがESPNを閲覧したときに起きたことなのです。ピートは単一ソースによるコンテンツを閲覧しようとしただけかもしれませんが、HTMLコードに別のコンテンツへの参照が見つかり、ブラウザは複数のほかのドメインのコンテンツに、自動的に要求を送ったのです。

要求が複数存在する理由がわかったところで、次のステップでは各要求に関連する個々の対話を、
[Statistics（統計）]→[Conversations（対話）]と選択して調べます。[Conversations]ダイアログが重要
なヒントをくれます（**図10-4**）。

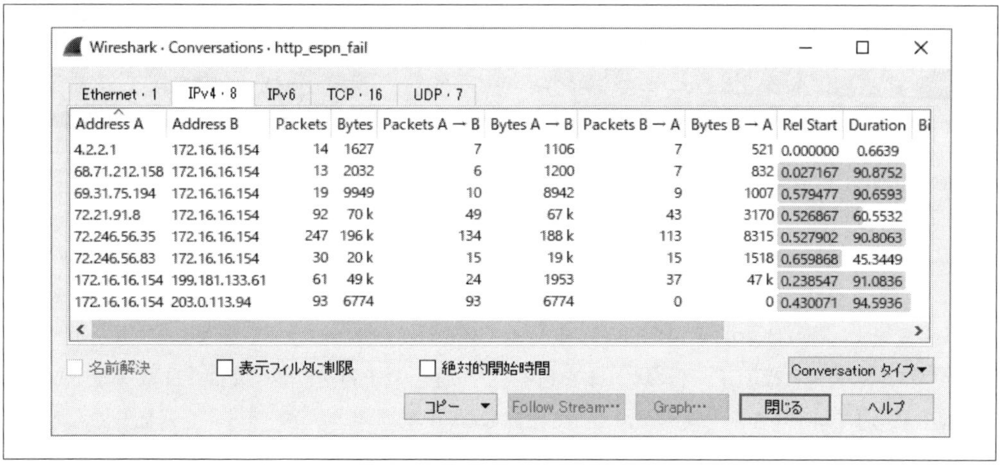

図10-4　IP対話を見る

先ほど7つのDNSリクエストと、それに対する7つのHTTPリクエストがあることを確認しました。
ここから考えられるのは、これに合致する7つのIP対話の存在ですが、なぜか8つあります。この理由
はどのように説明できるでしょうか。

ひとつ考えられるのは、キャプチャがトラブルとは無関係な対話によって「汚染」された可能性です。
無関係なトラフィックに解析が汚染されないよう注意するのはもちろん重要ですが、この対話ではそ
れは問題ではありません。各HTTPリクエストを調べ、要求が送られた宛先のIPアドレスを照合する
と、ひとつだけ合わないHTP要求が出てきます。この対話のエンドポイントがピートのコンピュータ
（172.16.16.154）で、リモートIPアドレスは203.0.113.94です。**図10-4**の最後の行がこの対話となってい
ます。この不明のホストに6,774バイトのデータが送信され、戻ってきているのです。調べてみましょう。

対話を右クリックし、[Apply As Filter（フィルタとして適用）]→[Selected（選択済み）]→[A<->B]と
進んでこの対話にフィルタをかけると、TCPの知識があれば何が間違っているのかがわかるはずです
（**図10-5**）。

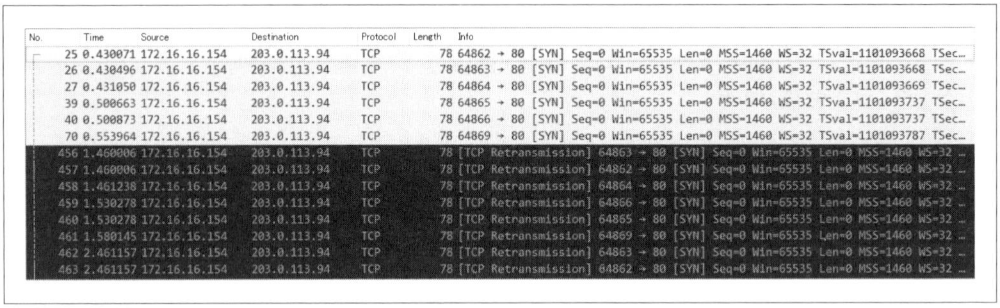

232 | 10章　現場に即したシナリオの第一歩

図10-5　予期しない接続を見る

　正常なTCP通信であれば、標準的なSYN-SYN/ACK-ACKハンドシェイクが行われます。このケースでは、ピートのコンピュータが203.0.113.94にSYNパケットを送信したものの、SYN/ACKレスポンスがありません。そればかりか、ピートのコンピュータは何度もSYNパケットを送ったにもかかわらず返信がなく、最終的にはTCP再送パケットを送っています。TCP再送については「11章　ネットワークの遅延と戦う」で詳しく説明しますが、ここで注意したいのは、ホストがパケットを送信しても何も応答がないというケースがあるということです。[Time]のカラムを見ると、95秒間レスポンスのないままに再送が続いています。ネットワーク通信では、これはとんでもない遅さです。

　これまでに7つのDNSリクエスト、7つのHTTPリクエスト、8つのIP対話を見つけました。キャプチャが余計なデータに汚染されていないのはわかっているので、ピートのコンピュータがWebページをロードするのに時間がかかったうえに結局表示できなかったのは、8つ目の謎のIP対話に原因があると推測できます。ピートのコンピュータはなぜか、存在しない、あるいは待ち受けしていない機器と通信しようとしています。その理由を知るには、キャプチャファイルの中身ではなく、その中にないものが何かを考えなければなりません。

　ピートがhttp://www.espn.com/をブラウズしたとき、ブラウザは他のドメインでホストされているリソースを識別しました。データを得るため、彼のコンピュータは必要なIPアドレスを見つけるべくDNSリクエストを生成し、TCP経由で接続して、コンテンツを要求するHTTPリクエストが送信できるようにしています。しかし203.0.113.94との対話には、DNSリクエストが存在していません。ではピートのコンピュータはどのようにしてIPアドレスを知ったのでしょうか。

　「9章　知っておきたい上位層プロトコル」のDNSについての説明を覚えているか、あるいはもとからよく知っているなら、ほとんどのシステムが何らかのDNSキャッシュを実装していることをご存知でしょう。頻繁にやり取りをしているドメインであれば、毎回DNSリクエストを生成しなくても、すでに取得しているDNSからIPアドレスへのマッピングを参照することで、IPアドレスを解決できる仕組みがDNSキャッシュです。このDNSとIPアドレスのマッピングはそのうち期限切れとなるので、新しいリクエストを生成しなければなりません。DNSとIPアドレスのマッピングが変更されたにもかかわらず、サイトを訪れた際にDNSリクエストを生成しないと、機器はすでに有効ではないアドレスへの接

続を試みることになります。

これがまさにピートのケースです。ピートのコンピュータは、ESPNのコンテンツをホストするドメインのDNSからIPアドレスへのマッピングをキャッシュしていました。このキャッシュが存在したために、DNSリクエストは送られず、彼のコンピュータは古いアドレスにそのまま接続を試みていたのです。しかしそのアドレスはすでにリクエストに応じられる設定ではなくなっていたため、リクエストは時間切れとなり、コンテンツはロードされませんでした。

幸いにもピートの場合、コマンドラインかターミナルウィンドウで数文字打ち込むだけで、DNSキャッシュを手動で削除できます。あるいは数分待ってから再度アクセスすれば、DNSキャッシュが時間切れとなり、新しいリクエストが送られるでしょう。

10.1.3　学んだこと

ケンタッキー大学がデューク大学に90点差で勝ったという結果を知るのにずいぶん苦労しましたが、ネットワークホスト間の関係を深く理解するのには役立ったのではないでしょうか。このシナリオでは、キャプチャ内のリクエストに関連する複数のデータポイントと対話を調べることで、解決策を見出しました。そこからいくつかの矛盾を見つけ、さらに掘り下げて、クライアントとESPNのコンテンツ配信サーバとの間で接続が失敗していた事実を発見することができました。

実際の問題の解析は、パケットのリストをスクロールして、問題があるように見えるものを探す、というわけにはいきません。非常に単純な問題のトラブルシューティングでも非常に大きなキャプチャファイルが生成され、異常を発見するためにはWiresharkの解析や統計機能に頼らざるを得ないのです。パケットレベルでうまくトラブルシューティングをするには、こうした解析に慣れておくことが重要です。

WebブラウザとESPN間の正常な通信のサンプルが見たい場合は、サイトをブラウズしながら自分でトラフィックをキャプチャしてみましょう。コンテンツを配信するサーバがすべて確認できるかどうかをチェックしてください。

10.2　応答しない天気予報サービス

weather_broken.pcapng, weather_working.pcapng

2番目のシナリオでも、我らが友、パケット・ピートを取り上げます。ピートは自らをアマチュア気象学者と自称しており、現在の天気や天気予報を数時間おきにチェックしています。確認するのは地元の天気予報ニュースだけではありません。自宅の外に小型の気象観測システムを設置し、測定データをhttps://www.wunderground.com/にアップして統計を取り、チェックしているのです。ピートは今日、自分の気象観測システムで、一晩でどれだけ気温が下がったかをチェックしようとしたところ、昨晩の真夜中頃から9時間以上、Wundergroundに気象観測システムからデータが報告されていないことがわかりました（**図10-6**）。

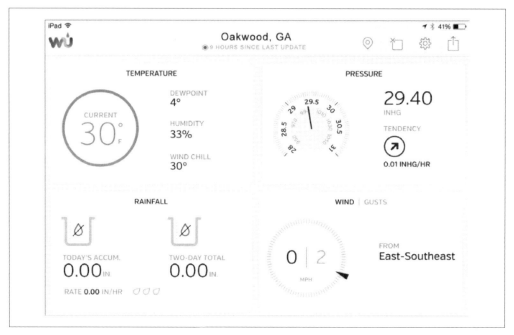

図10-6　気象観測システムは9時間報告を送信していない

10.2.1　ケーブルへの潜入

屋根に設置された気象観測システムは、無線経由で家の中の受信機につながっています。受信機はネットワークスイッチに接続しており、インターネット経由でWundergroundに統計データを報告します。これを図式化したのが**図10-7**です。

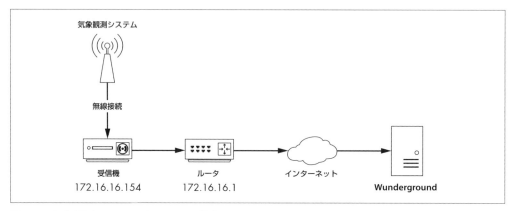

図10-7　気象観測システムのネットワーク構造

受信機上でも簡単なWebベースの管理ページが見られますが、ピートがログインしたところ、最後に同期した時間についての不可解なメッセージがあるだけで、トラブルシューティングに役立つような情報は見つかりません。ソフトウェアは詳細なエラーログを提供していないのです。気象観測システムインフラの通信の中核は受信機なので、問題を解析するには受信機から送受信されたパケットをキャプチャするのが理にかなっています。これはホームネットワークなので、SOHOスイッチではポートミラーリングはおそらく使えません。安いタップを使うか、ARPキャッシュポイゾニングを実行して、パケットをキャプチャするのが最善策です。キャプチャパケットはweather_broken.pcapngファイルに含まれています。

10.2.2　パケット解析

キャプチャファイルを開くと、今回もHTTP通信が見つかります。パケットキャプチャでは、ピートの受信機172.16.16.154と、インターネット上の不明なリモート機器38.102.136.125間の1つの対話のみが確認できます（**図10-8**）。

No	Time	Source	Destination	Protocol	Length	Info
1	0.000000	172.16.16.154	38.102.136.125	TCP	78	53904 → 80 [SYN] Seq=0 Win=65535 Len=0 MSS=1460 WS=32 TSval=1015238041 TSecr=0 SACK_PERM=1
2	0.087018	38.102.136.125	172.16.16.154	TCP	60	80 → 53904 [SYN, ACK] Seq=0 Ack=1 Win=8190 Len=0 MSS=1360
3	0.087108	172.16.16.154	38.102.136.125	TCP	54	53904 → 80 [ACK] Seq=1 Ack=1 Win=65535 Len=0
4	0.087178	172.16.16.154	38.102.136.125	HTTP	571	GET /weatherstation/updateweatherstation.php?ID=KGAOAKWO2&PASSWORD=00000000&tempf=43.0&humidity=30&...
5	0.176462	38.102.136.125	172.16.16.154	HTTP	237	HTTP/1.0 200 OK (text/html)
6	0.176567	172.16.16.154	38.102.136.125	TCP	54	53904 → 80 [ACK] Seq=518 Ack=184 Win=65535 Len=0
7	0.176714	172.16.16.154	38.102.136.125	TCP	54	53904 → 80 [FIN, ACK] Seq=518 Ack=184 Win=65535 Len=0
8	0.262587	38.102.136.125	172.16.16.154	TCP	60	80 → 53904 [FIN, ACK] Seq=184 Ack=519 Win=7673 Len=0
9	0.262656	172.16.16.154	38.102.136.125	TCP	54	53904 → 80 [ACK] Seq=519 Ack=185 Win=65535 Len=0

図10-8　受信機の通信のみを抽出する

対話の特性を調べる前に、不明なIPを識別できるかどうか見てみましょう。ピートの気象観測システム受信機が通信すべき相手の正確なIPアドレスを調べるには、かなりの調査が必要になりそうですが、WHOISクエリを実行すれば、これがWundergroundインフラの一部かどうかは、最低限確認することができます。WHOISクエリはドメイン登録またはhttp://whois.arin.net/などの地域インターネットレジストリ（RIR）サイトで実行することが可能です。今回のケースでは、CogentというISP（internet service provider）のIPのようです（**図10-9**）。PSINet Inc.も登場していますが、ちょっと検索するとPSINet資産のほとんどは2000年代初期にCogentによって買収されていることがわかりました。

Network	
Net Range	38.0.0.0 - 38.255.255.255
CIDR	38.0.0.0/8
Name	COGENT-A
Handle	NET-38-0-0-0-1
Parent	
Net Type	Direct Allocation
Origin AS	AS174
Organization	PSINet, Inc. (PSI)
Registration Date	1991-04-15
Last Updated	2011-05-20
Comments	Reassignment information for this block can be found at rwhois.cogentco.com 4321
RESTful Link	https://whois.arin.net/rest/net/NET-38-0-0-0-1

Function	Point of Contact
Tech	PSI-NISC-ARIN (PSI-NISC-ARIN)

See Also	Related organization's POC records.
See Also	Related delegations.

図10-9　WHOISデータはIPの所有者を識別する

　IPアドレスを組織が直接登録している場合、WHOISクエリはその組織の名前を返しますが、たいていの企業は自身で登録を行わず、ISPのIPアドレスを単に使っています。こうした場合に役立つもうひとつの方法が、**IPアドレスと結びついたAS番号**（ASN：autonomous system number）の検索です。公共インターネット上でのある種のルーティングに必要なため、組織はAS番号の登録を義務付けられています。IPとAS番号の対応を調べる方法はいくつかありますが（一部のWHOIS検索でも自動的に調べられる）、筆者のお気に入りはTeam Cymruの自動検索ツール（https://asn.cymru.com/）です。このツールを38.102.136.125に使ってみると、このIPアドレスのAS番号はAS 36347で、"Wunderground – The Weather Channel, LLC, US" に割り当てられている[1]ことがわかります（**図10-10**）。つまり観測システムは、少なくとも正しい相手と通信しているということです。このアドレスの持ち主が見つからなかったとしても、ピートの受信機が間違った相手と通信していないことを確認するという意味で、調べた価値はあります。

---

[1]　監訳注：本書日本語版の監訳の際に確認したところ、別のAS番号と組織が割り当てられていました。

図10-10　外部IPアドレスをIP・ASN検索で探す

　不明なホストの正体がわかったところで、通信をさらに掘り下げてみましょう。対話はTCPハンドシェイクで始まり、HTTP GETリクエストとレスポンスが1回、TCPティアダウンで終了するという比較的短い内容です。ハンドシェイクとティアダウンは正常に行われているようなので、問題はHTTPリクエストそのものにあると考えられます。詳しく調べるために、TCPストリームを追跡します（**図10-11**）。

```
Wireshark・TCPストリーム (tcp.stream eq 0)を追跡・weather_broken

GET /weatherstation/updateweatherstation.php?
ID=KGAOAKWO2&PASSWORD=00000000&tempf=43.0&humidity=30&dewptf=13.6&windchillf=43.0&winddir=194&windspeedmph
=0.22&windgustmph=2.46&rainin=0.00&dailyrainin=0.00&weeklyrainin=0.00&monthlyrainin=0.00&yearlyrainin=0.00
&solarradiation=54.14&UV=0&indoortempf=67.1&indoorhumidity=26&baromin=29.32&lowbatt=0&dateutc=2016-1-6%202
1:58:34&softwaretype=Weather%20logger%20V1.0&action=updateraw&realtime=1&rtfreq=5 HTTP/1.1 ❶
Host: 38.102.136.125
User-Agent: curl/7.43.0
Accept: */*

HTTP/1.0 200 OK ❷
Content-type: text/html
Date: Thu, 07 Jan 2016 00:28:39 GMT
Content-Length: 58
Connection: keep-alive

INVALIDPASSWORDID|Password or key and/or id are incorrect ❸
```

図10-11　気象観測システム受信機の通信のTCPストリームを追跡する

　HTTP通信はピートの受信機からWundergroundへのGETリクエストで始まっています。HTTPコンテンツは配信されていませんが、大量のデータがURLで配信されています❶。Webアプリケーションでは URLクエリ文字列経由でデータが送信されるのはよくあることで、受信機はこの仕組みを使って気象データをアップデートしているようです。`tempf=43.0`、`dewptf=13.6`、`windchillf=43.0`などのフィールドを見てください。Wundergroundコレクションサーバがフィールドの一覧とURLからのパラメータを解析し、データベースに保管しています。

一見すると、WundergroundサーバへのGETリクエストには何の問題もないようです。しかしそれに対するレスポンスでエラーが報告されています。サーバはHTTP/1.0 200 OK応答コードを返しており❷、これはGETリクエストが正常に受信されたことを示していますが、応答の本文にINVALIDPASSWORDID|Password or key and/or id are incorrectというメッセージが含まれています❸。

リクエストしたURLをもう一度見てみると、最初の2つのパラメータがIDとPASSWORDになっています。このパラメータは気象観測システムのコールサインを識別し、Wundergroundサーバへの接続を認証するのに用いられます。

このケースでは、ピートの気象観測システムのIDは適切でしたが、パスワードが不適切でした。理由は不明ですが、ゼロになり変わっていたのです。最後の正常な接続は真夜中だったので、アップデートが行われたか、受信機が再起動したのか、あるいはパスワード設定が消えてしまったのでしょう。

> 開発者の多くはURLでパラメータを送りがちですが、この例で見たように、パラメータとパスワードを一緒にURLで送るというのは、あまりお勧めできません。要求されたURLがHTTPで送信される場合、HTTPSのように暗号化されず、平文のままで送られるからです。つまり悪意あるユーザーが傍受していたら、パスワードを盗まれる可能性があるのです。

ここではピートは受信機にアクセスし、新しいパスワードを入力することができましたので、ほどなくして、気象観測システムは再度データの同期を開始しました。気象観測システム通信の成功例はweather_working.pcapngファイルにあります。通信ストリームを**図10-12**に示しました。

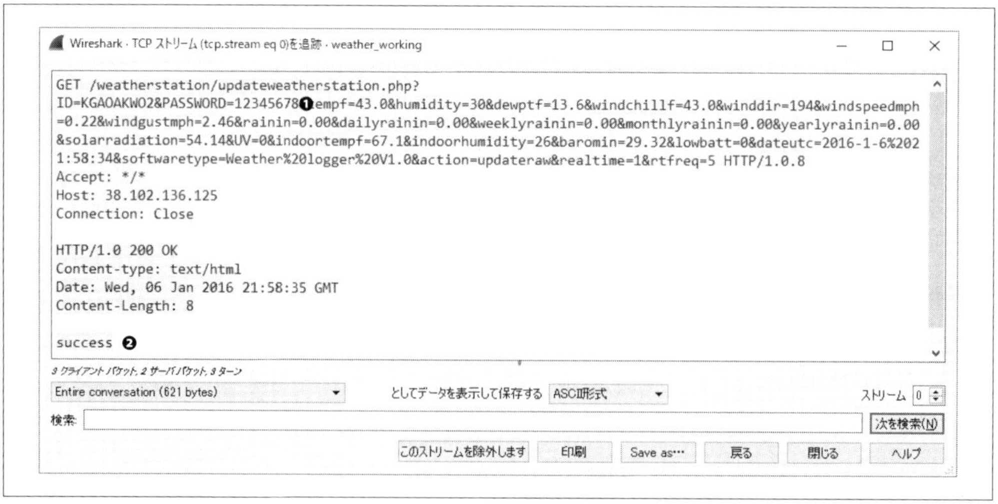

図10-12　気象観測システムの通信が再開

正しいパスワードが設定されており❶、WundergroundサーバはHTTPレスポンス本文でsuccessメッセージを送り返しています❷。

10.2.3　学んだこと

このシナリオでは、サードパーティのサービスが別のプロトコル（HTTP）の機能を利用して、ネットワーク通信を実行していました。サードパーティのサービスに関する通信トラブルの解決はよくある話で、適切なドキュメントやエラーログが使えない場合のトラブルシューティングには、パケット解析が最適です。今回の気象観測システムのようなIoT（Internet of Things）が身の回りのいたるところに出現している今、こうした問題はより一般的になっています。

トラブルの解決に際しては、不明なトラフィックを調査し、本来の働きを見出す能力が求められます。今回のシナリオに登場したHTTPベースの気象データ伝送のようなアプリケーションは、かなり単純です。しかし中には非常に複雑で、複数のトランザクションや暗号化機能、Wiresharkでは解析できないカスタマイズされたプロトコルが必要とされるアプリケーションもあります。

サードパーティのサービスをさらに調べていくと、開発者がネットワーク通信に利用する一般的なパターンについて学ぶことになります。この知識はトラブルシューティングを効率よく行うのに役立つでしょう。

10.3　インターネットに接続できない

インターネット接続問題を診断、解決しなければならないシナリオも多いでしょう。よくある問題をいくつか見ていきます。

10.3.1　ゲートウェイ設定問題　`nowebaccess1.pcapng`

次のシナリオは、ユーザーがインターネットに接続できないというよくある問題です。ほかのコンピュータの共有や、ローカルサーバ上のアプリケーションへのアクセスを含む、イントラネット上のすべてのリソースにアクセスできることは確認済です。

すべてのクライアントとサーバが単純なスイッチ経由で接続されており、ネットワークのアーキテクチャはかなり単純です。インターネットへのアクセスはデフォルトゲートウェイとして機能する単一のルータ経由で処理され、IPアドレス情報はDHCPによって提供されています。小規模なオフィスでは非常に一般的なシナリオです。

10.3.1.1　ケーブルへの潜入

トラブルの原因を判断するため、パケットキャプチャツールがネットワークを監視している最中にインターネットのブラウズを試行してもらいます。「2章 ケーブルに潜入する」に記載した情報（**図 2-15**）により、パケットキャプチャツールを配置するのに適切な場所を判断します。

ネットワークのスイッチはポートミラーリングに対応していません。テストに協力してもらっている段階で、すでにユーザーの作業を邪魔してしまっているので、再度ネットワーク断が発生しても大丈夫でしょう。これは高スループットのシナリオではありませんが、可能であればタップを使うのがケーブルに潜入する最適な方法だからです。その結果取得したファイルが nowebaccess1.pcapng です。

10.3.1.2　パケット解析

トラフィックのキャプチャは、**図10-13**のように、ARPリクエストとレスポンスで始まります。MACアドレス00:25:b3:bf:91:ee、IPアドレス172.16.0.8のユーザーのコンピュータは、1番目のパケットで、デフォルトゲートウェイである172.16.0.10のIPアドレスに対応付けられたMACアドレスを見つけるために、ネットワークセグメント上のすべてのコンピュータにARPブロードキャストパケットを送信します。

図10-13　デフォルトゲートウェイに対するARPリクエストとレスポンス

2番目のパケットでレスポンスを受け取ったユーザーのコンピュータは、172.16.0.10が00:24:81:a1:f6:79であることがわかったので、インターネットへと向かうゲートウェイへの経路が確立されました。

ARPレスポンスに続き、コンピュータは3番目のパケットで、DNSを使ってIPアドレスから名前解決を試みる必要があります。**図10-14**に示しているように、プライマリのDNSサーバである4.2.2.2にDNSクエリパケットを送信します❶。

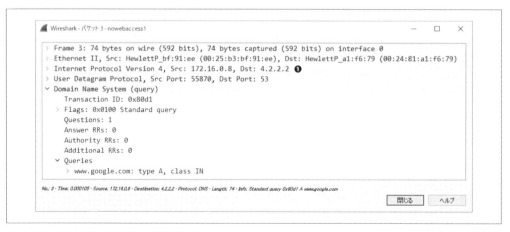

図10-14　4.2.2.2に送信されたDNSクエリ

普通の状況だと、DNSサーバはDNSクエリに非常に迅速に応答しますが、ここではそうなっていません。応答ではなく、同じDNSクエリが再度別のアドレスへと送信されています。**図10-15**では、4番目のパケットで2回目のDNSクエリが、セカンダリのDNSサーバ4.2.2.1に送信されています❶。

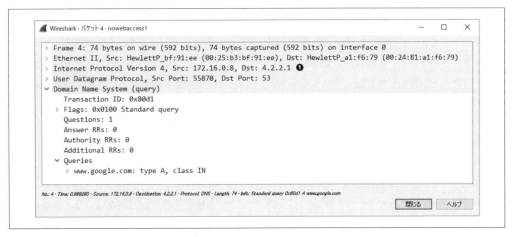

図10-15　4.2.2.1に送信された2回目のDNSクエリ

またもやDNSサーバからの応答はなく、クエリは1秒後に再度、4.2.2.2へと送信されます。この処理は**図10-16**からわかるように、プライマリのDNSサーバ❶とセカンダリ❷へと交互にパケットを送るという形で、数秒間繰り返されます。この処理全体にかかる時間は約8秒です❸。これはユーザーのブラウザが、Webサイトに接続できないと報告するまでに要する時間となります。

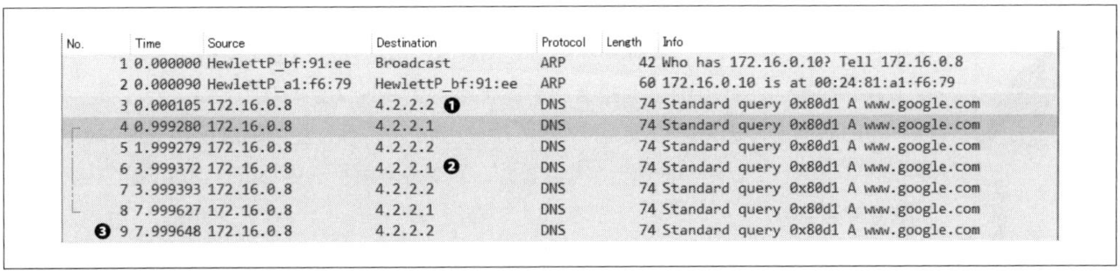

図10-16　通信が中断されるまでDNSクエリが繰り返される

パケットからトラブルの原因を特定してみましょう。まず、デフォルトゲートウェイだと考えているルータへのARPリクエストが成功していることから、この通信機器は動作しており、通信可能だとわかります。またユーザーのコンピュータは実際にパケットを転送しているので、コンピュータ自体にプロトコルスタックの問題はないと推定できます。問題は明らかに、DNSリクエストが行われた時点で起きているのです。

ここでは、DNSクエリがインターネット上の外部サーバ（4.2.2.2または4.2.2.1）によって解決されま

す。つまり名前解決が適切に行われるには、インターネットにパケットをルーティングするルータがDNSクエリをDNSサーバへきちんと転送し、サーバがこれに応答する必要があるのです。これらのことはすべて、WebページのリクエストにHTTPが利用される前に行われます。

インターネットに接続できないユーザーがほかには存在しないので、ルータと外部のDNSサーバはおそらく問題の原因ではないと言えます。すると唯一疑わしいのが、ユーザーのコンピュータです。

問題のコンピュータを詳しく調べてみると、DHCPが割り当てたアドレス情報を受け取る設定になっておらず、手動でアドレス情報が設定されていたため、デフォルトゲートウェイのアドレス設定が適切でなかったことが判明しました。デフォルトゲートウェイとして設定されたアドレスが不適切だったため、DNSクエリパケットを転送できなかったのです。

10.3.1.3　学んだこと

このシナリオの問題は、クライアントの設定ミスにありました。問題自体はかなり単純なものでしたが、ユーザーには多大な影響を与えるものでした。このような単純な設定ミスのトラブルシューティングでも、ネットワーク知識のない人や、ちょっとしたパケット解析を行う能力がなければ、かなりの時間を要してしまいます。パケット解析は大規模で複雑なトラブルを解決するときだけのものではないのです。

このシナリオでは、デフォルトゲートウェイのIPアドレスがわかっていなかったので、WiresharkだけではトラブルのIP原因を確定できませんでしたが、どこを確認すべきかを教えてくれたため、貴重な時間を節約できました。デフォルトゲートウェイを調べたり、ISPに連絡を取ったり、外部のDNSサーバのトラブルシューティングを行う方策を探したりすることなく、トラブルの原因であるコンピュータそのものに集中することができたのです。

ネットワークのIPアドレス体系を知っていれば、解析がさらに早く行えました。ARPリクエストが送信されたIPアドレスがデフォルトゲートウェイのアドレスと違うと気づけば、このトラブルの原因はすぐに判明したのです。こうした単純な設定ミスはしばしばネットワークトラブルの根源となりますが、パケット解析を少し行うだけで通常は簡単に解決できます。

10.3.2　不適切なリダイレクト　　　　　　　　　　nowebaccess2.pcapng

このシナリオでも、コンピュータからインターネットに接続できないユーザーに再度登場してもらいましょう。しかしながら先ほどとは異なり、今度のユーザーはインターネットには接続できるのですが、自分のホームページであるhttps://www.google.com/に接続できません。Googleが提供するドメインにアクセスしようとすると、「Internet ExplorerはWebページを表示できません」というページにリダイレクトされてしまいます。しかもトラブルが起きているのはこのユーザーだけです。

先ほどのシナリオ同様、いくつかの簡単なスイッチと、デフォルトゲートウェイとして機能するルータ1台のみで構成された小規模なネットワークです。

10.3.2.1　ケーブルへの潜入

解析を始めるため、タップを使ってユーザーにhttps://www.google.com/をブラウズしてもらった際に生成されるトラフィックをキャプチャしました。その結果のファイルがnowebaccess2.pcapngです。

10.3.2.2　パケット解析

トラフィックのキャプチャは、**図10-17**のように、ARPリクエストとレスポンスで始まります。MACアドレス00:25:b3:bf:91:ee、IPアドレス172.16.0.8のユーザーのコンピュータは、1番目のパケットで、172.16.0.102のIPアドレスに対応付けられたMACアドレスを見つけるために、ネットワークセグメント上のすべてのコンピュータにARPブロードキャストパケットを送信します。この時点で、このIPアドレスの役割は不明です。

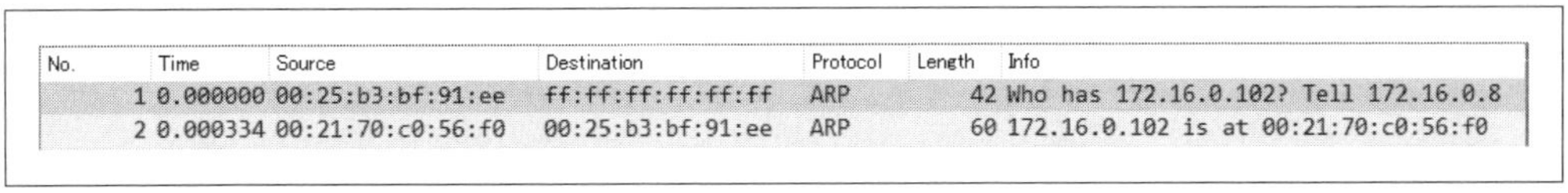

No.	Time	Source	Destination	Protocol	Length	Info
1	0.000000	00:25:b3:bf:91:ee	ff:ff:ff:ff:ff:ff	ARP	42	Who has 172.16.0.102? Tell 172.16.0.8
2	0.000334	00:21:70:c0:56:f0	00:25:b3:bf:91:ee	ARP	60	172.16.0.102 is at 00:21:70:c0:56:f0

図10-17　ネットワーク上の別の機器へのARPリクエストとレスポンス

2番目のパケットで、IPアドレス172.16.0.102が00:21:70:c0:56:f0であるとわかりました。先ほどのシナリオ同様、これはデフォルトゲートウェイのIPアドレスだとして、DNSパケットはこのアドレスを使って外部DNSサーバに転送されるものだと推定してみましょう。ところが**図10-18**を見ると、次のパケットはDNSリクエストではなく、172.16.0.8から172.16.0.102へのTCPパケットです。SYNフラグがセットされているということは❸、これは2つの機器間で新たなTCPコネクションを確立するためのハンドシェイクの、最初のパケットだということになります。

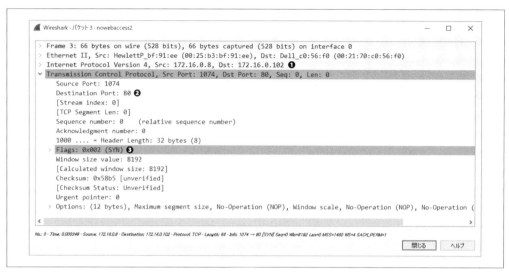

図10-18　内部の機器から別の内部の機器へと送られたTCP SYNパケット

注目すべき点として、通常HTTPトラフィックに使われる80番ポートで❷、172.16.0.102❶に対するTCPコネクションの確立が試行されています。

このコネクションの試行は、172.16.0.102がRSTとACKフラグをセットしたTCPパケット（4番目のパケット）❶をレスポンスとして送信した時点で中断してしまいます（図10-19）。

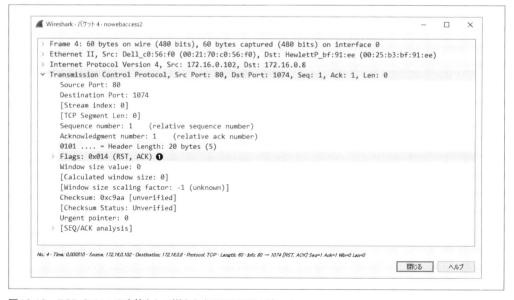

図10-19　TCP SYNへの応答として送られたTCP RSTパケット

「8章 トランスポート層プロトコル」で、RSTフラグをセットしたパケットはTCPコネクションの終了に用いられるという説明があったことを思い出しましょう。しかしながら今回のシナリオでは、172.16.0.8のコンピュータが、172.16.0.102の機器と80番ポートでTCPコネクションを確立しようとしたところ、この機器では、80番ポートでリクエストを待ち受けるサービスが設定されていなかったため、TCP RSTパケットが送られてコネクションが終了してしまっています。**図10-20**のように、通信が完全に終了するまでに、ユーザーのコンピュータからSYNが送られ、RSTがセットされたレスポンスが戻ってくるという処理は3回繰り返されています。そのあとに、ユーザーのブラウザに「ページが表示できません」という内容のメッセージが表示されます。

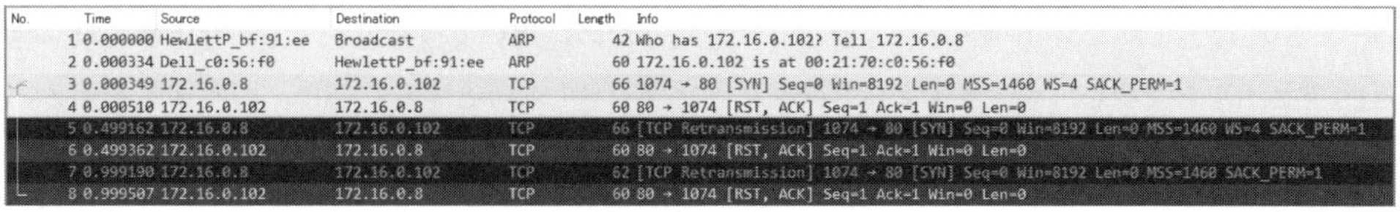

No.	Time	Source	Destination	Protocol	Length	Info
1	0.000000	HewlettP_bf:91:ee	Broadcast	ARP	42	Who has 172.16.0.102? Tell 172.16.0.8
2	0.000334	Dell_c0:56:f0	HewlettP_bf:91:ee	ARP	60	172.16.0.102 is at 00:21:70:c0:56:f0
3	0.000349	172.16.0.8	172.16.0.102	TCP	66	1074 → 80 [SYN] Seq=0 Win=8192 Len=0 MSS=1460 WS=4 SACK_PERM=1
4	0.000510	172.16.0.102	172.16.0.8	TCP	60	80 → 1074 [RST, ACK] Seq=1 Ack=1 Win=0 Len=0
5	0.499162	172.16.0.8	172.16.0.102	TCP	66	[TCP Retransmission] 1074 → 80 [SYN] Seq=0 Win=8192 Len=0 MSS=1460 WS=4 SACK_PERM=1
6	0.499362	172.16.0.102	172.16.0.8	TCP	60	80 → 1074 [RST, ACK] Seq=1 Ack=1 Win=0 Len=0
7	0.999190	172.16.0.8	172.16.0.102	TCP	62	[TCP Retransmission] 1074 → 80 [SYN] Seq=0 Win=8192 Len=0 MSS=1460 SACK_PERM=1
8	0.999507	172.16.0.102	172.16.0.8	TCP	60	80 → 1074 [RST, ACK] Seq=1 Ack=1 Win=0 Len=0

図10-20　TCP SYNとRSTパケットは合計3回送られている

きちんと動作している別のネットワーク機器の設定を調べると、1番目と2番目のパケットのARPリクエストとレスポンスに問題がある可能性が浮かび上がってきました。ARPリクエストがデフォルトゲートウェイのMACアドレスではなく、別の不明な機器に送られていたのです。また、ARPリクエストとレスポンスを追跡すれば、https://www.google.com/ に対応付けられたIPアドレスを見つけるために、DNSサーバに送信されるDNSクエリが見られると思ったのですが、見つかりません。DNSクエリの生成が行われない理由は2つあります。

- コネクションを確立しようとした機器のDNS名とIPアドレスがすでにDNSキャッシュに格納されている（本章の最初のシナリオと同じように）。
- DNS名に対するコネクションを確立しようとした機器が、DNS名とIPアドレスの対応付けを、hostsファイルに保持している。

クライアントのコンピュータをさらに調べてみると、コンピュータのhostsファイルにhttps://www.google.com/のエントリがあり、これが内部IPアドレス172.16.0.102に対応付けられていました。この間違ったエントリがユーザーのトラブルを引き起こしていたのです。

　一般的に、コンピュータはDNS名とIPアドレスの対応付けに関する情報源としてhostsファイルを利用し、外部に問い合わせる前にそのファイルを確認します。今回のシナリオでは、ユーザーのコンピュータがhostsファイルを確認してhttps://www.google.com/のエントリを参照し、https://www.google.com/はローカルのネットワーク上にあると判断しました。そのためARPリクエストを該当の機器に送ってレスポンスを受け取り、172.16.0.102と80番ポートでTCPコネクションを確立しようとした

のです。しかしこの機器がWebサーバとして設定されていなかったため、コネクションが確立できなかったわけです。

hostsファイルのエントリを削除することで、ユーザーのコンピュータは正しく通信を開始し、https://www.google.com/ に接続できるようになりました。

Windowsシステムでhostsファイルを確認するには、C:\Windows\System32\drivers\etc\hostsを参照してください。Linuxの場合は/etc/hostsを参照してください。

このようなトラブルは非常によく起こります。これは、マルウェアが何年もの間、ユーザーを悪意あるコードが埋め込まれたWebサイトにリダイレクトするために用いてきた方法でもあります。攻撃者がhostsファイルを改変し、オンラインバンキングへアクセスしようとするたびに、口座情報を盗み出す偽サイトへリダイレクトされていたとしたらどうでしょう！

10.3.2.3　学んだこと

トラフィックの解析を続けていくと、さまざまなプロトコルの動作と、その遮断の仕方の両方を学んでいきます。今回のシナリオでは、外的な制約や設定ミスではなく、クライアントの設定ミスのために、DNSクエリが送信されませんでした。

パケットレベルでこのトラブルを調べると、不明なIPアドレスと、通信の鍵となるDNSが見当たらないことがすぐにわかります。この情報によって、クライアントが問題の原因であると判明したのです。

10.3.3　外部の問題　　　　　　　　　　　　`nowebaccess3.pcapng`

先の2つのシナリオ同様、今回のシナリオでも、ユーザーがコンピュータからインターネットへ接続できないと文句を言っています。このユーザーは問題の原因をひとつのWebサイト、https://www.google.com/ へ絞り込みました。さらに調べてみると、この問題が組織全体に影響していることが判明しました。誰もGoogleドメインへアクセスできないのです。

先の2つのシナリオと同じように、このネットワークもいくつかのスイッチと、インターネットへとつなぐ1台のルータで構成されています。

10.3.3.1　ケーブルへの潜入

トラブルシューティングのために、まずhttps://www.google.com/ をブラウズしてトラフィックを生成します。トラブルはネットワーク全体に及んでいるので、ネットワーク上のどんな機器でも一般的なキャプチャ手法を使って問題を再現できるのが理想です。キャプチャのファイルはnowebaccess3.pcapngになります。

10.3.3.2　パケット解析

このパケットキャプチャは、ARPトラフィックではなくDNSトラフィックで始まります。最初のパケットは外部アドレス向けで、2番目のパケットにはそのアドレスからのレスポンスとなっているので、ARP処理はすでに行われており、デフォルトゲートウェイのMACとIPアドレスとの対応付けはすでに172.16.0.8の機器のARPキャッシュに存在していると仮定できます。

図10-21に示したのが、コンピュータ172.16.0.8からアドレス4.2.2.1へ最初に送られたパケットのキャプチャ❶で、これはDNSパケットです❷。パケットの内容を調べると、http://www.google.comのAレコードのクエリであり❸、これがDNS名をIPアドレスに対応付けていることがわかります。

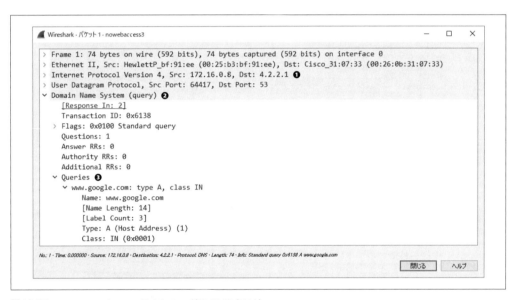

図10-21　www.google.comのAレコードのDNSクエリ

4.2.2.1からのクエリへのレスポンスが、**図10-22**の2番目のパケットです。このリクエストに対するレスポンスを返却したネームサーバが、クエリに対して複数の回答を提供していることがわかります❶。ここまではすべて良好で、通信も滞りなく行われています。

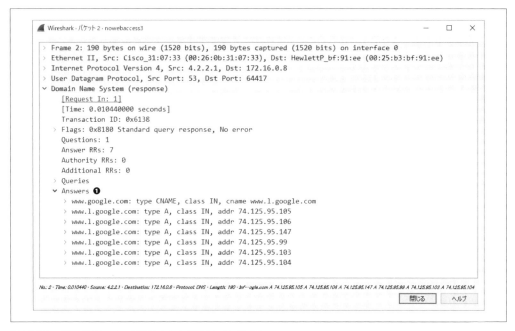

図10-22　複数のAレコードが含まれたDNSレスポンス

　ユーザーのコンピュータがWebサーバのIPアドレスを確認したので、Webサーバとの通信の試行が可能になりました。**図10-23**のように、この処理は172.16.0.8から74.125.95.105へ送られた3番目のパケット、TCPパケットで始まります❶。宛先のアドレスは、2番目のパケット、DNSクエリに対するレスポンスで提供されている、Aレコード群のうち先頭のアドレスとなっています。TCPパケットにはSYNフラグがセットされており❸、リモートのWebサーバと80番ポートでの通信を試行しています❷。

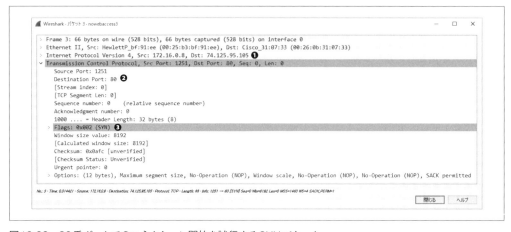

図10-23　80番ポートでのコネクション開始を試行するSYNパケット

これはTCPハンドシェイク処理なので、応答としてTCP SYN/ACKパケットが戻されるはずですが、少しすると別のSYNパケットが、送信元から宛先へと送られていました。この処理はさらに約1秒後にも発生しており、ここで通信が中断され、ブラウザはWebサイトが見つからないと報告していました（**図10-24**）。

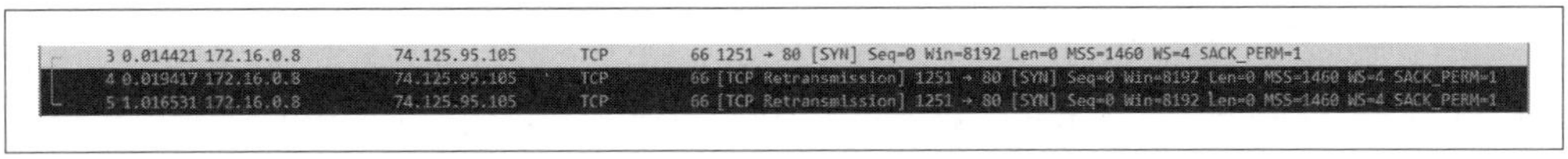

図10-24　レスポンスがないためTCP SYNパケットが3度送信されている

4.2.2.1の外部DNSサーバへのDNSクエリが成功していることから、ネットワーク内のコンピュータが外部に接続できるのはわかっています。DNSサーバからのレスポンスに含まれるIPアドレスにも問題はなく、コンピュータはそのうちのアドレスのひとつへの接続を試行しています。接続に用いているローカルのコンピュータもきちんと動作しているようです。

問題は、リモートのサーバがコネクションのリクエストに応答しない、つまりTCP RSTパケットが返信されないことです。これにはいくつかの理由が考えられます。Webサーバの設定ミス、Webサーバのプロトコルスタックの機能不全、あるいはリモートのネットワーク上のパケットフィルタ（ファイアウォール）などです。ローカルでパケットフィルタは行われていないと仮定すると、考えられる解決策はリモートのネットワーク側にあるということになり、お手上げです。ここではWebサーバが正しく機能しておらず、接続の試みもまったく成功しませんでした。Google側で問題が解決されれば、通信が可能になります。

10.3.3.3　学んだこと

今回のシナリオのトラブルは、こちら側では対応できないものでした。パケット解析の結果、トラブルはローカルのネットワーク上の機器でも、ルータでも、名前解決サービスを提供する外部DNSサーバでもないと判明したためです。問題の根源は、われわれが管理するネットワーク外にありました。

トラブルの原因が自分たちにないことがわかると、ストレスが軽減されるだけでなく、管理部門に文句を言われたときの体面も救われます。自分たちのせいじゃないと主張するISPやベンダー、ソフトウェア会社と何度もケンカしてきましたが、このとおり、パケットは嘘をつきません。

10.4　不安定なプリンタ

次のシナリオでは、ITヘルプデスク管理が印刷トラブルにてこずっています。営業部門のユーザーが、営業で使っている大型プリンタの調子が悪いと報告してきています。大量の印刷ジョブを送ると、数ページ印刷しただけで停止してしまうとのことです。ドライバ設定を何度も変えてみましたが、うまくいかなかったようです。ヘルプデスクのスタッフは、これがネットワークの問題ではないかどうかを

確認してほしいと言っています。

10.4.1　ケーブルへの潜入

`inconsistent_printer.pcapng`

　これはプリンタのトラブルなので、できる限りプリンタに近いところにパケットキャプチャツールを設置することから始めます。プリンタ本体にはWiresharkをインストールできませんが、ネットワークで使用されているのは最新型のL3スイッチなので、ポートミラーリングが使えます。プリンタが接続されているポートを空いているポートへミラーし、Wiresharkがインストールされたコンピュータをこのポートへつなぎます。設定が完了したら、プリンタに大量の印刷ジョブを送ってもらい、出力を監視します。それをキャプチャしたファイルがinconsistent_printer.pcapngです。

10.4.2　パケット解析

　図10-25からわかるように、印刷ジョブを送っているコンピュータ（172.16.0.8）とプリンタ（172.16.0.253）間のTCPハンドシェイクがキャプチャファイルの先頭で行われています。ハンドシェイクに続き、1,460バイトのTCPパケットが4番目のパケットでプリンタに送られます❶。データ量は、[Packet List（パケット一覧）]ペインの[Info]カラムの一番右端か、[Packet Details（パケット詳細）]ペインのTCPヘッダ情報の一番下で確認できます。

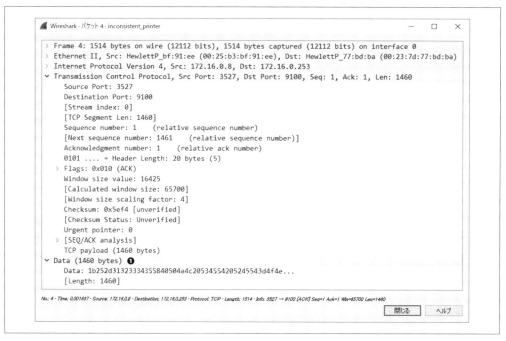

図10-25　TCPでプリンタに転送されたデータ

10.4 不安定なプリンタ

図10-26のように、4番目のパケットに続き、1,460バイトのデータを含んだパケットがもうひとつ送られ❶、プリンタが6番目のパケットでACKを返却しています❷。

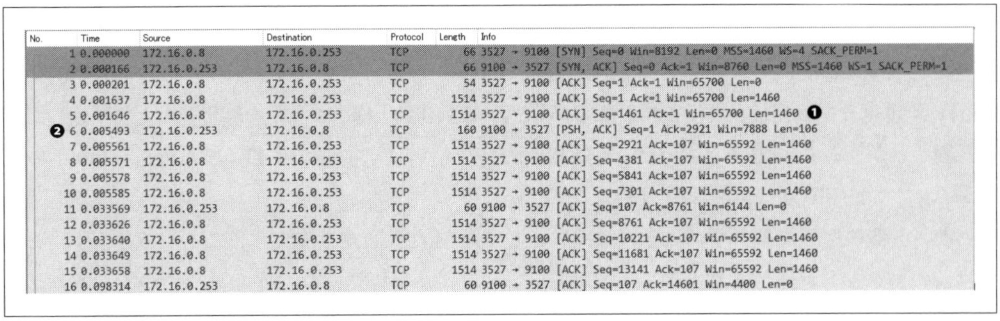

図10-26　正常なデータ転送とTCPのACK

キャプチャファイルの最後のいくつかのパケットまで、データのやり取りが続きます。121番目のパケットはTCP再送（TCP Retransmission）パケットで、図10-27が示すように、これがトラブルの最初の兆候です。

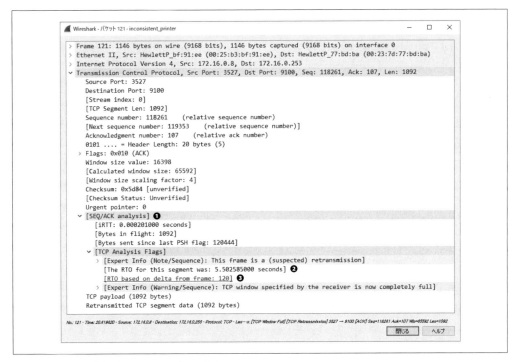

図10-27　TCP再送パケットはトラブルの兆し

TCP再送パケットは、ある通信機器が別の機器へとTCPパケットを送信したのに、その機器がACKを返却しない場合に送られます。再送のしきい値に達すると、送信元は宛先の機器がデータを受信していないと判断し、パケットを再送します。この処理は通信を中断させるまで数回繰り返されます。

今回のシナリオでは、プリンタが送信されたデータに対するACKを返信しなかったために、クライアントのコンピュータがプリンタにTCP再送パケットを送っています。TCPヘッダの［SEQ/ACK analysis］部分を展開し、表示される情報を見れば（**図10-27**）❶、これがなぜ再送だと判断されたかの詳細がわかります。121番目のパケットは120番目のパケットの再送です❸。また再送パケットの再送タイムアウト（RTO）は約5.5秒です❷。

パケット間の遅延を解析するとき、状況に応じて時刻表示形式を変更することができます。ここでは前のパケットが送信されたのち、どのくらい経ってから再送されたかを見たいので、メニューから［View（表示）］→［Time Display Format（時刻表示形式）］を選択し、［Seconds Since Previous Captured Packet（前にキャプチャされたパケットからの秒数）］を選択します。すると元々のパケット（120番目のパケット）が送信されてから約5.5秒後に121番目のパケットが再送されていることがはっきりわかります（**図10-28**）❶。

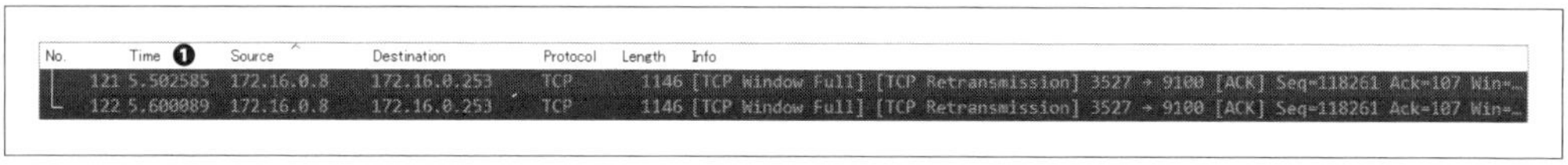

図10-28　パケットの送信間隔を把握することがトラブルシューティングに役立つ

その次のパケットも120番目のパケットの再送です。このパケットのRTOは11.10秒で、これには先ほどのパケットのRTOである5.5秒が含まれています。［Packet List（パケット一覧）］ペインの［Time］カラムを見れば、先の再送後5.6秒後にこの再送が行われているのがわかります。これはキャプチャファイルの最後のパケットであり、またプリンタもほぼ同時に印刷を中止しています。

今回のシナリオでは、自分のネットワーク内のクライアントとプリンタしか扱わないので、どちらに問題があるかを判断するだけで済みます。しばらくの間データの流れを観察すると、ある時点で、プリンタがクライアントへのレスポンスを行っていないことに気づきます。TCP再送からもわかるように、クライアントはデータを送信しようと最善の努力をしていますが、プリンタがレスポンスを行わなくなってしまっているのです。どのコンピュータがプリンタジョブを送ろうとこの問題は発生するので、プリンタに原因があると仮定してみます。

さらに解析すると、プリンタのRAMに異常を発見しました。大量の印刷ジョブが送られても数ページ分しか印刷しないのは、メモリのある領域にアクセスするまでしか印刷していないかのようです。結局は、メモリの問題によって、プリンタが新しいデータを受け取ることができず、クライアントによる印刷ジョブの送信を中断させてしまっていたのでした。

10.4.3　学んだこと

このプリンタのトラブルはネットワークのトラブルではありませんが、Wiresharkを使って見つけることができました。これまでのシナリオとは違い、これはTCPトラフィックのみを対象としています。TCPのデータ転送には信頼がおけるので、2つの機器間で通信が中断されてしまった際に、TCPからの情報がしばしば役立ちます。

今回は通信が突然停止したときに、TCPが持つ再送機能のおかげで、問題の箇所を正確に把握することができました。シナリオを読み進めていく中で、より複雑なトラブルを解決する場合でも、こうした機能に頼ることはよくあります。

10.5　孤立する支社　　stranded_clientside.pcapng, stranded_branchdns.pcapng

今回のシナリオに登場するのは、本社と、新たに設立されたばかりの支社を持つ企業です。この企業のITインフラのほとんどが本社内にあり、Windowsサーバのドメインを用いています。このインフラはドメインコントローラ、DNSサーバ、そして社員が日々利用するWebベースのソフトウェアを提供するアプリケーションサーバで構成されています。支社にはルータで接続されており、広域ネットワーク（WAN）が構築されています。支社にはユーザーコンピュータとセカンダリDNSサーバがあり、本社にある上位のDNSサーバからリソースレコードの情報を受け取るようになっています。**図10-29**は本社と支社のマップと接続の状態を示したものです。

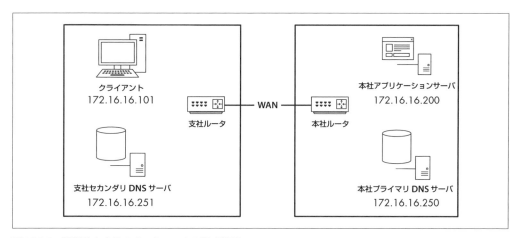

図10-29　標準的な支社のネットワークの構成機器

デプロイメントチームが支社に新インフラの導入を行っている際に、ネットワーク上のイントラネットWebアプリケーションサーバに支社から誰もアクセスできないことが判明しました。このサーバは本社にあり、WAN経由でアクセスするようになっています。支社の社員全員がアクセスできないのですが、問題なのはこれら内部サーバのみで、インターネットと支社のほかのリソースにはアクセスできる

のです。

10.5.1　ケーブルへの潜入

　問題は本社と支社間の通信にあるので、トラブルの追跡を始めるためにいくつかの場所でデータを収集します。支社のクライアント内に問題がある可能性を考えて、これらのうちの1台をポートミラーリングすることから始めましょう。情報を収集したら、それを使って追加でデータを収集する場所を決めます。クライアントから収集した最初のキャプチャファイルが stranded_clientside.pcapng です。

10.5.2　パケット解析

　図10-30のように、アドレス172.16.16.101のコンピュータのユーザーが、本社のアプリケーションサーバ172.16.16.200で提供されているアプリケーションにアクセスしようとしたときから、最初のキャプチャファイルが始まっています。このキャプチャには2個のパケットしか含まれていません。最初のパケットに入っているのは、appserver❷のAレコード❸を求めて172.16.16.251に送られたDNSリクエスト❶のようです。これは本社にある172.16.16.200のサーバのDNS名です。

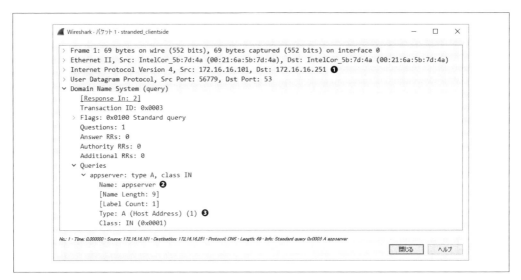

図10-30　appserverのAレコードに対するDNSクエリで始まる通信

　図10-31からわかるように、このパケットに対するレスポンスがサーバ障害（Server failure）❶となっています。これは、DNSクエリが失敗したことを示しています。このパケットはエラー（サーバ障害）のため、クエリに対して応答していません❷。

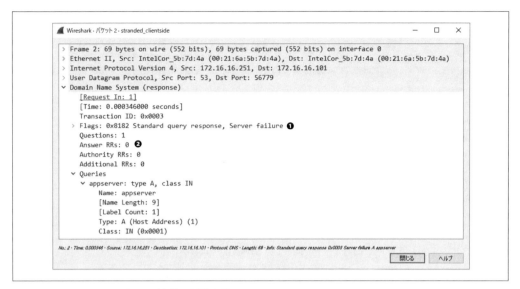

図10-31　クエリのレスポンスが上位の問題を示している

これで、通信のトラブルがDNSに関係していることがわかりました。支社のDNSクエリは172.16.16.251のDNSサーバで解決されるので、これが次のポイントとなります。

支社のDNSサーバからのトラフィックを適切にキャプチャするため、パケットキャプチャツールは設置したままで、ポートミラーリングの設定を変更してクライアントのトラフィックではなくDNSサーバのトラフィックをミラーリングするようにします。このキャプチャファイルが stranded_branchdns.pcapng です。

図10-32 のように、このキャプチャは先ほど見たクエリとレスポンス、そしてもうひとつのパケットで始まっています。このパケットはちょっと妙な感じです。DNSの標準である53番ポート❸で本社のプライマリDNSサーバ（172.16.16.250）❶との通信を試みていますが、UDPではないからです❷。

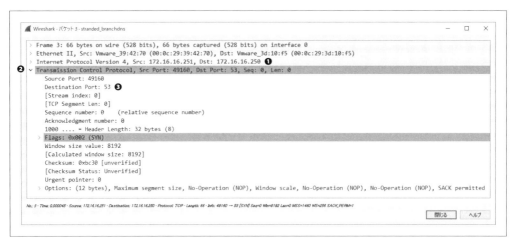

図10-32　このSYNパケットは53番ポートを使っているがUDPではない

　このパケットの目的を知るには、「9章　知っておきたい上位層プロトコル」のDNSの説明を思い出してください。DNSは通常UDPを使いますが、クエリへのレスポンスが一定サイズを超える場合、TCPを使います。今回の場合、最初のUDPトラフィックがTCPトラフィックを引き起こしているようです。TCPはまたゾーン転送、つまりリソースレコードがDNSサーバ間で転送される際にも使われますが、今回のケースはこれのようです。

　支社にあるDNSサーバは本社のDNSサーバのスレーブであり、リソースレコードについては本社サーバに依存していることになります。支社の社員がアクセスしようとしているアプリケーションサーバは本社にあり、本社のDNSサーバがそのサーバを管理しています。支社サーバがアプリケーションサーバへのDNSリクエストを解決するには、そのサーバのDNSリソースレコードが、本社DNSサーバから支社DNSサーバへと転送されなければなりません。キャプチャファイルにSYNパケットが入っているのはこのためだと考えられます。

　SYNパケットに応答がないのは、このDNSトラブルが、支社と本社のDNSサーバ間でのゾーン転送障害にあるからです。さらに一歩進んで、ゾーン転送が失敗した理由を見つけてみましょう。犯人は本社支社間のルータか、本社のDNSサーバそのものであるというところまで絞り込めます。本社DNSサーバのトラフィックをキャプチャして、SYNパケットがDNSサーバへ送られているかどうかを見てみます。

　本社DNSサーバトラフィックのキャプチャファイルはありません。トラフィックが存在しないからです。SYNパケットはサーバへ届いていなかったのでした。技術者を送って本社と支社をつなぐルータの設定を確認してもらったところ、本社ルータの53番ポートではインバウンドのUDPトラフィックのみが許可され、TCPトラフィックは拒否するよう設定されていたことが判明しました。こうした単純な設定ミスが、サーバ間のゾーン転送を阻害し、支社のクライアントから本社の機器に対するクエリの解決を阻害していたのです。

10.5.3　学んだこと

犯罪ドラマを見れば、ネットワーク通信トラブルの捜査についてかなり学習できます。犯罪が起きると、刑事はまず関係者の取材に着手します。そこで手がかりを得て、さらに捜査するという作業が、犯人が見つかるまで続けられるのです。

今回のシナリオでは、被害者（クライアント）の調査から始め、DNS通信のトラブルを見つけることで解決への手がかりを得ました。その手がかりから、支社のDNSサーバ、本社のサーバ、最終的にはトラブルの原因であるルータまでたどり着いたのです。

パケット解析を行う場合、パケットは手がかりだと考えるようにしましょう。手がかりは誰が罪を犯したかを教えてくれるとは限りませんが、最終的には犯人まで導いてくれます。

10.6　ソフトウェアデータの破損　`tickedoffdeveloper.pcapng`

IT業界では、開発者とネットワーク管理者がしょっちゅう口論しています。開発者はいつも、プログラムの不具合は、ネットワークの手抜き設定と機器の機能不全のせいだと文句を言っています。一方ネットワーク管理者は、ネットワークエラーと通信の遅延はコードに問題があると非難しています。

今回のシナリオは、開発者が、複数の店舗の売り上げを追跡して中央データベースへと報告を返すアプリケーションを開発したところです。通常の営業時間中は帯域を節約するため、アプリケーションはリアルタイムでのアップデートを行いません。報告データは日中蓄積され、夜間にCSVファイルとして中央データベースに書き込まれます。

ところがこの新規開発したアプリケーションが正しく機能しません。店舗から送られたファイルはサーバが受信していますが、データベースに書き込まれるデータに問題があるのです。項目が抜け落ち、データの位置に間違いがあり、完全に抜けているデータもあります。プログラマーがネットワークに問題があると言うので、ネットワーク管理者は狼狽しています。プログラマーは、ファイルが店舗から中央データベースへ転送される途中で消失しているはずだと言うのです。彼らが正しいかどうかを判断するのが、今回の目標です。

10.6.1　ケーブルへの潜入

必要なデータを収集するために、店舗のひとつ、または本社でパケットをキャプチャします。このトラブルはすべての店舗で発生しているので、ネットワークに問題があるとしたら、すべての店舗に唯一共通する箇所である、本社で発生しているはずです（ソフトウェアそのものに問題がない限り）。

ネットワークスイッチはポートミラーリングに対応しているので、サーバが接続しているポートをミラーし、トラフィックをキャプチャします。キャプチャしたトラフィックは、サーバへCSVファイルをアップロードしている店舗ごとに分割します。このキャプチャファイルが`tickedoffdeveloper.pcapng`です。

10.6.2 パケット解析

プログラマーが開発したアプリケーションについては、基本的な情報の流れを除いては、まったく知識がありません。キャプチャファイルはFTPトラフィックで始まっているようなので、これが実際にファイルを転送しているメカニズムなのかどうかを調査します。

まずパケットリストを見ると（**図10-33**）、172.16.16.128❶がTCPハンドシェイクで172.16.16.121❷と通信を開始しているのがわかります。172.16.16.128が接続を開始しているのでクライアント、172.16.16.121はデータを収集して処理するサーバだと推測できます。ハンドシェイクが完了すると、クライアントからFTPリクエストが送られ、サーバからレスポンスが返されています❸。

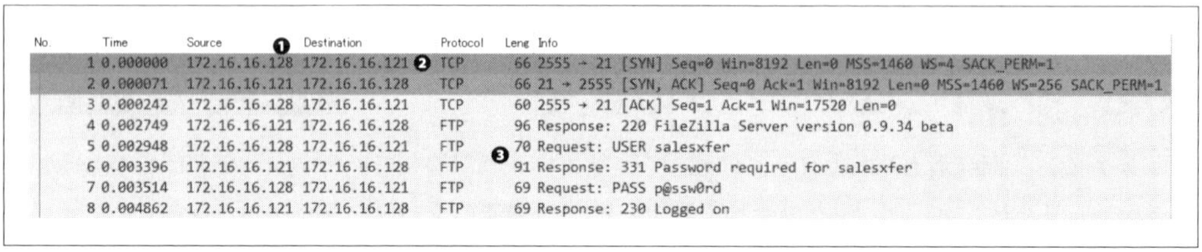

No.	Time	Source ❶	Destination	Protocol	Leng	Info
1	0.000000	172.16.16.128	172.16.16.121 ❷	TCP	66	2555 → 21 [SYN] Seq=0 Win=8192 Len=0 MSS=1460 WS=4 SACK_PERM=1
2	0.000071	172.16.16.121	172.16.16.128	TCP	66	21 → 2555 [SYN, ACK] Seq=0 Ack=1 Win=8192 Len=0 MSS=1460 WS=256 SACK_PERM=1
3	0.000242	172.16.16.128	172.16.16.121	TCP	60	2555 → 21 [ACK] Seq=1 Ack=1 Win=17520 Len=0
4	0.002749	172.16.16.121	172.16.16.128	FTP	96	Response: 220 FileZilla Server version 0.9.34 beta
5	0.002948	172.16.16.128	172.16.16.121	FTP ❸	70	Request: USER salesxfer
6	0.003396	172.16.16.121	172.16.16.128	FTP	91	Response: 331 Password required for salesxfer
7	0.003514	172.16.16.128	172.16.16.121	FTP	69	Request: PASS p@ssw0rd
8	0.004862	172.16.16.121	172.16.16.128	FTP	69	Response: 230 Logged on

図10-33　最初の通信でクライアントとサーバがわかる

ここである種のデータ転送が行われているはずなので、FTPの知識を使って、転送が始まっているパケットの場所を見つけます。FTPコネクションとデータ転送はクライアントである172.16.16.128側から始まるので、FTPサーバへのデータアップロードに使用される、FTP STORコマンドを探しましょう。そのためにはフィルタを設定するのが一番簡単です。

このキャプチャファイルの中にはFTPリクエストのコマンドが散乱しているので、［Filter Expression（表示フィルタ式）］ダイアログで数百ものプロトコルやオプションの一覧からフィルタを選択していくのではなく、［Packet List（パケット一覧）］ペインで直接フィルタを構築しましょう。それにはまず、FTPリクエストコマンドのあるパケットを選択する必要があります。一覧の上部に近いので、5番目のパケットを選びましょう。次に［Packet Details（パケット詳細）］ペインで［FTP］を展開し、［USER］を展開します。［Request Command: USER］フィールドを右クリックし、［Prepare a Filter（フィルタを準備）］を選択し、最後に［Selected（選択済）］を選びます。

これでFTP USERリクエストコマンドを含むパケットすべてを抽出するフィルタが［Filter］ダイアログに準備されました。そのあと、**図10-34**のようにUSERを**STOR**に書き換えるよう、フィルタを編集します❶。

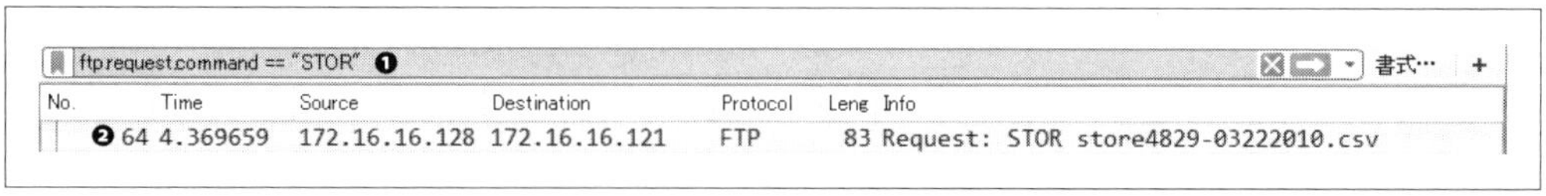

ftp.request.command == "STOR" ❶					書式… +

No.	Time	Source	Destination	Protocol	Leng	Info
❷ 64	4.369659	172.16.16.128	172.16.16.121	FTP	83	Request: STOR store4829-03222010.csv

図10-34　このフィルタはデータ転送が始まる場所を識別するのに役立つ

フィルタにクライアントのIPアドレスを入力し、`&& ip.src == 172.16.16.128`を追加してコネクションのソースを指定すれば、さらに絞り込むことができます。しかしキャプチャしているのは1つのクライアントのみなので、ここでは不要です。

Enterキーを押してフィルタを有効にすると、STORコマンドは、64番目のパケット1つしか存在していないことがわかります❷。

データ転送の始まる場所がわかったので、[Packet List（パケット一覧）]ペイン上部の[×]ボタンをクリックしてフィルタを解除します。これで選択した64番目のパケットを含むすべてのパケットが表示されるはずです。

キャプチャファイルを64番目のパケットから調べてみると、このパケットが`store4829-03222010.csv`ファイルの転送を指示していることがわかります（**図10-35**）。

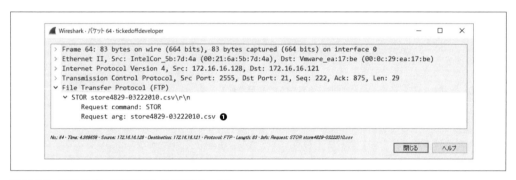

図10-35　FTPを使って転送されるCSVファイル

STORコマンドに続くパケットは異なるポートを使っていますが、FTP-DATA転送として識別されています。データが転送されていることは確認できましたが、プログラミングが正しいかそうでないかは判明していません。キャプチャしたパケットから転送されたファイルの内容を抽出して、ネットワーク上を転送されたあともファイルの内容がそのままかどうかを示す必要があります。

ファイルが暗号化されていない形式で転送される場合は、セグメントに分割されて、宛先で組み立てられます。今回のシナリオでは、宛先には到着したものの、まだ組み立てられていないパケットをキャプチャしています。データはすべて揃っているので、ファイルをデータストリームとして抽出し、組み立てるだけです。組み立てるには、FTP-DATAストリームにあるパケット（66番目のパケットなど）を選び、[Follow（追跡）]→[TCP Stream（TCPストリーム）]をクリックします。すると**図10-36**のようにTCPストリームが表示されます。発注データを含むCSV形式のテキストファイルは正常に見えます。

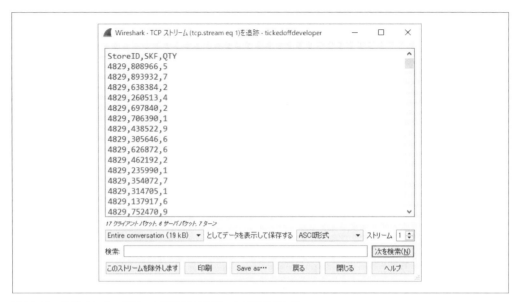

図10-36　転送されているデータがTCPストリームに表示される

データはFTP上を平文の状態で転送されているため表示されていますが、ストリームからは、このファイルが改変されていないかどうかを判断できません。組み立てたデータは元々の形式で保存できるので、[Save As]ボタンをクリックし、64番目のパケットに表示されるファイル名を指定します。[Save（保存）]ボタンをクリックしてください。

保存すると、店舗システムから転送したファイルとバイトレベルでまったく同じ内容のCSVファイルができるはずです。元々のファイルのMD5ハッシュと抽出したファイルのMD5ハッシュを比較することでこれを検証でき、**図10-37**のように、MD5ハッシュが同じになるはずです。

図10-37　元々のファイルと抽出したファイルのMD5ハッシュが同一

ファイルを比較すれば、アプリケーション内で起きているデータベース障害の原因がネットワークで
ないことが証明できます。店舗システムから中央の集信サーバへと転送したファイルは、サーバに到着
した時点では改変されていないので、ファイルの破損はアプリケーションがサーバ側でファイルを処理
している間に起こったことになります。

10.6.3　学んだこと

パケットレベルの解析が素晴らしいのは、ごちゃごちゃしたアプリケーションと対峙しなくて済む点
です。作りが雑なアプリケーションは優れたものよりはるかに多いものですが、パケットレベルでは問
題になりません。プログラマーはアプリケーションが依存している不可思議なコンポーネントについて
気に病んでいますが、数百行ものコードを使った複雑なデータ転送も、結局はFTPやTCP、あるいは
IP以上のものではありません。これらの基本プロトコルの知識を利用すれば、通信処理が正しく処理
されていることを確認し、ファイルを抽出してネットワークの堅牢性を証明することさえ可能です。問
題がどれほど複雑に見えたとしても、しょせんはパケットにすぎないと覚えておきましょう。

10.7　まとめ

本章では、パケット解析によって問題のある通信の理解が容易になるようなシナリオをいくつか例と
して挙げました。一般的なプロトコルで基本的な解析を使えば、ネットワークのトラブルを追跡し、短
時間で解決できるものです。まったく同じシナリオには直面しないでしょうが、ここで紹介した解析テ
クニックは、個々に発生するトラブルの解析にきっと役立つはずです。

11章
ネットワークの遅延と戦う

　ネットワーク管理者は、日々ネットワークの遅延と戦わなくてはいけません。しかしながら、ネットワークが遅いからといって、それが即非難の対象となるわけではありません。

　ネットワークの遅延と格闘する前に、まずは本当にネットワークが遅いのかどうかを確認する必要があります。この章ではその手法を紹介します。

　まずはTCPのエラーリカバリとフロー制御機能について説明します。次にネットワーク遅延の原因を追及する方法を探ります。最後にネットワークと、ネットワーク上で動作する機器やサービスのベースライン設定を見ていきます。この章が終わる頃には、ネットワーク遅延を検出、診断し、トラブルシューティングできる力が身についているはずです。

ネットワーク遅延の解決に利用できるテクニックはいくつかあります。この章ではもっとも扱うことの多いTCPに的を絞りました。TCPを使えば、（ICMPとは異なり）余分なトラフィックを生成することなく時系列での解析を行うことができます。

11.1　TCPのエラーリカバリ機能

　TCPのエラーリカバリ機能は、ネットワーク上の高遅延箇所を確認、診断、修復するための最良のツールです。コンピュータネットワーキング用語では、**遅延**（レイテンシ）とはパケットが送信されてから受信されるまでの時間のことです。

　遅延は一方向（送信元から宛先まで）でも、往復（送信元から宛先までに加え、宛先から送信元まで）でも計測されます。通信機器間での通信速度が速く、パケットがある地点から別の地点へ届くまでの時間が短ければ、**低遅延**ということになります。反対にパケットが届くまでに相当な時間がかかる場合、**高遅延**とみなされます。高遅延はネットワーク管理者の最大の敵です。

264 | 11章　ネットワークの遅延と戦う

「8章 トランスポート層プロトコル」では、TCPがシーケンスとACK番号を使うことで、パケットを確実に転送する方式について説明しました。本章では、再度シーケンスとACK番号に着目し、高遅延により受信時にシーケンス番号が乱れた場合（あるいはまったく受信しなかった場合）、TCPがどう応答するかを見ていきます。

11.1.1　TCP再送

`tcp_retransmissions.pcapng`

パケットの再送は、TCPのもっとも基本的なエラーリカバリ機能のひとつです。この機能はパケット消失を防ぐのを目的としています。

パケット消失には、アプリケーションの異常、ルータのトラフィック輻輳、一時的なサービス障害といった、さまざまな原因が考えられます。パケットレベルでは状況が頻繁に変化し、パケット消失は一時的なものである場合が多いため、TCPとしては迅速にこれを検知し、消失をリカバリすることが重要となります。

パケット再送が必要かどうかを決める主な機構は、**再送タイマー**と呼ばれています。タイマーは**RTO**（再送タイムアウト）と呼ばれる値に従って動作します。TCPを使ってパケットが送信されると再送タイマーがスタートし、そのパケットのACKが受信されるとストップします。パケットが送信されてからACKパケットが受信されるまでの時間を**RTT**（ラウンドトリップタイム）と呼びます。この時間の平均値が、最終的なRTO値の算出に用いられます。

RTO値が決まるまで、送信はデフォルトのRTT設定に基づいて行われます。この設定は機器間の最初の通信のために設定されたもので、受信したパケットのRTTをもとに、実際のRTOが算出されます。

RTO値が決まると、送信する各パケットに対して、再送タイマーがパケットの消失が発生したかどうかを判断するために用いられます。**図11-1**はTCPの再送処理を図式化したものです。

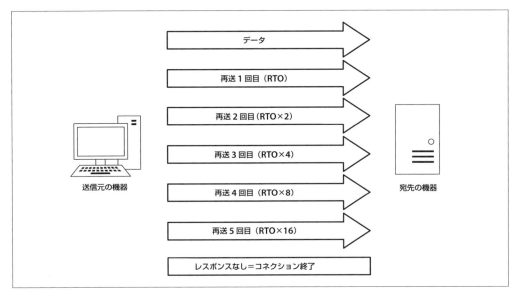

図11-1　TCP再送処理の概念図

　パケットを送信した際に、受信者がTCP ACKパケットを送信しないと、送信元は送信したパケットが消失したと判断してパケットを再送します。再送が行われた際のRTO値は倍になります。RTO値に達する前にACKパケットが届かない場合、パケットは再再送されます。それでもACKが届かない場合、RTO値はさらに倍になります。ACKパケットを受信するまで、または最初に設定した再送回数の最大値に達するまで、この処理は繰り返されます。RTO値は再送するたびに倍増していきます。この処理についての詳細はRFC 6298に記されています。

　再送回数の最大値はOSの設定によります。Windowsの場合、デフォルトの最高再送回数は5回です。大半のLinuxの場合は15回です。どちらのOSとも、この設定は変更できます。

　TCP再送のサンプルを見るため、ファイル tcp_retransmissions.pcapng を開きましょう。これには6個のパケットが含まれています。**図11-2**に最初のパケットを示します。

図11-2　データを含んだ単純なTCPパケット

これは648バイトのデータ❸を含むTCP PSH/ACKパケット❷で、10.3.30.1から10.3.71.7へ送られたものです❶。典型的なデータパケットです。

通常の状況であれば、最初のパケットが送信されるとすぐ、TCP ACKパケットがレスポンスとして送られてくるはずです。しかしここでは、次のパケットが再送パケットとなっています。これは、[Packet List（パケット一覧）] ペインを見るとわかります。[Info] カラムにははっきりと [TCP Retransmission] とあり、パケットは黒字に赤いテキストで表示されています。**図11-3**は [Packet List（パケット一覧）] ペインにおけるパケット再送の例です。

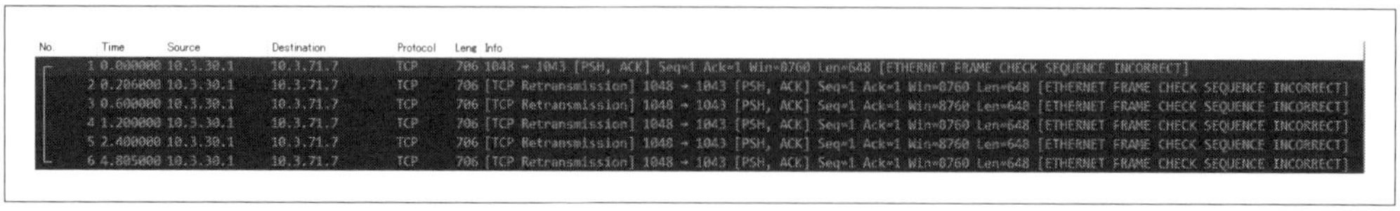

図11-3　[Packet List（パケット一覧）] ペインにおけるパケット再送

図11-4のように、[Packet Details（パケット詳細）] ペインでも、パケットが再送されたかどうかがわかります。

11.1 TCPのエラーリカバリ機能

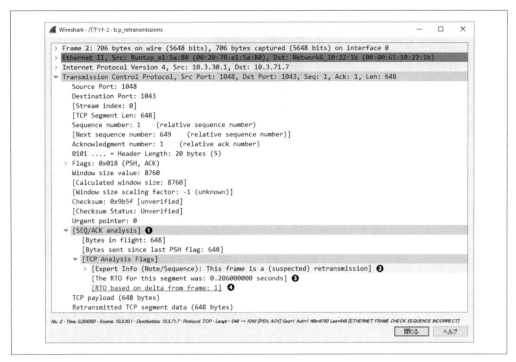

図11-4　再送されたパケット

　[Packet Details（パケット詳細）] ペインを見ると、再送されているパケットの [SEQ/ACK Analysis] ヘディングの下に、いくつか情報があることに気づくでしょう❶。これはWiresharkが提供している情報で、パケットそのものには含まれていません。SEQ/ACK解析から、これが確かに再送であり❷、RTO値は0.206秒❸、そしてRTO値は1番目のパケットからのデルタタイム（相対時間）をもとにしていることが確認できます❹。

　このパケットは（IPの [識別子] および [Checksum] フィールドを除き）元々のパケットと同じものです。2つのパケットの [Packet Bytes（パケットバイト列）] ペインを比較すれば、同一であることが検証できます。

　残りのパケットも同様で、IPの [識別子] および [Checksum] フィールドとRTO値だけが異なる値となります。各パケットの時間差を目で確認するには、[Packet List（パケット一覧）] ペインの [Time] カラムを参照します（**図11-5**）。再送でRTO値が倍増するごとに、時間間隔が大幅に延びていることがわかります。

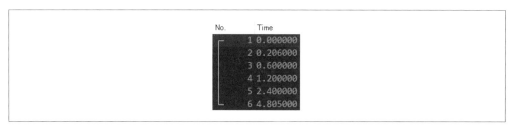

図11-5　RTO値の増加を示す [Time] カラム

　TCPの再送機能は、送信者がパケット消失を検出した際に、リカバリを行うために用いられます。今度は受信者がパケットの消失を検出し、リカバリする際に用いる**重複ACK**（duplicate acknowledgments）機能を見てみましょう。

11.1.2　重複ACKと高速再送

`tcp_dupack.pcapng`

　重複ACKは、受信者が順番の乱れたパケットを受け取ったときに送るTCPパケットです。TCPは、データが送信されたときと同じ順番で受信され、再度組み立てられることを保証するために、ヘッダ内のシーケンス番号とACK番号フィールドを使っています。

TCPパケットは厳密に言えば**TCPセグメント**と呼ぶのが適切ですが、一般にはパケットと呼ばれています。

　新たなTCPコネクションが確立されたときに、ハンドシェイク処理で交換される非常に重要な情報のひとつがイニシャルシーケンス番号（ISN）です。ISNがコネクションの両側で設定されると、パケットが送信されるごとに、そのパケットのデータのサイズ分だけシーケンス番号が増えていきます。

　ある機器のISNが5000で、500バイトのパケットを送信するとします。このパケットが受信されると、受信側はACK番号5500のTCP ACKパケットで返信します。

　　　シーケンス番号 + 受信されたデータのバイト容量 = ACK番号

　送信元へ返されるACK番号は、受信者が次に受け取るシーケンス番号だということになります。これを図式化したのが**図11-6**です。

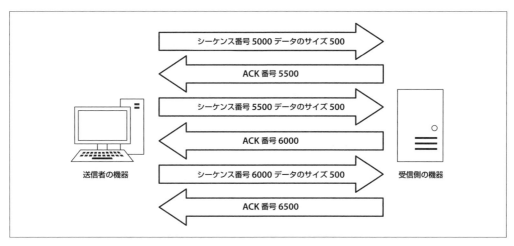

図11-6　TCPシーケンス番号とACK番号

　受信者はシーケンス番号を見れば、パケット消失を検出できます。シーケンス番号を追跡していれば、番号が乱れていないかどうかを確認できるのです。

　想定外のシーケンス番号を受信した場合、パケットが消失したと仮定できます。データを適切に組み立てるには、消失したパケットを受信する必要があるので、消失したパケットのシーケンス番号を含むACKパケットを再送し、送信元に再送を促します。

　送信者は3回重複ACKを受け取ると、パケットが本当に消失したと判断し、即座に**高速再送**を行います。高速再送が開始されると、高速再送パケットが送信されるまで、ほかのすべてのパケットの送信が一時停止されます。この処理を図に表したのが**図11-7**です。

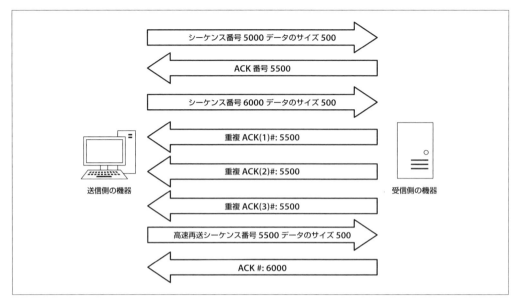

図11-7　受信側からの重複ACKが高速再送につながる

ファイル tcp_dupack.pcapng に重複ACKと高速再送のサンプルを示します。このキャプチャファイルの最初のパケットが**図11-8**です。

図11-8　ACKが次のシーケンス番号を示している

データ受信者（172.31.136.85）から送信者（195.81.202.68）へ送信されたこのTCP ACKパケット❶は、このキャプチャファイルには含まれていないパケットで送られたデータに対するACKです。

11.1 TCPのエラーリカバリ機能 | 271

Wiresharkのデフォルト設定ではシーケンス番号の解析を簡単にするために、相対シーケンス番号を使うようになっていますが、次ページの例や画面キャプチャではこの機能を使っていません。この機能を無効にするには、メニューから［Edit（編集）］→［Preferences（設定）］を選択し、［Preferences（設定）］ダイアログで［Protocols］、［TCP］を順に選び、［Relative sequence numbers］の横のボックスのチェックを外してください。

このパケットのACK番号は1310973186❷で、これが次に受信するパケットのシーケンス番号になるはずです（**図11-9**）。

図11-9　予測していないシーケンス番号のパケット

残念ながら次のパケットのシーケンス番号は1310984130❶でした。これは予期したものではなく、パケットが送信の途中で消失したことを意味しています。受信側の機器は、このパケットのシーケンス番号が乱れていることを検出し、3番目のパケットとして**図11-10**の重複ACKを送信します。

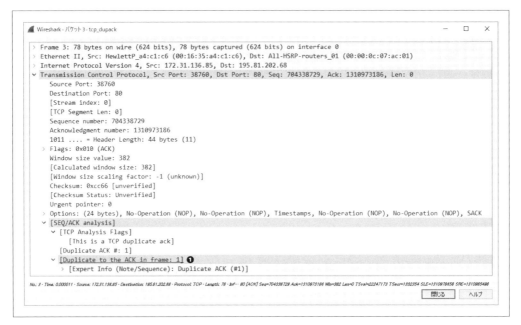

図11-10　最初の重複ACKパケット

次のいずれかの方法で、このパケットが重複ACKパケットであることを確認できます。

- [Packet Details（パケット詳細）]ペインの[Info]カラムが、黒字に赤い文字で表示されている。
- [Packet Details（パケット詳細）]ペインの[SEQ/ACK analysis]ヘディングを展開してみると（図11-10）、1番目のパケットの重複ACKであることが表示されている❶。

図11-11のように、続くいくつかのパケットでもこれが続きます。

図11-11　シーケンス番号が乱れたために生成された重複ACK

送信側から送られた4番目のパケットは、不適切なシーケンス番号が付いていたので❶、受信側は2個目の重複ACKを送信します❷。するとまた不適切なシーケンス番号のパケットが届いたため❸、3個目の最後の重複ACKが送られました❹。

送信元は3個目の重複ACKを受け取るとすぐに、すべてのパケットの送信を中断し、消失パケットを再送します。図11-12は消失パケットの高速再送です。

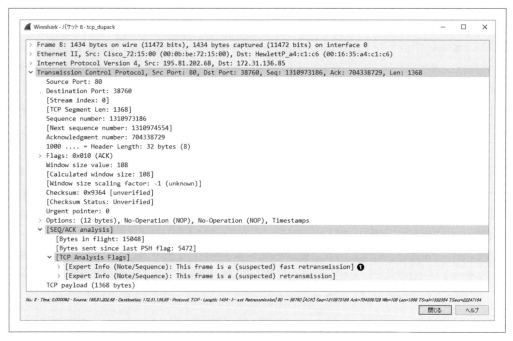

図11-12　3回の重複ACKによる消失パケットの高速再送

　繰り返しますが、パケットの再送は［Packet Details（パケット詳細）］ペインの［Info］カラムで確認できます。先の例同様、黒地に赤文字で書かれているのでよくわかります。［SEQ/ACK analysis］から（**図11-12**）、これが高速再送であることがわかります❶（繰り返しますが、このパケットが高速再送だと示しているのは、パケットではなくWiresharkの機能です）。キャプチャファイルの最後のパケットは、高速再送の受信を示すACKパケットとなります。

パケット消失が起きたTCP通信のデータフローに影響を与える場合のある機能として、**セレクティブACK**（Selective Acknowledgement）機能が挙げられます。先ほど調べたパケットキャプチャでは、最初の3ウェイハンドシェイク処理において、セレクティブACKが有効な機能としてネゴシエートされています。この場合パケットが消失して重複ACKを受け取ると、消失したパケット以外のパケットの受信が成功していれば、消失したパケットのみが再送されます。セレクティブACKが有効になっていないと、消失したパケットのあとに送信されたすべてのパケットも、消失パケットとともに再送信されます。つまりセレクティブACKによって、データのリカバリを効率的に行うことができるのです。最新のTCP/IPスタックの実装はセレクティブACKをサポートしているので、通常はこの機能が実装されているはずです。

11.2　TCPのフロー制御

　再送と重複ACKはパケットの消失に対するリカバリを行うためのTCP機能です。TCPにパケット消失を予防する機能がなかったとしたら、悲惨なことになっていたと思いますが、幸いにしてTCPにはその機構も備わっています。

　TCPは、パケット消失が起こりそうになると、データ転送レートを調整してこれを防ぐ**スライディングウィンドウ**という機構を実装しています。スライディングウィンドウは、受信者の**受信ウィンドウ**を使ってデータフローを制御します。

　受信ウィンドウは受信者が指定する値で、TCPヘッダに格納されており（単位：バイト）、**TCPのバッファ領域**に格納するデータ量を送信者に伝えるものです。このバッファ領域はデータが一時的に保管される領域で、そのあと、データはアプリケーション層プロトコルに渡されて処理を待ちます。送信元が1回に送信できるデータ量は、Window Sizeフィールドに指定された値で決まります。送信者がさらに多くのデータを送信するには、受信者側が先のデータを受信したというACKを送信する必要があります。また受信者はデータを処理して、TCPバッファ領域を空ける必要があります。**図11-13**に受信ウィンドウの仕組みを図式化しています。

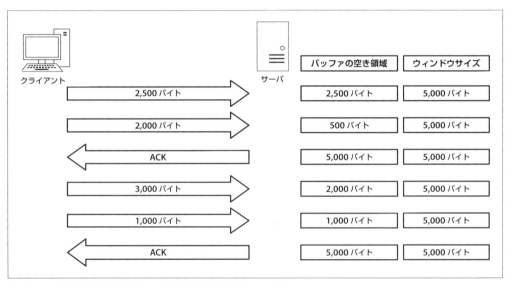

図11-13　受信者が受け取るデータ量を制御する受信ウィンドウ

　図11-13では、受信ウィンドウのサイズが5,000バイトのサーバにクライアントがデータを送信しています。クライアントが2,500バイトのデータを送信するとサーバのバッファ領域は2,500バイトへと減少し、さらに2,000バイトが送られると500バイトへと減少します。ここでサーバはこのデータのACKを送ります。バッファのデータを処理したので、またバッファに空きができました。この処理が繰り返

され、クライアントが3,000バイト、1,000バイトとデータを送信し、サーバのバッファは1,000バイトへと減少します。クライアントは再度ACKを送り、バッファのデータを処理します。

11.2.1　ウィンドウサイズの調整

ウィンドウサイズの調整は難しい処理ではありませんが、常にうまくいくとは限りません。TCPがデータを受け取ると、ACKが生成されレスポンスとして送信されますが、受信者のバッファにあるデータが常に迅速に処理されるわけではないのです。

サーバが多数のクライアントからのパケット処理に忙殺されてしまうと、バッファを空ける作業が遅延してしまい、次のデータを受け取る場所が確保できなくなります。フロー制御が行われなければ、これはパケット消失とデータ障害につながります。幸いにも、サーバが輻輳してデータ処理が遅延している場合、受信ウィンドウのサイズを調整することができます。これは、ACKパケットのTCPヘッダで、ウィンドウサイズの値を小さくすることで行われます。**図11-14**にその例を示します。

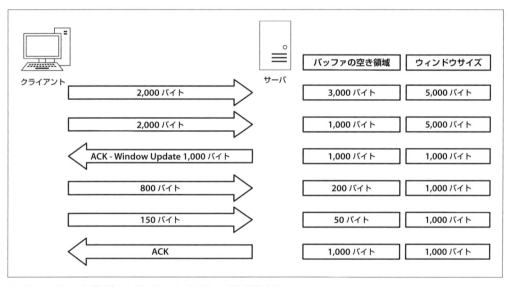

図11-14　サーバが輻輳した際にウィンドウサイズを調整する

図11-14では、サーバのウィンドウサイズは5,000バイトから始まっています。クライアントが2,000バイトのデータを送り、さらに2,000バイト送ったので、バッファ領域の空きは1,000バイトになってしまいました。サーバはバッファがすぐにいっぱいになってしまうと認識し、このペースでデータが転送されれば、パケット消失が起こると判断しました。そこでサーバは、ウィンドウサイズを1,000バイトにするというACKをクライアントに送ります。結果としてクライアントから送信されるデータ量が減少し、サーバはデータフローを一定速度で保ちつつ、バッファのデータが処理できるようになりました。

ウィンドウサイズを大きくする場合もあります。サーバがより高速にデータ処理ができれば、ウィン

ドウサイズを拡大するというACKパケットを送信します。

11.2.2　ゼロウィンドウ通知によるデータフローの一時停止

　サーバがこれ以上クライアントからのデータを処理できないという場合があります。原因としてはメモリ不足、処理能力の不足といった要因が考えられます。これらが起きるとパケット消失や通信処理の中断につながりますが、受信ウィンドウを使えば被害を最小限に留めることが可能です。

　こうした問題が発生した場合、サーバは受信ウィンドウサイズがゼロであるというゼロウィンドウ通知を含むゼロウィンドウパケットを送信します。クライアントがこのパケットを受信すると、データ転送を停止しますが、**キープアライブパケット**を送り、サーバとのコネクションは維持します。キープアライブパケットは、サーバの受信ウィンドウの状況を確認するため、一定間隔で送られます。サーバがデータ処理を再開する場合には、ゼロ以外のウィンドウサイズを通知するパケットを送ります。**図11-15**はゼロウィンドウ通知の例を示しています。

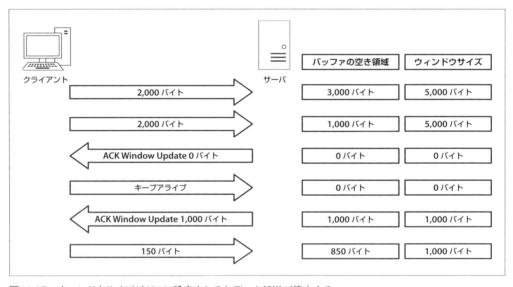

図11-15　ウィンドウサイズがゼロに設定されるとデータ転送が停止する

　図11-15では、サーバはウィンドウサイズ5,000バイトでデータ受信を開始しています。クライアントから4,000バイトのデータを受信すると、プロセッサ負荷が非常に高くなり、クライアントからのデータを一切処理できなくなってしまいました。サーバはWindow Sizeフィールドを0に設定したパケットを送信し、クライアントはデータ転送を中止してキープアライブパケットを送ります。そのあとサーバでデータ受信が可能になり、ウィンドウサイズを1,000バイトにするという通知を送ったので、クライアントはデータ送信を再開しましたが、転送速度は遅くなっています。

11.2.3 TCPスライディングウィンドウの実例

tcp_zerowindowrecovery.pcapng, tcp_zerowindowdead.pcapng

ここまでTCPスライディングウィンドウの原理について説明してきました。次に、キャプチャファイルtcp_zerowindowrecovery.pcapngで実際に見てみましょう。

このファイルは192.168.0.20から192.168.0.30へ送られた複数のTCP ACKパケットで始まっています。一番の着眼点はWindow Sizeフィールドの値ですが、これは［Packet List（パケット一覧）］ペインの［Info］カラムと、［Packet Details（パケット詳細）］ペインのTCPヘッダの両方で見られます。最初の3つのパケットでは、このフィールドの値が減っていることがすぐにわかります（**図11-16**）。

No.	Time ❶	Source	Destination	Protocol	Length	Info ❷
1	0.000000	192.168.0.20	192.168.0.30	TCP	60	2235 → 1720 [ACK] Seq=1422793785 Ack=2710996659 Win=8760 Len=0
2	0.000237	192.168.0.20	192.168.0.30	TCP	60	2235 → 1720 [ACK] Seq=1422793785 Ack=2710999579 Win=5840 Len=0
3	0.000193	192.168.0.20	192.168.0.30	TCP	60	2235 → 1720 [ACK] Seq=1422793785 Ack=2711002499 Win=2920 Len=0

図11-16　パケットのウィンドウサイズが減っている

最初のパケットの8,760バイトが2番目のパケットでは5,840バイトに、3番目のパケットではさらに2,920バイトへと減っています❷。ウィンドウサイズの減少は、受信先からの通信に遅延が起きている場合の典型的な証拠です。［Time］カラムを見ると、ウィンドウサイズが非常に早く減少しているのがわかります❶。ウィンドウサイズがこれだけ早く減少するとゼロまでいってしまう場合が多く、実際に4番目のパケットがそうなっています（**図11-17**）。

図11-17　ゼロウィンドウ通知は機器がデータをこれ以上受信できないという意味

　4番目のパケットも192.168.0.20から192.168.0.30へ送られたものですが、これは、これ以上データを受け取れないと通知するのが目的です。TCPヘッダにあるゼロ値❶、そして[Packet List（パケット一覧）]ペインの[Info]カラムと、TCPヘッダの[SEQ/ACK analysis]セクション❷を見れば、これがゼロウィンドウパケットだということがわかります。

　ゼロウィンドウパケットが送信されると、192.168.0.30の通信機器は、192.168.0.20からウィンドウサイズの増加を通知するWindow Updateを受け取るまでデータを送信しません。ここでゼロウィンドウを引き起こした問題は一時的なものです。そのため、次のパケットでWindow Updateが図11-18のように送られています。

11.2 TCPのフロー制御 | 279

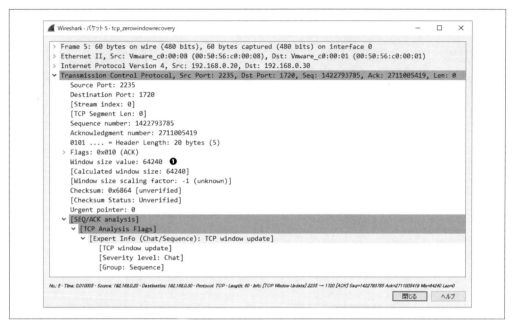

図11-18　データ送信が可能になったことを伝えるTCPのWindow Updateパケット

　これでウィンドウサイズは健全な範囲の64,240バイトまで増加しました❶。[SEQ/ACK analysis]行を見れば、これがWindow Updateだとわかります。

　Window Updateパケットが受信されると、192.168.0.30のホストは再びデータ送信が可能になるので、6番目と7番目のパケットを送ります。この処理は非常に迅速に行われます。少しでも余分に時間がかかると、データ転送の遅延や障害を引き起こすからです。

　もう一度だけ、ファイルtcp_zerowindowdead.pcapngにあるスライディングウィンドウを調べてみましょう。最初のパケットは、195.81.202.68から172.31.136.85への普通のHTTPトラフィックです。このパケットのすぐあとに、172.31.136.85からゼロウィンドウパケットが送られています（**図11-19**）。

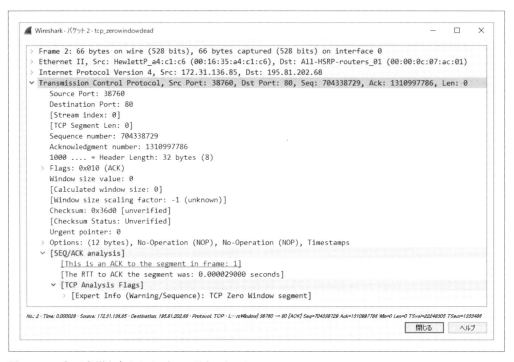

図11-19　データ転送を止めるゼロウィンドウパケット

　これは**図11-17**のゼロウィンドウパケットとよく似ていますが、結果はまったく違います。172.31.136.85の機器がWindow Updateパケットを送って通信再開を通知するのではなく、**図11-20**のようにキープアライブパケットが送られています。

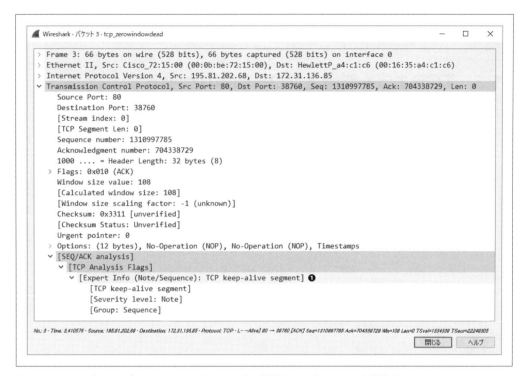

図11-20　キープアライブパケットはゼロウィンドウの機器とのコネクションを維持する

このパケットには、[Packet Details（パケット詳細）]ペインのTCPヘッダの[SEQ/ACK Analysis]セクションで、keep-aliveという印が付いています❶。[Time]カラムを見ると、最後のパケットが受信された3.4秒後に、このパケットが送られたことがわかります。図11-21のように、片方の機器がゼロウィンドウパケットを送り、もう一方がキープアライブパケットを送るという処理が、何回か続きます。

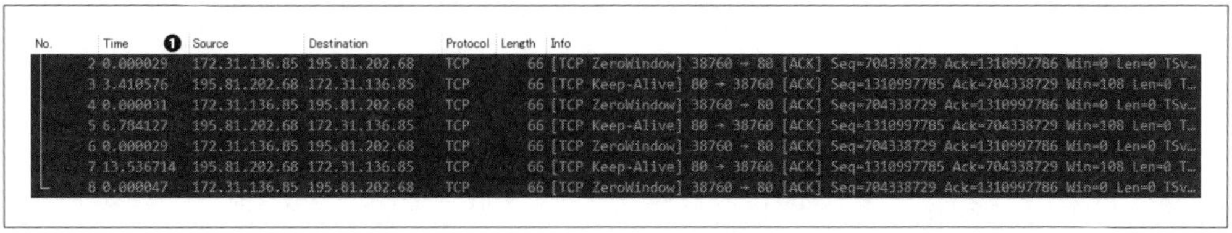

図11-21　ゼロウィンドウパケットとキープアライブパケットの送信が何度か繰り返される

キープアライブパケットは、3.4秒、6.8秒、13.5秒の間隔で送信されています❶。通信機器で動作しているOSによっては、この処理がかなり長くなります。今回の場合、[Time]カラムの値を加算していくと、コネクションがほぼ25秒間停止しています。ドメインコントローラでの認証や、インターネット

282 | 11章　ネットワークの遅延と戦う

からファイルをダウンロードしようとしているときに、25秒もの遅れがあったらどうでしょう。我慢できるわけがありません。

11.3　TCPエラー制御とフロー制御パケット

　TCP再転送、重複ACK、スライディングウィンドウについて考察し、遅延に関するトラブルシューティングを行うときの注意点をいくつか挙げておきます。

再転送パケット

　再転送が行われるのは、クライアントが送ったデータをサーバが受信していないことにクライアントが気づいたからです。つまりパケット解析する場所によっては、再転送に気づかないわけです。たとえばサーバ上でデータをキャプチャしている場合、クライアントから送信、再送信されたパケットは受け取れないので、再転送パケットを目にすることもできずに立ち往生してしまいます。サーバ側でパケット消失の被害者になっているかもしれないと思ったら、クライアント側でトラフィックをキャプチャできないか考えてみましょう。そうすれば再転送パケットの存在が確認できます。

重複ACKパケット

　筆者は、重複ACKを再転送の逆のようなものだと考えています。というのも、クライアントからのパケットが途中で消失したことをサーバが検出したときに送られるからです。重複ACKは大半の場合、どちら側でトラフィックをキャプチャしたときでも確認できます。これは、受け取ったパケットがシーケンスから外れているときに発生するものであることを思い出してください。たとえば、サーバが3個のパケットのうち1番目と3番目だけを受け取った場合は重複ACKが送られ、クライアントは2番目のパケットを高速再送します。サーバが1番目と3番目を受け取っている場合、2番目のパケットが届かないのは一時的な原因による可能性が高く、通常重複ACKは無事送受信されます。もちろんこのシナリオが常に正しいとは限りません。サーバ側でのパケット消失が疑われ、重複ACKが見当たらない場合、クライアント側でのパケットキャプチャを検討してください。

ゼロウィンドウ状態とキープアライブパケット

　スライディングウィンドウは、サーバでデータを受信、処理できなくなる状況と直接関係します。ウィンドウサイズが縮小したり、ゼロウィンドウ状態になったりするのは、サーバで何か問題が起きているということなので、どちらかの事態が生じたら、原因を調べるべきです。通常はサーバとクライアントの両側で、Window Updateパケットが確認できるはずです。

11.4 高遅延の原因を突き止める

パケット消失が遅延の原因でない場合があります。2つの機器間の通信が遅くても、TCP再送や重複ACKが見つからないことがあるのです。このような場合、高遅延の原因を見つける別のテクニックが必要となります。

高遅延の原因を突き止める効果的な方法のひとつは、最初のハンドシェイクと、そのあとに送られるパケットをいくつか調べることです。仮にクライアントがWebサーバとコネクションを確立していて、そのWebサーバでホストされているサイトをブラウズしようとしたとしましょう。ここで注意が必要なのは、TCPハンドシェイク、最初のHTTP GETリクエスト、GETリクエストに対するACK、サーバがクライアントに送った最初のデータパケットから構成される、最初の6個のパケットです。

この項を理解するには、Wiresharkの時刻表示形式を適切に設定する必要があります。[View（表示）]→[Time Display Format（時刻表示形式）]→[Seconds Since Previous Displayed Packet（前に表示されたパケットからの秒数）]を選択します。

11.4.1 正常な通信

`latency1.pcapng`

ネットワークベースラインの詳細については、本章の以降の部分で説明します。ここでは、高遅延の状況と比較するために、正常時の通信のベースラインが必要だということだけを理解しておいてください。このあとのサンプルでは、ファイルlatency1.pcapngを使用します。TCPハンドシェイクとHTTP通信についてはもう説明したので繰り返しません。また[Packet Details（パケット詳細）]ペインも見ません。ここでは[Time]カラムだけに焦点を絞ります（図11-22）。

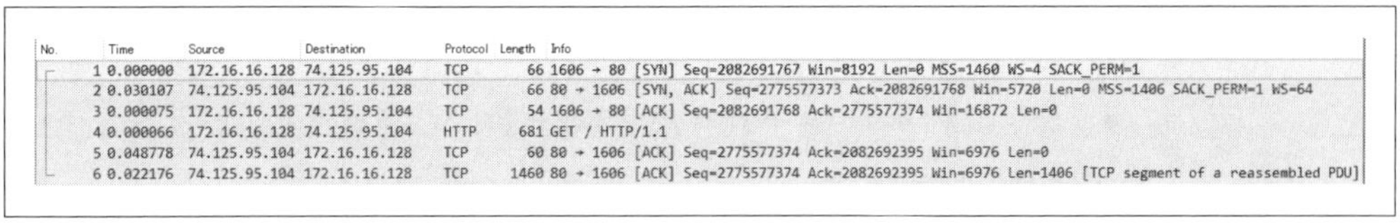

図11-22　このトラフィックはすぐに始まっており正常だと考えられる

この通信シーケンスは非常に速く、全体で0.1秒もかかっていません。

以降のキャプチャファイルは、同じトラフィックではありますが、パケットの送受信される時刻が違います。

11.4.2 通信の遅延：回線遅延

`latency2.pcapng`

今度はファイルlatency2.pcapngを見てみましょう。図11-23からわかるように、2つのファイルのパケットは、時刻を除けばすべて同じです。

284 | 11章　ネットワークの遅延と戦う

```
No      Time       Source          Destination     Protocol  Length  Info
    1 0.000000    172.16.16.128    74.125.95.104    TCP          66 1606 → 80 [SYN] Seq=2082691767 Win=8192 Len=0 MSS=1460 WS=4 SACK_PERM=1
    2 0.878530    74.125.95.104    172.16.16.128    TCP          66 80 → 1606 [SYN, ACK] Seq=2775577373 Ack=2082691768 Win=5720 Len=0 MSS=1406 SACK_PERM=1 WS=64
    3 0.016604    172.16.16.128    74.125.95.104    TCP          54 1606 → 80 [ACK] Seq=2082691768 Ack=2775577374 Win=16872 Len=0
    4 0.000335    172.16.16.128    74.125.95.104    HTTP        681 GET / HTTP/1.1
    5 1.155228    74.125.95.104    172.16.16.128    TCP          60 80 → 1606 [ACK] Seq=2775577374 Ack=2082692395 Win=6976 Len=0
    6 0.015866    74.125.95.104    172.16.16.128    TCP        1460 80 → 1606 [ACK] Seq=2775577374 Ack=2082692395 Win=6976 Len=1406 [TCP segment of a reassembled PDU]
```

図11-23　2番目と5番目のパケットが高遅延を示している

　6個のパケットを見ていくとすぐ、最初の遅延の兆候に気づきます。クライアント（172.16.16.128）が
TCPハンドシェイクを開始するために最初のSYNパケットを送ってから、サーバ（74.125.95.104）から
のSYN/ACKを受け取るまでに、0.87秒の遅れが見られます。これはクライアントとサーバ間にある通
信機器によって引き起こされる回線遅延の最初の兆しです。

　転送されるパケットの性格上、これが回線の遅延であると判断できます。サーバがSYNパケットを
受け取ってから、応答を送るまでに必要な処理はごくわずかです。というのも、トランスポート層より
上位が処理に関わることはないからです。サーバのトラフィックがかなり多いとしても、通常はSYNパ
ケットに対してSYN/ACKパケットにより迅速に応答することが可能です。つまりサーバは高遅延の原
因ではありません。

　クライアントも遅延の原因ではありません。この時点ではSYN/ACKパケットを受信する以上の処理
が行われていないからです。クライアントとサーバの両方に問題がないとすると、最初の2個のパケッ
トの間に、遅延の原因があるということになります。

　引き続き見ていくと、3ウェイハンドシェイクを完了するACKパケット送信はすぐに行われ、クライ
アントからHTTP GETリクエストが送られます。この2個のパケットを生成する処理は、SYN/ACKを
受け取ったあとにクライアントでローカルに行われるので、クライアントの負荷が高くない限り、2個
のパケットの送信は迅速に行われます。

　5番目のパケットも、非常に遅延しています。最初のHTTP GETリクエストが送信されたあと、サー
バから返却されたACKパケットが届くまでに1.15秒かかっています。HTTP GETリクエストを受け取
ると、サーバはデータ送信を開始する前にまずTCP ACKを送りますが、この処理もほとんど負担はか
かりません。これも回線遅延の別の兆候です。

　回線遅延が発生すると、最初のハンドシェイクでのSYN/ACKだけでなく、ほかのACKパケットで
も遅延の兆候が伺えます。この情報からはネットワークの高遅延の原因はわかりませんが、クライアン
トとサーバが原因でないことはわかるので、両者の間の通信機器が遅延の原因だとわかります。そこ
でファイアウォール、ルータ、プロキシなどを調べることで、犯人を見つけることができます。

11.4.3　通信の遅延：クライアントの遅延　　`latency3.pcapng`

　次の遅延のシナリオは、ファイルlatency3.pcapngに含まれています（**図11-24**）。

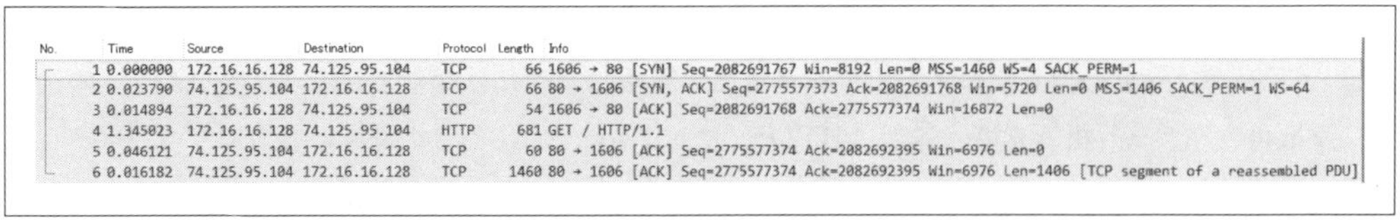

11.4 高遅延の原因を突き止める | **285**

```
No.   Time      Source          Destination     Protocol Length  Info
  1 0.000000   172.16.16.128   74.125.95.104   TCP      66 1606 → 80 [SYN] Seq=2082691767 Win=8192 Len=0 MSS=1460 WS=4 SACK_PERM=1
  2 0.023790   74.125.95.104   172.16.16.128   TCP      66 80 → 1606 [SYN, ACK] Seq=2775577373 Ack=2082691768 Win=5720 Len=0 MSS=1406 SACK_PERM=1 WS=64
  3 0.014894   172.16.16.128   74.125.95.104   TCP      54 1606 → 80 [ACK] Seq=2082691768 Ack=2775577374 Win=16872 Len=0
  4 1.345023   172.16.16.128   74.125.95.104   HTTP    681 GET / HTTP/1.1
  5 0.046121   74.125.95.104   172.16.16.128   TCP      60 80 → 1606 [ACK] Seq=2775577374 Ack=2082692395 Win=6976 Len=0
  6 0.016182   74.125.95.104   172.16.16.128   TCP    1460 80 → 1606 [ACK] Seq=2775577374 Ack=2082692395 Win=6976 Len=1406 [TCP segment of a reassembled PDU]
```

図11-24　最初のHTTP GETパケットが遅延している

このキャプチャは迅速なTCPハンドシェイクで正常に始まり、ここでは遅延の兆しは見られません。ハンドシェイクが完了したあと、4番目のパケットであるHTTP GETリクエストが送られるまでは、すべてが正常のようです。ところがこのパケットで、1.34秒の遅延が発生しました。

遅延の原因を見極めるには、3番目と4番目のパケットの間で何が起きたかを調べなければなりません。3番目のパケットはクライアントからサーバに送られたTCPハンドシェイクの最後のACKパケットで、4番目のパケットはクライアントからサーバに送られたGETリクエストです。両者に共通しているのは、どちらもクライアントから送信されたもので、サーバとは無関係である点です。両方ともクライアントが起点となっているので、ACKが送られたすぐあとに、GETリクエストが行われるべきです。

残念ながら、ACKからGETへの遷移は迅速にいきませんでした。GETパケットの生成と送信にはアプリケーション層での処理が必要ですので、この処理の遅れというのは、クライアント上の処理が追いついていないという意味になります。つまりこの通信の高遅延の原因は、クライアントにあるのです。

11.4.4　通信の遅延：サーバの遅延　　`latency4.pcapng`

最後の遅延のシナリオはサーバの遅延で、ファイルとしてはlatency4.pcapngになります（**図11-25**）。

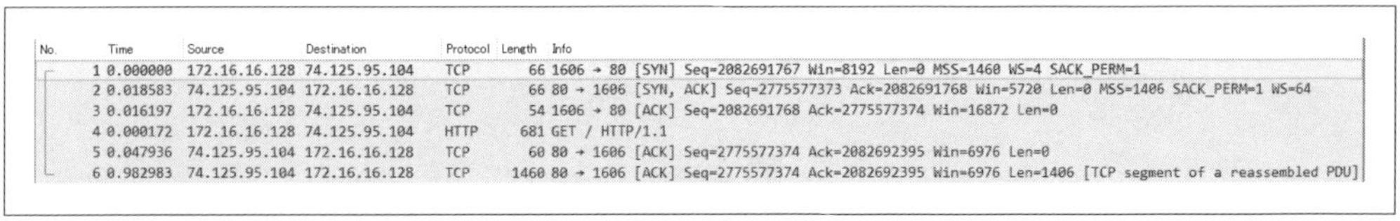

```
No.   Time      Source          Destination     Protocol Length  Info
  1 0.000000   172.16.16.128   74.125.95.104   TCP      66 1606 → 80 [SYN] Seq=2082691767 Win=8192 Len=0 MSS=1460 WS=4 SACK_PERM=1
  2 0.018583   74.125.95.104   172.16.16.128   TCP      66 80 → 1606 [SYN, ACK] Seq=2775577373 Ack=2082691768 Win=5720 Len=0 MSS=1406 SACK_PERM=1 WS=64
  3 0.016197   172.16.16.128   74.125.95.104   TCP      54 1606 → 80 [ACK] Seq=2082691768 Ack=2775577374 Win=16872 Len=0
  4 0.000172   172.16.16.128   74.125.95.104   HTTP    681 GET / HTTP/1.1
  5 0.047936   74.125.95.104   172.16.16.128   TCP      60 80 → 1606 [ACK] Seq=2775577374 Ack=2082692395 Win=6976 Len=0
  6 0.982983   74.125.95.104   172.16.16.128   TCP    1460 80 → 1606 [ACK] Seq=2775577374 Ack=2082692395 Win=6976 Len=1406 [TCP segment of a reassembled PDU]
```

図11-25　最終パケットまで高遅延の兆候が見えない

2つの機器間のTCPハンドシェイクはスムーズかつ迅速に行われ、うまくいっています。最初のGETリクエストとその応答のACKパケットの送信もすばやく行われました。このファイルでは最終パケットまで、高遅延の兆候が見えないのです。

この6番目のパケットは、クライアントからのGETリクエストに応えてサーバから送られた最初のHTTPデータパケットですが、サーバがGETリクエストに対して送ったTCP ACKの到着から0.98秒遅れています。5番目から6番目のパケットへの遷移は、ハンドシェイクでのACKからGETリクエストへの移行と非常によく似ています。しかしここでは、サーバが焦点となります。

5番目のパケットは、クライアントから受け取ったGETリクエストに対するサーバのACKです。サーバはACKパケットを送信したらすぐ、データ送信を開始しなければなりません。このパケットの送信データ取得、パケット組み立て、送信はHTTPプロトコルによって行われます。これはアプリケーション層プロトコルなので、サーバによる処理がある程度必要となります。したがってこのパケットの遅延は、サーバ上のデータ処理が追いついていないことを意味しており、高遅延の理由はサーバだということになります。

11.4.5　遅延を見つけるフレームワーク

6個のパケットを使って、複数のシナリオにおけるネットワーク高遅延の原因を探しました。**図11-26**が実際の遅延トラブルを解決するときに役立つはずです。こうした基本はどんなTCP通信にも当てはまります。

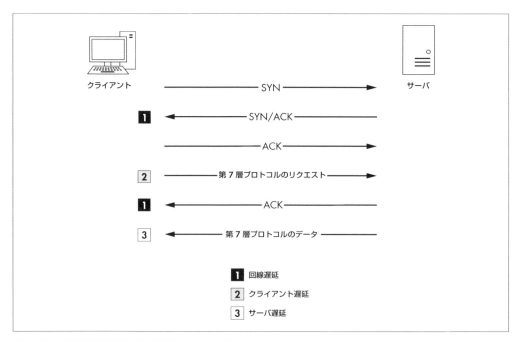

図11-26　実際の遅延トラブルの解決に役立つ図

UDP遅延についてはほとんど触れていません。UDPは高速ですが信頼性が低く、遅延を検出し回復する機能を内蔵していないからです。その代わり、データ配送の信頼性を高めるために用いられるアプリケーション層プロトコル（やICMP）が、その役割を担っています。

11.5　ネットワークベースラインの確立

何もかもがうまくいかない場合、**ネットワークベースライン**が、ネットワークの遅延を解決するための重要なデータとなります。ここではネットワークベースラインを、ネットワーク上のさまざまな位置で収集されたトラフィックのサンプルであり、「正常な」ネットワークトラフィックとみなされるものであると定義します。ネットワークベースラインを確立する目的は、ネットワークや通信機器が正しく機能していないときに、比較対象とするためです。

たとえばネットワーク上のいくつかのクライアントが、ローカルのWebアプリケーションサーバへのログインに時間がかかるという苦情を言ってきたとしましょう。このトラフィックをキャプチャしてネットワークベースラインと比較すると、Webサーバは正常に応答しているのに、Webアプリケーションに組み込まれた外部コンテンツによる外部DNSリクエストの速度が、正常時より2倍も遅いことがわかるかもしれません。

ネットワークベースラインと比較しなくても外部DNSサーバが遅いと気づくかもしれませんが、少しの差異だとなかなかそうもいきません。10個のDNSクエリの処理が正常時より0.1秒ずつ遅いのは、1個のクエリに正常時より1秒以上かかるのと同じくらいの問題ですが、ネットワークベースラインがなかったら、前者を検知するのはかなり困難です。

同じネットワークは存在しないため、ネットワークベースラインのコンポーネントもかなり違ってきます。次の項ではネットワークベースラインのコンポーネント例を挙げます。すべてが自分のネットワークに該当する場合もあれば、ほとんど当てはまらない場合もあるでしょう。いずれにせよ、各コンポーネントはベースラインの3つの基本カテゴリであるサイト、ホスト、アプリケーション上で計測することが可能です。

11.5.1　サイトのベースライン

サイトのベースラインの目的は、ネットワーク上の物理的なサイトのトラフィックに関する俯瞰的なスナップショットを得ることです。WANのすべてのセグメントで実行するのが理想です。

このベースラインに含まれるコンポーネントは次のようになります。

使用しているプロトコル

ネットワークのエッジ（ルータやファイアウォール）でセグメントのすべての通信機器からのトラフィックをキャプチャする際に、メニューから［Statistics（統計）］→［Protocol Hierarchy（プロトコル階層）］を選択して［Protocol Hierarchy Statistics（プロトコル階層統計）］ダイアログを開き、すべての通信機器からのトラフィックを参照します。のちほどこれと照らし合わせることで、正常時に存在するプロトコルが存在しているか、あるいは新しいプロトコルが含まれていないかを確認できます。特定プロトコルのトラフィックが大幅に増えていないかどうかもわかります。

ブロードキャストトラフィック

ネットワークセグメント上のすべてのブロードキャストトラフィックが含まれます。サイト内のどこでキャプチャしてもブロードキャストトラフィックはキャプチャできます。正常時はどういった機器が大量のブロードキャストトラフィックを送っているのかが確認でき、ブロードキャストの量が多すぎたり少なすぎたりしないかがすぐにわかります。

認証シーケンス

Active Directory、Webアプリケーション、組織固有のソフトウェアなど、あらゆるサービスに対するさまざまなクライアントからの認証処理のトラフィックが含まれます。一般に認証には時間がかかります。ベースラインによって、認証が通信遅延の原因かどうかが判断できます。

データ転送レート

ネットワーク上のあるサイトからさまざまな別のサイトへの大量データ転送の測定結果から構成されます。キャプチャの概要とWiresharkのグラフ機能を利用して（「5章 Wiresharkの高度な機能」で説明しました）、転送率とコネクションとの整合性が確認できます。おそらくこれがサイトベースラインの中でもっとも重要なものでしょう。通信が遅く感じられる場合、ベースラインと同じデータの転送を実行し、その結果を比較してください。そうすれば通信が本当に遅いのかどうかがわかり、またどこで遅延トラブルが発生しているのかを探る手がかりにもなります。

11.5.2　ホストベースライン

　ホストベースラインといっても、すべてのホストのベースラインを確立する必要はありません。トラフィックが非常に多い、またはミッションクリティカルなサーバでのみ行えば十分です。あるサーバが遅いと管理部門から怒りの電話がかかってくるようであれば、そのサーバのベースラインは確立しておきましょう。

　ホストベースラインのコンポーネントは以下のとおりです。

使用しているプロトコル

［Protocol Hierarchy Statistics（プロトコル階層統計）］ダイアログを使って、ホストからのトラフィックをキャプチャします。のちほどこれと照らし合わせることで、正常時に存在するプロトコルが存在しているか、あるいは新しいプロトコルが含まれていないかを確認できます。特定プロトコルのトラフィックが大幅に増えていないかどうかもわかります。

アイドル、ビジー時のトラフィック

ピーク時およびオフピーク時の通常トラフィックのキャプチャで構成されます。時間帯による

コネクション数や使用帯域を把握しておけば、遅延がユーザー負荷のせいなのか、それともほかに問題があるのかがわかります。

起動/シャットダウン

このベースラインを得るには、ホストの起動とシャットダウンの際に生じるトラフィックをキャプチャする必要があります。機器が起動しない、シャットダウンしない、あるいは起動やシャットダウンの際の速度が極端に遅い場合、このベースラインと照合し、遅延がネットワーク関連かどうかを判断できます。

認証シーケンス

ホスト上で動作しているあらゆるサービスの認証処理のトラフィックをキャプチャする必要があります。一般に認証には時間がかかります。ベースラインによって、認証が通信遅延の原因かどうかが判断できます。

関連/依存

このホストがどのホストに依存しているか（あるいは、このホストにどのホストが依存しているか）を知るために、長時間のキャプチャを行います。メニューから［Statistics（統計）］→［Conversations（対話）］を選択して［Conversations］ダイアログを開き、関連性や依存性を確認します。これによりたとえば、WebサーバがSQL Serverサーバに依存していたりすることがわかります。ホスト間の依存関係を常に把握できているとは限らないので、これらの確認にはホストベースラインが役立ちます。これによって、ホストが故障や高負荷のために適切に動作していないかどうかを確認できます。

11.5.3 アプリケーションベースライン

ネットワークベースラインの最後のカテゴリは、アプリケーションベースラインです。これは業務上不可欠なネットワークベースのアプリケーションでは必ず取得すべきです。

アプリケーションベースラインのコンポーネントは以下のとおりです。

使用しているプロトコル

このベースラインでも、Wiresharkの［Protocol Hierarchy Statistics（プロトコル階層統計）］ダイアログを使いますが、今回はアプリケーションを実行しているホストからのトラフィックをキャプチャします。のちほどこれと比較することで、該当のアプリケーションが依存するプロトコルが、正常に機能しているかどうかがわかります。

起動/シャットダウン

このベースラインを得るには、アプリケーションの起動とシャットダウンの際に生じるトラ

フィックをキャプチャする必要があります。アプリケーションが起動しない、あるいは起動や
シャットダウンの際の速度が極端に遅い場合、このベースラインと照合し、原因を突き止め
ることができます。

関連／依存

このアプリケーションが依存しているホストやアプリケーションを知るために、長時間のキャ
プチャを行い、[Conversations] ダイアログを使って確認します。アプリケーション間の依存
関係を常に把握できているとは限らないので、これらの確認にはこのベースラインが役立ち
ます。これによって、アプリケーションが障害や高負荷のために適切に動作していないかど
うかを確認できます。

データ転送レート

キャプチャの概要とWiresharkのグラフ機能を利用して、ベースラインを作成した際の正常
時のアプリケーションサーバへの転送率とコネクションとの整合性が確認できます。アプリ
ケーションが遅いという報告があれば、このベースラインを使って、遅延の原因がアプリケー
ションの負荷が高すぎるためか、ユーザー側の負荷が原因かを判断できます。

11.5.4　ベースラインについての追記

ネットワークベースラインを作成する際に、心に留めておくべき点をいくつか追加しておきます。

- ベースラインを作成する場合、最低3回ずつは作成しましょう。トラフィックの少ない時間帯 (早朝)、トラフィックの多い時間帯 (午後)、トラフィックがほとんどない時間帯 (深夜) といった具合です。
- 可能なら、ベースラインの対象となるホストで、直接キャプチャするのは避けましょう。トラフィックが多い時間帯だと、キャプチャが負荷を増やしたり、パフォーマンスを低下させたりして、結果としてパケットの消失を招き、作成したベースラインが無意味になってしまう場合があります。
- ベースラインにはネットワークに関する秘匿情報が含まれているので、セキュリティに注意しましょう。許可された人々だけがアクセスできる安全な場所に保存することです。同時にすぐ利用できるよう、手元に置いておきましょう。USBドライブか、暗号化したパーティションに入れておくべきです。
- ベースライン関連の.pcapおよび.pcapngファイルをまとめ、関連性や平均データ転送レートといった、よく参照する値の「カンペ」を作っておきましょう。

11.6 まとめ

この章では、ネットワーク遅延のトラブルシューティングに焦点を当てました。TCPの問題を検出し、リカバリするための便利で、信頼性の高い方法を説明し、ネットワーク通信の高遅延の原因を探る方法を実演し、ネットワークベースラインの重要性とそのコンポーネントについて説明しました。ここで説明したテクニックと、Wiresharkのグラフおよび解析機能を使えば、ネットワークが遅いという苦情の電話を受けても、対応することができるはずです。

12章
セキュリティ問題と
パケット解析

本書の大半はパケット解析を利用したネットワークのトラブルシューティングに割かれていますが、現実にはかなりのパケット解析がセキュリティ対応として行われています。これは不正侵入者を防ぐためにネットワークトラフィックを確認するアナリストや、侵入されたホストでのマルウェア感染の範囲を突き止めるフォレンジック調査官の仕事だったりします。

セキュリティ問題を調査するためのパケット解析は、攻撃者が制御している機器という不明な要素が関わってくることもあり、常にかなり困難です。攻撃者のところに行って質問したり、攻撃者の正常なトラフィックのベースラインを確認したりすることはできません。解析できるのは、攻撃者のシステムと自分のコンピュータ間でキャプチャした対話だけです。攻撃者はあなたのシステムに遠隔から侵入しているということは、ネットワークと何らかの形でやり取りしています。当然彼らもそれを知っているので、自分たちのテクニックがばれないようにする技術を持っています。

この章ではセキュリティ関係者の立場で、ネットワークレベルでのシステム侵入をさまざまな角度から見ていき、まずはネットワークの偵察、悪意あるトラフィックのリダイレクト、よくあるマルウェアのテクニックなどについて説明します。時には侵入アナリストとなって、侵入検知システム (IDS) からの警告をもとに、トラフィックを細かく分析します。本章を読めば、セキュリティを担当していなくても、ネットワークセキュリティの本質が理解できるでしょう。

12.1　偵察

攻撃者が最初に行うのは、標的とするシステムの徹底的な調査です。この段階を一般に**フットプリンティング**と呼び、標的とする企業のWebサイトやGoogleでの検索など、公開されているさまざまな情報を利用して行われます。調査が完了すると、攻撃者は開いているポートや実行されているサービスを見つけるため、標的のIPアドレス (またはドメイン名) のスキャンを開始します。

攻撃者はスキャンによって、標的が稼働しているか、アクセスできるかを判断します。銀行強盗が、メインストリート123番にある大手銀行での強盗を計画していたとしましょう。強盗が念入りな強盗計

画を立てて現地へ行ってみたところ、銀行はヴァインストリート555番へ引っ越しているかもしれません。もっと悪いケースを考えると、昼間の営業時間中に徒歩で銀行に押し入って、金庫から盗むつもりでいたのに、銀行が休業日だったとしたらどうでしょう。銀行強盗にせよネットワーク攻撃にせよ、標的が稼働していて、アクセスできるかを確認するのが、最初に越えなければならないハードルなのです。

　スキャンによるもうひとつの重要な成果は、標的のどのポートが待ち受けしているかわかることです。銀行強盗のたとえに戻って、強盗が銀行施設の見取り図の知識がまったくないままに、銀行へ押し入ろうとしたらどうでしょう。セキュリティの弱点を知らないわけですから、侵入する方法も思いつかないでしょう。

　ここでは、ホスト、開いているポート、ネットワークの脆弱性を確認するのに使われる、一般的なスキャン手法についていくつか説明します。

ここまでは、**送信者**と**受信者**、あるいは**クライアント**と**サーバ**といった呼称でコネクションの両端について言及してきましたが、本章では**攻撃者**および**標的**という呼称を用います。

12.1.1　SYNスキャン

`synscan.pcapng`

システムに対して最初に行われるのが**TCP SYNスキャン**で、これは**ステルススキャン**または**ハーフオープンスキャン**とも呼ばれます。SYNスキャンがもっともよく使われるのには理由があります。

- 非常に速く信頼性が高い。
- TCPスタックの実装にかかわらず、すべてのプラットフォームで適切に機能する。
- ほかのスキャン手法よりもノイズが少ない。

TCP SYNスキャンは、標的のどのポートが開いているかを判断するのに3ウェイハンドシェイク処理を用います。攻撃者はポートと正常な通信を確立するふりをして、標的のポートにTCP SYNパケットを送ります。標的がこのパケットを受け取ると、**図12-1**のようなことが起こります。

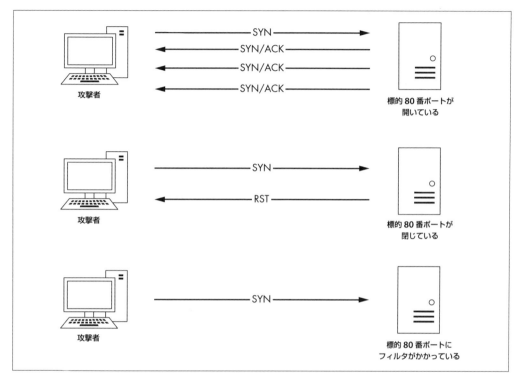

図12-1　TCP SYNスキャンによって起こる可能性のあること

　標的ホストのサービスがSYNパケットを受け取ったポートで待ち受けていると、TCPハンドシェイクの第2段階として、攻撃者にTCP SYN/ACKパケットをレスポンスとして送ります。すると攻撃者はそのポートが開いていて、サービスが待ち受けしていることがわかります。通常であれば、ハンドシェイクを完了させるために最終のTCP ACKパケットが送られますが、この場合攻撃者はこれ以上ホストと通信する気がないため、TCPハンドシェイクを完了させません。

　スキャンしたポートでサービスが待ち受けしていない場合、攻撃者はSYN/ACKパケットを受け取りません。標的のOSの設定によっては、攻撃者はポートが閉じていることを意味するRSTパケットを応答として受け取ります。あるいは何の応答もない場合もあります。これはファイアウォールやホスト自身によって、ポートにフィルタがかけられているという意味です。あるいは送信の途中で、レスポンスが消失しただけかもしれません。一般にはポートが閉じているということですが、決定的な証拠ではありません。

　ファイルsynscan.pcapngは、Nmapツールを利用したSYNスキャンの好例です。Nmapは、Gordon "Fyodor" Lyonが開発した堅牢なネットワークスキャンアプリケーションで、どんなスキャンでも実行することができます。Nmapはhttp://www.nmap.com/download.htmlから無料で入手可能です。

296 | 12章　セキュリティ問題とパケット解析

　サンプルのキャプチャには約2,000個のパケットが入っていますので、手頃なサイズでしょう。スキャンの範囲を確認する最良の方法のひとつは、［Conversations］ダイアログを見ることです（**図12-2**）。ここには攻撃者（172.16.0.8）と標的（64.13.134.52）間のIPv4の対話が1つしかありません❶が、この2つのホスト間に、TCPの対話が1994あることがわかります❷。基本的に新しい対話に使われているすべてのポートが通信に関わっています。

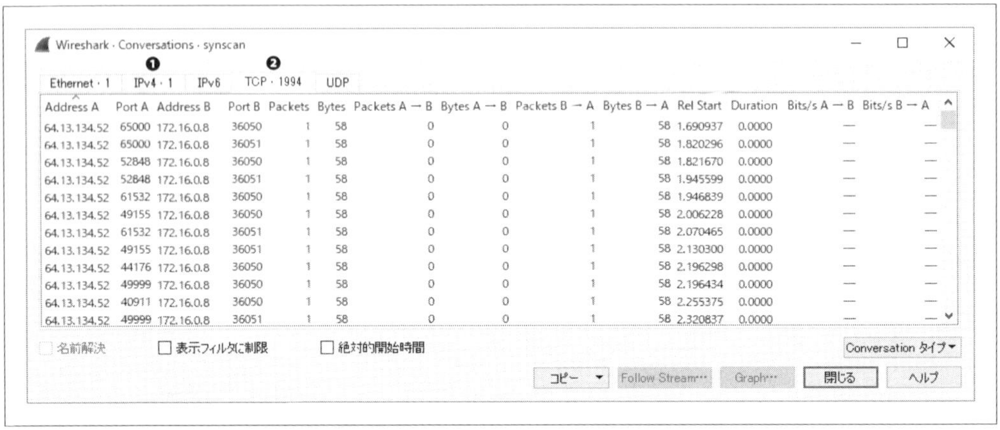

図12-2　さまざまなTCP通信が行われていることを示す［Conversations］ダイアログ

　スキャンは非常に速く行われるため、それぞれのSYNパケットの応答を見つけるのに、キャプチャファイルをスクロールするのはあまり良い方法とは言えません。パケットへの応答を受け取る前に、さらにパケットが送られているかもしれないからです。幸いなことに、フィルタを作成することで適切なトラフィックを確認することができます。

12.1.1.1　SYNスキャンでのフィルタの使用

　フィルタの一例として、標的の443番ポート（HTTPS）に送られた最初のパケット、SYNパケットを取り上げます。このパケットに対する応答を見るため、443番ポートを出入りするすべてのトラフィックを表示するフィルタを作成します。迅速に行う方法は次のとおりです。

1. キャプチャファイルの最初のパケットを選択します。
2. ［Packet Details（パケット詳細）］ペインのTCPヘッダを展開します。
3. ［Destination Port］フィールドを右クリックし、［Prepare as Filter（フィルタを準備）］を選択し、［Selected（選択済）］をクリックします。
4. これで443番ポートを宛先とするすべてのパケットからなるフィルタが、フィルタダイアログに表示されます。443番ポートを送信元とするパケットも表示したいので、画面の上部にあるフィルタダイアログをクリックし、「dst」を消去します。

このフィルタにより攻撃者から標的へ送られた2個のTCP SYNパケットが表示されます（**図12-3**）。

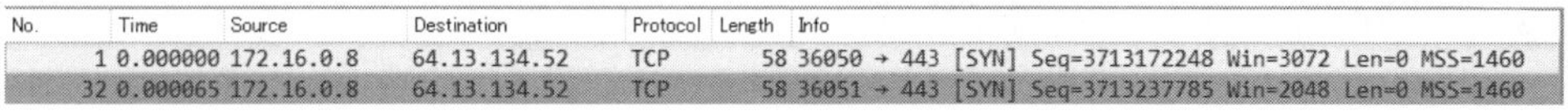

図12-3　SYNパケットによる2回のコネクション確立の試行

ここでは、［time display（時刻表示形式）］の［Seconds Since Previous Displayed Packet（前に表示されたパケットからの秒数）］を使ってパケットを表示しています[*1]。

どちらのパケットにも応答はないので、標的のホストか中間にある機器などでフィルタされたか、あるいはポートが閉じている可能性があります。443番ポートに対するスキャンだけでは判断できません。

同じ手法をほかのパケットでも試して、違う結果が出るかどうかを見てみましょう。まず先ほど作成したフィルタを削除し、次にリストから9番目のパケットを選びます。これはポート53番、通常DNSに割り当てられているポートへ送られたSYNパケットです。先ほどと同様に、または先ほどのフィルタを編集して、TCPポート53番を通過するすべてのパケットを抽出します。このフィルタを適用したら、5つのパケットが確認できるはずです（**図12-4**）。

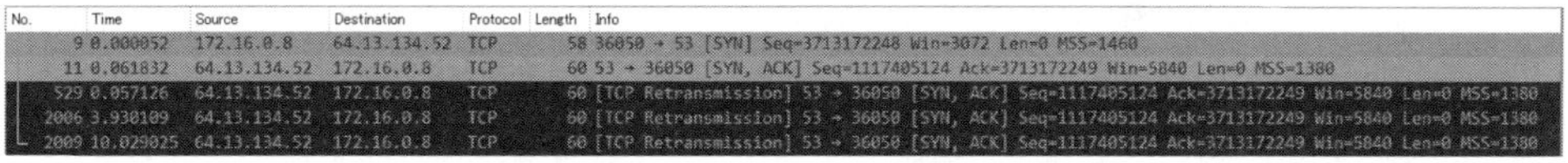

図12-4　ポートが開いていることを示す5個のパケット

最初のパケットは、キャプチャの先頭のほうにある選択したSYNパケットです（9番目のパケット）。2番目は標的からの応答で、3ウェイハンドシェイクの確立を行う際に返却されるべきTCP SYN/ACKパケットです。通常であれば、次のパケットは最初にSYNを送ったホストからのACKであるはずです。しかしここでは、攻撃者はコネクションを確立させないので、応答を送りません。その結果、標的はSYN/ACKを3回ほど再送します。53番ポートでの接続を試みるとSYN/ACK応答が戻ってきたので、このポートでサービスが待ち受けしていると考えてよいでしょう。

この作業を13番目のパケットでもう一度繰り返してみましょう。これは113番ポート、IRCでの識別や認証サービスに使われるIdentプロトコルに割り当てられているポートへ送られたSYNパケットです。このポートに同じタイプのフィルタを適用すると、**図12-5**のように4つのパケットが表示されます。

[*1]　監訳注：**図12-3**は、［前にキャプチャされたパケットからの秒数］になっています。

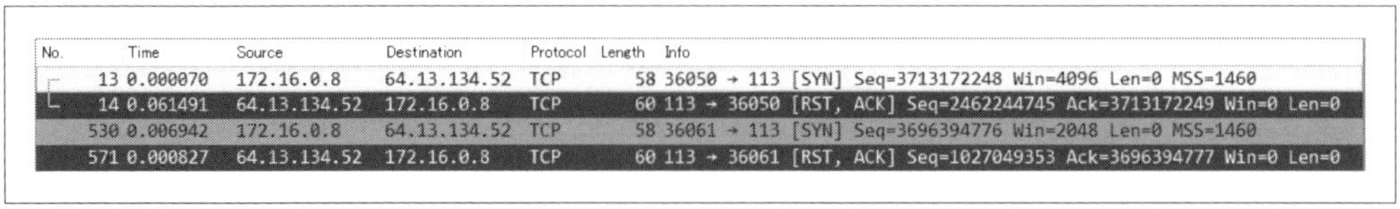

No.	Time	Source	Destination	Protocol	Length	Info
13	0.000070	172.16.0.8	64.13.134.52	TCP	58	36050 → 113 [SYN] Seq=3713172248 Win=4096 Len=0 MSS=1460
14	0.061491	64.13.134.52	172.16.0.8	TCP	60	113 → 36050 [RST, ACK] Seq=2462244745 Ack=3713172249 Win=0 Len=0
530	0.006942	172.16.0.8	64.13.134.52	TCP	58	36061 → 113 [SYN] Seq=3696394776 Win=2048 Len=0 MSS=1460
571	0.000827	64.13.134.52	172.16.0.8	TCP	60	113 → 36061 [RST, ACK] Seq=1027049353 Ack=3696394777 Win=0 Len=0

図12-5　SYNのあとにRSTが送信され、ポートが閉じていることを示している

最初のSYNパケットのあと、標的からはすぐにRSTが送信されています。これはこのポートでコネクションを許可しておらず、サービスが稼働していないことを意味しています。

12.1.1.2　ポートの開閉を見極める

SYNスキャンに対する応答の違いを理解したら、今度はどのポートが開いていて、どれが閉じているのかを迅速に判断する方法を考えてみましょう。今度の答えも［Conversations］ダイアログにあります。このダイアログでは、パケット数によってTCP対話をソートし、［Packets］カラムのヘッダを矢印が下向きになるようクリックすることで、数値が大きい順に並べることができます（**図12-6**）。

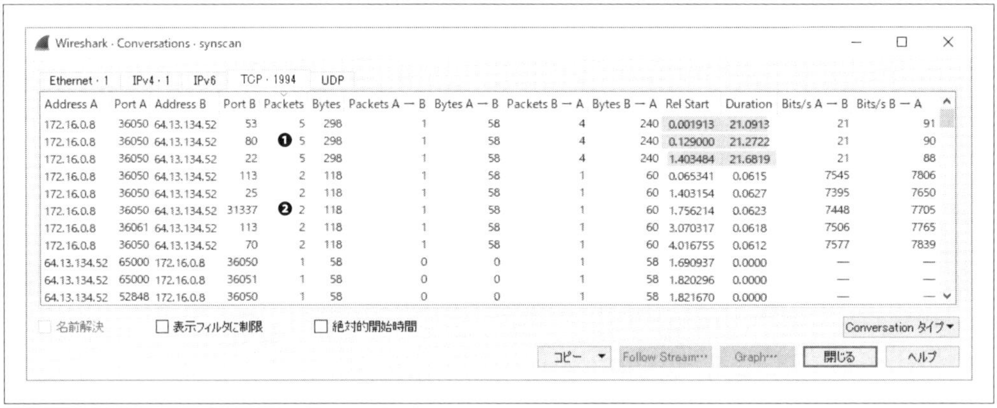

Address A	Port A	Address B	Port B	Packets	Bytes	Packets A → B	Bytes A → B	Packets B → A	Bytes B → A	Rel Start	Duration	Bits/s A → B	Bits/s B → A
172.16.0.8	36050	64.13.134.52	53	5	298	1	58	4	240	0.001913	21.0913	21	91
172.16.0.8	36050	64.13.134.52	80	❶ 5	298	1	58	4	240	0.129000	21.2722	21	90
172.16.0.8	36050	64.13.134.52	22	5	298	1	58	4	240	1.403484	21.6819	21	88
172.16.0.8	36050	64.13.134.52	113	2	118	1	58	1	60	0.065341	0.0615	7545	7806
172.16.0.8	36050	64.13.134.52	25	2	118	1	58	1	60	1.403154	0.0627	7395	7650
172.16.0.8	36050	64.13.134.52	31337	❷ 2	118	1	58	1	60	1.756214	0.0623	7448	7705
172.16.0.8	36061	64.13.134.52	113	2	118	1	58	1	60	3.070317	0.0618	7506	7765
172.16.0.8	36050	64.13.134.52	70	2	118	1	58	1	60	4.016755	0.0612	7577	7839
64.13.134.52	65000	172.16.0.8	36050	1	58	0	0	1	58	1.690937	0.0000	—	—
64.13.134.52	65000	172.16.0.8	36051	1	58	0	0	1	58	1.820296	0.0000	—	—
64.13.134.52	52848	172.16.0.8	36050	1	58	0	0	1	58	1.821670	0.0000	—	—

図12-6　［Conversations］ダイアログで開いているポートを探す

3つのポートで、対話に5つのパケットが表示されました❶。これら5つのパケットは最初のSYN、それに応答するSYN/ACK、標的から再送されたSYN/ACKを表しているので、53番、80番、22番のポートが開いていることがわかります。

それ以外の5つのポートでは、2つのパケットしか表示されていません❷。1つ目は最初のSYN、そして2番目はRSTです。つまり113番、25番、31337番、113番、70番は閉じています。

［Conversations］ダイアログの残りのエントリには1つしかパケットが存在しないので、標的のホストが最初のSYNに応答しなかったことになります。したがって残りのポートは閉じていると考えられますが、定かではありません。

今回は成功しましたが、すべてのホストでうまくいくとは限らないので、このパケットを数える手法に頼り切らないようにしましょう。正常時の送信や応答を知り、正常な送信に対する異常な応答とはどんなものなのかを理解するほうが重要です。

12.1.2　OSフィンガープリント

攻撃者は標的のOSを知るために相当な努力を行います。OSがわかれば適切な攻撃が仕掛けられるからです。またOSを特定することで重要なファイルやディレクトリがどこにあるかがわかるので、システムにアクセスしやすくなります。

OSフィンガープリントは、実際にそのシステムにアクセスすることなく、システム上で実行されているOSを特定するのに用いられるテクニックの総称です。OSフィンガープリントには、パッシブとアクティブの2種類があります。

12.1.2.1　パッシブフィンガープリント　　`passiveosfingerprinting.pcapng`

パッシブフィンガープリントでは、標的から送られたパケット内の特定のフィールドを調査することによって、OSを判断します。この方法がパッシブ（受動的）とされるのは、標的が送信するパケットをチェックするだけで、自らはパケットを送信しないためです。隠密に実行できるため、攻撃者にとっては理想的な方法です。

そうはいっても、送られてきたパケットを調べるだけで、どうやって標的のOSを特定できるのでしょうか。実はこれは、RFCで定義されたプロトコルの仕様が標準化されていないために可能になっているのです。TCP、UDP、IPヘッダにはいくつもフィールドがありますが、すべてのフィールドでデフォルト値が設定されているわけではありません。つまりTCP/IPスタックを実装する場合、各OSはこれらのフィールドのデフォルト値を定義する必要があります。**表12-1**は一般的なフィールドと、さまざまなOSでのデフォルト値を示しています。OSの新バージョンがリリースされると、デフォルト値も変更されることに注意してください。

300 | 12章　セキュリティ問題とパケット解析

表12-1　一般的なパッシブフィンガープリントの値

プロトコルヘッダ	フィールド	デフォルト値	OS
IP	初期TTL	64	Nmap、BSD、macOS、Linux
		128	Novell、Windows
		255	Cisco IOS、Palm OS、Solaris
IP	フラグメント禁止フラグ	設定	BSD、macOS、Linux、Novell、Windows、Palm OS、Solaris
		不設定	Nmap、Cisco IOS
TCP	最大セグメントサイズ	0	Nmap
		1440–1460	Windows、Novell
		1460	BSD、macOS、Linux、Solaris
TCP	ウィンドウサイズ	1024–4096	Nmap
		65535	BSD、macOS
		自動調整	Linux
		16384	Novell
		4128	Cisco IOS
		24820	Solaris
		自動調整	Windows
TCP	SackOK	設定	Linux、Windows、macOS、OpenBSD
		不設定	Nmap、FreeBSD、Novell、Cisco IOS、Solaris

　ファイルpassiveosfingerprinting.pcapngに含まれている2つのパケットが良いサンプルです。どちらも80番ポートに送られたTCP SYNパケットですが、違うホストから送信されています。このパケットに含まれる値を**表12-1**に照合するだけで、それぞれのホストのOSが特定できるはずです。各パケットの詳細は**図12-7**に示しました。

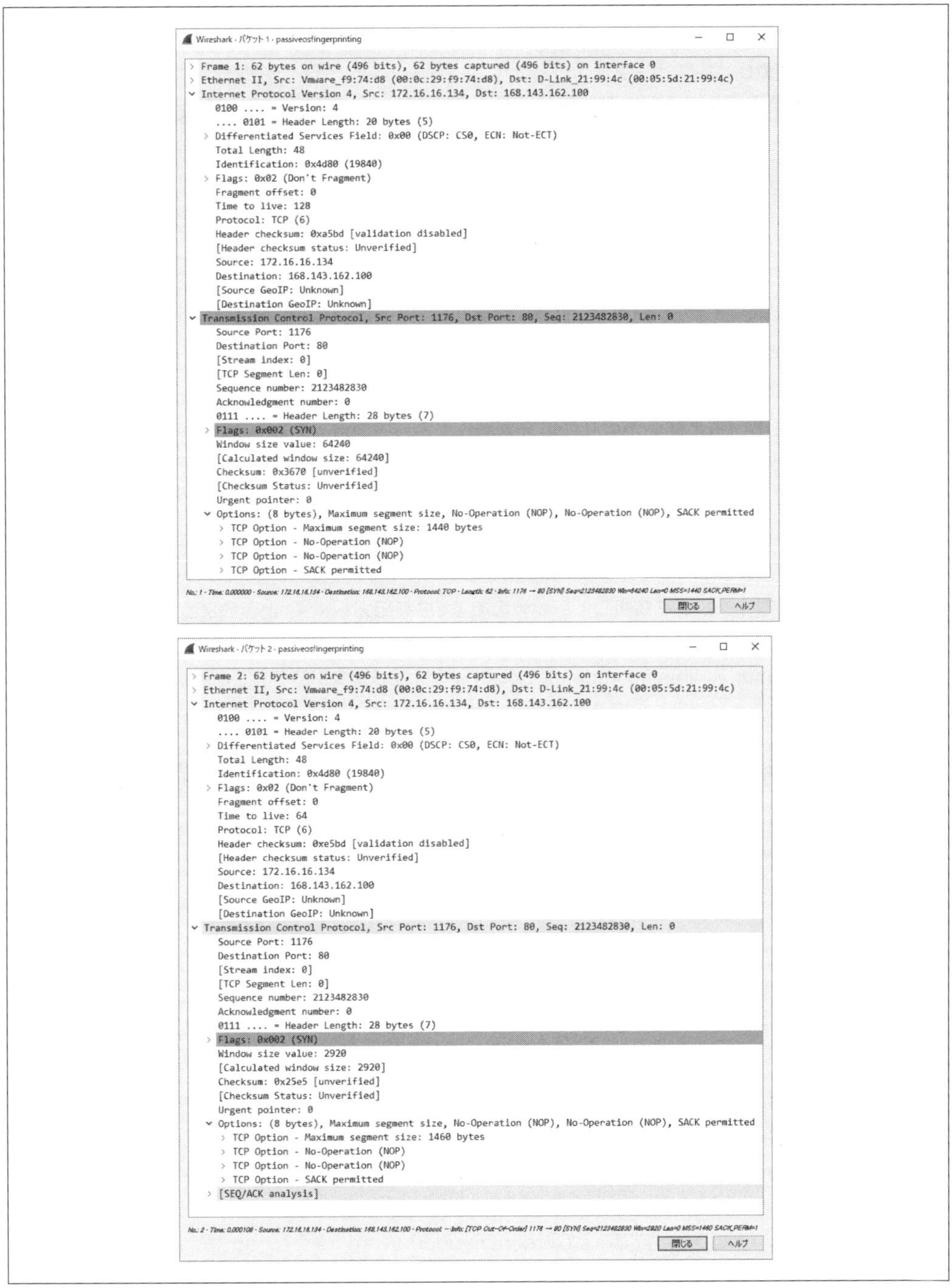

```
Wireshark · パケット 1 · passiveosfingerprinting                                    —  □  ×

> Frame 1: 62 bytes on wire (496 bits), 62 bytes captured (496 bits) on interface 0
> Ethernet II, Src: Vmware_f9:74:d8 (00:0c:29:f9:74:d8), Dst: D-Link_21:99:4c (00:05:5d:21:99:4c)
v Internet Protocol Version 4, Src: 172.16.16.134, Dst: 168.143.162.100
    0100 .... = Version: 4
    .... 0101 = Header Length: 20 bytes (5)
  > Differentiated Services Field: 0x00 (DSCP: CS0, ECN: Not-ECT)
    Total Length: 48
    Identification: 0x4d80 (19840)
  > Flags: 0x02 (Don't Fragment)
    Fragment offset: 0
    Time to live: 128
    Protocol: TCP (6)
    Header checksum: 0xa5bd [validation disabled]
    [Header checksum status: Unverified]
    Source: 172.16.16.134
    Destination: 168.143.162.100
    [Source GeoIP: Unknown]
    [Destination GeoIP: Unknown]
v Transmission Control Protocol, Src Port: 1176, Dst Port: 80, Seq: 2123482830, Len: 0
    Source Port: 1176
    Destination Port: 80
    [Stream index: 0]
    [TCP Segment Len: 0]
    Sequence number: 2123482830
    Acknowledgment number: 0
    0111 .... = Header Length: 28 bytes (7)
  > Flags: 0x002 (SYN)
    Window size value: 64240
    [Calculated window size: 64240]
    Checksum: 0x3670 [unverified]
    [Checksum Status: Unverified]
    Urgent pointer: 0
  v Options: (8 bytes), Maximum segment size, No-Operation (NOP), No-Operation (NOP), SACK permitted
    > TCP Option - Maximum segment size: 1440 bytes
    > TCP Option - No-Operation (NOP)
    > TCP Option - No-Operation (NOP)
    > TCP Option - SACK permitted

No.: 1 · Time: 0.000000 · Source: 172.16.16.134 · Destination: 168.143.162.100 · Protocol: TCP · Length: 62 · Info: 1176 → 80 [SYN] Seq=2123482830 Win=64240 Len=0 MSS=1440 SACK_PERM=1
                                                                    閉じる    ヘルプ
```

```
Wireshark · パケット 2 · passiveosfingerprinting                                    —  □  ×

> Frame 2: 62 bytes on wire (496 bits), 62 bytes captured (496 bits) on interface 0
> Ethernet II, Src: Vmware_f9:74:d8 (00:0c:29:f9:74:d8), Dst: D-Link_21:99:4c (00:05:5d:21:99:4c)
v Internet Protocol Version 4, Src: 172.16.16.134, Dst: 168.143.162.100
    0100 .... = Version: 4
    .... 0101 = Header Length: 20 bytes (5)
  > Differentiated Services Field: 0x00 (DSCP: CS0, ECN: Not-ECT)
    Total Length: 48
    Identification: 0x4d80 (19840)
  > Flags: 0x02 (Don't Fragment)
    Fragment offset: 0
    Time to live: 64
    Protocol: TCP (6)
    Header checksum: 0xe5bd [validation disabled]
    [Header checksum status: Unverified]
    Source: 172.16.16.134
    Destination: 168.143.162.100
    [Source GeoIP: Unknown]
    [Destination GeoIP: Unknown]
v Transmission Control Protocol, Src Port: 1176, Dst Port: 80, Seq: 2123482830, Len: 0
    Source Port: 1176
    Destination Port: 80
    [Stream index: 0]
    [TCP Segment Len: 0]
    Sequence number: 2123482830
    Acknowledgment number: 0
    0111 .... = Header Length: 28 bytes (7)
  > Flags: 0x002 (SYN)
    Window size value: 2920
    [Calculated window size: 2920]
    Checksum: 0x25e5 [unverified]
    [Checksum Status: Unverified]
    Urgent pointer: 0
  v Options: (8 bytes), Maximum segment size, No-Operation (NOP), No-Operation (NOP), SACK permitted
    > TCP Option - Maximum segment size: 1460 bytes
    > TCP Option - No-Operation (NOP)
    > TCP Option - No-Operation (NOP)
    > TCP Option - SACK permitted
  > [SEQ/ACK analysis]

No.: 2 · Time: 0.000108 · Source: 172.16.16.134 · Destination: 168.143.162.100 · Protocol: · Info: [TCP Out-Of-Order] 1176 → 80 [SYN] Seq=2123482830 Win=2920 Len=0 MSS=1460 SACK_PERM=1
                                                                    閉じる    ヘルプ
```

図12-7　パケットからOSが特定できる

表12-1を参照して、パケットごとに関連するフィールドの詳細（表12-2）を作りました。

表12-2　パケット別のOSフィンガープリント

プロトコルヘッダ	フィールド	パケット1の値	パケット2の値
IP	初期TTL	128	64
IP	フラグメント禁止フラグ	セット	セット
TCP	最大セグメントサイズ	1,440バイト	1,460バイト
TCP	ウィンドウサイズ	64,240バイト	2,920バイト
TCP	SackOK	セット	セット

これらの値によって、パケット1はWindows機器から、パケット2はLinux機器から送られたと結論づけることができます。

表12-1の一般的なパッシブフィンガープリントのフィールド一覧は、網羅的なものではありません。さまざまな要因により、値に狂いが生じる場合もあります。そのため、パッシブフィンガープリントから得られた結果に全面的に頼ることはできません。

攻撃者は標的のOSを特定するのに、しばしば自動化ツールを利用します。OSフィンガープリント手法に使えるツールのひとつがp0fです。このツールはパケットキャプチャから各フィールドを解析し、可能性のあるOSを出力します。p0fのようなツールを使うと、OSの種類だけでなく、そのバージョンやパッチまでも特定できる場合があります。p0fはhttp://lcamtuf.coredump.cx/p0f.shtml からダウンロードできます。

12.1.2.2　アクティブフィンガープリント

`activeosfingerprinting.pcapng`

受動的にトラフィックを監視するだけでは結果が得られない場合、より直接的なアプローチが必要になります。これを**アクティブフィンガープリント**と呼びます。攻撃者はOSを特定する応答を引き出すため、特別に作ったパケットを標的に送信します。この手法では標的と直接やり取りを行うので秘匿性はありませんが、かなりの効果があります。

ファイルactiveosfingerprinting.pcapngには、Nmapスキャンユーティリティを使ったアクティブフィンガープリントスキャンのサンプルが含まれています。ファイル内のパケットは、OSを特定する応答を引き出すよう設計されたプローブを、Nmapが送った結果です。Nmapはこれらプローブへの応答を記録してフィンガープリントを作成し、データベースの値と比較してOSを特定します。

NmapがアクティブにOSを特定するために用いる手法はかなり複雑です。Nmapによるアクティブなフィンガープリントがどのように実行されているかをさらに学ぶには、Nmapの作者であるGordon "Fyodor" LyonによるNmapガイド『Nmap Network Scanning』（Nmap Project）を参照してください。

12.2 トラフィック操作

本書を通じて伝えたい重要なポイントの1つは、パケットをきちんと調べれば、システムやユーザーについて多くを学べるということです。攻撃者がパケットをキャプチャしようとするのも当然で、システムが生成するパケットを調べれば、OS、使われているアプリケーション、認証情報など、多くの情報が得られるからです。

ここでは、パケットレベルで行われる2つの攻撃方法を取り上げます。ARPキャッシュポイゾニングによるトラフィックへの割り込みおよびキャプチャの方法、HTTP Cookieを利用したセッションハイジャック攻撃などの手法を見ていきましょう。

12.2.1 ARPキャッシュポイゾニング　　`arppoison.pcapng`

「7章 ネットワーク層プロトコル」では、ARPプロトコルを使い、ネットワーク内のMACアドレスにIPアドレスを対応付ける方法を説明しました。またARPキャッシュポイゾニングについては、回線に潜入し、パケット解析したい機器からのトラフィックに割り込む方法として「2章 ケーブルに潜入する」で説明しました。正当な目的のために活用するなら、ARPキャッシュポイゾニングはトラブルシューティングに非常に役立ちます。しかしながら、悪意を持って使用されると、**中間者** (MITM) 攻撃として致命的なものにもなり得るのです。

中間者攻撃では、攻撃者は通信の割り込みや改竄を行うために、2台の機器間のトラフィックをリダイレクトします。中間者攻撃にはDNSスプーフィング、SSLハイジャックを含む、さまざまな方法があります。ARPキャッシュポイゾニングでは、特別に作られたARPパケットにより、2台の機器に互いに通信しあっていると思い込ませますが、実際には、中間に位置してパケットを転送している第3者と通信させます。プロトコルの一般的な機能を、悪意ある目的のために悪用しているのです。

ファイルarppoison.pcapngには、ARPキャッシュポイゾニングのサンプルが含まれています。ファイルを開くと、一見何の変哲もないように見えますが、パケットを追跡していくと、標的である172.16.0.107がGoogleを閲覧し、検索しているのがわかります。この検索により、DNSクエリが混じったHTTPトラフィックが生じています。

ARPキャッシュポイゾニングは第2層で使われるテクニックなので、[Packet List (パケット一覧)]ペインでパケットを調べてみることもできますが、不正行為を見つけるのは難しそうです。[Packet List (パケット一覧)]ペインにいくつかカラムを追加して、わかりやすくしてみましょう。

1. メニューから [Edit (編集)] → [Preferences (設定)] を選択します。
2. [Preferences (設定)] ダイアログの左側の [Columns (列)] をクリックします。
3. プラス [+] ボタンをクリックして、新規カラムを追加します。

4. ［題名］に **Source MAC** と入力し、Enter キーを押します[*1]。
5. ［Type（種別）］ドロップダウンリストで、［Hw src addr (resolved)］を選択します。
6. 追加したばかりのエントリをクリックして、［Source］カラムのすぐあとにくるようドラッグします[*2]。
7. プラス［+］ボタンをクリックして、新規カラムを追加します。
8. ［Title（題名）］で **Dest MAC** と入力し、Enter キーを押します。
9. ［Type（種別）］のドロップダウンリストで、［Hw dest addr (resolved)］を選択します。
10. 追加したばかりのエントリをクリックし、［Destination］カラムのすぐあとにくるようドラッグします。
11. ［OK］ボタンをクリックします。

この一連の作業を完了すると、**図12-8**のような画面になるはずです。これでパケットの送信元と宛先のMACアドレスを示す2つのカラムが追加できました。

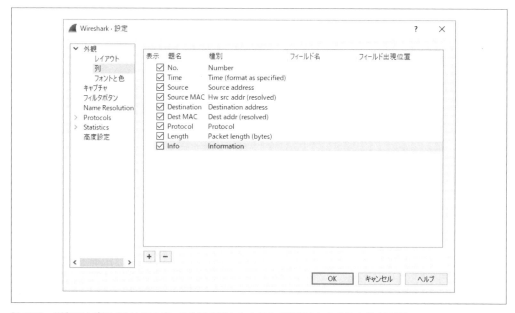

図12-8　送信元と宛先のMACアドレスを示す新たなカラムが追加されたカラム設定画面

MACアドレスの名前解決が有効になっていれば、通信している機器がDellとCiscoのものだとわかるはずです。これは非常に重要なので覚えておきましょう。なぜかというと、キャプチャをスクロール

---

*1 監訳注：追加された行にあるNew Columnという名称の部分をクリックして、名称を変更可能にしたうえでこの作業を行います。
*2 監訳注：各行の［種別］カラムの部分をクリックする必要があります。

していくと、54番目のパケットで、Dellの機器（標的）と新たに入ってきたHPの機器（攻撃者）との間に、奇妙なARPトラフィックが発生しているからです（**図12-9**）。

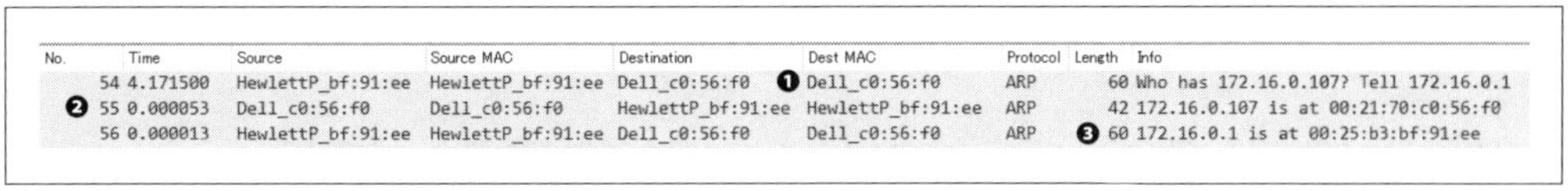

```
No.     Time        Source              Source MAC      Destination         Dest MAC        Protocol Length Info
        54 4.171500  HewlettP_bf:91:ee   HewlettP_bf:91:ee  Dell_c0:56:f0   ❶ Dell_c0:56:f0    ARP      60 Who has 172.16.0.107? Tell 172.16.0.1
❷       55 0.000053  Dell_c0:56:f0       Dell_c0:56:f0      HewlettP_bf:91:ee  HewlettP_bf:91:ee ARP      42 172.16.0.107 is at 00:21:70:c0:56:f0
        56 0.000013  HewlettP_bf:91:ee   HewlettP_bf:91:ee  Dell_c0:56:f0   Dell_c0:56:f0      ARP    ❸ 60 172.16.0.1 is at 00:25:b3:bf:91:ee
```

図12-9　Dellの機器とHPの機器間の奇妙なARPトラフィック

先に進む前に、この通信に関わっているエンドポイントを見ておきましょう。**表12-3**にまとめました。

表12-3　関連するエンドポイント

役割	ベンダー	IPアドレス	MACアドレス
標的	Dell	172.16.0.107	00:21:70:c0:56:f0
ルータ	Cisco	172.16.0.1	00:26:0b:31:07:33
攻撃者	HP	不明	00:25:b3:bf:91:ee

では何がこのトラフィックを奇妙にしているのでしょうか。「7章 ネットワーク層プロトコル」のARPについての説明を思い出してほしいのですが、ARPパケットには2つのタイプ、つまりリクエストとレスポンスがあります。リクエストパケットは、特定のIPアドレスに対応付けられたMACアドレスを持つマシンを見つけるため、ネットワーク上のすべての機器にブロードキャストとして送られます。これによりリクエストを送信した通信機器に応答する機器からパケットがユニキャストとして送信されます。こうしたことから考えると、この通信には奇妙な点がいくつかあります（**図12-9**）。

ひとつは、54番目のパケットがMACアドレス00:25:b3:bf:91:eeの攻撃者から、MACアドレス00:21:70:c0:56:f0の標的に直接送信されたARPリクエストであることです❶。この種のリクエストは、ネットワーク上のすべてのホストにブロードキャストされるべきなのに、標的を直接ターゲットにしています。またこのパケットは攻撃者から送信されたもので、ARPヘッダには攻撃者のMACアドレスが含まれているにもかかわらず、IPアドレスはルータのものとなっています。

このパケットのあとには、MACアドレス情報を含んだ標的からのレスポンスが攻撃者に送られています❷。恐ろしいことが起きているのは56番目のパケットです。攻撃者が送ったこのARPレスポンスは、IPアドレス172.16.0.1のMACアドレスが00:25:b3:bf:91:eeだと伝えているのです❸。問題なのは、172.16.0.1のMACアドレスは00:25:b3:bf:91:eeではなく、00:26:0b:31:07:33だということです。172.16.0.1のルータがパケットキャプチャの最初のほうで標的とやり取りしていたので、この事実がわかっています。ARPプロトコルはセキュアでないため（一方的に送りつけられたARPリクエストをARPテーブルに反映させる）、標的はルータに行くべきトラフィックを、攻撃者に送ってしまうようになりました。

このパケットキャプチャは標的ホスト上のものなので、全体像は見られません。実際に攻撃を仕掛けるには、攻撃者の機器が標的の機器であるとルータに思い込ませるために、一連のパケットをルータに送信しなければなりません。しかしこれらのパケットを確認するには、ルータ（あるいは攻撃者）上のパケットキャプチャが必要です。

両者をうまく欺くと、**図12-10**のように、標的とルータ間の通信が攻撃者へと流れます。

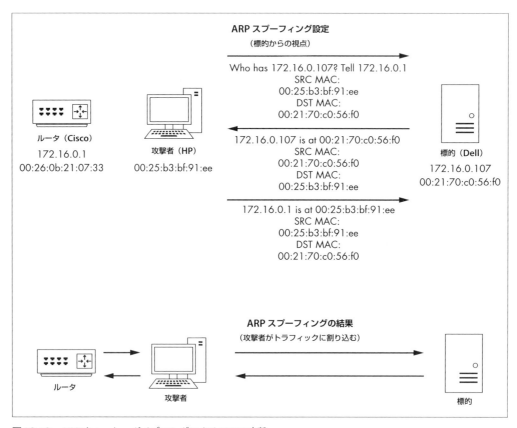

図12-10　ARPキャッシュポイゾニングによるMITM攻撃

57番目のパケットにより攻撃の成功が確認できます。このパケットを、奇妙なARPトラフィック前に送ったパケット（40番目など）と比べると（**図12-11**）、リモートのサーバ（Google）のIPアドレスは同じですが❷、宛先のMACアドレスが変わっています❶。MACアドレスが変わったことから、現在トラフィックはルータを通過する前に、攻撃者を経由していることがわかります。

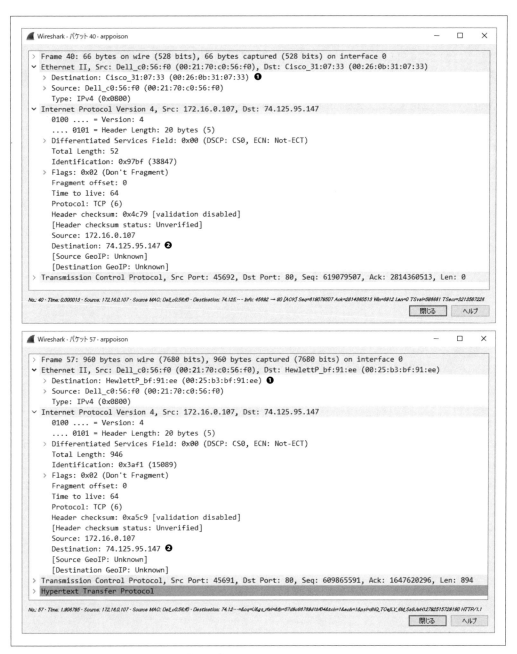

図12-11　宛先MACアドレスの変化が攻撃の成功を示す

　この攻撃は目立たないので、検出が非常に困難です。こうした攻撃専用に設定されたIDSの助けを借りるか、ARPテーブルエントリの急な変更を検出するよう設計されたソフトウェアが必要です。解析

しているネットワーク上のパケットをキャプチャするためにARPキャッシュポイゾニングを利用することが多くなるでしょうが、諸刃の剣だということを知っておくべきです。

12.2.2　セッションハイジャック

sessionhijacking.pcapng

　ARPキャッシュポイゾニングが悪用できるとわかったところで、今度はそれを利用した**セッションハイジャック**の手口を見てみましょう。セッションハイジャックというのは、攻撃者がHTTPのセッションCookieを書き換えて（Cookieについてはのちほど説明します）、他のユーザーになりすます手法です。攻撃者はARPキャッシュポイゾニングを使って標的のトラフィックに割り込み、セッションCookie情報を見つけると、この情報を使って標的になりすまし、標的のWebアプリケーションにアクセスします。

　攻撃のシナリオはsessionhijacking.pcapngファイルを参照してください。キャプチャファイルには標的（172.16.16.164）がWebアプリケーション（172.16.16.181）にアクセスしているトラフィックが含まれています。標的は知らぬ間に攻撃者（172.16.16.154）の餌食となり、通信が傍受されています。パケットはWebサーバの視点で収集されていますが、セッションハイジャック攻撃を仕掛けられた場合、それを防ぐ側の視点も同じようになるはずです。

ここでアクセスしているWebアプリケーションはDamn Vulnerable Web Application（DVWA）というもので、さまざまな攻撃に対しわざと脆弱に作ってあり、指導のためのツールとしてよく利用されます。Webアプリケーション攻撃や攻撃に関するパケット調査についてさらに知りたい場合は、http://www.dvwa.co.uk/で学ぶことができます。

　トラフィックは主に2つの対話で構成されており、1つ目は標的から**ip.addr == 172.16.16.164 && ip.addr == 172.16.16.181**フィルタによって取り出すことができます。これは通常のWebブラウズによるトラフィックで、特別な点はありません。気になるのはリクエストのCookie値です。14番目のパケットのGETリクエストの場合、**図12-12**のように［Packet Details（パケット詳細）］ダイアログでCookieの一覧を見ることができます。この例ではCookieがPHPSESSIDなのでセッションIDであること、また値がncobrqrb7fj2a2sinddtk567q4であることがわかります❶。

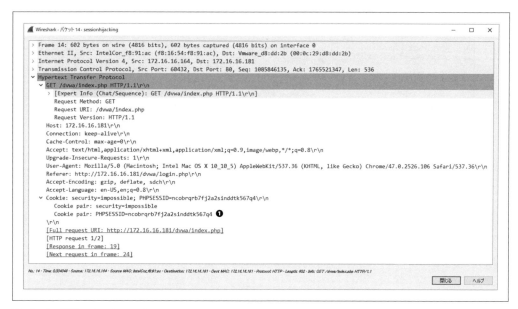

図12-12　標的のセッションCookie

　Webサイトは個々のホストのセッションを保持するためにCookieを利用します。新規のユーザーがWebサイトを参照すると、サイトはユーザーを識別するためのセッションID（PHPSESSID）を発行します。ユーザーのセッションIDを認証すると、アプリケーションはIDを認証情報と紐付けてデータベースレコードを作成します。するとそのIDを持つユーザーは、認証済みとしてアプリにアクセスできるようになります。ここにはIDは個々に生成されているので、そのIDを持つユーザーは1人しかいないという前提があります。しかしこのようなセッションIDの扱い方は安全とは言えません。悪意あるユーザーが他人のユーザーIDを盗み出し、それを使って他人になりすますことができるからです。セッションハイジャックを防止する方法はありますが、DVWAを含む多くのWebサイトは、セッションハイジャックに対し脆弱な作りとなっています。

　標的は自分のトラフィックが攻撃者に傍受されていることや、攻撃者がセッションCookie情報を入手していることに気づいていません（**図12-12**）。Cookie値を使ってWebサーバと通信すれば、攻撃は完了です。最終段階の作業はプロキシサーバを使ってできますが、Cookie Manager for Chromeのようなブラウザプラグインを利用すればもっと簡単です。攻撃者は**図12-13**のようにこのプラグインを使い、標的のトラフィックから入手したPHPSESSIDの値を特定しています。

図12-13　Cookie Managerプラグインで標的になりすます

　前回作成したフィルタを削除して下にスクロールすると、攻撃者のIPアドレスがWebサーバと通信しているのが見えるはずです。フィルタ**ip.addr == 172.16.16.154 && ip.addr == 172.16.16.181**を使えば、この通信のみを表示することができます。

　先へ進む前に、[Packet List（パケット一覧）]ペインにCookie値を表示するカラムを追加しましょう。前項のARPキャッシュポイズニングでカラムを追加した場合は、まずそれを削除します。次にARPキャッシュポイズニングの項で説明した手順に従って、**http.cookie_pair**というフィールド名の新しいカラムを追加し、[Destination]カラムのすぐあとにくるようドラッグします。作業を完了すると図12-14のような画面になるはずです。

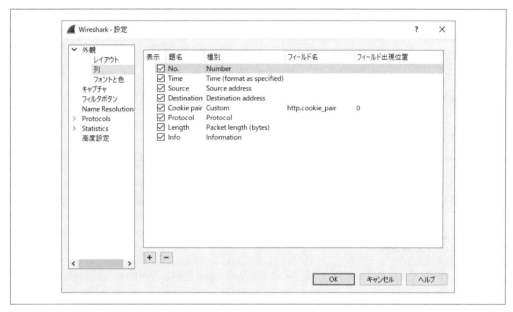

図12-14　セッションハイジャックを調べるためのカラムの設定

新しいカラムを設定したら、ここではTCP通信は役に立たないので、HTTPリクエストのみを表示するよう、ディスプレイフィルタを変更します。新しいフィルタは**(ip.addr==172.16.16.154 && ip.addr==172.16.16.181) && (http.request.method || http.response.code)**です。すると**図12-15**のようなパケットが表示されます。

No.	Time	Source	Destination	Cookie pair	Protocol	Length	Info
77	16.563004	172.16.16.154	172.16.16.181	security=low,PHPSESSID=lup70ajeuodkrhrvbmsjtgrd71	HTTP	❶ 516	GET /dvwa/ HTTP/1.1
79	16.565584	172.16.16.181	172.16.16.154		HTTP	439	HTTP/1.1 302 Found ❷
80	16.570187	172.16.16.154	172.16.16.181	security=low,PHPSESSID=lup70ajeuodkrhrvbmsjtgrd71	HTTP	❸ 525	GET /dvwa/login.php HTTP/1.1
81	16.575123	172.16.16.181	172.16.16.154		HTTP	1160	HTTP/1.1 200 OK (text/html) ❹
115	60.040166	172.16.16.154	172.16.16.181	security=low,PHPSESSID=ncobrqrb7fj2a2sinddtk567q4	HTTP	❺ 490	GET /dvwa/ HTTP/1.1
118	60.042241	172.16.16.181	172.16.16.154		HTTP	191	HTTP/1.1 200 OK (text/html) ❻
120	64.292056	172.16.16.154	172.16.16.181	security=low,PHPSESSID=ncobrqrb7fj2a2sinddtk567q4	HTTP	❼ 536	GET /dvwa/setup.php HTTP/1.1
122	64.293401	172.16.16.181	172.16.16.154		HTTP	719	HTTP/1.1 200 OK (text/html) ❽

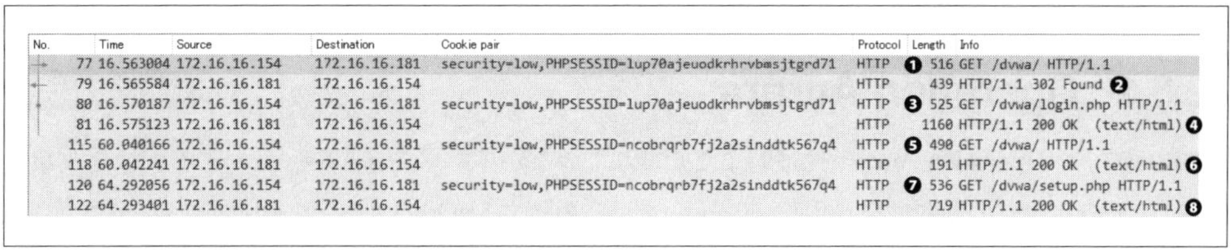

図12-15　標的になりすます攻撃者

ここに示されているのは攻撃者とサーバ間の通信です。最初の4つのパケットで、攻撃者は/dvwa/ディレクトリをリクエストし❶、ステータスコード302を受け取っています。これはWebサーバが訪問者をサーバ上のほかのURLにリダイレクトするときに使う一般的な方法です。ここでは攻撃者はログインページ/dvwa/login.phpにリダイレクトされています❷。次に攻撃者のマシンがログインページをリクエストし❸、成功しています❹。どちらのリクエストでもセッションID lup70ajeuodkrhrvbmsjtgrd71が使われています。

続いて/dvwa/ディクレクトリに攻撃者から新たなリクエストが送られていますが、違うセッション

IDが使われています❺。今度のセッションIDはncobrqrb7fj2a2sinddtk567q4で、標的が先ほど使ったのと同じものです。つまり攻撃者がトラフィックを操作し、盗んだIDを使っているということです。今度はログインページにリダイレクトされるのではなく、リクエストに対しHTTP200ステータスコードが返され、認証された標的が見ることができるページが攻撃者に表示されています❻。攻撃者は標的のIDを使ってさらに別のページdvwa/setup.phpをブラウズし❼、そのページを見ることにも成功しています❽。攻撃者は標的のユーザー名やパスワードを入手しなくても、認証された標的になりすまし、DVWAのWebサイトを閲覧しているのです。

　これは攻撃者がパケット解析を攻撃ツールとして悪用できるというほんの一例にすぎません。やり取りに関わるパケットを攻撃者が見られる状況にあったら、何らかの悪意ある攻撃が仕掛けられていると思って間違いありません。だからこそセキュリティのプロは送信するデータを暗号化し、保護するのです。

12.3　マルウェア

　合法で正規のソフトウェアでも悪用されることがありますが、一般に**マルウェア**というと、悪意ある行動のために特別に書かれたコードを意味します。一口にマルウェアといっても、自己増殖機能を持つワームから、通常のソフトウェアに見せかけるトロイの木馬まで多種多様です。セキュリティエンジニアの立場から言えば、発見され解析されるのはごく一部で、大半のマルウェアは発見されず、知られないままです。解析はマルウェアのネットワーク通信パターンの行動解析に焦点を当てるなど、複数の段階を踏んで行われます。マルウェアの解析は、フォレンジックツールを活用しリバースエンジニアリング研究所で行われる場合もありますが、セキュリティアナリストが自分たちのネットワーク上にある機器が感染しているのを発見し、その場で解析するケースのほうが一般的です。

　ここでは、パケットを観察しながら、実際のマルウェアの例とその行動を見ていきます。

12.3.1　Operation Aurora

`aurora.pcapng`

　2010年1月、Operation Auroraは当時まだ知られていなかったInternet Explorerの脆弱性を攻撃しました。攻撃者はこの脆弱性を悪用し、Googleをはじめとする企業のマシンを遠隔操作したのです。

　ユーザーが脆弱性のあるInternet ExplorerでWebサイトを訪れるだけで、この悪意のあるコードが実行され、攻撃者は管理者権限でユーザーのホストにアクセスできるようになりました。これには悪意あるサイトへのリンクを含むメールを送信する**スピア型攻撃**の手口が使われました。

　Auroraは、標的とされたユーザーがスピア型攻撃のメールのリンクをクリックしたときから始まっています。ファイルaurora.pcapngに結果のパケットが入っています。

　キャプチャは、標的（192.168.100.206）と攻撃者（192.168.100.202）との3ウェイハンドシェイクで始まっています。最初の接続は80番ポートで行われているので、HTTPトラフィックと考えてよいでしょう。この推測は、4番目のパケットである、/infoのHTTP GETリクエスト❶によって確認できます（**図12-16**）。

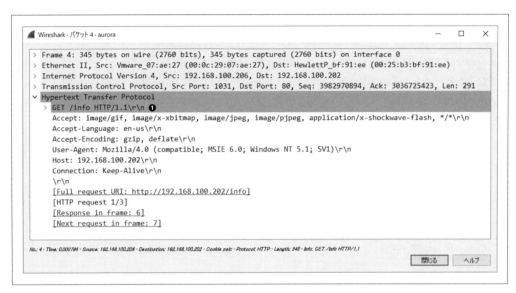

図12-16 標的が/infoのGETリクエストを送信

図12-17のように、攻撃者はGETリクエストにACKを返却したあと、6番目のパケットでステータスコード302（Moved Temporarily）を返却します❶。このステータスコードは一般に、別のページにリダイレクトする場合に用いられます。ステータスコード302とともに、Locationフィールドで/info?rFfWELUjLJHpPがリダイレクト先として指定されています❷。

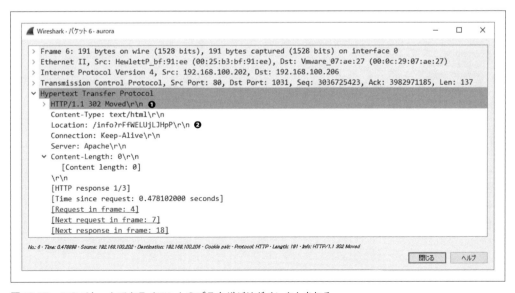

図12-17 このパケットでクライアントのブラウザがリダイレクトされる

HTTPステータスコード302のパケットを受け取ると、クライアントは7番目のパケットで、/info?rFfWELUjLJHpPというURLに別のGETリクエストを送り、8番目のパケットでACKを受け取ります。ACKに続くいくつかのパケットは、攻撃者から標的へと転送されたデータです。このデータをよく見るため、ストリームの中の9番目のパケットを右クリックして、[Follow（追跡）]→[TCP Stream（TCPストリーム）]と選択します。このストリームの出力には、最初のGETリクエスト、302のリダイレクト、2番目のGETリクエストが表示されています（**図12-18**）。

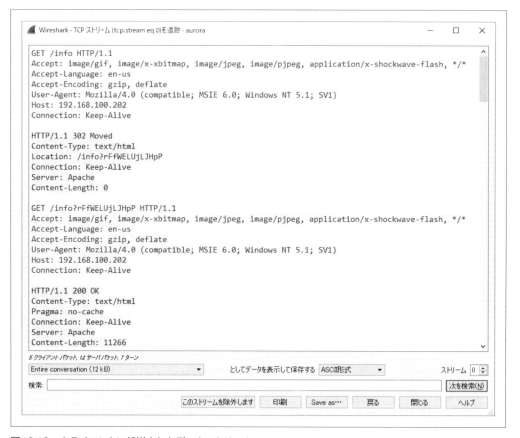

図12-18　クライアントに転送されたデータストリーム

　このあとからにわかに状況がおかしくなってきます。攻撃者は非常に奇妙なコンテンツでGETリクエストに応答しているのです。そのコンテンツの最初の部分を**図12-19**に示しました。

図12-19 `<script>`タグで囲まれたコンテンツはエンコードされているように見える

コンテンツは`<script>`タグに囲まれた、一連のランダムな数字と文字のように見えます❶。高水準スクリプト言語を使っていることを示すためにHTML内で使われるのが`<script>`タグで、このタグで囲まれた部分には通常さまざまなスクリプトのステートメントが含まれますので、このでたらめな文字と数字から検出を回避するためにエンコードされているらしいことがわかります。ここではこれが攻撃プログラムだとわかっているので、この意味不明なテキストには、パディングや脆弱性を攻撃するためのシェルコードが含まれていると考えてよいでしょう。

スクリプトの難読化は、検出を回避し、悪意あるコンテンツを隠すためにマルウェアがよく使う手口です。難読化されたスクリプトの復元は本書の範疇を超えているので説明しませんが、マルウェア通信の調査を続けるのであれば、必要となるスキルです。経験豊富なマルウェア解析者なら、一目見ただけで悪意あるスクリプトを識別できます。挑戦したい方は、このサンプルのスクリプトを手動で復元してみてください。

攻撃者から送信されたコンテンツの末尾の部分を**図12-20**に示します。ようやく読むことができるテキストを見つけられました。高度なプログラミングの知識がなくても、このテキストがいくつかの変数から文字列を復元しようとしているものであることがわかります。これが`</script>`タグで閉じられ

る前のテキストの最後の部分です。

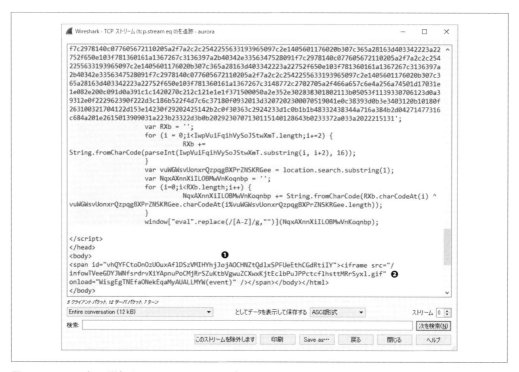

図12-20　サーバから送信されたコンテンツのこの部分には、解読できるテキストと怪しいiframeが含まれている

　攻撃者がクライアントに送信したデータの最後の部分は2つに分かれています（**図12-20**）。最初のセクションは`<span id="vhQYFCtoDnOzUOuxAflDS zVMIHYhjJojAOCHNZtQdlxSPFUeEthCGdRtiIY">`❶で、2番目のセクションは`<span></span>`タグにはさまれている`<iframe src="/infowTVeeGDYJWNfsrdrvXiYApnuPoC MjRrSZuKtbVgwuZCXwxKjtEclbPuJPPctcflhsttMRrSyxl.gif" onload="WisgEgTNEfaONekE qaMyAUALLMYW(event)" />`❷です。繰り返しますが、このコンテンツは不自然に長い、解読不能なランダムな文字列であり、わざとわかりにくくしている可能性がある点からも、悪意ある活動の証拠と考えられます。

　`<span>`タグに囲まれたコードの部分は**iframe**と呼ばれ、攻撃者がHTMLページにコンテンツを埋め込むときに使うよくある手法です。`<iframe>`タグはユーザーが確認できないインラインフレームを作成します。ここでの`<iframe>`タグは奇妙な名前のGIFファイルを参照しています。標的のブラウザがこのファイルを閲覧しようとすると、**図12-21**のように、21番目のパケットでGETリクエストが送られ❶、すぐにこのGIFが送信されます❷。

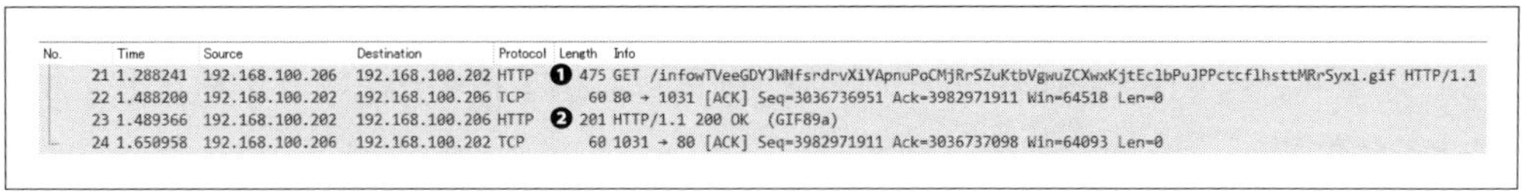

図12-21　標的はiframeで指定されたGIFをリクエストし、ダウンロードする

このキャプチャで特に奇妙な部分が25番目のパケットで、標的が攻撃者に4321番ポートでコネクションを開始しようとしています。この2番目の通信ストリームを［Packet Details（パケット詳細）］ペインで見てもほとんど情報がないので、再度TCPストリームを見て、やり取りされているデータをよく調べてみましょう。**図12-22**は［Follow TCP Stream（TCPストリーム）］ダイアログの出力です。

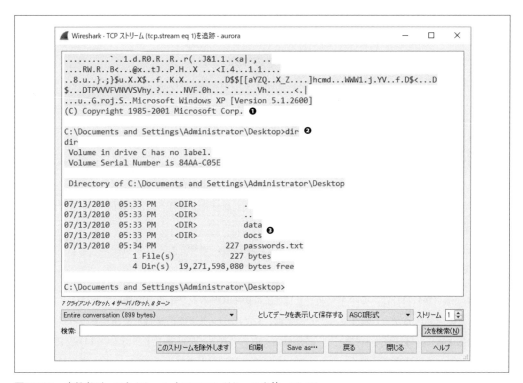

図12-22　攻撃者が、コネクション上でコマンドシェルを使っている

このWindowsコマンドシェルが確認できたら、即刻警戒が必要です❶。このシェルは標的から攻撃者のサーバへ送られたもので、攻撃者の侵入が成功し、ペイロードの展開にも成功してしまったことを意味するものだからです。攻撃プログラムが起動すると、標的はコマンドシェルを攻撃者に返却します。このキャプチャでは、攻撃者がdirコマンドを入力し❷、標的のホストのディレクトリを見ていることがわかります❸。

318 | 12章　セキュリティ問題とパケット解析

コマンドシェルにアクセスした攻撃者は、標的のホストの管理者権限が得られるので、好き放題できるようになります。たった一度のクリックで、標的ホストの管理者権限はすべて攻撃者に一瞬で渡ってしまったのです。

このような攻撃プログラムは、ネットワーク上のIDSに検出されるのを防ぐため、やり取りされる際はわからないように通常エンコードされています。そのためこの攻撃プログラムについてあらかじめ知っているか、攻撃プログラムのコードの例がない場合は、さらなる解析をしない限り、標的のシステムで何が起きているかを正確に把握するのは困難です。幸いにもこのパケットキャプチャには、悪意あるコードの明らかな兆候、つまり<script>タグで囲まれた難読化されたテキスト、奇妙なiframe、そして平文のコマンドシェルがありました。

Operation Auroraの攻撃プログラムがどのように攻撃するかをまとめてみましょう。

- 標的は信頼できると見せかけたメールを攻撃者から受け取り、その中のリンクをクリックすると、攻撃者の悪意あるサイトへGETリクエストが送信されます。
- 攻撃者のWebサーバが標的に302リダイレクトを送信、標的のブラウザはリダイレクトされた先のURLに、自動的にGETリクエストを送信します。
- 攻撃者のWebサーバは、攻撃プログラムと、悪意あるGIFイメージへのリンクを含んだiframeを含む怪しいJavaScriptコードの入ったWebページをクライアントに表示します。
- Webページが標的のブラウザに表示されると、先に送信されたJavaScriptコードが解読され、標的のマシン上でコードが実行され、Internet Explorerの脆弱性が攻撃されます。
- 脆弱性により侵入されると、コードに隠されたペイロードが実行され、4321番ポートで標的と攻撃者間の新たなセッションが開始されます。
- ペイロードからコマンドシェルが生成されて、攻撃者へ返却され、攻撃者がコマンドシェルを操れるようになります。

防御側の視点から言うと、このキャプチャファイルからIDSのシグネチャを作成すれば、今後この攻撃が起こるのを防げるかもしれません。たとえば、<script>タグで囲まれたテキストの最後にある平文の部分のように、難読化されていない部分でフィルタすることが可能です。あるいはURLに「info」が含まれるサイトへ302でリダイレクトされたすべてのHTTPトラフィックをフィルタするシグネチャを記述することも考えられます。こうしたシグネチャを現場で使うにはさらに調整する必要がありますが、悪くないアイデアです。もちろんシグネチャが破られる可能性もあります。攻撃者が文字列を書き換えたり、ほかの仕組みで攻撃を仕掛けてきたりすれば、シグネチャは無意味になります。攻撃者と防御者の永遠の騙し合いです。

悪意あるトラフィックのサンプルをもとにシグネチャを作成するのは、未知の脅威からネットワークを守ろうとする人にとって重要なステップです。ここで説明したようなキャプチャは、シグネチャを作成するスキルを磨くのに最適です。侵入検知と攻撃シグネチャについてさらに知りたければ、Snortプロジェクト http://www.snort.org/ を参照してください。

12.3.2　リモートアクセス型のトロイの木馬　　**ratinfected.pcapng**

ここまでは、キャプチャを調べる前に、何が起きているのかがわかっているセキュリティのトラブルを見てきました。攻撃がどのように行われるかを学ぶには良い方法ですが、あまり現実的ではありません。実際のシナリオでは、ネットワーク防御の仕事を担う人々が、ネットワークを行き来するすべてのパケットを調べたりすることはありません。その代わり、何らかのIDSを使ってネットワークトラフィックに異常があれば警告が発生するようにすることで、あらかじめ定義した攻撃シグネチャをもとに、さらなる調査が行えるようにしています。

次のシナリオでは、実際の解析のように、簡単な警告から始めましょう。ここではIDS（Snort）が次のような警告を出しています。

```
[**] [1:132456789:2] CyberEYE RAT Session Establishment [**]
[Classification: A Network Trojan was detected] [Priority: 1]
07/18-12:45:04.656854 172.16.0.111:4433 -> 172.16.0.114:6641
TCP TTL:128 TOS:0x0 ID:6526 IpLen:20 DgmLen:54 DF
***AP*** Seq: 0x53BAEB5E Ack: 0x18874922 Win: 0xFAF0 TcpLen: 20
```

次の段階として、この警告を引き起こしたシグネチャルールを確認します。

```
alert tcp any any -> $HOME_NET any (msg:"CyberEYE RAT Session Establishment";
content:"|41 4E 41 42 49 4C 47 49 7C|"; classtype:trojan-activity;
sid:132456789; rev:2;)
```

このルールは、16進数のコンテンツに41 4E 41 42 49 4C 47 49 7Cが含まれるパケットが内部ネットワークに侵入してきたら、警告を発するよう設定されています。このコンテンツは可読可能なASCIIだと「ANA BILGI」となります。これが検出されると警告が発せられ、CyberEYEによる**リモートアクセス型のトロイの木馬**（RAT/Remote-access Trojan）が存在する可能性を知らせます。RATは標的のホスト上で秘密裏に実行され、攻撃者へと接続する悪意あるプログラムで、これにより攻撃者は標的のマシンをリモート操作することが可能となります。

CyberEYEはRAT実行ファイルを作成し、感染したホストを操るための、トルコ生まれの有名なツールです。皮肉にも、Snortのルールで発見したら警告を発するよう設定した「ANA BILGI」とは、トルコ語で「基本情報」という意味です。

320 | 12章 セキュリティ問題とパケット解析

今度はファイル ratinfected.pcapng の警告に関連するトラフィックを見てみましょう。この Snort の警告は、通常は警告の契機となったパケット1つだけをキャプチャしますが、幸いなことに、ここではホスト間の通信シーケンス全体を確認できます。次のように Snort のルールで定めた16進数文字列を検索します。

1. メニューから［Edit（編集）］→［Find Packet（パケットの検索）］を選択するか、CTRL＋Fを押します。

2. 表示フィルタのドロップダウンメニューから［Hex Value（16進数値）］オプションを選択します。

3. テキストの部分に値 **41 4E 41 42 49 4C 47 49 7C** を入力します。

4. ［Find（検索）］ボタンをクリックします。

まずは4番目のパケットのデータ部分で上記の文字列が見つかるはずです❶（**図12-23**）。

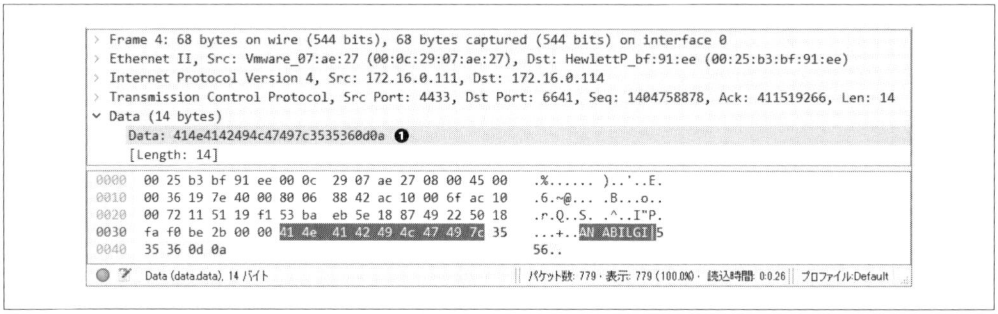

図12-23　4番目のパケットでSnortの警告にあった文字列が見つかる

［Edit（編集）］→［Find Next（次を検索）］メニューコマンドを何度か繰り返すと、5、10、32、156、280、405、531、652番目のパケットでもこの文字列が見つかります。このキャプチャのすべての通信が攻撃者（172.16.0.111）と標的（172.16.0.114）との間のものですが、文字列があったパケットは複数の対話にまたがっているようです。4番目と5番目のパケットは4433番と6641番のポートを使っていますが、ほかのパケットのほとんどが4433番ポートとランダムに選択されたエフェメラルポートを使っています。［Conversations］ダイアログの［TCP］タブを見れば、複数の対話の存在が確認できます（**図12-24**）。

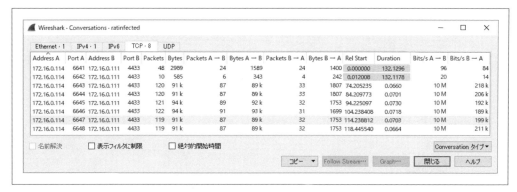

図12-24　攻撃者と標的の間に複数の対話が存在している

色分けすることによって、それぞれの対話を分類することができます。

1. ［Packet List（パケット一覧）］ペインの上にある［Filter（表示フィルタ）］ボックスで、**(tcp. flags.syn ==1) && (tcp. flags.ack == 0)** というフィルタを入力し、［Enter］を押します。これでトラフィックの各対話の最初のSYNパケットが選択できます。
2. 最初のパケットを右クリックし、［Colorize Conversation（対話に色をつける）］を選択します。
3. ［TCP］を選択し、色を選びます。
4. 残りのSYNパケットについても同じ処理を繰り返し、それぞれについて違う色を選びます。
5. 終了したら［×］をクリックし、フィルタを削除します。

対話を色分けすると、互いがどう関連しているかが見てわかるようになるので、2つのホスト間の通信処理を追跡しやすくなります。最初の対話（6641番/4433番ポート）で2つのホストの通信が始まっているので、ここから始めるのがよいでしょう。対話内のパケットのどれかを右クリックし、［Follow（追跡）］→［TCP Stream（TCPストリーム）］と選択して、やり取りされているデータを参照します（**図12-25**）。

図12-25　最初の対話から面白い結果が出た

　最初に、攻撃者から標的に対してANABILGI|556というテキスト文字列が送信されているのがわかります❶。さらに標的は、コンピュータ名（CSANDERS-6F7F77）、使用しているOS（Windows XP Service Pack 3）などを含む基本的なシステム情報をレスポンスとして送ってから❷、攻撃者にBAGLIMI?という文字列を送信し続けます❸。攻撃者から返却された通信はCAPSCREEN60という文字列❹のみで、これは6回現れています。

　攻撃者から返却されたCAPSCREEN60という文字列が気になるので、何を意味するものか、ちょっと見てみましょう。再度検索ダイアログを使い、[String（文字列）]オプションを指定して、[Packet Bytes（パケットバイト列）]オプションを選択し、このテキスト文字列を検索します。

　この検索を実行すると、最初に27番目のパケットで文字列が見つかります。この情報が興味深いのは、文字列が攻撃者からクライアントに送られるとすぐ、クライアントがパケットの受け取りを確認して、29番目のパケットで新しい対話が始まっていることです。先ほど色分けをしたおかげで、わかりやすくなっています。

　この新しい対話のTCPストリームの出力を追跡すると（図12-26）、見慣れた文字列であるANABILGI|12が目に入り、そのあとにSH|556という文字列、最後にCAPSCREEN|C:\WINDOWS\jpgevhook.dat|84972と続いています❶。CAPSCREENのあとにファイルパスが指定されていて、そのあとに解読不能なテキストがあることに気づくでしょう。ここで面白いのは、解読不能なテキストがJFIFという文字列の先頭に追加されていることで❷、これはGoogle検索をかけるとJPGファイルの先頭に存在するものでした。

図12-26 攻撃者がJPGファイルのリクエストを開始しようとしている

　この時点では、攻撃者はこのJPGイメージを転送するために対話を開始したと判断していいでしょう。しかしさらに重要なのは、このトラフィックからコマンドの構造が見えることです。CAPSCREENは攻撃者がJPGイメージを転送するために起動したコマンドのようです。実際CAPSCREENコマンドが送信されると、いつも結果は同じです。これを検証するには、各対話のストリームを見るか、次のようにWiresharkのIOグラフ機能を使います。

1. ［Statistics（統計）］→［IO Graphs（入出力グラフ）］を選択します。
2. ［＋］ボタンを押して5行追加します。
3. フィルタ **tcp.stream eq 2**、**tcp.stream eq 3**、**tcp.stream eq 4**、**tcp.stream eq 5**、**tcp.stream eq 6** を、先ほど新たに追加した行の［Display filter］にそれぞれ挿入します。ひとつずつ名前を付けます。
4. y軸のスケールを［Byte/Tick（Bytes）］に変更します。
5. ［Graph 1］［Graph 2］［Graph 3］［Graph 4］［Graph 5］のボタンをクリックし、指定したフィルタのデータポイントを有効にします。

図12-27 がそのグラフです。

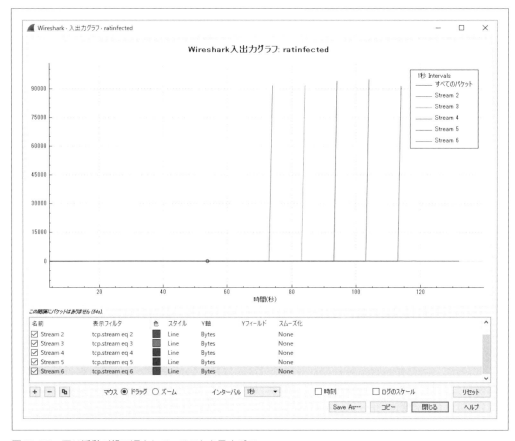

図12-27　同じ活動が繰り返されていることを示すグラフ

　このグラフによれば、各対話にほぼ同じ量のデータが含まれていて、同じ長さのようです。これでこの活動が数回繰り返されていると判断できます。

　転送されたJPGイメージのコンテンツについては想像がつくでしょうが、これらJPGファイルの中身が実際に見られるかどうか試してみましょう。Wiresharkを用いてJPGデータを抽出するには、次のステップを実行します。

1. まず**図12-25**の前の文章で説明したように、パケットのTCPストリームを追跡します。
2. 通信を分割して、標的から攻撃者へ送られたデータストリームのみを参照することができます。これを行うには**Entire Conversation (85033 bytes)**と表示[*1]されているドロップダウンの横の矢印を選択し、**172.16.0.114:6643 --> 172.16.0.111:4433 (85 kB)**となるようにします。トラフィック（矢印）の向きに注意してください。

[*1] 監訳注：監訳者の環境では**85033 bytes**ではなく**85KB**と表示。

3. ドロップダウンの [Show data as (としてデータを表示して保存する)] で [RAW (Raw(無加工) 形式)] を選択します。
4. [Save As] ボタンでデータを保存します。拡張子を .jpg とするのを忘れないように。

このイメージファイルを開こうとしても開かないのであわてるかもしれませんが、もう1段階残っています。「10章 現場に即したシナリオの第一歩」でFTPトラフィックからファイルを抽出したときとは異なり、このトラフィックは本来の内容にデータが追加されています。TCPストリームの最初の2行はトロイの木馬のコマンドシーケンスの一部で、JPGを構成しているデータではありません（**図12-28**）。ストリームを保存すると、この無関係なデータも保存されます。その結果、JPGファイルヘッダを探すファイルビューワは、探しているヘッダとは一致しない内容を参照することとなり、画像が開かないのです。

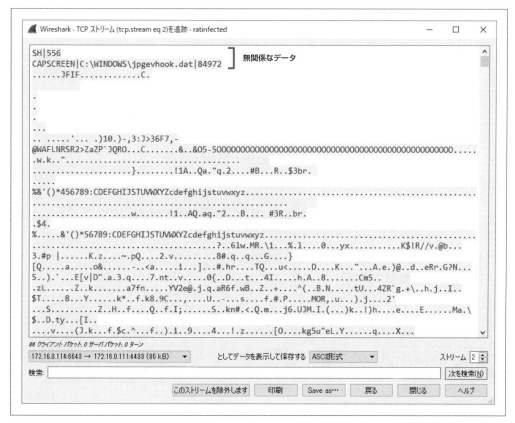

図12-28　トロイの木馬が追加した無関係なデータが、ファイルを開くことを妨げている

　この問題を修正するのは簡単な作業ですが、バイナリエディタを使ったちょっとした操作が必要です。この作業を**ファイルカービング**（file carving）と呼びます。このファイルを抽出するには、次のよ

うに作業を行います。

1. **図12-28**のようにTCPストリームを開き、［Save As］ボタンをクリックします。ファイルに覚えやすい名前を付け、すぐアクセスできる場所に保存しましょう。
2. https://www.x-ways.net/winhex/ からWinHexをダウンロードし、インストールします。
3. WinHexを実行し、先ほど保存したファイルをWiresharkから開きます。
4. マウスを使い、ファイルの先頭にある余分なデータをすべて選択します。新たなJPGファイルの始まりを意味するバイトFF D8 FF E0の前にあるすべてのデータになるはずです。**図12-29**では選択したバイトがハイライトされています。

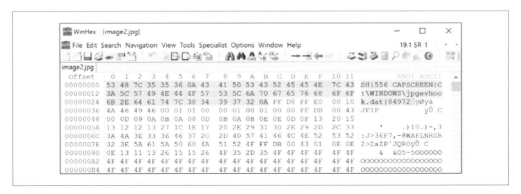

図12-29　JPGファイルから余分なバイト列を取り除く

5. ［Delete］キーを押して、選択したデータを削除します。
6. WinHexのメインツールバーで［Save］ボタンをクリックし、変更を保存します。

 筆者はWindowsでこのタスクを実行する場合はWinHexを使うのが好きですが、使い慣れたバイナリエディタで問題ありません。

　余分なデータを削除すれば、ファイルが開くはずです。トロイの木馬が標的のホストを乗っ取り、デスクトップのスクリーンキャプチャを撮って攻撃者へ送っていたことがこれではっきりしました（**図12-30**）。これらの通信シーケンスが完了すると、通信は、通常のTCPティアダウンによって終了します。

図12-30　転送されたJPGは標的のホストのスクリーンキャプチャだった

　このシナリオは、IDSによる警告をもとにトラフィックを解析する際に、侵入アナリストがたどる作業の一例です。

- 警告と警告を引き起こしたシグネチャを調べます。
- シグネチャが実際にトラフィックに存在することを確認します。
- トラフィックを調査し、侵入されたホストで攻撃者が何を行ったかを見つけます。
- 標的からさらに重要な情報が漏れる前に、問題の対処を開始します。

12.4　エクスプロイトキットとランサムウェア

cryptowall4_c2.pcapng, ek_to_cryptowall4.pcapng

　最後のシナリオでは、IDSの警告で始まるもうひとつの調査を見てみましょう。感染したシステムから生成されたパケットを調べ、感染源の追跡を試みます。サンプルでは、ネットワークで実際に感染している機器を発見する可能性のある、本物のマルウェアを使っています。

　SguilコンソールでSnortからIDS警告が発せられたところから始まっています（**図12-31**）。Sguilは1つまたは複数のセンサーから発せられたIDS警告を管理、監視、調査するためのツールです。ユーザーインターフェースは使いやすいとはいえませんが、セキュリティ解析者の間では昔から使われており、人気があります。

328 | 12章 セキュリティ問題とパケット解析

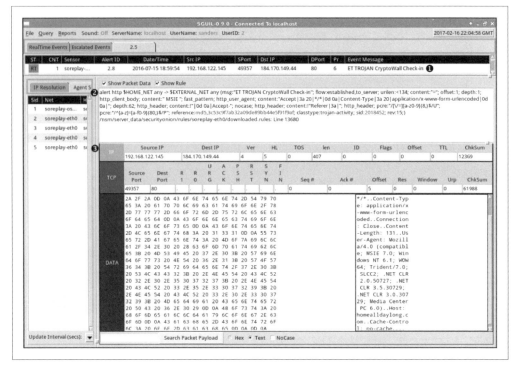

図12-31 　IDSの警告がCryptoWall 4への感染を示している

　Sguilの警告には多くの情報が含まれています。ウィンドウの上部には警告の内容がまとめられており❶、警告が発せられた時間、送信元と受信者のIPアドレスおよびポート、プロトコル、IDSシグネチャと一致したために生成されたイベントメッセージが記されています。ここでは内部のコンピュータ192.168.122.145が、通常HTTPトラフィックに使われる80番ポートで、不明な外部コンピュータ184.170.149.44と通信していることが通知されています。シグネチャが悪意ある通信と示している相手であり、情報もほとんどないので、外部コンピュータは攻撃者と見ていいでしょう。このトラフィックと一致するシグネチャが、CryptoWallマルウェアファミリーを示しているので、コンピュータにインストールされたのはCryptoWallだと推測できます。

　Sguilコンソールはシグネチャの構文を提供し❷、個々のパケットデータをそのシグネチャと照合します❸。パケット情報はWiresharkでの表示と同様に、プロトコルヘッダとデータ部分に分割されています。Sguilはシグネチャが一致したひとつのパケットの情報しか提供しないので、さらに調べる必要があります。次にWiresharkでこの警告の原因となったトラフィックを調べ、何が起きているかを検証します。トラフィックは cryptowall4_c2.pcapng ファイルにあります。

　パケットキャプチャには警告が発せられた時間帯の通信が含まれていますが、それほど複雑な内容ではありません。最初の対話は1番目から16番目のパケットで行われており、対話のTCPストリー

ムを追跡すれば簡単に見つけることができます（**図12-32**）。キャプチャの最初では、システムは80番ポートで攻撃者のホストとTCPコネクションを開始し、URL http://homealldaylong.com/76N1Lm.php?x4tk7t4jo6❶に、数字とアルファベットの情報が含まれた❷`POST`リクエストを送っています。攻撃者は数字とアルファベットの文字列で❹応答するとともに、`HTTP 200 OK`レスポンスコードを送り❸、コネクションは正常に終了しています。

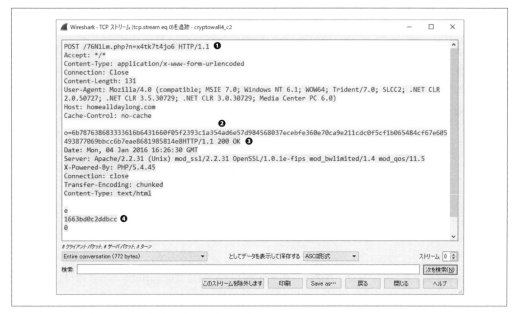

図12-32　ホスト間ではHTTP経由で小さなデータがやり取りされている

キャプチャファイルの残りの部分でも2つのホスト間では同じやり取りが繰り返されており、毎回大きさの異なるデータが送受信されています。フィルタ**`http.request.method == "POST"`**を適用し、同じようなURL構造の3つの異なるコネクションを見てみましょう（**図12-33**）。

No.	Time	Source	Destination	Protocol	Length	Info
6	0.491136	192.168.122.145	184.170.149.44	HTTP	60	POST /76N1Lm.php?n=x4tk7t4jo6 HTTP/1.1 (application/x-www-form-urlencoded)
22	15.545562	192.168.122.145	184.170.149.44	HTTP	60	POST /76N1Lm.php?g=9m822y31lxud7aj HTTP/1.1 (application/x-www-form-urlencoded)
152	41.886948	192.168.122.145	184.170.149.44	HTTP	62	POST /76N1Lm.php?i=ttfkjb668o38k1z HTTP/1.1 (application/x-www-form-urlencoded)

図12-33　URL構造が同じページに異なるデータが渡されたことを示している

`76N1Lm.php`の部分（Webページ）は同じですが、残りの部分（パラメータとページに渡されたデータ）は違っています。繰り返されている通信とリクエストの構造を組み合わせたものは、マルウェアのコマンドアンドコントロール（C2）、そして警告を発したシグネチャと一致しています。つまりシステムはシグネチャが示すとおり、CryptoWallに感染しているということになります。さらに検証

する場合は、CryptoWall Trackerリサーチページhttps://www.cryptowalltracker.org/cryptowall-4.html#networktrafficで、類似のサンプルを調べましょう。

> C2シーケンス内で標的と攻撃者間でやり取りされるデータの解析は少々複雑なので、本書では取り上げません。関心があれば、https://www.cryptowalltracker.org/communication-protocol.htmlを参照してください。

マルウェアによるC2通信が行われていることがわかったら、問題を解決し、感染したコンピュータに対処します。CryptoLockerのようなマルウェアに感染していた場合、この対処方法が重要となります。**ランサムウェア**と呼ばれるこれらのマルウェアは、ユーザーのデータを暗号化して、解読キーと引き換えに多額の金銭をユーザーに要求するからです。問題の対処法は本書の範囲を超えてしまいますが、実世界のシナリオでは、セキュリティ解析者が取るべき次の行動となります。

通常は、コンピュータがなぜ感染したかの追求から始まります。この原因が突き止められれば、同じような方法で別のマルウェアに感染しているほかのコンピュータの発見や、今後の感染を防ぐ対策およびマルウェアを検出する仕組みの開発につながるかもしれません。

警告ツールが教えてくれるのは、感染後のC2の通信だけです。企業などのネットワークでは、セキュリティ監視や継続的なパケットキャプチャが行われており、フォレンジック捜査を行うために、パケットデータを数時間あるいは数日間保管するよう、ネットワークセンサーが設定されています。警告が発せられた瞬間に対応できるよう、システムを整備している企業ばかりではないからです。一時的にパケットを保管するストレージでは、標的のホストが先ほど見たC2通信を開始する直前のパケットデータを見ることができます。これらのパケットは`ek_to_cryptowall4.pcapng`ファイルに含まれています。

パケットキャプチャをスクロールすると、大量のパケットが表示されますが、すべてHTTPです。HTTPがどのように機能するかはすでにわかっているので、その部分は省略して、ディスプレイフィルタ`http.request`を適用して表示されるパケットのみに限定します。すると**図12-34**のように、標的が送った11個のHTTPリクエストが表示されます。

No.	Time	Source	Destination	Protocol	Length	Info
4	0.534405	192.168.122.145	113.20.11.49	HTTP	488	GET /index.php/services HTTP/1.1
35	5.265859	192.168.122.145	45.32.238.202	HTTP	463	GET /contrary/1653873/quite-someone-visitor-nonsense-tonight-sweet-await-gigantic-dance-third HTTP/1.1
39	6.109508	192.168.122.145	45.32.238.202	HTTP	462	GET /occasional/bXJkeHFlYXhmaA HTTP/1.1
123	9.126714	192.168.122.145	45.32.238.202	HTTP	536	GET /goodness/1854996/earnest-fantastic-thorough-weave-grotesque-forth-awaken-fountain HTTP/1.1
130	14.020289	192.168.122.145	45.32.238.202	HTTP	330	GET /observation/enVjZ2dtcnpz HTTP/1.1
441	30.245463	192.168.122.145	213.186.33.18	HTTP	60	POST /VOEHSQ.php?v=x4tk7t4jo6 HTTP/1.1 (application/x-www-form-urlencoded)
456	41.772768	192.168.122.145	184.170.149.44	HTTP	60	POST /76N1Lm.php?n=x4tk7t4jo6 HTTP/1.1 (application/x-www-form-urlencoded)
472	45.628284	192.168.122.145	213.186.33.18	HTTP	60	POST /VOEHSQ.php?w=9m822y31lxud7aj HTTP/1.1 (application/x-www-form-urlencoded)
487	56.827194	192.168.122.145	184.170.149.44	HTTP	60	POST /76N1Lm.php?g=9m822y31lxud7aj HTTP/1.1 (application/x-www-form-urlencoded)
619	71.971402	192.168.122.145	213.186.33.18	HTTP	62	POST /VOEHSQ.php?h=ttfkjb668o38k1z HTTP/1.1 (application/x-www-form-urlencoded)
634	83.168580	192.168.122.145	184.170.149.44	HTTP	62	POST /76N1Lm.php?i=ttfkjb668o38k1z HTTP/1.1 (application/x-www-form-urlencoded)

図12-34 標的のホストが送った11のHTTPリクエスト

最初のリクエストは、標的のコンピュータ192.168.122.145が不明な外部コンピュータ113.20.11.49

に送ったものです。このパケットのHTTP部分を調べると（**図12-35**）、ユーザーがページhttp://www.sydneygroup.com.au/index.php/services/をリクエストし❶、Bing検索エンジンがhttp://sydneygroup.com.auを参照するよう示しています❷。ここまでは問題ないようです。

図12-35　不明な外部コンピュータへのHTTPリクエスト

次に標的は、35番、39番、123番、130番のパケットで、もうひとつの不明な外部コンピュータ45.32.238.202に、4つのリクエストを送っています。先ほどのサンプルで見たように、コンテンツが埋め込まれている、またはサードパーティのサーバに広告を保管しているWebページを閲覧すると、ブラウザが別のホストからコンテンツを検索するというのはよくあることです。これ自身は心配ないですが、リクエストのドメインがランダムで、疑わしく見えます。

39番目のパケットで送られたGETリクエストから、興味深い展開になっています。このやり取りのTCPストリームのあとに（**図12-36**）、bXJkeHFlYXhmaAという名前のファイルがリクエストされています❶。このファイル名は少々奇妙なうえに、拡張子がありません。

図12-36　奇妙な名前のFlashファイルがダウンロードされている

　さらによく調べてみると、Webサーバがこのファイルのコンテンツをx-shockwave-flashと識別していることがわかります❷。Flashはブラウザ内でメディアをストリーミングするのに使われる一般的なプラグインです。Flashコンテンツのダウンロード自体はよくあることですが、Flashは脆弱性があるうえに、あまりパッチもされていないとして悪名高いことは知っておくべきでしょう。ここではリクエストに続き、Flashファイルがダウンロードされています。

　ダウンロードに続き、130番目のパケットで似たような名前の別のファイルがリクエストされています。TCPストリームを追跡すると（図12-37）、enVjZ2dtcnpzというファイルへのリクエストが出てきます❶。拡張子がなく、サーバも識別していないので、ファイルの種類は不明です。リクエストのあと、クライアントは解読不能な358,400バイトのデータをダウンロードしています❷。

図12-37　別の奇妙な名前のファイルがダウンロードされたが、種類は不明

　ファイルがダウンロードされてから20秒も経たないうちに、HTTPリクエストのリストで見慣れた光景が展開されています（**図12-34**）。441番目のパケットから、標的のコンピュータは先ほど見たC2と同じパターンで、2つの異なるサーバにHTTP POSTリクエストを開始しているのです。ダウンロードされた2つのファイルが感染源と見ていいでしょう。39番目のパケットでリクエストされた最初のファイルが脆弱性のあるFlashファイルを、そして130番目のパケットでリクエストされた2番目のファイルがマルウェアを送り込んでいたのです。

　　　　マルウェア解析の手法はパケットキャプチャのファイルの解読や解析にも利用できます。リバースエンジニアリングマルウェアについてもっと知りたいなら、Michael SikorskiとAndrew Honigによる『Practical Malware Analysis』（No Starch Press）を読むことをお勧めします。この本は筆者の個人的なお気に入りでもあります。

　このシナリオは、よくある感染手口のひとつです。ユーザーがインターネットをブラウズしていたら、エクスプロイトキットから派生した悪意あるリダイレクトコードに感染したサイトに出くわしてしまったとします。エクスプロイトキットは正規のサーバに感染し、クライアントの脆弱性を判断するフィンガープリントを行うよう設計されています。エクスプロイトキットの**ランディングページ**と呼ばれる感染ページの目的は、エクスプロイトキットがクライアントのシステムに有効だと判断したエクスプロイトを含む、別のサイトにクライアントをリダイレクトすることです。

　先ほど見たパケットは、2015年と2016年に大流行した、Anglerエクスプロイトキットのものです。

ユーザーがAnglerに感染したサイトを閲覧すると、キットはユーザーが特定のFlashに脆弱性があるかどうか判断します。Flashファイルによってユーザーのシステムに侵入し、CryptoWallマルウェアの2番目のペイロードをダウンロードさせ、インストールします。侵入の一連の流れを**図12-38**に示しました。

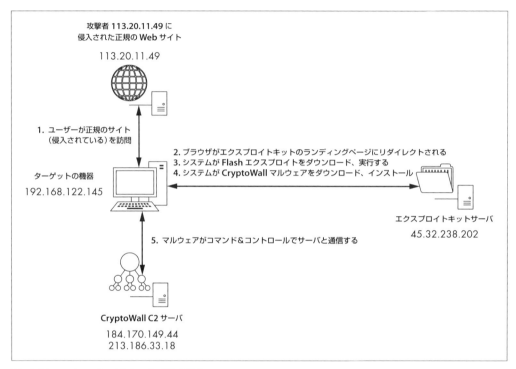

図12-38　エクスプロイトキット感染の流れ

12.5　まとめ

セキュリティに関するシナリオにおけるパケットキャプチャの絞り込み、一般的な攻撃の解析、IDSによる警告への対応だけで一冊の本が書けます。この章では一般的なスキャンと列挙の方法、中間者攻撃、システムへの侵入に関する2つの実例、ホストが攻撃されて乗っ取られてしまった場合に何が起こるかについて説明しました。

13章
無線LANのパケット解析

　無線LANの世界は、伝統的な有線LANとは少々違うものです。TCPやIPといった一般的な通信プロトコルを使う点は同じですが、OSI参照モデルの下層レベルへ行くと話が変わってきます。無線という特性のため、データリンク層が特に重要になってくるのです。時の流れの中で、ほとんど変わることなくきたイーサネットのような単純な有線プロトコルに代わって、急速な発展を遂げてきた802.11のような無線プロトコルについて考えなければなりません。そのため、アクセスできるデータとキャプチャする方法が変わってきます。

　そう考えると、まるまる1章を無線LANでのパケットキャプチャと解析にあてても不思議ではないでしょう。この章では、パケット解析の観点で、なぜ無線LANが特別なのか、またこの課題をどう乗り越えるかについて、もちろん無線LANでのパケットキャプチャの実例を通じて説明していきます。

13.1　物理面での考察

　無線LANで転送されているデータをキャプチャし、解析するときにまず考えなければいけないのは、物理的な転送媒体です。これまではLANケーブルで通信してきたため、物理層については考えてきませんでした。しかし無線LANでは目に見えない電波で通信を行い、パケットが空中を飛び交うのです。

13.1.1　一度に1つのチャンネルをキャプチャする

　無線LANのトラフィックのキャプチャで一番特徴的なのは、無線の周波数帯域（スペクトラム）が共有されている媒体だということです。各クライアントが個別のLANケーブルでスイッチに接続している有線LANと異なり、無線LANの通信媒体はクライアント間で共有される帯域で、限りがあります。もっとも、ある無線LANが802.11の周波数帯域に占める割合はほんのわずかなので、複数の機器が周波数帯域の異なる部分を使い、同じ物理的空間において動作できるのです。

無線LANは、IEEE（米国電気電子技術者協会）が策定した802.11規格に基づいています。この章に登場する**無線LAN**（WLAN）は802.11規格に準拠したものを前提としています。この規格でよく知られているのが802.11a、b、g、nです。それぞれが固有の機能と特性を持ち、新しい規格ほど（ここでの最新はn）高速です。ただし使用している周波数帯域は同じです。

帯域の分割は、周波数帯域をチャンネルに分割することで実現しています。**チャンネル**とは802.11の無線周波数帯域を単純に分割したものです。米国には11のチャンネルがあります（国によってはそれ以上のチャンネルがある場合もあります[*1]）。無線LANは一度に1つのチャンネルで通信するので、同時に1つのチャンネルだけをキャプチャすることが可能です（**図13-1**）。そのため、たとえばチャンネル6の無線LANをトラブルシューティングするときには、チャンネル6でのトラフィックをキャプチャするように機器を設定する必要があります。

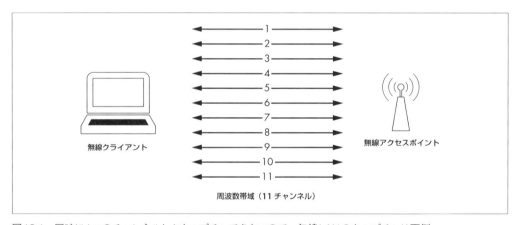

図13-1　同時に1つのチャンネルしかキャプチャできないので、無線LANのキャプチャは面倒

伝統的な無線LANのキャプチャは同時に1つのチャンネルでしか行えませんが、例外が1つだけあります。一部の無線LANスキャナアプリケーションは、データを収集するためにすばやくチャンネルを切り替える**チャンネルホッピング**というテクニックを採用しています。なかでも特に有名なツールがKismet（http://www.kismetwireless.net/）で、1秒間に最高10チャンネルまで切り替えることができ、複数のチャンネルを同時にキャプチャできます。

13.1.2　無線LANの電波干渉

無線による通信では、しばしば空中を伝送されてくるデータの整合性を期待できない場合があります。さまざまな方法で電波へ干渉することが可能です。無線LANには干渉に対処する機能が備わって

[*1]　監訳注：日本では14のチャンネルが使用できます。

いますが、それがうまく動作しないときもあります。したがって無線LANでパケットをキャプチャするときには、電波を反射するもの、硬くて大きなもの、電子レンジ、2.4GHzのコードレス電話、厚い壁、高密度のものといった干渉元が近くにないことを確認する必要があります。これらはパケット消失、重複パケット、不正な形式のパケットなどの原因になります。

　チャンネル間の干渉も考慮しましょう。同時に1つのチャンネルしかキャプチャできないとはいえ、これには若干の注意が必要です。無線LANの周波数帯域では複数の異なるチャンネルが利用可能ですが、帯域が限られているため、**図13-2**のようにチャンネル同士でやや重複しています。つまりチャンネル4とチャンネル5にトラフィックがあるときに、どちらかのチャンネルをキャプチャしているとすると、もう一方のチャンネルのパケットをキャプチャしてしまう場合があるのです。一般には、同じ領域に共存する無線LANは、互いに重複しないようにチャンネル1、6、11を使うよう設計されているため、このような問題は起こりにくいのですが、万一の場合に備え、なぜこうした事態が生じるかを理解しておきましょう。

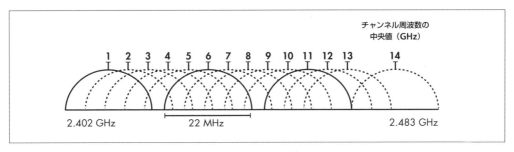

図13-2　周波数帯域が限られているためにチャンネル同士が重複している

13.1.3　電波干渉を検出、解析する

　電波干渉のトラブルシューティングは、Wiresharkでパケットを見るだけでできるようなものではありません。無線LANのトラブルシューティングで経験を積むためには、定常的に電波干渉を確認する必要があります。これは、電波の生データや周波数帯域の干渉を表示する**スペクトラムアナライザ**というツールを使えば可能です。

　商業用のスペクトラムアナライザは数千ドルはしますが、日常的に使えるソリューションもあります。MetaGeekのWi-Spyという製品は、802.11周波数全体の干渉を監視するUSB機器です。MetaGeekのinSSIDerまたはChanalyzerというソフトウェアと組み合わせると、Wi-Spyは周波数帯域を出力しグラフ化してくれます。**図13-3**に例を示します。

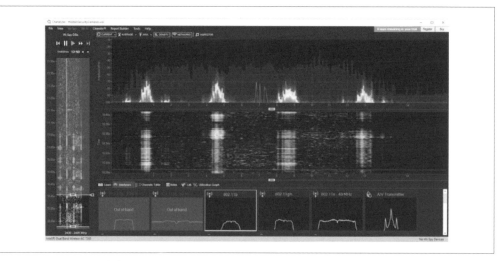

図13-3　Chanalyzerの出力によって同じ領域で4つの無線LANが動作しているのがわかる

13.2　無線LANカードのモード

無線LANのパケットをキャプチャする前に、無線LANカードのモードについて知っておきましょう。無線LANカードには4種類のモードがあります。

マネージドモード

マネージドモード[*1]では、クライアントはアクセスポイント（Wireless Access Point：WAP）に直接接続します。このモードでは、クライアントはアクセスポイントに通信の制御を任せます。

アドホックモード

アドホックモードは、クライアント同士が直接無線を介して通信するときに使います。このモードでは通信を行う2つのクライアントが、アクセスポイントの代わりに通信を制御します。

マスタモード

ハイエンドな無線LANカードは、マスタモードもサポートしています。このモードでは、特別なドライバソフトウェアにより、クライアントがアクセスポイントのような役割を担うことができます。

[*1]　監訳注：無線LANの世界ではインフラストラクチャモードと呼ぶことが多いです。

モニタモード

これがもっとも重要なモードです。モニタモードの無線LANカードは、データの送受信を行わずに、飛び交うパケットを監視したいときに用います。Wiresharkで無線LANのパケットをキャプチャする場合は、キャプチャするコンピュータの無線LANカードがモニタモード（RFMONモードとも呼ばれます）をサポートしている必要があります。

無線LANカードのほとんどはマネージドモードかアドホックモードになっています。各モードの動作を**図13-14**に示します。

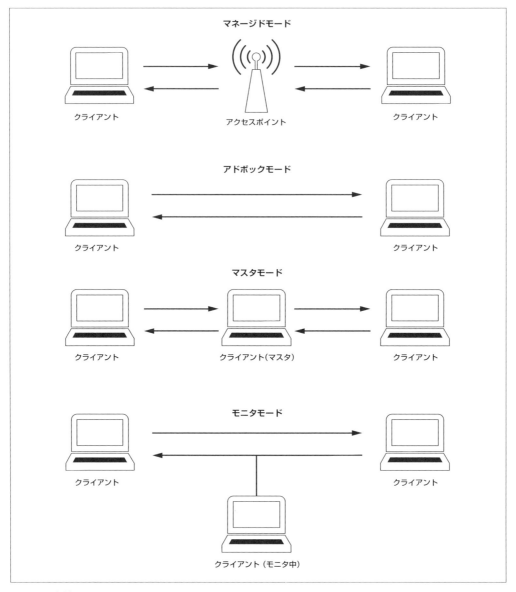

図13-4　無線LANカードのモード

　無線LANのパケット解析にはどの無線LANカードがよいかとよく聞かれます。筆者自身が使っていて、一番お勧めしたいのがAlfa Networkの製品です。どんなパケットでも確実にキャプチャできる非常に優れた製品であり、かつ安価で携帯しやすいとして高く評価されています。インターネット上のコンピュータハードウェアサイトの大半で入手可能です。

13.3　Windows上での無線LANのパケットキャプチャ

　モニタモードをサポートしている無線LANカードを使っていても、WindowsのLANカードドライバではそのモードを使うことができません。つまりネットワーク接続に使っている機器の無線インターフェースに送られるパケット、またインターフェースから送られるパケットしかキャプチャすることができないのです。チャンネル上のすべての機器間のパケットのキャプチャを行うには追加のハードウェアが必要です。

13.3.1　AirPcapの設定

　Riverbed Technologies（http://www.riverbed.com/）のAirPcapは、Windows上で無線LANのパケット解析を行うために設計されたものです。AirPcapは1つまたは複数の指定したチャンネルにおける、無線LANでのパケットキャプチャのために設計されたUSBフラッシュドライブによく似た小さなUSB機器です（**図13-5**）。AirPcapはWinPcapドライバを使っており、専用の設定画面があります。

図13-5　AirPcapはコンパクトでノートPCと一緒に簡単に持ち運びが可能

　AirPcapの設定はオプションが少ないので非常に簡単です（**図13-6**）。

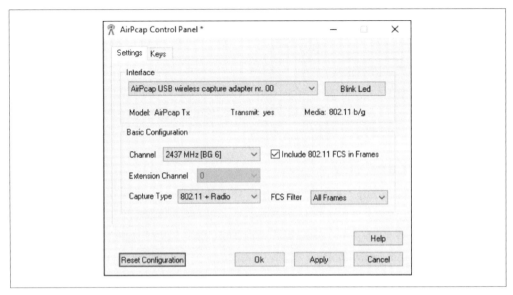

図13-6　AirPcapの設定用プログラム

[Interface]

キャプチャに使うデバイスを選択できます。高度な解析を行う場合は、複数のAirPcapを使って複数のチャンネルを同時にキャプチャする必要がある場合もあります。

[Blink Led]

AirPcapのLEDを点滅させます。この機能は主に、複数のAirPcapを使っているときに、どれを使っているかを示すためのものです。

[Channel]

ここでは、AirPcapを使ってキャプチャするチャンネルを選択します。

[Extension Channel]

802.11nアダプタで利用可能になった拡張チャンネルを選択することができます。

[Include 802.11 FCS in Frames]

OSによっては、デフォルトで無線LANパケットのチェックサムの最後の4ビットを取り除いてしまうことがあります。このチェックサムはFCS（Frame Check Sequences）と呼ばれており、転送している間にデータが破損していないことを保証するために使われています。特に理由がなければ、チェックボックスをオンにしてFCSチェックサムを削除しないようにしましょう。

[Capture Type]

[802.11 Only]、[802.11 + Radio]、[802.11 + PPI]という3つのオプションがあります。[802.11 Only]というオプションは、標準的な802.11のパケットのヘッダをキャプチャするということです。[802.11 + Radio]は、データの転送速度、周波数、信号レベルやノイズレベルを含むラジオタップヘッダもキャプチャします。[802.11 + PPI]は802.11nパケットについての追加情報を含む、[Per-Packet Information Header]を追加します。

[FCS Filter]

[Include 802.11 FCS in Frames]のチェックボックスをオンにしていなくても、このオプションを有効にしておけば、FCSのチェックによりデータが破損していると判断されればパケットはフィルタされます。[Valid Frames]オプションをオンにすれば、FCSのチェックによりデータが正しく受信されたと判断されたものだけが表示されます。

[WEP Configuration]

この画面（AirPcap Control Panelの[Keys]タブから参照可能）では、キャプチャしたい無線LANのWEPキーを入力し、WEPによって暗号化されたデータを解釈できるようにします。WEPキーについては、「13.9.1 WEP認証の成功」で説明します。

13.3.2　AirPcapを使ったパケットキャプチャ

AirPcapをインストールして設定したら、後のキャプチャ手順はいつものとおりです。Wiresharkを起動し、AirPcapインターフェースを選択して、パケットキャプチャを開始します（図13-7）。

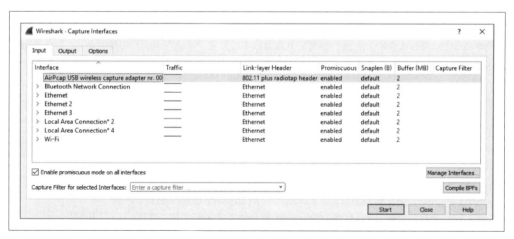

図13-7　キャプチャするインターフェースとしてAirPcapデバイスを選択する

344 | 13章　無線LANのパケット解析

　AirPcap設定で選択したチャンネルでパケットがキャプチャされていることを忘れないでください。探しているパケットが見つからない場合、チャンネルが間違っている可能性があります。現在のキャプチャを中止してチャンネルを変更し、AirPcap設定で新しいチャンネルを選択、再度キャプチャを始めてみてください。チャンネルを変更している最中にパケットをキャプチャすることはできません。

　キャプチャしているチャンネルをWiresharkで検証する必要がある場合は、無線キャプチャ統計を見るのが簡単です。メインのドロップダウンメニューで［Wireless（無線）］→［WLAN Traffic（無線LANトラフィック）］とクリックしてください。現在観察中の機器と、802.11のチャンネルを含む関連情報が表示されるはずです（**図13-8**）。

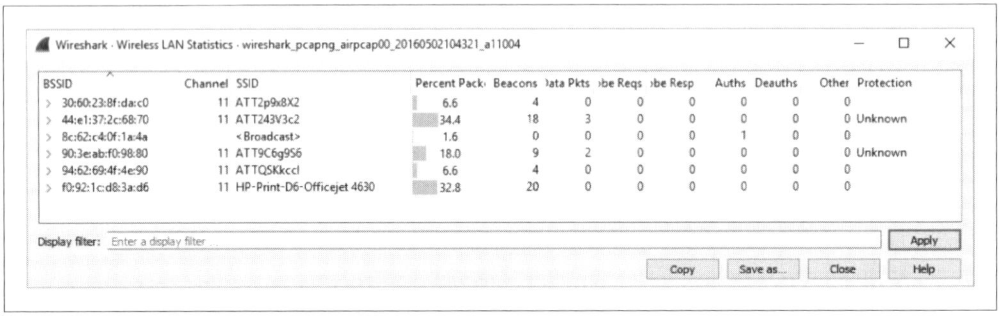

```
Wireshark · Wireless LAN Statistics · wireshark_pcapng_airpcap00_20160502104321_a11004        —   □   ×

BSSID               Channel SSID                  Percent Pack Beacons Data Pkts obe Reqs obe Resp  Auths Deauths  Other Protection
> 30:60:23:8f:da:c0    11    ATT2p9x8X2             6.6        4       0        0        0        0      0         0
> 44:e1:37:2c:68:70    11    ATT243V3c2            34.4       18       3        0        0        0      0         0  Unknown
> 8c:62:c4:0f:1a:4a          <Broadcast>            1.6        0       0        0        0        1      0         0
> 90:3e:ab:f0:98:80    11    ATT9C6g9S6            18.0        9       2        0        0        0      0         0  Unknown
> 94:62:69:4f:4e:90    11    ATTQSKkccl             6.6        4       0        0        0        0      0         0
> f0:92:1c:d8:3a:d6    11    HP-Print-D6-Officejet 4630  32.8  20       0        0        0        0      0         0

Display filter:  Enter a display filter                                                                        Apply

                                                        Copy     Save as...    Close      Help
```

図13-8　無線LAN統計ダイアログはデータがチャンネル11をキャプチャした結果であることを示している

13.4　Linux上での無線LANのパケットキャプチャ

　Linuxでのパケットキャプチャに必要なのは、無線LANカードをモニタモードにすることだけです。残念ながらモニタモードに変更する手順は無線LANカードごとに異なるため、ここでそのやり方を説明することはできません。無線LANカードによっては変更が不要なものもあります。ご自分の無線LANカードについて、Googleで検索してみてください。

　Linux上で無線LANカードをモニタモードに変更するもっとも一般的な方法は、Linuxに内蔵されている機能を使うことです。iwconfigコマンドを使えば、無線LANカードを設定できます。コンソール上でiwconfigを実行すると、以下のような結果になります。

```
$ iwconfig
Eth0    no wireless extensions ❶
Lo0     no wireless extension
Eth1    IEEE 802.11g        ESSID: "Tesla Wireless Network" ❷
        Mode: Managed Frequency: 2.462 GHz Access Point: 00:02:2D:8B:70:2E
        Bit Rate: 54 Mb/s Tx-Power-20 dBm Sensitivity=8/0
        Retry Limit: 7 RTS thr: off Fragment thr: off
        Power Management: off
        Link Quality=75/100 Signal level=-71 dBm Noise level=-86 dBm
```

```
              Rx invalid nwid: 0 Rx invalid crypt: 0 Rx invalid frag: 0
              Tx excessive retries: 0 Invalid misc: 0 Missed beacon: 2
```

　iwconfigコマンドの結果から、802.11gという無線LANプロトコルについての情報が表示されているEth1が無線LANインターフェースであることがわかります❷。Eth0とLo0無線LANは使えません❶。

　Eth1と表示されている行の下の行を見てください。iwconfigコマンドを実行して得られる無線LANカードのESSID（Extended Service Set ID）や周波数などの情報とともに、モードがManagedであると表示されています。これを変更する必要があります。

　Eth1をモニタモードに変更するにはroot権限が必要なので、suコマンドでユーザーを変更します。

```
$ su
Password: <rootのパスワードを入力>
```

　rootになれば、無線LANカードのオプションを設定するコマンドを実行することができます。Eth1をモニタモードにするには、以下のコマンドを実行してください。

```
# iwconfig eth1 mode monitor
```

　モニタモードに変更したら、iwconfigをもう一度実行して変更を有効にします。以下のコマンドを実行してください。

```
# iwconfig eth1 up
```

　iwconfigコマンドでチャンネルを切り替えることもできます。Eth1のチャンネルを3に切り替えるには、以下のコマンドを実行してください。

```
# iwconfig eth1 channel 3
```

パケットキャプチャをしている間にもチャンネルを切り替えることができるので、必要に応じて変更してください。スクリプトを作ってしまえばより簡単に実行することができます。

　設定が終わったらWiresharkを起動し、パケットキャプチャを開始してください。

13.5　802.11パケットの構造

`80211beacon.pcapng`

　無線LANと有線LANのパケットの違いは、802.11ヘッダの有無です。この第2層ヘッダにはデータ転送に使う媒体の情報が含まれています。802.11パケットには3つのタイプがあります。

マネジメント
第2層でホスト間のコネクションを確立するために使われるパケットです。マネジメントパケットのサブタイプには、認証、アソシエーション、ビーコンパケットがあります。

コントロール
マネジメントパケットとデータパケットを配送し、パケットの輻輳管理を行います。一般的なサブタイプとしてRTS（Request-to-send）とCTS（Clear-to-send）パケットがあります。

データ
実際のデータを含んだパケットで、また無線LANから有線LANへ転送が可能な唯一のパケットタイプです。

802.11パケットの構造は、パケットのタイプとサブタイプの組み合わせによって決まります。組み合わせはかなりの数になりますが、ここでは80211beacon.pcapngファイルのパケットで、そのひとつを見てみましょう。このファイルには、**ビーコン**というマネジメントパケットのサンプルが含まれています（**図13-9**）。

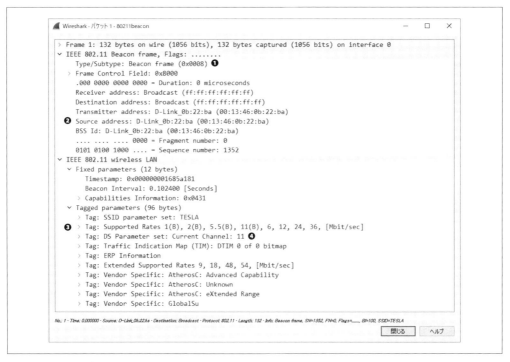

図13-9　802.11ビーコンパケット

ビーコンは無線LANでの通信においてもっとも有益なパケットのひとつです。ビーコンはアクセスポイントからチャンネルをまたがるブロードキャストパケットとして送信されるパケットで、アクセスポイントに接続可能なクライアントに対して、接続に必要なパラメータを提示するために送信されます。サンプルでは、このパケットは802.11ヘッダのType/Subtypeでビーコンと定義されています❶。

802.11無線LANのマネジメントパケットのヘッダには、以下の情報を含む多くの情報が含まれています。

Timestamp
パケットが送信された時刻。

Beacon Interval
ビーコンパケットが再送されるまでの間隔。

Capabilities Information
アクセスポイントのハードウェア性能についての情報。

SSID Parameter set
アクセスポイントがブロードキャストしているSSID（ネットワーク名）。

Supported Rates
アクセスポイントがサポートしているデータの転送速度。

DS Parameter set
アクセスポイントがブロードキャストしているチャンネル。

ヘッダには、送信元と宛先のアドレスやベンダー特有の情報も含まれています。

これらの情報をもとに、ビーコンを送信しているアクセスポイントについてかなりの情報が得られます。これは802.11b規格（B）❸によるD-Link社のデバイス❷で、チャンネル11❹を使っていることがわかります。

802.11マネジメントパケットの中身や目的はいろいろありますが、一般的な構成はこのサンプルと同じです。

13.6　[Packet List（パケット一覧）]ペインに無線LANの情報を追加する

これまでの章で、Wiresharkの柔軟なインターフェースを利用して、場合に応じてカラムを追加してきました。無線LANの解析を先へ進める前に、[Packet List（パケット一覧）]ペインに新たに3つのカラムを追加しておきましょう。

[Channel] カラム

パケットが収集されたチャンネルを示します。

[Signal Strength] カラム（信号強度）

キャプチャしたパケットの信号の強度をdBmの単位で示します。

[Data Rate] カラム

キャプチャしたパケットのスループットレートを示します。

これらの情報は無線LANでのトラブルシューティングにおいて大きな助けになるでしょう。たとえばクライアントが信号の強度が強いと示しているときに、これらのカラムがあれば本当かどうかを確認することができます。

これらのカラムを [Packet List（パケット一覧）] ペインに表示させるには、以下の手順に従ってください。

1. メニューから [Edit（編集）]→[Preferences（設定）]を選択します。
2. [Columns（列）]セクションを選択して[＋]をクリックします。
3. [Title（題名）]にChannelと入力し、[Type（種別）]のドロップダウンリストで [Custom] を選択、[Field Name（フィールド名）]ボックスで [wlan_radio.channel] フィルタを使います。
4. [Signal Strength]と[Data Rate]カラムについても同じ手順を繰り返します。タイトルを付けたら、[Field Name]ドロップダウンリストで [wlan_radio.signal_dbm] と [wlan_radio.data_rate] をそれぞれ選択します。**図13-10**は以上の手順を終えたあとの [Preferences（設定）] ダイアログです。

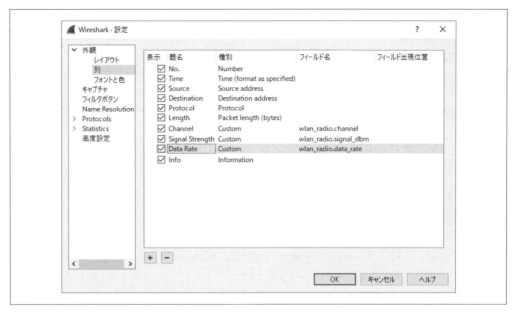

図13-10　無線LAN特有の情報を表示するカラムを［Packet List（パケット一覧）］ペインに追加する

5. ［OK］ボタンをクリックして変更を保存します。

13.7　無線LAN特有のフィルタ

フィルタの有用性については「4章 Wiresharkでのパケットキャプチャのテクニック」で説明しました。有線LANでは各通信機器にLANケーブルが伸びているため、キャプチャしたいパケットのみをキャプチャするフィルタは簡単に作ることができました。しかしながら、無線LANでは機器によって発生するすべてのトラフィックがチャンネル上に共存しており、1つのチャンネルをキャプチャするとさまざまな機器のトラフィックが混在した形で記録されます。ここでは、自分が求めるパケットのみをキャプチャできるようなフィルタの作り方を学びます。

13.7.1　特定のBSSIDでフィルタリング

無線LAN上の各アクセスポイントには、**BSSID**（Basic Service Set Identifier）と呼ばれる固有の識別子が割り当てられています。アクセスポイントが発信する無線LANのマネジメントパケットとデータパケットの中には、この名前が含まれています。

解析しようとしているBSSIDがわかれば、あとはそのアクセスポイントから送信されるパケットを見つけるだけです。Wiresharkでは、［Packet List（パケット一覧）］ペインの［Info］カラムでパケットを送信しているアクセスポイントを表示してくれますので、目的のパケットを見つけ出すのは簡単でしょう。

350 | 13章　無線LANのパケット解析

　解析したい無線LANのアクセスポイントから送信されているパケットを見つけたら、802.11ヘッダからBSSIDを確認しましょう。これがフィルタの基本となるアドレスです。BSSIDのMACアドレスが確認できたら、次のようなフィルタを使えます。

```
wlan.bssid == 00:11:22:33:44:55
```

　これでこのアクセスポイントを経由するトラフィックのみがキャプチャされるようになります。

13.7.2　パケット別のフィルタリング

　この章の最初で、無線LANのパケットにはいくつかのタイプがあるということを説明しました。これらのタイプやサブタイプによってパケットをフィルタリングすることが必要となることも多いでしょう。タイプについてはwlan.fc.type、タイプとサブタイプを組み合わせる場合はwc.fc.type_subtypeというフィルタを使うことができます。たとえばNULLデータパケット（16進数でタイプ2、サブタイプ4のパケット）をフィルタしたい場合、wlan.fc.type_subtype == 0x24というフィルタを用いることができます。無線LANのパケットをタイプとサブタイプでフィルタする際に必要になると思われるフィルタを**表13-1**に示します。

表13-1　無線LANのタイプ／サブタイプと対応するフィルター覧

タイプ／サブタイプ	フィルタ構文
マネジメントフレーム	wlan.fc.type == 0
コントロールフレーム	wlan.fc.type == 1
データフレーム	wlan.fc.type == 2
アソシエーション要求（Association request）	wlan.fc.type_subtype == 0x00
アソシエーション応答（Association response）	wlan.fc.type_subtype == 0x01
再アソシエーション要求（Reassociation request）	wlan.fc.type_subtype == 0x02
再アソシエーション応答（Reassociation response）	wlan.fc.type_subtype == 0x03
プローブ要求（Probe request）	wlan.fc.type_subtype == 0x04
プローブ応答（Probe response）	wlan.fc.type_subtype == 0x05
ビーコン	wlan.fc.type_subtype == 0x08
ディスアソシエート（Disassociate）	wlan.fc.type_subtype == 0x0A
オーセンティケーション（Authentication）	wlan.fc.type_subtype == 0x0B
デオーセンティケーション（Deauthentication）	wlan.fc.type_subtype == 0x0C
アクションフレーム（Action frames）	wlan.fc.type_subtype == 0x0D
ブロックACK要求（Block ACK requests）	wlan.fc.type_subtype == 0x18
ブロックACK（Block ACK）	wlan.fc.type_subtype == 0x19
PS-Poll（Power save poll）	wlan.fc.type_subtype == 0x1A
RTS（Request to send）	wlan.fc.type_subtype == 0x1B
CTS（Clear to send）	wlan.fc.type_subtype == 0x1C
ACK	wlan.fc.type_subtype == 0x1D
CF-End（Contention free period end）	wlan.fc.type_subtype == 0x1E
NULLデータ（NULL data）	wlan.fc.type_subtype == 0x24
QoSデータ（QoS data）	wlan.fc.type_subtype == 0x28
Null QoSデータ（Null QoS data）	wlan.fc.type_subtype == 0x2C

13.7.3　周波数によるフィルタ

複数のチャンネルのパケットが混在するトラフィックを調査するときは、チャンネルに基づくフィルタが非常に役立ちます。たとえばチャンネル1と6以外のトラフィックが存在しないはずの環境で、チャンネル11のすべてのトラフィックを表示するフィルタを設定した際になんらかのトラフィックがあれば、設定ミスか通信機器の障害など、何か問題があるということになります。周波数別にフィルタを行うには、次のような構文を使います。

```
wlan_radio.channel == 11
```

これはチャンネル11のすべてのトラフィックを表示します。11の値を別のチャンネルに変えれば、ほかのチャンネルに対するフィルタを行えます。無線LANのトラフィックに対する有用なフィルタは何百とあります。キャプチャフィルタのサンプルはhttp://wiki.wireshark.org/のWireshark Wikiを参照してください。

13.8　無線LANプロファイルの保存

無線LANパケット解析のために、専用のカラムを設定し、特別に作成したフィルタを保存するのはなかなか大変な作業です。カスタムプロファイルを作成し、保存しておけば、毎回カラムやフィルタを削除して再設定しなくても、有線と無線の解析の設定を簡単に切り替えることができます。

作成したプロファイルを保存するには、まず無線LANカラムとフィルタを使いやすいように設定します。次に画面の右下にあるプロファイルのリストを右クリックし、[New]をクリックします。プロファイルに[Wireless]と名前を付け、[OK]をクリックします。

13.9　無線LANのセキュリティ

無線LANを展開、管理するときの最大の懸念が、送信するデータのセキュリティです。データは空中を飛んでいくため、やり方さえ知っていれば誰でも自由に横取りできますので、データの暗号化が必須です。暗号化されていない場合、WiresharkとAirPcapカードさえあれば、誰でもデータが見られるのです。

SSLやSSHなどの別の層の暗号化を使うと、トラフィックはその層では暗号化されるため、ユーザーの通信内容をパケットキャプチャツールで読むことはできません。

無線LANでセキュアにデータを送信する方法として当初よく使われていたのが、WEP（Wired Equivalent Privacy）規格です。WEPは暗号キーの管理方法にいくつかの弱点が発見されるまで、数年にわたってある程度の広がりを見せていましたが、セキュリティ向上のために、新たな規格が策定さ

れました。それがWPA（Wi-Fi Protected Access）とWPA2規格です。WPAや、よりセキュアになったWPA2にも欠点はありますが、WEPよりははるかに安全で、実用に耐え得ると考えられています。

ここではWEPおよびWPAのトラフィックや、認証の失敗例を見ていきます。

13.9.1　WEP認証の成功

`3e80211_WEPauth.pcapng`

ファイル3e80211_WEPauth.pcapngには、WEPが有効な無線LANへの接続の成功例が含まれています。この無線LANのセキュリティは、WEPキーで保護されています。認証に成功して、暗号化されたデータを受信するために、アクセスポイントに渡す必要があるのがこのWEPキーです。無線LANのパスワードと考えればいいでしょう。

図13-11に示しているように、キャプチャファイルはアクセスポイント（28:c6:8e:ab:96:16）からクライアント（ac:cf:5c:78:6c:9c）に、3番目のパケットでチャレンジが送信されるところから始まっています❶。クライアントのWEPキーが正しいかどうかを確認するのがチャレンジの目的です。チャレンジは、802.11ヘッダを展開して`Tagged parameters`を参照すると確認できます。

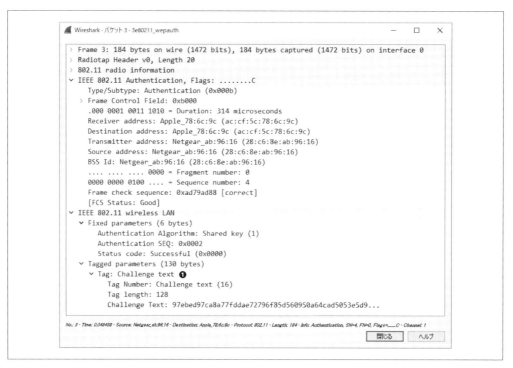

図13-11　アクセスポイントからクライアントにチャレンジが送信されている

クライアントは、WEPキーを使って暗号化されたチャレンジのテキストを復号し、**図13-12**のようにレスポンスとして4番目のパケットでアクセスポイントに返却します❶。WEPキーは無線LANに接続

しようとしたときに、ユーザーによって提供されたものです。

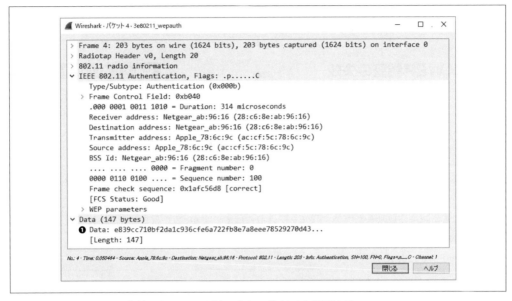

図13-12　クライアントは復号したチャレンジをアクセスポイントに返却する

　アクセスポイントは**図13-13**のように5番目のパケットでクライアントにレスポンスを返却します。レスポンスには認証処理が成功したという通知が含まれています❶。

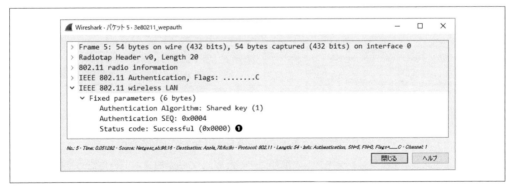

図13-13　アクセスポイントがクライアントに認証が成功したことを伝えている

　認証が成功すると、クライアントはアソシエーション要求を送信し、ACKの受信後、無線LANに接続します（**図13-14**）。

```
No.  Time      Source            Destination       Protocol  Length  Channel  Signal strength (dBm)  Data rate  Info
  6  0.052565  Apple_78:6c:9c    Netgear_ab:96:16  802.11    110     1        -40dBm                 1          Association Request, SN=101, FN=0, Flags=........C, SSID=DENVEROFFICE
  7  0.053902  Netgear_ab:96:16  Apple_78:6c:9c    802.11    119     1        -17dBm                 1          Association Response, SN=6, FN=0, Flags=........C
```

図13-14　認証の処理は単純なアソシエーション要求とアソシエーション応答によって行われる

13.9.2　WEP認証の失敗

`3e80211_WEPauthfail.pcapng`

次の例では、ユーザーがアクセスポイントに接続するためにWEPキーを入力したものの、数秒後にクライアントのユーティリティが理由はわからないが接続できなかったと報告してきています。そのときのファイルが3e80211_WEPauthfail.pcapngです。

成功した接続と同様、ここでもアクセスポイントが3番目のパケットでクライアントにチャレンジを送信するところから始まっています。ここでACKが行われ、クライアントは4番目のパケットで、WEPキーを使ってレスポンスを返却しています。

本来はここで認証に成功したという通知を受け取るはずですが、5番目のパケットには違う内容が見えます❶（図13-15）。

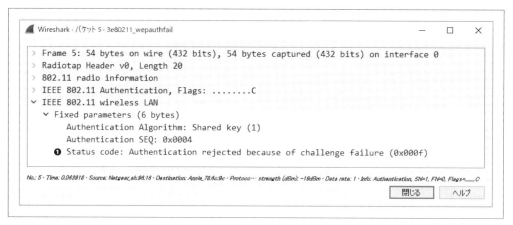

図13-15　認証に失敗したというメッセージ

メッセージには、チャレンジに対するクライアントのレスポンスが正しくないとあります。これはつまり、クライアントがチャレンジテキストの復号に使ったWEPキーが間違っていたため接続に失敗したことを意味します。正しいWEPキーで再度接続を試みなければなりません。

13.9.3　WPA認証の成功

`3e80211_WPAauth.pcapng`

WPAはWEPとはまったく異なる認証機構を用いていますが、接続にキー入力を求める点は同じです。ファイル3e80211_WPAauth.pcapngにWPA認証の成功例があります。

ファイルの最初のパケットは、アクセスポイントからのビーコンです。このパケットの802.11ヘッダ

を展開して、**図13-16**のように、Tagged parameters行の下にあるVendor Specific行を展開してみましょう。アクセスポイントのWPAの属性に関する項目が参照できるはずです❶。これによってアクセスポイントがWPAをサポートしていることや、サポートしているバージョン、実装がわかります。

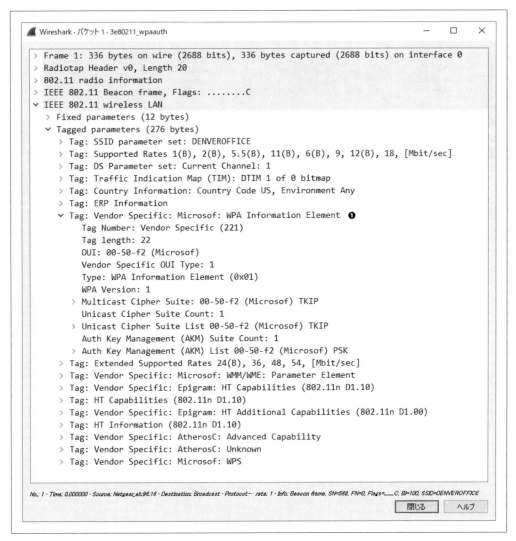

図13-16　ビーコンによってアクセスポイントがWPA認証をサポートしていることが確認できる

　ビーコンを受信すると、クライアント（ac:cf:5c:78:6c:9c）はアクセスポイント（28:c6:8e:ab:96:16）に2番目のパケットでプローブ要求を送信し、それに対してアクセスポイントが3番目のパケットで応答しています。4番目から7番目のパケットで、認証、アソシエーション要求と応答が行われます。先ほど

WEPのサンプルで見た認証とアソシエーションパケットに似ていますが、チャレンジとそれに対するレスポンスは行われていません。やり取りは次に行われます。

8番目のパケットからいろいろなことが始まります。ここでWPAハンドシェイクが始まり、11番目のパケットまで続きます。**図13-17**でおわかりのように、WPAのチャレンジレスポンスがこのハンドシェイク処理で行われます。

No.	Time	Source	Destination	Protocol	Length	Channel	Signal strength (dBm)	Data rate	Info
8	0.377010	Netgear_ab:96:16	Apple_78:6c:9c	EAPOL	157	1	-18dBm	24	Key (Message 1 of 4)
9	0.379525	Apple_78:6c:9c	Netgear_ab:96:16	EAPOL	183	1	-42dBm	1	Key (Message 2 of 4)
10	0.380809	Netgear_ab:96:16	Apple_78:6c:9c	EAPOL	181	1	-18dBm	36	Key (Message 3 of 4)
11	0.382367	Apple_78:6c:9c	Netgear_ab:96:16	EAPOL	157	1	-42dBm	1	Key (Message 4 of 4)

図13-17　これらのパケットはWPAハンドシェイクを構成する

図を見ると、チャレンジとレスポンスが2つずつありますが、802.1X Authenticationヘッダの下のReplay Counterフィールドによって、チャレンジとレスポンスが対になっています（**図13-18**）。最初の2つのハンドシェイクパケットのReplay Counter値は1❶、次の2つのハンドシェイクパケットの値は2❷になっています。

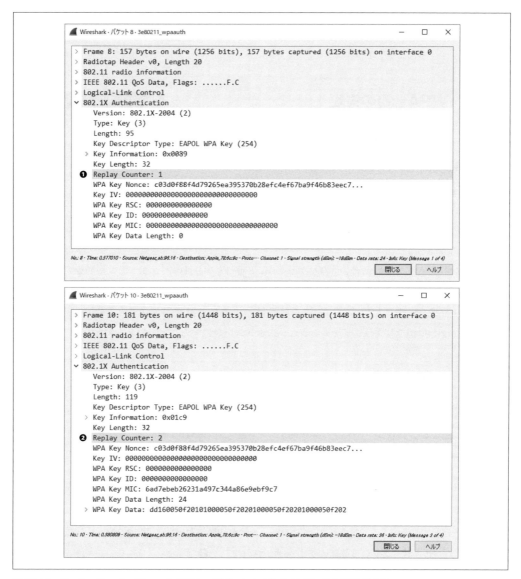

図13-18　Replay Counterフィールドによってチャレンジとレスポンスを対にできる

　WPAハンドシェイクが終了し認証が成功すると、クライアントとアクセスポイント間でのデータの送受信が始まります。

　この例では、アクセスポイントはTKIPで暗号化されたWPAを使用しています。TKIPは無線LANのデータを暗号化するひとつの手法にすぎません。暗号化にはほかにも多くの方法があり、アクセスポイントによってサポートしている手法も異なります。暗号化の方

法やWPAのバージョンが違えば、パケットレベルの特性も異なる可能性があります。暗号の解読に使われる技術に関連するRFC文書を読むと、コネクションの流れがどのように見えるかがわかります。

13.9.4　WPA認証の失敗

3e80211_WPAauthfail.pcapng

WEPのときと同様に、ユーザーがWPAキーを入力したにもかかわらず、クライアントのユーティリティが接続できないというレスポンスを行ったところから見ていきましょう。このファイルが3e80211_WPAauthfail.pcapngです。

先ほどと同じく、キャプチャファイルはWPA認証に成功した場合と同じように始まっています。ファイルにはプローブ、認証、アソシエーション要求が含まれています。WPAハンドシェイクは8番目のパケットで始まっていますが、なぜか認証に成功した場合の4個ではなく、8個のハンドシェイクパケットが存在しています。

WPAハンドシェイクの最初の2つのパケットが、8番目と9番目のパケットです。しかしここでは、クライアントからアクセスポイントへ送信されたチャレンジが間違っています。その結果同じ処理が10番目と11番目、12番目と13番目、そして14番目と15番目で繰り返されているのです（**図13-19**）。Replay Counter値を使えば、チャレンジとレスポンスを対にすることができます。

No.	Time	Source	Destination	Protocol	Length	Channel	Signal strength (dBm)	Data rate	Info
8	0.073773	Netgear_ab:96:16	Apple_78:6c:9c	EAPOL	157	1	-18dBm	24	Key (Message 1 of 4)
9	0.076510	Apple_78:6c:9c	Netgear_ab:96:16	EAPOL	183	1	-30dBm	1	Key (Message 2 of 4)
10	1.074290	Netgear_ab:96:16	Apple_78:6c:9c	EAPOL	157	1	-19dBm	24	Key (Message 1 of 4)
11	1.076573	Apple_78:6c:9c	Netgear_ab:96:16	EAPOL	183	1	-32dBm	1	Key (Message 2 of 4)
12	2.075292	Netgear_ab:96:16	Apple_78:6c:9c	EAPOL	157	1	-18dBm	36	Key (Message 1 of 4)
13	2.077610	Apple_78:6c:9c	Netgear_ab:96:16	EAPOL	183	1	-29dBm	1	Key (Message 2 of 4)
14	3.077211	Netgear_ab:96:16	Apple_78:6c:9c	EAPOL	157	1	-18dBm	48	Key (Message 1 of 4)
15	3.079537	Apple_78:6c:9c	Netgear_ab:96:16	EAPOL	183	1	-32dBm	1	Key (Message 2 of 4)

図13-19　EAPOL（Extensible Authentication Protocol over LAN）パケットの数がWPA認証の失敗を示している

ハンドシェイク処理が4回試行され失敗すると、通信が切断されます。**図13-20**のように、16番目のパケットでアクセスポイントから認証の失敗を通知されました❶。

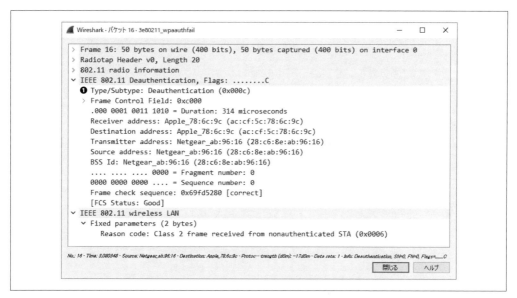

図13-20　WPAハンドシェイクが失敗し、認証が失敗した

13.10　まとめ

　無線LANは、セキュリティの仕組みを過剰なほど積み重ねない限り、現在のところあまりセキュアではないと考えられていますが、そうした懸念があってもさまざまな組織への普及が着々と進んでいます。無線LANが新たな標準となるにつれ、有線LANと同様にデータのキャプチャと解析が行えるようになることが非常に重要になってきています。この章で学んだスキルと概念は完全なものではありませんが、パケット解析による無線LANのトラブルシューティングの難しさを理解するのに役立つはずです。

付録A
推薦文献

　本書で主に使用したツールはWiresharkですが、パケット解析を実行する場合は、一般的なトラブルシューティング、ネットワーク遅延、セキュリティの問題、無線ネットワークのいずれであっても、ここに示すツールが大いに役立つでしょう。この章では有用なパケット解析ツールと、パケット解析の学習に役立つ情報源とをご紹介します。

A.1　パケット解析ツール

　実際に使ってみてパケット解析に非常に役に立ったツールをいくつか紹介します。

A.1.1　CloudShark

　QA Cafeが開発したCloudSharkは、パケットキャプチャの保存、インデックス化、ソートができるツールです。有償Webアプリケーションで、パケットキャプチャのレポジトリとして機能します。パケットキャプチャにタグ付けして簡単に参照できるようにしたり、キャプチャにコメントを追加したりすることができます。Wiresharkとよく似た解析機能も持っています（**図A-1**）。

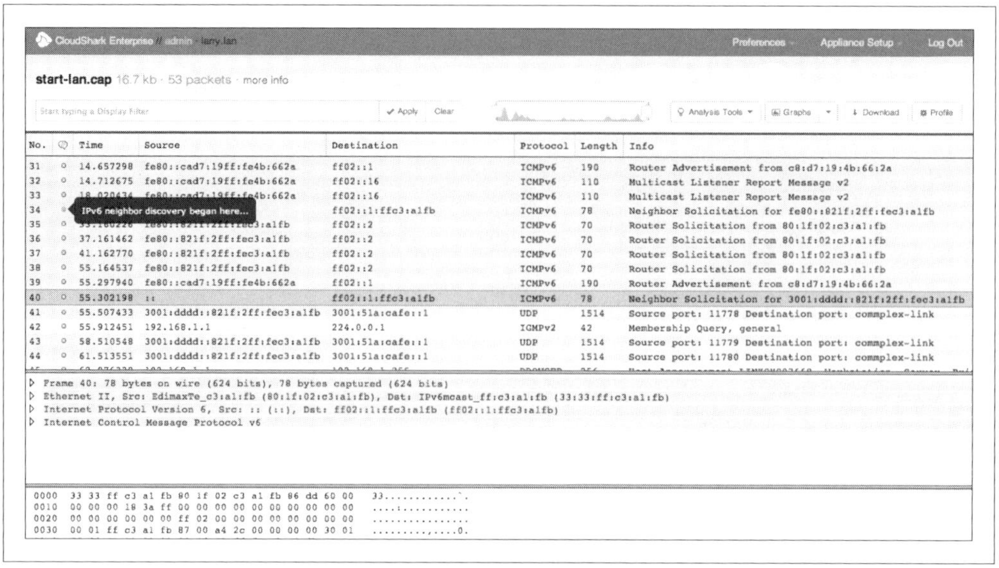

362 付録A 推薦文献

図A-1　CloudSharkで見たキャプチャファイルのサンプル

　パケットキャプチャのライブラリが膨大だったり、あるいは筆者のようにしょっちゅうファイルをなくしてしまうようであれば、CloudSharkは便利です。筆者はネットワーク内にCloudSharkを設置し、本書で使ったパケットキャプチャを保存し、整理するのに利用しました。詳細はCloudSharkのサイトhttps://www.cloudshark.org/ を参照してください。

A.1.2　WireEdit

　侵入探知システム試験、侵入実験、またはネットワークソフトウェア開発を目的とした、専用のパケット作成が必要な場合があります。実験で必要なパケットを生成するシナリオを再現するのもひとつのオプションですが、時間がかかります。もうひとつの方法は、よく似たパケットを見つけ、自分のニーズに合うように手動で編集するというものです。これに役立つのがWireEditで、パケットの特定の値を編集できるGUIツールであり、Wiresharkとよく似た直感的なユーザーインターフェースを提供しています。WireEditはパケットのチェックサムも再計算してくれるので、Wiresharkで開いたらパケットが無効だったということもありません。WireEditの詳細はhttps://wireedit.com/ を参照してください。

A.1.3　Cain & Abel

　「2章 ケーブルに潜入する」で説明したように、Cain & AbelはARPキャッシュポイゾニングを実行するためのWindows用ツールです。Cain & Abelは非常に堅牢であり、ほかの用途でも利用できるでしょう。http://www.oxid.it/cain.html で入手できます。

A.1.4　Scapy

ScapyはPythonライブラリで、Pythonを用いたCUIスクリプトによりパケットを作成、操作することができます。言ってみればScapyは、もっとも強力かつ柔軟性のあるパケット作成アプリケーションです。http://www.secdev.org/projects/scapy/でScapyの詳細やスクリプトのサンプル、またScapyそのものをダウンロードできます。

A.1.5　TraceWrangler

パケットキャプチャにはネットワークに関する豊富な情報が含まれています。パケットキャプチャをベンダーや同僚と共有する必要があるものの、こうした情報を提供したくないこともあるでしょう。TraceWranglerはアドレス情報などを匿名化することで、こうした問題を解決してくれます。キャプチャファイルの編集や結合といった他の機能もありますが、筆者は主に匿名化に利用しています。TraceWranglerはhttps://www.tracewrangler.com/でダウンロードできます。

A.1.6　Tcpreplay

ネットワーク上にパケットを再転送し、機器がどう反応するかを調べたいときには、いつもTcpreplayを使っています。Tcpreplayはパケットキャプチャファイルに含まれているパケットを再転送するために設計されています。http://tcpreplay.synfin.net/からダウンロード可能です。

A.1.7　NetworkMiner

NetworkMinerは、主にネットワークフォレンジックに使われるツールですが、それ以外にもさまざまな場面で役に立ちます。これはパケットキャプチャにも使えますが、パケットキャプチャファイルの解析で本領を発揮します。NetworkMinerはPCAPファイルを取り出し、検出したOSごと、またホスト間のセッションごとに分割します。キャプチャから直接ファイルを抽出することもできます（**図A-2**）。これらすべての機能が無償版で利用可能ですが、有償版はOSフィンガープリンティング、ホワイトリストとの比較、パケットキャプチャ処理速度の高速化といった便利な機能を提供しています。NetworkMinerは無料でhttp://www.netresec.com/?page=NetworkMinerで入手できます。

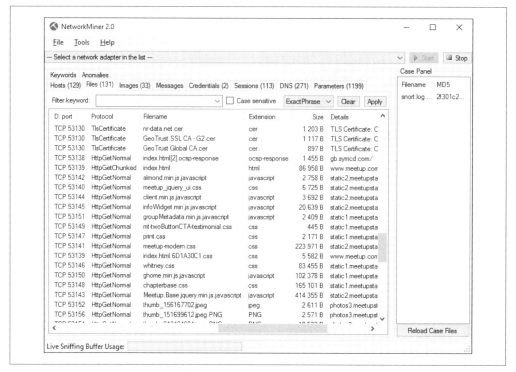

図A-2　NetworkMinerでパケットキャプチャ内のファイルを調べる

A.1.8　CapTipper

　答えを見つけるには、同じデータを別の方法で見る必要があるということを本書で学んでほしいと思っています。CapTipperはセキュリティ専門家向けに設計された、悪意あるHTTPトラフィックを解析するためのツールです（**図A-3**）。個々の対話を調べ、リダイレクトやファイルオブジェクト、悪意あるコンテンツを発見できるよう、機能豊富なシェル環境を提供しています。圧縮されたデータの解凍、VirusTotalへのファイルハッシュ値の送信を含む、発見したデータ処理のための機能も備えています。CapTipperはhttps://www.github.com/omriher/CapTipper/でダウンロード可能です。

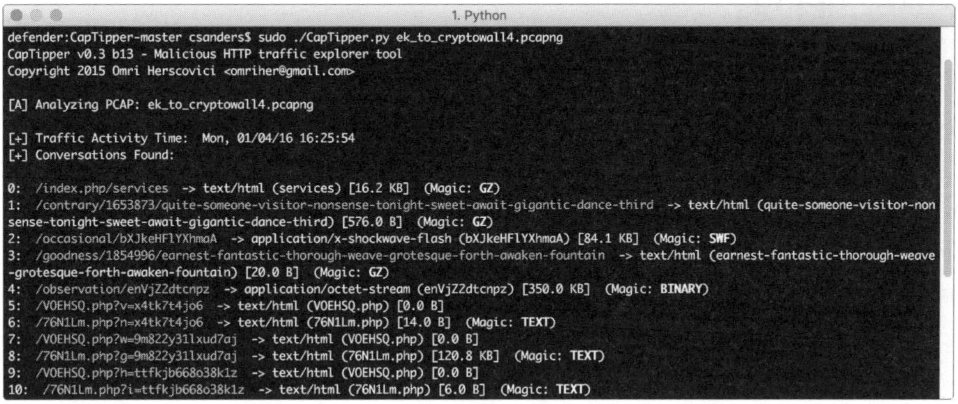

A.1 パケット解析ツール | **365**

```
● ● ●                                    1. Python
defender:CapTipper-master csanders$ sudo ./CapTipper.py ek_to_cryptowall4.pcapng
CapTipper v0.3 b13 - Malicious HTTP traffic explorer tool
Copyright 2015 Omri Herscovici <omriher@gmail.com>

[A] Analyzing PCAP: ek_to_cryptowall4.pcapng

[+] Traffic Activity Time:  Mon, 01/04/16 16:25:54
[+] Conversations Found:

0:  /index.php/services  -> text/html (services) [16.2 KB]  (Magic: GZ)
1:  /contrary/1653873/quite-someone-visitor-nonsense-tonight-sweet-await-gigantic-dance-third  -> text/html (quite-someone-visitor-non
sense-tonight-sweet-await-gigantic-dance-third) [576.0 B]  (Magic: GZ)
2:  /occasional/bXJkeHFlYXhmaA  -> application/x-shockwave-flash (bXJkeHFlYXhmaA) [84.1 KB]  (Magic: SWF)
3:  /goodness/1854996/earnest-fantastic-thorough-weave-grotesque-forth-awaken-fountain  -> text/html (earnest-fantastic-thorough-weave
-grotesque-forth-awaken-fountain) [20.0 B]  (Magic: GZ)
4:  /observation/enVjZ2dtcnpz  -> application/octet-stream (enVjZ2dtcnpz) [350.0 KB]  (Magic: BINARY)
5:  /VOEHSQ.php?v=x4tk7t4jo6  -> text/html (VOEHSQ.php) [0.0 B]
6:  /76N1Lm.php?n=x4tk7t4jo6  -> text/html (76N1Lm.php) [14.0 B]  (Magic: TEXT)
7:  /VOEHSQ.php?w=9m822y31lxud7aj  -> text/html (VOEHSQ.php) [0.0 B]
8:  /76N1Lm.php?g=9m822y31lxud7aj  -> text/html (76N1Lm.php) [120.8 KB]  (Magic: TEXT)
9:  /VOEHSQ.php?h=ttfkjb668o38k1z  -> text/html (VOEHSQ.php) [0.0 B]
10: /76N1Lm.php?i=ttfkjb668o38k1z  -> text/html (76N1Lm.php) [6.0 B]  (Magic: TEXT)
```

図A-3　CapTipperでHTTPによるマルウェア配信を解析する

A.1.9　ngrep

Linuxに慣れているなら、データの検索には普通grepを使うでしょう。ngrepはgrepとよく似ていますが、パケットキャプチャデータに対して非常に的を絞った検索ができます。筆者は、フィルタがうまく機能しない場合や、複雑になりすぎたときに使っています。http://ngrep.sourceforge.net/ にngrepの詳細が掲載されています。

A.1.10　libpcap

高度なパケット解析、あるいはパケットを処理するアプリケーションを開発したいなら、libpcapに詳しくなることです。簡単に言えば、libpcapはネットワークトラフィックのキャプチャのための、ポータブルなC/C++ライブラリです。Wireshark、tcpdumpをはじめとする多くのパケット解析アプリケーションが、libpcapライブラリを使っています。libpcapについてはhttp://www.tcpdump.org/を参照してください。

A.1.11　Npcap

Npcapは、Nmap ProjectのWindows用パケットキャプチャライブラリで、WinPcap/libpcapを基本にしています。パケットキャプチャの性能を向上させ、管理者に対するパケットキャプチャ制限機能や、Windowsユーザーアカウント制御の活用機能といった、セキュリティ機能も提供しています。NpcapはWinPCapの代替としてインストールでき、Wiresharkと合わせて使用できます。Npcapについてはhttps://www.github.com/nmap/npcap/を参照してください。

A.1.12　hping

　hpingは、多用途に使えるツールで、コマンドラインでパケットの作成、転送が可能です。さまざまなプロトコルをサポートしており、簡単に使うことができます。http://www.hping.org/でダウンロード可能です。

A.1.13　Python

　Pythonはツールではなく、むしろスクリプト言語だということは言及しておくべきでしょう。パケット解析に精通してくると、自動化ツールが役に立たない場面に遭遇します。こうした場合に使える便利なツールの作成に選ばれるのがPythonです。Scapyライブラリを使用する際にも、多少Pythonの知識が必要です。Pythonの学習に役立つオンラインリソースが「Learn Python the Hard Way」シリーズです（https://www.learnpythonthehardway.org/）。

A.2　パケット解析に役立つ情報源

　Wiresharkのホームページにはじまり、学習コースやブログに至るまで、パケット解析に役立つ情報源は数多くあります。そのうちで筆者のお気に入りを紹介します。

A.2.1　Wireshark ホームページ

　Wiresharkに関連するすべてが見つかるのがこのWebサイト、http://www.wireshark.org/です。ここにはソフトウェアのドキュメント、キャプチャファイルのサンプルを含む非常に有益なWikiや、Wiresharkメーリングリストへの登録に関する情報があります。https://ask.wireshark.org/をブラウズして、Wiresharkや特定の機能について質問することもできます。このコミュニティは活動が活発で、大きな助けになります。

A.2.2　Practical Packet Analysis オンラインコース

　本書が気に入っていただけたら、本書を補完するオンライントレーニングコースにも興味を持っていただけるかもしれません。Practical Packet Analysisオンラインコースは、本書で解説したすべてのキャプチャを、動画を用いて学ぶことができます。自分のスキルを試せるキャプチャラボや、コースの進捗に応じてほかの生徒から学ぶことのできるフォーラムも提供します。コース内容の詳細はhttp://www.chrissanders.org/training/を参照してください。トレーニングに関する通知を受け取りたい場合はhttp://www.chrissanders.org/list/でメーリングリストに登録してください。

A.2.3　SANS Security Intrusion Detection In-Depth Course

SANS SEC 503: Intrusion Detection In-Depthは、パケット解析のセキュリティに焦点を当てたコースです。セキュリティ専門家でなくても、コースの最初の2日間は、パケット解析とtcpdumpの入門編として役立つでしょう。年に数回ライブイベント形式で、世界各地で行われています。

SEC 503とその他のSANSコースについては、http://www.sans.org/ を参照してください。

A.2.4　Chris Sandersのブログ

パケット解析に関する記事を、ときどき自分のブログhttp://www.chrissanders.org/に投稿しています。筆者が執筆したほかの記事や書籍のポータルとしても役立つだけでなく、筆者と連絡を取る方法も掲載しています。本書やほかの書籍に含まれているパケットキャプチャへのリンクも掲載されています。

A.2.5　Brad DuncanのMalware Traffic Analysis

パケットキャプチャのセキュリティに関連する情報源としてよく利用するのがBrad DuncanのMalware Traffic Analysis (MTA) サイトです。実際に感染した内容を含むパケットキャプチャが、週に数回投稿されています。キャプチャには、関連するマルウェアのバイナリや、何が起きているかの説明も添えられています。マルウェア感染解析を体験し、最新の手法を学びたいなら、これらのキャプチャをダウンロードして、勉強するところから始めましょう。MTAの詳細はhttp://www.malware-traffic-analysis.net/で参照可能です。Twitterでブラッド（@malware_traffic）をフォローすると、最新アップデート情報が届きます。

A.2.6　IANAのWebサイト

IANA (Internet Assigned Numbers Authority、http://www.iana.org/) は、北米のIPアドレスとプロトコル番号を管理している組織です。Webサイトではポート番号の検索が可能なほか、トップレベルドメインに関する情報、RFCの検索や閲覧ができるサイトの一覧など、貴重な情報が掲載されています。

A.2.7　W. Richard Stevenの『TCP/IP Illustrated』シリーズ

多くの人々にTCP/IPのバイブルとみなされているのが、W. Richard Stevens博士によるこのシリーズ本 (Addison-Wesley、1994年〜1996年) [1]で、パケットを専門とする人なら必ず本棚にあるはずです。筆者の一番のお気に入りのTCP/IP関連書籍であり、本書執筆時にも参考にしました。Keven R. Fall博士が共著者であるVolume 1の第2版は、2012年の出版です。

---

[1]　監訳注：邦訳『詳説TCP/IP』（ピアソンエデュケーション）。

A.2.8 『The TCP/IP Guide』(No Starch Press)

TCP/IP関連でのもうひとつの情報源が、Charles Kozierokによるこの本です。1,600ページ以上にわたり、非常に詳しく、たくさんの図表が掲載されています。

付録 B
パケットを知る

　この付録では、パケットの表示方法を見ていきます。パケットを解読して16進数で表す方法に加え、パケット構造図を使ってパケットの値を読み、参照する方法を説明します。

　パケットデータを解読するソフトウェアは豊富にあるので、この付録に掲載した情報を理解しなくても、パケットをキャプチャし、解析することができます。しかしパケットデータとその構造について学んでおけば、Wiresharkなどのツールが提供する内容をさらによく理解できるでしょう。解析するデータは曖昧でないほうがいいに決まっています。

B.1　パケット表示

　パケットを解読できるよう表示する方法は数多くあります。生のパケットデータは、次のような1と0を組み合わせたバイナリつまり2進法で表示されます。

```
0100001010000000000000000011010000100000011110010010000000000000
1000000000000011001010010011010101011100101011000000100000000100000010000000
0100101001111110101011111101101000000001100100011000000000001010000
0111110000100011010110101010110111000000000000000000000000000000
1000000000001000100000000000000001011001100000000000000000
0000001000000100000000101101011001000000001000000110000001100000010
000000010000000010000010000000010
```

　バイナリの数字はデジタル情報を表しており、1は電気信号が存在すること、0は信号が存在しないことを意味します。各桁がビットを表し、8ビットで1バイトとなります。しかしバイナリデータは人間には解読が難しいため、通常は文字と数字を組み合わせた16進数へと転換します。上記のパケットを16進数にすると次のようになります。

```
4500 0034 40f2 4000 8006
535c ac10 1080 4a7d 5f68
0646 0050 7c23 5ab7 0000
0000 8002 2000 0b30 0000
```

```
0204 05b4 0103 0302 0101
0402
```

16進数は0から9までの数字と、AからFまでのアルファベットで値を表します。簡潔なため、パケットの表示にもっともよく使われる方法のひとつです。またバイナリにも簡単に変換することができます。16進数では、2桁の数字が1バイトを表し、これは8ビットです。1バイトに含まれる各数字はそれぞれ4ビット（これを**ニブル**と呼ぶ）で、左側を**上位ニブル**、右側を**下位ニブル**と呼びます。サンプルのパケットで言うと、最初のバイトは45で、上位ニブルは4、下位ニブルは5となります。

パケット内のバイトの位置を表すにはオフセットを使い、ゼロからスタートします。つまりパケットの最初のバイト (45) の位置は0x00、2番目のバイト (00) は0x01、3番目のバイト (00) は0x02となります。0xの部分は16進数が使われていることを意味します。参照する位置が1バイト以上になる場合は、コロンで区切ってそのあとに数字を続けます。たとえばサンプルのパケットで最初の4バイトを参照するには (4500 0034)、0x00:4となります。「B.3 謎のパケットを調べる」で、不明のプロトコルを解析するのにパケット構造図を使う際、この説明が重要になります。

パケットを解析するときに、ゼロから数えるのを忘れてしまうというのは、よくある間違いです。普通は1から数えるよう教えられているので、慣れるまでかなり大変です。長年パケットを解析している筆者でさえ、この間違いを犯すことがあるのです。恥ずかしがらずに**指を使って数えましょう**。ばかばかしいと思うかもしれませんが、正しい答えに到達するのに役立つのですから、まったく恥じることはありません。

さらに高度なレベルでは、Wiresharkのようなツールがプロトコル解析を使って完全にパケットを解析してくれます。これについては次に説明します。**図B-1**は、先ほどと同じパケットをWiresharkが完全に解析したものです。

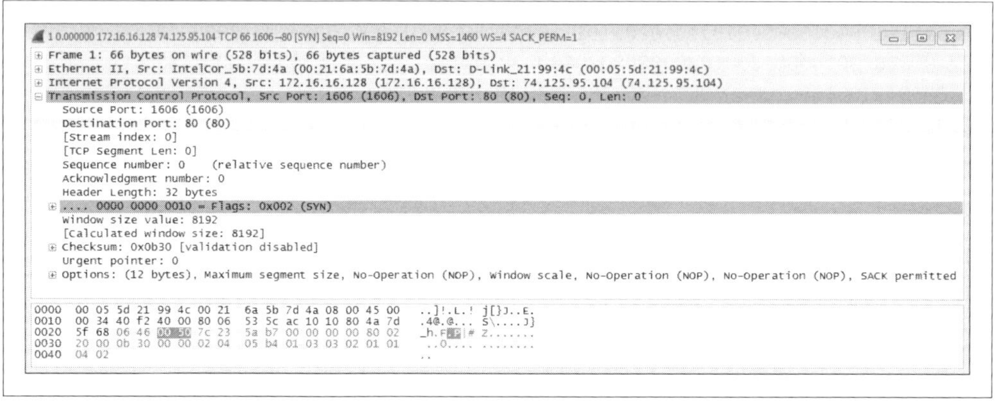

図B-1　Wiresharkが解析したパケット

Wiresharkはパケットの情報に説明のためのラベルを付けています。パケットにはラベルは含まれていませんが、パケットのデータはプロトコル標準によって定義されたフォーマットに対応付けられます。完全に解析されたパケットとは、プロトコル標準に基づいたパケットのデータが読み込まれ、それが解析されてラベル付けや人の読めるテキストへの変換が行われたものを意味します。

Wiresharkや類似のツールは、プロトコルの各フィールドの位置、長さ、値を定義するプロトコル分析機構を内蔵しているので、パケットデータを完全に解析することができます。たとえば**図B-1**のパケットは、TCPに基づいてセクションに分解されています。TCPにはラベル付けされたフィールドと値があり、送信元ポート番号がラベル、1606がその10進値です。これによって解析の際に求める情報を見つけやすくなります。こうしたオプションが利用できれば、解析の効率が大幅に向上します。

Wiresharkには数千もの分析機構がありますが、Wiresharkでは解析できないプロトコルに出くわす場合があります。あまり一般的に使われていないベンダー独自のプロトコルや、カスタマイズされたマルウェアのプロトコルなどが相当します。こうした場合は、パケットを部分的にしか解析することができません。Wiresharkがデフォルト設定で画面下に16進数のパケットの生データを表示しているのは、こうしたケースに備えているのです（**図B-1**参照）。

一般に、tcpdumpなどの、あまり多くの分析機構を持っていないコマンドラインツールは、生の16進数データを表示します。解析が難しい、より複雑なアプリケーション層プロトコルになると、こうした生データが表示されることが多くなります。つまりこの手のツールを使う場合、パケットが部分的にしか解析されないことはよくあることだということです。tcpdumpを使った一例を**図B-2**に示しました。

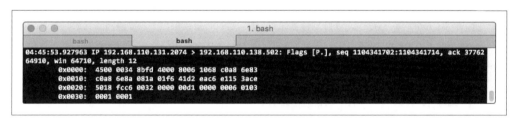

図B-2　tcpdumpで部分的に解析されたパケット

部分的に解析されたパケットを扱う場合、パケットの構造に関する基礎的なレベルでの理解が必要となります。Wiresharkやtcpdumpなどのツールが16進数で生データを表示するのはそのためです。

B.2　パケット構造図の利用

「1章 パケット解析とネットワークの基礎」で学んだように、パケットのデータはプロトコルの定義に基づいて形成されます。ハードウェアやソフトウェアがデータを認識できるよう、各プロトコルでパケットのフォーマットが定義されているため、パケットはこの定義を遵守する必要があります。**パケット構造図**は、各プロトコルが使うフィールドとそれに対応するバイトをグラフ化したものです。構造図

はプロトコルのRFC仕様書をもとにしており、フィールド、フィールド長、順番を示します。

「7章 ネットワーク層プロトコル」で見たIPv4のパケット構造図のサンプルをもう一度見てみましょう（ここでは便宜上、**図B-3**とします）。

IPv4（インターネット・プロトコル・バージョン4）							
オフセット	オクテット	0		1	2		3
オクテット	ビット	0–3	4–7	8–15	16–18	19–23	24–31
0	0	バージョン	ヘッダ長	サービスタイプ	パケット長		
4	32	識別子			フラグ	フラグメントオフセット	
8	64	生存時間		プロトコル	ヘッダチェックサム		
12	96	送信元IPアドレス					
16	128	宛先IPアドレス					
20	160	オプション					
24+	192+	データ					

図B-3　IPv4パケットの構造

この図では、個々のビットが数字の0から31で表記されています。ビットは8ビットごとにグループ分けされ、0から3の番号が振られています。縦軸もビットとバイトで分類され、各行は32ビット（4バイト）で分けられています。図のオフセット表記を見て、まず縦軸から、どの4バイトのセクションに相当するかをフィールド位置を数えて判断し、次に横軸を見てセクションのバイトを数えます。最初の行には先頭4バイトがバイト0から3として含まれており、これらは横軸によって識別されています。2行目は次の4バイトの4から7が含まれており、同じく横軸で識別されています。バイト4は横軸ではバイト0、バイト5は横軸ではバイト1、ということになります。

たとえばIPv4の場合、バイト0x01は、オフセット0のバイト1となるので、サービスタイプ（TOS）となります。縦軸では最初の4バイトが最初の行なので、横軸を使って0からバイト1まで数えます。もうひとつ例を挙げると、バイト0x08は生存時間（TTL）フィールドです。縦軸を見て、バイト8はバイト8から11を含む3行下であることを確認し、次に横軸でバイト8を確認します。バイト8は行の最初のバイトとなり、横軸のカラムは0なので、TTLになるわけです。

送信元IPアドレスなどのフィールドは、0x12:4などのように複数のバイトにまたがる場合があります。ニブルに分割されるフィールドもあります。たとえば0x00では、上位ニブルにバージョン、下位ニブルにIPヘッダ長が含まれます。バイト0x06はさらに細かく、個々のビットが特定のフィールドを表しています。フィールドが1桁のバイナリ値の場合、**フラグ**を意味する場合が多くなります。たとえばIPv4ヘッダのReservedフラグ、フラグメント禁止（DF）フラグ、MF（More Fragments）フラグなどがそうです。フラグは1（真）か0（偽）のバイナリ値しか持たないので、フラグを「セット」すると値は1となります。フラグセットの意味はプロトコルやフィールドによります。

もうひとつのサンプルを**図B-4**で見てみましょう（この図は「8章 トランスポート層プロトコル」でも紹介しました）。

TCP						
オフセット	オクテット	0		1	2	3
オクテット	ビット	0–3	4–7	8–15	16–23	24–31
0	0	送信元ポート番号			宛先ポート番号	
4	32	シーケンス番号				
8	64	ACK番号				
12	96	データオフセット	予約済	フラグ	ウィンドウサイズ	
16	128	チェックサム			緊急ポインタ	
20+	160+	オプション				

図B-4　TCPヘッダの構造

　この図はTCPヘッダを示しています。図を見れば、TCPが何をするかがわからなくても、TCPパケットについての質問に答えることが可能です。16進数で表すと次のようになるTCPパケットの例を考えてみましょう。

```
0646 0050 7c23 5ab7 0000 0000 8002 2000
0b30 0000 0204 05b4 0103 0302 0101 0402
```

パケット構造図を見れば、フィールドの位置と、次のようなことがわかります。

- 送信元ポート番号は0x00:2にあり、16進数で値を表すと0646です（10進数では1606）。
- 宛先ポート番号は0x02:2にあり、16進数で値を表すと0050です（10進数では80）。
- データオフセットフィールドのヘッダ長は、上位ニブル0x12にあり、16進数で値を表すと8です。

この知識を使って謎のパケットを解析しましょう。

B.3　謎のパケットを調べる

　図B-2では、部分的に解析されたパケットを示しました。解析されたデータの部分から、これは同一ネットワーク上にある2つの機器間で送受信されたTCP/IPパケットであることはわかりますが、それ以上のことは不明です。パケットの出力すべてを16進数で示すと次のようになります。

```
4500 0034 8bfd 4000 8006 1068 c0a8 6e83
c0a8 6e8a 081a 01f6 41d2 eac6 e115 3ace
5018 fcc6 0032 0000 00d1 0000 0006 0103
0001 0001
```

374 | 付録B　パケットを知る

　数えてみると、このパケットは52バイトです。IPのパケット構造図によれば通常のIPヘッダのサイズは20バイトで、下位ニブルのヘッダサイズの値は0x00です。TCPヘッダの構造図にも、追加オプションがなければ、TCPヘッダサイズは20バイトと記されています（ここにはオプションはありません。またTCPオプションについては「8章 トランスポート層プロトコル」で詳しく説明しています）。つまり最初の40バイトはすでに解析されているTCPとIPのデータです。残りの12バイトが未解析で残っています。

```
00d1 0000 0006 0103 0001 0001
```

　パケットを調べる方法を知らなければここで詰まってしまうでしょうが、解析されていないバイトにパケット構造図を使えることがすでにわかっています。このケースでは、解析されているTCPデータから、宛先ポート番号が502番だとわかっています。解析されていないバイトを識別するのに、トラフィックが使っているポートを見直すのはあまり確実な方法とはいえないため、宛先ポート番号がわかっているというのは幸先のよいスタートです。Google検索をかけると、502番ポートというのはModbus/TCPプロトコルの標準ポートであり、同プロトコルはIndustrial Control System（ICS）ネットワークで使われていることがわかります。このパケットの16進数の出力と、Modbusのパケット構造図（**図B-5**）を比較することで、この推測が正しいかどうかが検証できます。

Modbus/TCP					
オフセット	オクテット	0	1	2	3
オクテット	ビット	0–7	8–15	16–23	24–31
0	0	トランザクションID		プロトコルID	
4	32	データ長		ユニットUD	ファンクションコード
8+	64+	データ			

図B-5　Modbus/TCPパケットの構造

　このパケット構造図はModbus実装ガイドhttp://www.modbus.org/docs/Modbus_Messaging_Implementation_Guide_V1_0b.pdfの情報をもとに作成しています。この図から、ヘッダは7バイトで、0x04:2のデータ長フィールドを含むはずであることがわかります（ヘッダ開始の相対値）。この位置に向かって数えると、16進数で0006（10進数で6）という値にたどりつき、Modbusであればこのフィールドのあとには6バイトがあるはずですが、まさにそのとおりとなっています。つまりこのパケットはModbus/TCPだということです。

　パケット構造図を16進数の出力全体と比較すると、次の情報が得られます。

- トランザクションIDは0x00:2にあり、16進数で表すと00d1です。このフィールドはリクエストとレスポンスを対応付けるのに使われます。

- プロトコルIDは0x02:2にあり、16進数で表すと0000です。プロトコルがModbusであることを示しています。
- データ長は0x04:2にあり、16進数で表すと0006です。パケットのデータの長さを定義します。
- ユニットIDは0x06にあり、16進数で表すと01です。内部ルーティングに使います。
- ファンクションコードは0x07にあり、16進数で表すと03です。これはRead Holding Registersファンクションで、システムからデータ値を読み込みます。
- ファンクションコードが3の場合、データフィールドがさらに2つあり、Reference NumberとWord Countが0x08:4にあります。それぞれ16進数で表すと0001です。

謎のパケットはModbusプロトコルであることがわかりました。このパケットをやり取りするシステムのトラブルシューティングを行っていた場合、この情報があれば大丈夫です。Modbusに対峙する機会がないとしても、不明なプロトコルや解析されていないパケットを、パケット構造図を使って調べるサンプルになったはずです。

データ解析には常にさまざまな状況が起こりうると認識しておきましょう。そうすればより堅実な、知識に基づいた決断を下すことができ、多用な場面でパケットに対処できるようになります。筆者はパケットを解析するのに、tcpdumpのようなコマンドラインツールしか使えないという状況に、何度も陥りました。これらのツールの大半は第7層プロトコルの解析ができないため、パケットの特定のバイトを手動で解析する能力が必須となります。

かつて同僚が、セキュリティが非常に厳しい状況で、事件に対応しなければならないケースがありました。確認の必要なデータを見ることは許可されましたが、データが保管されているシステムにはアクセスできません。限られた時間内でできるのは、特定の対話のパケットを印刷することだけです。パケットの構造についての基本的な知識とパケットを調べる方法がわかっていたため、相当な時間がかかったものの、同僚は印刷したデータから必要な情報を見つけることができました。これは極端なシナリオですが、ツールに依存しない知識を持つ重要性を示す代表的な例といえるでしょう。

こうした理由もあり、さまざまな解析を行う経験値を上げるうえで、時間をかけてパケットを分解してみることは有用です。

筆者はいつでも解析できるよう、一般的なパケット構造図を印刷し、ラミネート処理をして、机のそばに置いています。また旅行のときにすぐに参照できるよう、デジタル版をノートPCとタブレットに保存しています。またよく使うパケット構造図を、本書で使ったパケットキャプチャと一緒に、ZIPファイルに保存しています（https://www.nostarch.com/packetanalysis3/）。

B.4 まとめ

この付録では、さまざまなフォーマットのパケットデータを解析する方法と、パケット構造図を使って解析されていないパケットデータを調べる方法を学びました。こうした基本的な知識があれば、パケットデータ解析に使うツールの種類を問わず、パケットを問題なく解析できるはずです。

付録C
Win10Pcap
——WinPcap強化版ドライバの紹介

宮本 久仁男

本付録は日本語版オリジナルの記事です。本稿では、Windows 10用のWinPcap互換ドライバである Win10Pcapについて解説します。

C.1 Win10Pcapとは何か

Win10Pcapとは、ソフトイーサ株式会社の登大遊氏によって開発された、NDIS 6ベースのWinPcap互換ドライバであり、GPL v2のもとで配布されています[1]。

Win10Pcapは、WinPcapをもとに開発されていますが、WinPcapの最新版で残存していたバグも Win10Pcapの開発時に改修されています。

C.1.1 Win10Pcapの概要

Win10Pcapは、NDIS 6ベースのドライバであり、2015年6月10日にリリースされました。後述する Webサイトでの表記はWinPcap for Windows 10となってはいますが、2018年4月時点でのサポート対象になっているWindows 7以降のクライアント系OSおよび、Windows Server 2008 R2以降のサーバ系OSで動作します。

Win10Pcapは、大きく以下の特徴を持ちます。

- NDIS 6ベースのドライバである
- WinPcapと互換性がある
- IEEE802.1Q VLAN タグのキャプチャをサポートする
- 10,000バイトまでのジャンボフレームをキャプチャ可能
- Windows 10 Compatible ロゴを取得済み

---

[1] NDIS（Network Driver Interface Specification）は、ネットワークインターフェイスカード用のAPI。Microsoftと3Com が共同開発した。詳しくはhttps://ja.wikipedia.org/wiki/Network_Driver_Interface_Specificationを参照。

- WinPcapではバグによりできなかった、システム起動後に追加されたネットワークインターフェースを認識可能

C.1.2　Win10Pcapの入手

インストーラは「Win10Pcap - WinPcap for Windows 10」から入手できます。

http://www.win10pcap.org/ja/

C.1.3　WinPcapの問題点

NDIS 5ベースのドライバである

WinPcapは、NDIS 5ベースのドライバであり、Windows Vista以降で採用されたNDIS 6ベースのOSで動作はしますが、この場合はNDIS 5互換のインターフェースを用いて動作するようになっています。具体的には、NDIS 6環境のためのNDIS 5ラッパーを呼び出す形でNDIS 5ベースのドライバが動作します。このため、NDIS 6ベースで書かれたドライバと比較すると、性能面で劣る部分が出てきます。

このことから、Win10Pcapは、WinPcapのソースコードをもとに、ドライバインターフェースをNDIS 6としています。

最終リリースがかなり前

WinPcapの最新版は2013年3月にリリースされたWinPcap 4.1.3であり、本稿執筆時点から見ても5年以上前のリリース、Win10Pcapの最初のリリースから見ても2年以上前のリリースとなっています。

安定して動作していればいいのですが、Win10Pcapで改修されたバグがあること、WinPcapが準拠しているNDISのバージョンも古いことから、WinPcapの継続使用にあたっては、(現在はよくても)今後何らかの不具合にぶちあたることも想定しなくてはなりません。

C.2　Win10Pcapのインストールから利用まで

Win10Pcapは、Microsoft Installer形式で配布されています。

このため、インストーラファイルをダウンロード後にダブルクリックするだけで、インストールは開始されます。

インストール完了まではほぼ1本道ですが、ライセンスへの同意(**図C-1**)とインストール先の選択(**図C-2**)を行う必要があります。

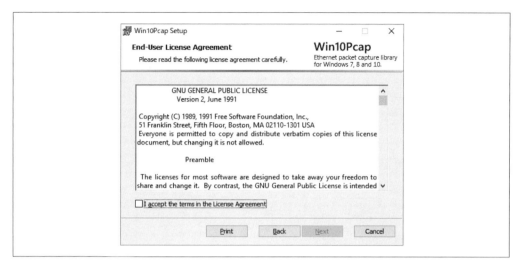

図C-1　ライセンスへの同意

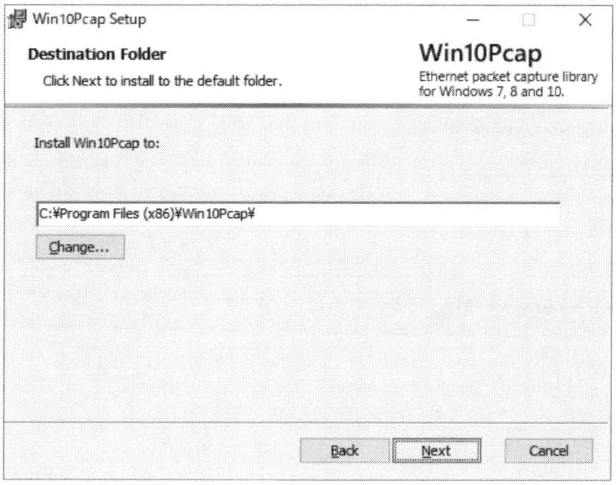

図C-2　インストール先の選択

　Win10Pcapは、WinPcapをベースに開発されたドライバですが、すでに述べたとおり、ネットワークインターフェースの列挙に関するバグが改修されています。
　このため、Wiresharkやtshark経由で利用した場合、Win10Pcapベースの環境のほうが、WinPcap環境よりも多くのインターフェースが検出されます。
　Win10Pcap環境でWiresharkを起動した直後のインターフェース選択画面と、WinPcap環境でWiresharkを起動した直後のインターフェース画面をそれぞれ**図C-3**と**図C-4**に、Win10Pcap環境で

380 | 付録C　Win10Pcap－WinPcap強化版ドライバの紹介

tsharkの–Dオプションを用いてインターフェースを列挙したときの画面とWinPcap環境でtshark
の–Dオプションを用いてインターフェースを列挙したときの画面をそれぞれ**図C-5**と**図C-6**に示しま
す。

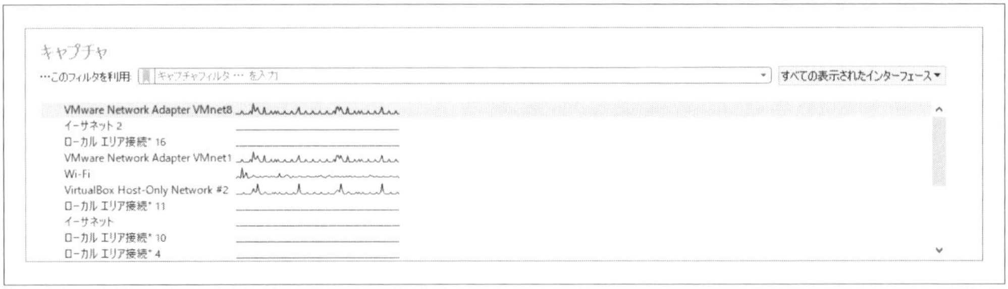

図C-3　Wireshark起動時（Win10Pcap環境）

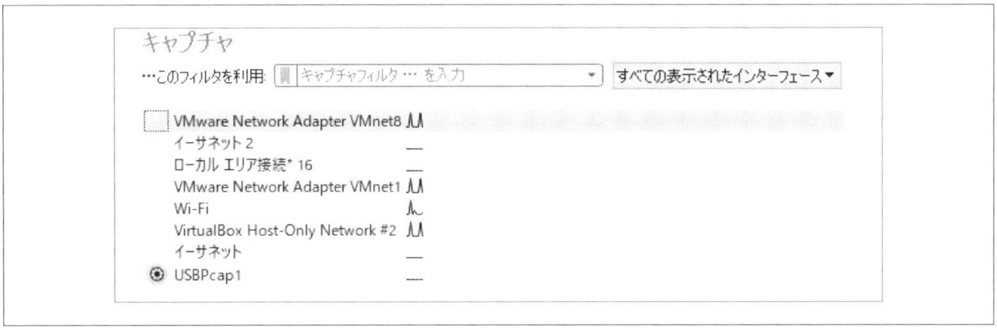

図C-4　Wireshark起動時（WinPcap環境）

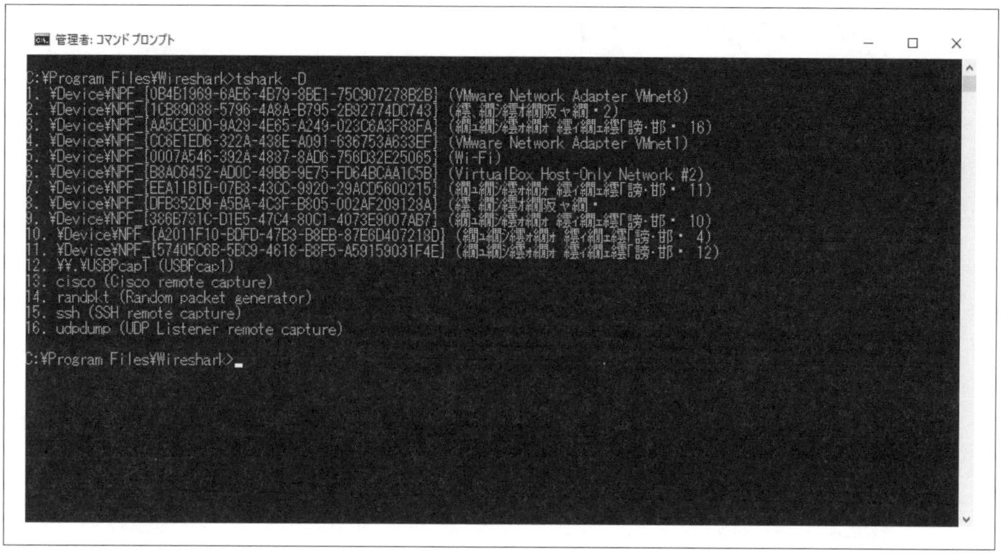

図C-5 tshark起動時（Win10Pcap環境）

図C-6 tshark起動時（WinPcap環境）

　図C-5と**図C-6**では、一部文字化けしているように見えますが、これはコマンドの出力がUTF-8で行われているためです。なお、コマンドプロンプトのコードページをUTF-8に対応したものに変更しても、対応したフォントがないために同様の文字化け（に見える画面）が起こります。

C.3　WinPcapとの共存

もともとWin10Pcapは、NDIS 6に準拠させたWinPcap互換のドライバです。

特にWin10Pcapのドキュメントには明記されてはいませんが、Win10Pcapがインストールされている状態でWinPcapをインストールしようとしても、「新しいバージョンのWinPcapがインストールされている」というメッセージとともにインストーラは終了します（**図C-7**）。

図C-7　古いWinPcapはアンインストールしておくべき

　WinPcap 4.1.3がインストールされている状態でWin10Pcapをインストールした場合、特にWinPcapのアンインストールが行われるわけではないので、WinPcap 4.1.3はそのまま残存しますが、Win10Pcapをインストールする際には、利用上の混乱を避ける意味でもインストールされているWinPcapのアンインストールをお勧めします。

付録D
USBPcapを用いたUSBインターフェース通信のキャプチャ

宮本 久仁男

本付録は日本語版オリジナルの記事です。本稿では、USBインターフェースの通信をキャプチャするためのプログラムであるUSBPcapについて解説します。コンピュータにUSBPcapがインストールされている場合、Wiresharkは対話的にUSBインターフェースの通信をキャプチャすることが可能になります。

D.1 USBPcap概要

USBPcapは、ポーランドのTomasz Moń氏により開発された、USBインターフェースのためのデータキャプチャプログラムです（**図D-1**）。Windows XP/Vista/7/8で動作するとありますが、Windows 10でも動作することを本稿執筆時に確認しています。

このプログラムを使うことで、USBデバイスとコンピュータの間の通信をキャプチャし、pcap形式のファイルに保存することが可能になります。本稿執筆時のバージョンは、1.2.0.3になります。

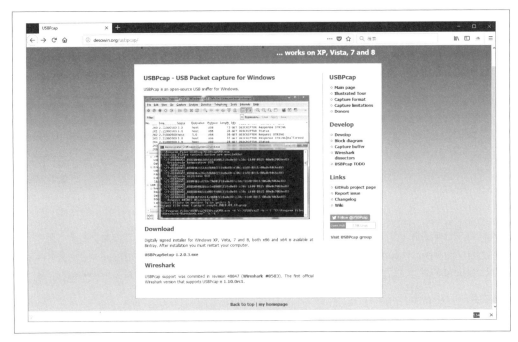

図 D-1　USBPcap の Web サイト

USBPcap は単体でも利用可能ですが、Wireshark にも同梱されており、Wireshark のインストール時に USBPcap もインストールするか否かを選択することが可能です（**図 D-2**）。

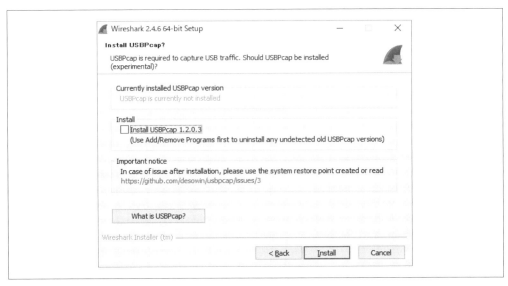

図 D-2　Wireshark のインストール時に USBPcap も一緒にインストールできる

D.2　USBデバイスの通信データキャプチャを行うための従来手法と課題

USBデバイスの通信データキャプチャをする方法は、大きく2通りの方法がありました。

- 専用のキャプチャ用ハードウェアを利用する
- LinuxなどのOSで、USBデバイスドライバが準備しているインターフェースをキャプチャする

Windowsが稼働するコンピュータとUSBデバイスの間でやり取りされるデータをキャプチャするためには、上記のうち専用のハードウェアを用いる方法を取るか、LinuxなどのOS上で動作する仮想マシンモニタ上でWindowsを動作させ、Windowsと仮想マシンモニタが稼働するコンピュータのUSBデバイスの通信をモニタするなどの方法を取る必要がありました。この方法は、費用がかかる(専用ハードウェアを用いる場合)か手間がかかる(仮想マシンモニタを用いる場合)という課題がありました。

いずれの方法も、あんまり手軽にというわけにはいきません。

このような状況もあり、USBPcapがリリースされたことで、USBデバイスの通信データ取得を簡単に行う手段が整ったことになります。

D.3　USBPcapのインストール方法

USBPcapのインストールには、大きく2通りの方法があります。

- Wiresharkのインストール時に、USBPcapのインストールを行う選択をする
- USBPcap単体でインストールを行う

特にこだわりがないのであれば、Wiresharkインストール時に一緒にUSBPcapをインストールするのが無難です。

別々にインストールする場合、WiresharkがUSBキャプチャのためのインターフェースを見つけられないことがあります。

D.4　解析方法1：WiresharkからUSBPcapを呼び出す

Wiresharkを用いてUSBPcapを呼び出し、USBインターフェースのキャプチャを行う方法です。USBPcapは、Wireshark起動時に呼び出されます。

列挙されるインターフェース(**図D-3**)から、USBPcap1を選択すると、USBインターフェースのキャプチャを行うことが可能になります(**図D-4**)。

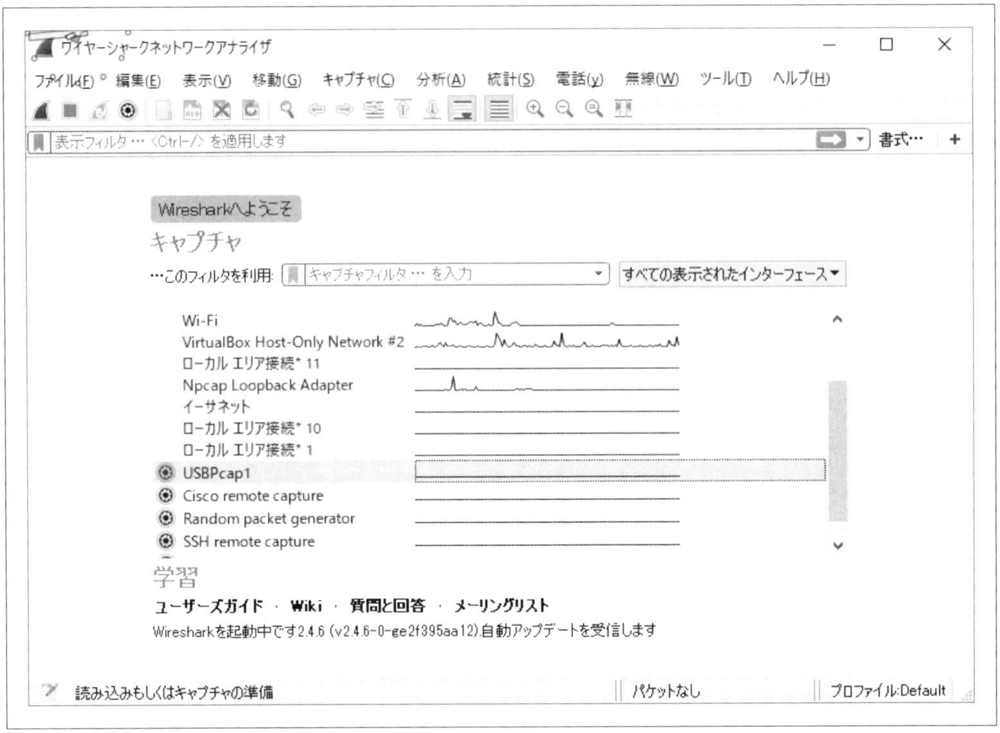

386 付録D　USBPcapを用いたUSBインターフェース通信のキャプチャ

図D-3　Wiresharkのインターフェース選択画面

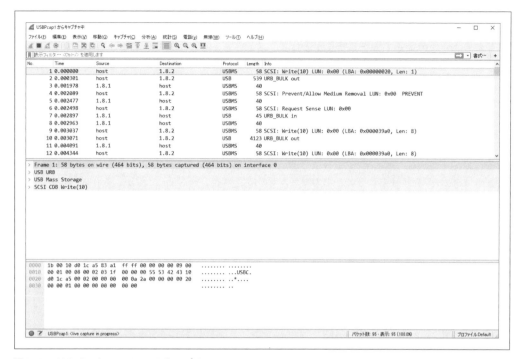

図D-4　USBインターフェースのキャプチャ

キャプチャファイルは、特に指定しなければPcapNG形式で保存されます。

D.5　解析方法2：USBPcapCMD.exeでキャプチャする

　Wiresharkを用いてUSBPcapを呼び出し、USBインターフェースのキャプチャを行う方法以外にも、USBPcap本来のコマンドを用いてキャプチャを行うこともできます。そのためには、USBPcapをインストールしたディレクトリ（本稿では、`C:\Program Files\USBPcap`）配下にあるUSBPcapCMD.exeを用います。

　-hオプションを付加してコマンドを実行すると、ヘルプが出力されます。

```
C:\Program Files\USBPcap> USBPcapCMD -h
Usage: USBPcapCMD.exe [options]
  -h, -?, --help
    Prints this help.
  -d <device>, --device <device>
    USBPcap control device to open. Example: -d \\.\USBPcap1.
  -o <file>, --output <file>
    Output .pcap file name.
  -s <len>, --snaplen <len>
    Sets snapshot length.
```

```
    -b <len>, --bufferlen <len>
      Sets internal capture buffer length. Valid range <4096,134217728>.
    -A, --capture-from-all-devices
      Captures data from all devices connected to selected Root Hub.
    --devices <list>
      Captures data only from devices with addresses present in list.
      List is comma separated list of values. Example --devices 1,2,3.
    -I,  --init-non-standard-hwids
      Initializes NonStandardHWIDs registry key used by USBPcapDriver.
      This registry key is needed for USB 3.0 capture.
```

-oオプションを付加することで、出力ファイルを指定することが可能ですが、それ以外のオプションを指定しないと、すべてのUSBインターフェースのデータをキャプチャすることになります。

実行時の例を**図D-5**に示します。

図D-5　USBPcapCMD.exeによるUSBインターフェースのキャプチャ

なお、こちらのコマンド実行時は、保存データの形式はPcapが指定されます。

D.4節もD.5節も、USBメモリへのアクセス時に発生するUSBインターフェースとデバイス間の通信をキャプチャしています。なお、通信の様子を解析するためには、USBインターフェース上の通信プロトコルを理解する必要があります。

D.6　まとめ

　USBインターフェースのキャプチャは、今回紹介したUSBPcapなどを用いることで、以前と比較するとだいぶ容易に行えるようになりました。

　しかし、USBキャプチャを解析するためには、USBデバイスごとの通信プロトコルを理解する必要があります。キャプチャを容易にできることと、キャプチャしたデータを理解し、解析できることは別です。

　Wiresharkを用いることで、USBインターフェースの通信データを見るのは容易になりましたが、Wiresharkは、USBインターフェースの通信データを解析する機能はまだまだ不足していますので、USB通信の解析にWiresharkを用いるのは、少しデータを見やすくするくらいの意味合いしかないと考えてください。

索引

記号・数字

.pcap ファイル 71
.pcapng ファイル 71
/（ルートディレクトリ）.. 101, 208
10進数 140
16進数 370
3ウェイハンドシェイク 173, 284
6to4（IPv6 over IPv4）... 159
802.11ヘッダ 345

A

ACK番号 175, 264
［Advanced（高度設定）］.. 53
AirPcap 341
APNIC 90
［Appearance（外観）］.. 51
ARIN（American Registry for Internet Numbers）......... 90
ARP（Address Resolution Protocol）............... 32, 133, 154
ARPキャッシュポイゾニング 32, 302
ARPスプーフィング 32
ARPパケットの構造 135
ARPブロードキャストパケット 22
ARPリクエスト 135, 136
ARPレスポンス 135, 137
ASN（autonomous system number：IPアドレスと
　結びついたAS番号）.. 236

B

BOOTP（Bootstrap Protocol）................................ 183
BPF（Berkeley Packet Filter）構文 74, 125
BSSID（Basic Service Set Identifier）..................... 349

C

C2（コマンドアンドコントロール）........................ 329
Cain & Abel 33, 362
CAM（Content Addressable Memory）............... 14, 134

CapTipper 364
［Capture（キャプチャ）］.. 52
CDN（content delivery network）......................... 229
Chanalyzer 338
CIDR（Classless Inter-Domain Routing）表記 141
CloudShark 361
［Configuration Profiles（設定プロファイル）］............... 57
CryptoWall Tracker 330
CyberEYE 319

D

DHCP（Dynamic Host Configuration Protocol）.......... 183
　～ ACKパケット 191
　～ DISCOVERパケット 186
　～ Message Typeオプション 192
　～ OFFERパケット 187
　～ REQUESTパケット 189
　～セクション 186
　～のリース更新 191
DHCPパケットの構造 185
DHCPv6 192
DHCPv6パケットの構造 193
［Display Filter Expression（表示フィルタ式）］.............. 80
DNS（Domain Name System）................................ 194
DNSクエリ 197
DNSゾーン 204
DNSトラフィック 51
DNSパケットの構造... 196
DoD（Department of Defense：米国国防総省）.............. 5
DORAプロセス 185
dotted-quad notation（10進数表記）........................ 140
duplicate acknowledgments（重複ACK）...................... 268

E

ESMTP（Extended SMTP）..................................... 215
Ethereal.. 41
［Expert Information（エキスパート情報）］................... 111

expression (式) 75

F

file carving (ファイルカービング) 325
［Filter Expressions (フィルタボタン)］.......................... 52
FIN フラグ 177
FTP 98

G

gratuitous ARP 138

H

hosts ファイル 95
hping 366
HTTP (Hypertext Transfer Protocol) 206
HTTP パケット 207
HTTPS (HTTP over SSL) 98

I

IANA (Internet Assigned Numbers Authority) 367
ICMP (Internet Control Message Protocol) 160
ICMP ヘッダの構造 160
ICMPv6 167
IDS (侵入検知システム) 293, 327
IEEE (米国電気電子技術者協会) 336
IETF (Internet Engineering Task Force) 134
iframe 316
IMAP (Internet Message Access Protocol) 221
IO グラフ 104
IP (Internet Protocol) 139
IP アドレス 32
IP アドレスと結びついた AS 番号 (ASN：autonomous
　　system number) 236
IP フラグメンテーション 145
IPv4 139
IPv4 アドレス 140
IPv4 パケットの構造 143, 372
IPv6 148
IPv6 over IPv4 (6to4) 159
IPv6 アドレス 148
IPv6 パケットの構造 151
IPv6 フラグメンテーション 157
ISN (イニシャルシーケンス番号) 268
ISO (International Organization for Standardization：
　　国際標準化機構) 5
ISOC (Internet Society) 134
iwconfig 344

L

LAN (Local Area Network) 139
libpcap 365

M

MAC (Media Access Control) アドレス 13, 32
MAC 層の名前解決 93
Mail Exchange (メール MX) レコード 217
MDA (Mail Delivery Agent) 212
MITM (中間者) 攻撃 303
Modbus/TCP パケットの構造 374
MSA (Mail Submission Agent) 213
MTA (mail transfer agent) 212
MTA (Malware Traffic Analysis) 367
MTU (Maximum Transmission Unit) 145
　　～探索 157
MUA (mail user agent) 212

N

［Name Resolution］ 52
NDP (近隣探索プロトコル) 154
NetworkMiner 363
ngrep 365
Nmap 295
Npcap 365

O

Operation Aurora 312
OS フィンガープリント 299
OSI 参照モデル 5, 8

P

p0f 302
［Packet Bytes (パケットバイト列)］ 51
［Packet Details (パケット詳細)］ 51
［Packet List (パケット一覧)］ 51
　　～ペインに無線 LAN の情報を追加する 347
PDU (Protocol Data Unit：プロトコルデータユニット)
　　.. 9
ping コマンド 161
POP3 (Post Office Protocol version 3) 221
［Preferences (設定)］ 51
primitive (プリミティブ) 75
protocol dissector (プロトコル分析機構) 97
［Protocols］ 52
Python 366

Q

qualifier (修飾子) 75

R

RAT/Remote-access Trojan (リモートアクセス型の
　　トロイの木馬) 319
RFC (Request for Comments) 134
Robtex 90

RSTフラグ 179
RTO（再送タイムアウト） 264
RTT（ラウンドトリップタイム） 108, 264

S

SARRプロセス 193
Scapy 363
Selective Acknowledgement（セレクティブACK）....... 273
Servicesファイル 172
Sguil 327
SMTP（Simple Mail Transfer Protocol） 211
SMTPパケット 211
Snort 327
SSL（Secure Socket Layer） 98
Standard query（標準クエリ） 197
［Statistics］ 53
STP（Spanning Tree Protocol） 92
SYNスキャン 294
SYNパケット 284
SYNフラグ 174

T

TCP（Transmission Control Protocol） 169
　～セグメント 268
　～のティアダウン（切断） 177
　～のバッファ領域 274
　～のフロー制御 274
　～ポート 170
　～リセット 179
TCPヘッダの構造 170, 373
tcpdump 116
Tcpreplay 363
TLS（Transport Layer Security） 221
traceroute 164
tracert 165
TraceWrangler 363
TShark 115
　～とtcpdumpの違い 130
TTL（生存時間） 143

U

UDP（User Datagram Protocol） 180
UDPヘッダの構造 181
USBPcap 45, 383
USBPcapCMD.exe 387
UTC（協定世界時） 66

W

WEP（Wired Equivalent Privacy） 351
WHOIS検索 90
Win10Pcap 377
WinDump 116

WinHex 326
WinPcap 43
WireEdit 362
Wireshark 41
　～設定ファイル 56
　～の高度な機能 85
　～のメインウィンドウ 50
WLAN（無線LAN） 336
WPA（Wi-Fi Protected Access） 352

あ行

アクティブフィンガープリント 302
アプリケーション層（第7層） 6, 11
アプリケーションベースライン 289
イニシャルシーケンス番号（ISN） 268
［色付けルール（Coloring Rules）］ 53
インターフェース識別子 149
ウィンドウサイズの調整 275
［エキスパート情報（Expert Information）］ 111
エクスプロイトキット 327
エコーとping 163
エフェメラルポートグループ 171
エンドポイント 85
往復遅延時間（ラウンドトリップタイム）グラフ 108
オーバーサブスクリプション 27

か行

［外観（Appearance）］ 51
下位ニブル 370
貸し出し（リース） 191
カプセル化 9
キープアライブパケット 276
キャプチャ 3
［キャプチャ（Capture）］ 52
キャプチャオプション 68
キャプチャ可能範囲 24
キャプチャファイル 59
　～のマージ 61
キャプチャフィルタ 73
　～の例 78
協定世界時（UTC） 66
近隣探索プロトコル（NDP） 154
クエリ 197
グラフ表示 104
グローバル設定ディレクトリ 56
ケーブルに潜入する 21
ケーブルを監視する 21
高速再送 269
高遅延 263, 283
［高度設定（Advanced）］ 53
国際標準化機構（International Organization for
　Standardization：ISO） 5

コネクション指向プロトコル 169
コネクションレスプロトコル 180
コマンドアンドコントロール (C2) 329
コマンドライン 115

さ行

再帰 199
再送タイマー 264
再送タイムアウト (RTO) 264
最適なキャプチャ方法 40
サブネットマスク 140
シーケンス番号 175, 264
シェルコード 315
式 (expression) 75
時刻の表示形式 65, 126
時刻の表示精度 66
システムポート 171
シナリオ 227
修飾子 (qualifier) 75
周波数帯域 337
受信ウィンドウ 274
上位層プロトコル 183
上位ニブル 370
侵入検知システム (IDS) 293, 327
スイッチ 13, 25
スキャン 293
ステルススキャン 294
ストリーム追跡機能 100
ストリームの表示 100
スピア型攻撃 312
スペクトラムアナライザ 337
スライディングウィンドウ 274, 277
生存時間 (TTL) 143
セキュリティ 351
　　～とパケット解析 293
セグメント 10
セッション層 (第5層) 6
セッションハイジャック 308
切断 (ティアダウン) 177
［設定 (Preferences)］ 51
設定ファイル 56
［設定プロファイル (Configuration Profiles)］ 57
セレクティブACK (Selective Acknowledgement) 273
ゼロウィンドウ通知 276
全二重モード 13
相対シーケンス番号 271
相対的な時間の表示 67
ゾーン転送 204

た行

第8層の問題 8
対話 85, 128

タップ 29
ダブルヘッドパケット 166
断片化 (フラグメンテーション) 145, 157
遅延 (レイテンシ) 263, 283
チャンネル 336
チャンネルホッピング 336
中間者 (MITM) 攻撃 303
重複ACK (duplicate acknowledgments) ... 268
チョークポイント (要衝) 31
ティアダウン (切断) 177
低遅延 263
データ 10
　　～のカプセル化 9
　　～の流れ 8
データリンク層 (第2層) 7
電波干渉 336
統計機能 127
統合型タップ 30
トラフィック 51
トランスポート層 (第4層) 7, 11
　　～の名前解決 93
　　～プロトコル 169
トリガー 70
トロイの木馬 319
ドロップ (破棄) 13
トンネリング技術 159

な行

名前解決 93, 123
名前参照 93
生のパケットデータ 369
ニブル 370
ネットワーク 6
　　～に潜入 (tap) する 21
　　～の遅延 263
ネットワークアドレス 140
ネットワーク層 (第3層) 7
　　～の名前解決 93
　　～プロトコル 133
ネットワークタップ 29
ネットワークプレフィックス 149
ネットワークベースライン 287
ネットワークマスク (ネットマスク) 140
ネットワークマップ 38

は行

パーソナル設定ディレクトリ 56
ハーフオープンスキャン 294
破棄 (ドロップ) 13
パケット 10
　　～の色分け 53
　　～の検索 62

～のタイムスタンプの変更 67
～のフラグメンテーション（断片化）.......... 145
～のマーキング 63
［パケット一覧（Packet List）］.................... 51
　～ペインに無線LANの情報を追加する 347
パケット解析 1
　コマンドラインでの～ 115
　セキュリティ 293
　無線LANの～ 335
パケット解析ツール 361
パケットキャプチャ 48
パケットキャプチャツール 1, 39
パケット構造図 371
［パケット詳細（Packet Details）］................ 51
パケット長 103
パケットトランスクリプト 100
［パケットバイト列（Packet Bytes）］............ 51
パケット表示 369
パッシブフィンガープリント 299
バッファ領域 274
ハブ 12, 23, 27
ハンドシェイク 173
半二重モード 12
ビーコン 346
比較演算子 81
非統合型タップ 30
表示フィルタ 79
　～の例 82
［表示フィルタ式（Display Filter Expression）］.............. 80
標準クエリ（Standard query）....................... 197
ファイルカービング（file carving）................ 325
ファイル形式 60
ファイルセット 70
フィルタ 73, 125
　～の保存 82
　無線LAN特有の～ 349
フィルタ式の文法 81
［フィルタボタン（Filter Expressions）］........ 52
フィルタリング 350
フィンガープリント 299
フォレンジック 293
フットプリンティング 293
物理層（第1層）... 7
フラグメンテーション（断片化）.......... 145, 157
プリミティブ（primitive）............................... 75
フレーム 10
プレゼンテーション層（第6層）......................... 6
フローグラフ 110
フロー制御 274
ブロードキャスト 17
ブロードキャストドメイン 18
ブロードキャストトラフィック 17

プロトコル 4, 8
プロトコル階層統計 91
プロトコルスタック 4
プロトコルデータユニット（Protocol Data Unit：PDU）
 9
プロトコル分析機構（protocol dissector）....... 97
プロファイル 351
　～の設定 56
　～のバックアップ 58
プロミスキャスモード 4, 22
米国国防総省（Department of Defense：DoD）.............. 5
ベースライン 48, 287
ポート 170
ポートスパニング 25
ポートミラーリング 25
ホストアドレス 140
ホストベースライン 288

ま行

マネジメントスイッチ 14
マルウェア 312
マルチキャスト 18
無線LAN（WLAN）...................................... 336
　～特有のフィルタ 349
　～のパケット解析 335
無線LANカードのモード 338
メールMX（Mail Exchange）レコード 217
メールの送受信 212
メールの追跡 213

や行

ユニキャスト 19
ユニキャストパケット 19
要衝（チョークポイント）................................. 31

ら行

ラウンドトリップタイム（RTT）..................... 264
ラウンドトリップタイム（往復遅延時間）グラフ 108
ランサムウェア 327, 330
ランディングページ 333
リース（貸し出し）.. 191
リース更新 192
リソースレコード 199
リモートアクセス型のトロイの木馬（RAT/Remote-
　access Trojan）... 319
リングバッファ 71
ルータ 15, 37
ルーティング 15
ルートディレクトリ（/）.......................... 101, 208
レイテンシ（遅延）.................................. 263, 283
レスポンス 197
論理演算子 82

●著者紹介

Chris Sanders（クリス・サンダース）

コンピュータセキュリティ・コンサルタント、リサーチャー、そして教育者でもある。『Applied Network Security Monitoring』の著者であり、ChrisSanders.orgで日々ブログを執筆している。クリスは悪いやつを捕らえ、悪を見つけるために日々パケット解析を行っている。

●監訳者紹介

髙橋 基信（たかはし もとのぶ）

株式会社NTTデータ ITマネジメント室所属。1993年早稲田大学第一文学部卒。同年NTTデータ通信株式会社（現・株式会社NTTデータ）に入社。入社後数年間Unix上でのプログラム開発に携わったあと、オープン系システム全般に関するシステム基盤の技術支援業務に長く従事。Unix、Windows両OSやインターネットなどを中心とした技術支援業務を行う中で、接点ともいうべきネットワーク分野のトラブルシューティングに不可欠な技術であるパケット解析についての造詣を深める。現在はNTTデータにて社内グローバル基盤の企画、構築に従事する傍らで、オープンソースのSambaを中心とした出版活動や、長年の趣味である声楽を楽しんでいる。主な著訳書として『【改訂新版】サーバ構築の実例がわかるSamba［実践］入門』（技術評論社）、『［ワイド版］Linux教科書 LPICレベル3 300試験』（翔泳社）、『マスタリングNginx』（翻訳、オライリー・ジャパン）、『実用SSH 第2版』（共訳、オライリー・ジャパン）があるほか、雑誌等への寄稿は多数。

宮本 久仁男（みやもと くにお）

株式会社NTTデータ セキュリティ技術部 情報セキュリティ推進室 NTTDATA-CERT所属。1991年電気通信大学卒、同年NTTデータ通信株式会社（現・株式会社NTTデータ）に入社。各種開発やシステム運用および支援業務、セキュリティ推進等のスタッフ業務やセキュリティに関する研究開発を経て、現在はCSIRT業務に従事。2011年3月に、情報セキュリティ大学院大学博士後期課程修了。博士（情報学）。2014年3月に、技術士（情報工学部門）登録。主にクライアントセキュリティ技術や仮想マシン技術、ネットワーク技術に強い興味を持つが、技術的に面白いと感じれば何でも興味の対象になり得る。主な著訳書として『イラスト図解式 この一冊で全部わかるセキュリティの基本』（共著、SBクリエイティブ）、『WebDAVシステム構築ガイド』（共著、技術評論社）、『実践Metasploit』（監訳、オライリー・ジャパン）、『欠陥ソフトウェアの経済学——その高すぎる代償——』（監訳、オーム社）などがあるほか、雑誌等への寄稿は多数。セキュリティ・キャンプ講師（2004～2014）、同実行委員（2008～2014）、同企画・実行委員長（2015～2017）、Microsoft MVP for Cloud and Datacenter Management（2015～2018）、SECCON実行委員（2012～）、NTT Group Certified Security Master（2016～）。

●訳者紹介

岡 真由美（おか まゆみ）

フリーランスのライター兼翻訳家。電波新聞社で雑誌編集、海外特派員を経験後、フリーに。主にIT分野関連の取材・執筆、翻訳業に携わる。訳書に『技術とイノベーションの戦略的マネジメント』（共訳、翔泳社）、『POWER+UP——米国オタクゲーマーの記したニッポンTVゲーム興隆の軌跡』（コンピュータエージ社）、『「ヒットする」のゲームデザイン——ユーザーモデルによるマーケット主導型デザイン』『実践Metasploit』『情報アーキテクチャ 第4版』（オライリー・ジャパン）などがある。

実践 パケット解析 第3版
──Wiresharkを使ったトラブルシューティング

| 2018年 6 月 20日 | 初版第 1 刷発行 |
| 2025年 7 月 4 日 | 初版第 4 刷発行 |

著　　　者	Chris Sanders（クリス・サンダース）
監　訳　者	髙橋 基信（たかはし もとのぶ）、宮本 久仁男（みやもと くにお）
訳　　　者	岡 真由美（おか まゆみ）
発　行　人	ティム・オライリー
制　　　作	ビーンズ・ネットワークス
印 刷・製 本	日経印刷株式会社
発　行　所	株式会社オライリー・ジャパン
	〒105-0003　東京都港区西新橋一丁目18番6号
	Tel　　（03）6257-2177
	Fax　　（03）6257-3380
	電子メール　japan@oreilly.co.jp
発　売　元	株式会社オーム社
	〒101-8460　東京都千代田区神田錦町3-1
	Tel　　（03）3233-0641（代表）
	Fax　　（03）3233-3440

Printed in Japan（ISBN978-4-87311-844-4）
乱丁本、落丁本はお取り替え致します。

本書は著作権上の保護を受けています。本書の一部あるいは全部について、株式会社オライリー・ジャパン
の承諾を得ずに、著作権法の範囲を超えて無断で複写、複製することは禁じられています。